"十三五"国家重点出版物出版规划项目
卓越工程能力培养与工程教育专业认证系列规划教材
（电气工程及其自动化、自动化专业）

工程导论

第 2 版

彭熙伟　胡浩平　郑戍华　李怡然　编

王向周　主审

机械工业出版社

为应对新一轮科技革命和产业变革，推动工程教育改革创新，加快培养适应新经济和未来社会发展所需的高素质卓越工程师，加强工程类专业学生的工程技术素养、职业素养、社会素养及安全、法律、伦理道德等方面的教育十分重要和紧迫。因此，为了落实立德树人根本任务，本书结合工程教育认证标准中的工程与社会、环境保护与可持续发展、职业规范、项目管理以及安全、法律等非技术方面的毕业要求，以工程为主线，阐述了工程与社会、环境保护与可持续发展、职业能力与职业道德、项目管理、工程安全、法律法规等非技术方面的基础知识；深入挖掘提炼课程思政元素，有机融入课程教学，寓价值观引导于知识传授和能力培养之中。每章后附有阅读材料和习题与思考题。

本书可作为高等院校工程类专业学生工程导论课程的教材，也可作为高等院校本科生素质教育课程的教材，还可作为工程类专业的研究生学习工程导论课程的参考用书。

图书在版编目（CIP）数据

工程导论/彭熙伟等编. —2版. —北京：机械工业出版社，2023.12
"十三五"国家重点出版物出版规划项目 卓越工程能力培养与工程教育专业认证系列规划教材. 电气工程及其自动化、自动化专业
ISBN 978-7-111-74649-2

Ⅰ. ①工… Ⅱ. ①彭… Ⅲ. ①工程技术-高等学校-教材 Ⅳ. ①TB

中国国家版本馆 CIP 数据核字（2024）第 005063 号

机械工业出版社（北京市百万庄大街22号　邮政编码100037）
策划编辑：路乙达　　　　　责任编辑：路乙达　赵晓峰
责任校对：李可意　牟丽英　　封面设计：鞠　杨
责任印制：张　博
北京联兴盛业印刷股份有限公司印刷
2024年2月第2版第1次印刷
184mm×260mm · 17印张 · 420千字
标准书号：ISBN 978-7-111-74649-2
定价：55.00元

电话服务　　　　　　　　　网络服务
客服电话：010-88361066　　机　工　官　网：www.cmpbook.com
　　　　　010-88379833　　机　工　官　博：weibo.com/cmp1952
　　　　　010-68326294　　金　书　网：www.golden-book.com
封底无防伪标均为盗版　机工教育服务网：www.cmpedu.com

前　言

现代工程具有系统性、综合性、复杂化、大规模等特征，在工程项目的规划、决策、设计、建造、运行、管理等环节中，不仅要考虑技术问题，还要综合考虑社会、经济、环境、健康、安全、法律、伦理等问题，使得传统工程类专业人才的培养面临新的挑战。因此，现代工程技术人员不仅要具备专业知识和技术能力，还要具备工程技术素养、职业素养、社会素养及工程安全、法律法规等非技术方面的素养和知识，健全知识结构，以适应新经济和未来社会发展对高素质卓越工程师人才培养提出的新要求。

本书结合工程教育认证标准中的工程与社会、环境和可持续发展、职业规范、项目管理以及安全、法律等非技术方面的毕业要求，以工程为主线，加强学生在工程与社会、环境保护与可持续发展、职业能力与职业道德、项目管理、工程安全、法律法规等非技术方面的知识、能力和素质教育。例如，在工程实践中，要求学生能够理解工程项目的实施不仅要考虑技术可行性，还必须考虑其市场相容性，即是否符合社会、健康、安全、法律以及文化等外部制约因素的要求；必须建立环境和可持续发展的意识，能够关注、理解和评价环境保护、社会和谐以及经济可持续、生态可持续、人类社会可持续的问题；能够理解并遵守工程职业道德和规范，履行责任；能在多学科环境下，在设计开发解决方案的过程中，运用工程管理与经济决策方法等。

本书立足于工程类专业学生的工程技术素养、职业素养、社会素养及工程安全、工程法律法规等非技术方面的培养需求，以工程为主线，以基本素养、基本规范、基本技能的培养为抓手；同时，落实立德树人根本任务，深入挖掘提炼课程思政元素，有机融入课程教学，寓价值观引导于知识传授和能力培养之中。全书共6章，内容包括：工程与社会、环境保护与可持续发展、职业能力与职业道德、项目管理、工程安全和法律法规。

本书根据内容的特点，采用专题专论的结构和形式，各专题注重基础知识的整体性和系统性，力求科学性、知识性和适用性相结合。另外，作者在总结工程导论课程教学实践的基础上，针对第1版教材内容的不足之处，对各章内容进行了较大的修改和补充，对部分章节内容和阅读材料进行重构，通过优化内容、增加案例、更新数据、补充习题等，使教材内容更具有引领性、思想性、针对性和适用性。此外，本书采用双色印刷的编排方式增加可读性、引导性，部分章节采用扫描二维码观看视频资料的方式，增加直观感受性。全书配套高质量的PPT课件，增加教学适用性，非常适宜作为大学本科生工程导论课程的教材。

本书第1~4章、第6章由彭熙伟、胡浩平编写，第5章由郑戍华编写，全书习题与思考题和插图由胡浩平、李怡然编写。全书由彭熙伟统稿，王向周主审。

希望本书的出版有助于加强工程类专业学生非技术方面的素养教育，开阔学生的知识面和专业视野，培养出全面发展的、适应新经济和未来社会发展需要的高素质卓越工程师。

由于作者的水平和能力有限，书中的错误、疏漏之处在所难免，恳请学界、工程界同仁和其他读者提出批评意见和建议。

北京理工大学
彭熙伟

目　　录

前言
第 1 章　工程与社会 ……………… 1
1.1　工程的概念、本质和特征 ……… 1
1.1.1　工程的概念 ………………… 1
1.1.2　工程领域 …………………… 2
1.1.3　工程的本质和特征 ………… 9
1.2　工程理念、工程思维和工程方法 … 12
1.2.1　工程理念 …………………… 12
1.2.2　工程思维 …………………… 13
1.2.3　工程方法 …………………… 17
1.3　工程与科学、技术 ………………… 17
1.3.1　工程与科学 ………………… 17
1.3.2　工程与技术 ………………… 19
1.4　工程与社会 ………………………… 20
1.4.1　工程的社会性 ……………… 20
1.4.2　工程文化 …………………… 22
1.4.3　工程伦理 …………………… 23
1.4.4　经济、社会和环境的可持续发展 … 26
阅读材料 …………………………………… 28
习题与思考题 ……………………………… 35

第 2 章　环境保护与可持续发展 …… 37
2.1　环境问题 …………………………… 37
2.1.1　环境的概念 ………………… 37
2.1.2　环境问题分类 ……………… 37
2.1.3　环境问题的产生和发展 …… 38
2.1.4　环境问题的特点 …………… 39
2.2　环境与健康 ………………………… 41
2.2.1　人类和环境的关系 ………… 41
2.2.2　环境污染的危害 …………… 42
2.3　环保方针、政策及管理制度 ……… 47
2.3.1　国际上关于环境与发展问题的重要历程 … 47
2.3.2　我国环境保护的基本方针 … 49
2.3.3　我国环境保护的政策 ……… 51
2.3.4　我国环境管理制度 ………… 53
2.4　环境保护法 ………………………… 59
2.4.1　立法概述 …………………… 59
2.4.2　环境保护法的主要内容 …… 59
2.5　可持续发展 ………………………… 63
2.5.1　可持续发展的概念 ………… 63
2.5.2　可持续发展的内涵、特征和原则 … 66
2.5.3　可持续发展的基本思想 …… 67
2.5.4　可持续发展的能力建设 …… 69
2.6　经济、生态与社会的可持续发展 … 70
2.6.1　经济的可持续发展 ………… 72
2.6.2　生态的可持续发展 ………… 77
2.6.3　社会的可持续发展 ………… 81
2.7　我国推进可持续发展战略总体进展 … 85
2.7.1　我国推进可持续发展面临的形势与困难 … 86
2.7.2　我国推进可持续发展的主要方面 … 87
2.7.3　我国对全球推进可持续发展的原则立场 … 88
2.7.4　我国推进可持续发展战略实施的主要做法 … 89
阅读材料 …………………………………… 92
习题与思考题 ……………………………… 99

第 3 章　职业能力与职业道德 ……… 101
3.1　工程职业伦理 ……………………… 101
3.1.1　工程师与科学家的区别 …… 101
3.1.2　工程伦理学背景 …………… 102
3.1.3　工程师的职业伦理规范 …… 103
3.2　工程职业能力 ……………………… 108
3.2.1　工程师的分类 ……………… 108
3.2.2　工程师的职业能力 ………… 109
3.2.3　工程技能 …………………… 110
3.2.4　提高职业能力 ……………… 116
3.3　工程职业素养 ……………………… 116
3.3.1　工程师的职业素养 ………… 116
3.3.2　优秀工程师的素质 ………… 118
3.4　工程职业道德 ……………………… 120
3.4.1　社会主义职业道德 ………… 120
3.4.2　工程师的职业道德 ………… 123
阅读材料 …………………………………… 125
习题与思考题 ……………………………… 130

第 4 章　项目管理 ……………………… 133
4.1　项目管理的概念、内容和流程 …… 133

4.1.1 项目管理的概念 ……………… 133
4.1.2 项目管理的内容 ……………… 133
4.1.3 项目管理的流程 ……………… 135
4.2 组织管理和团队建设 …………………… 136
4.2.1 组织管理 ……………………… 136
4.2.2 项目经理 ……………………… 142
4.2.3 团队建设 ……………………… 143
4.3 成本管理与风险管理 …………………… 146
4.3.1 成本管理 ……………………… 146
4.3.2 风险管理 ……………………… 150
4.4 进度管理和质量管理 …………………… 155
4.4.1 进度管理 ……………………… 155
4.4.2 质量管理 ……………………… 160
阅读材料 ………………………………… 175
习题与思考题 …………………………… 185

第5章 工程安全 ……………………… 187
5.1 安全生产的定义和本质 ………………… 187
5.1.1 安全生产的定义 ……………… 187
5.1.2 安全生产的本质 ……………… 187
5.2 安全生产管理 …………………………… 188
5.2.1 管理体制 ……………………… 189
5.2.2 基本原则 ……………………… 189
5.2.3 法规制度 ……………………… 190
5.2.4 安全生产的相关要素 ………… 191
5.3 安全生产与风险防范 …………………… 192
5.3.1 安全与生产的矛盾 …………… 192
5.3.2 工程中的安全生产问题 ……… 193
5.3.3 工程中的风险防范 …………… 195
5.4 用电安全 ………………………………… 197
5.4.1 电流对人体的伤害 …………… 197
5.4.2 防止触电的技术措施 ………… 197
5.4.3 预防触电的相关知识 ………… 201
5.5 消防安全 ………………………………… 203
5.5.1 消防安全基本常识 …………… 203
5.5.2 消防标志 ……………………… 204
5.5.3 火灾分类 ……………………… 206
5.5.4 常见火源 ……………………… 206
5.5.5 逃生方法 ……………………… 207
5.6 危险化学品使用安全 …………………… 209
5.6.1 危险化学品的概念 …………… 209
5.6.2 危险化学品的危险性类别 …… 210
5.6.3 危险化学品防灾应急 ………… 212
5.6.4 危险化学品储存和发生火灾的
　　　主要原因 ……………………… 212

阅读材料 ………………………………… 214
习题与思考题 …………………………… 220

第6章 法律法规 ……………………… 223
6.1 知识产权和商业机密 …………………… 223
6.1.1 知识产权 ……………………… 223
6.1.2 工业产权 ……………………… 224
6.1.3 著作权 ………………………… 226
6.1.4 网络侵权 ……………………… 228
6.1.5 商业机密 ……………………… 229
6.2 《中华人民共和国民法典》 …………… 231
6.2.1 总则编 ………………………… 231
6.2.2 物权编 ………………………… 231
6.2.3 合同编 ………………………… 232
6.2.4 人格权编 ……………………… 233
6.2.5 婚姻家庭编 …………………… 235
6.2.6 继承编 ………………………… 236
6.2.7 侵权责任编 …………………… 237
6.3 劳动法 …………………………………… 238
6.3.1 劳动法的基本概念 …………… 238
6.3.2 劳动法的基本原则 …………… 239
6.3.3 劳动法的主要内容 …………… 240
6.4 安全生产法 ……………………………… 242
6.4.1 安全生产法的立法目的 ……… 243
6.4.2 安全生产法的基本方针和
　　　适用范围 ……………………… 244
6.4.3 安全生产的法律责任 ………… 244
6.4.4 生产经营单位的安全生产
　　　违法行为 ……………………… 245
6.4.5 从业人员的安全生产违法行为 …… 247
6.4.6 从业人员的安全生产权利和义务 … 248
6.4.7 安全生产中介机构的违法行为 …… 249
6.4.8 安全生产监督管理部门工作
　　　人员的违法行为 ……………… 249
6.5 产品质量法 ……………………………… 250
6.5.1 产品与产品质量的界定 ……… 250
6.5.2 产品质量的监督与管理 ……… 251
6.5.3 生产者、销售者的产品质量义务 … 252
6.5.4 违反产品质量法的法律责任 … 254
阅读材料 ………………………………… 255
习题与思考题 …………………………… 264

参考文献 ……………………………… 266

第 1 章　工程与社会

1.1　工程的概念、本质和特征

1.1.1　工程的概念

在人类文明的历史上，工程活动经历了一个漫长、曲折、复杂的发展历程。人类在适应自然、改造自然和利用自然资源的过程中，通过修建道路、运河以及开采矿产资源等工程活动，推动了技术进步和生产力的发展。我国自古以来取得了很多伟大的工程成就，例如都江堰水利工程（如图 1-1 所示）。

图 1-1　都江堰水利工程

视频 1-1　都江堰水利工程原理

> **案例 1-1**　都江堰水利工程。都江堰水利工程是战国时期（公元前 256 年），秦国蜀郡太守李冰及其子率众修建的一座以无坝引水为特征的宏大水利工程，该工程充分利用地势、地貌、水流等自然特点，以鱼嘴、飞沙堰、宝瓶口三大主体工程，科学地解决了江水自动分流、自动排沙、控制进水量等问题，消除了水患，是我国古代劳动人民智慧的结晶，是中华文化划时代的杰作。2200 多年来，该大型水利工程依旧在灌溉田畴，是造福人民的伟大水利工程，被誉为"世界水利文化的鼻祖"和世界古代水利工程的典范。

什么是工程？《大英百科全书》将工程定义为应用科学原理，将自然资源以优化的方式转换成结构、机器、产品、系统及工艺，以造福人类的方法。《辞海》关于工程的定义是将自然科学的原理应用到工农业生产部门中去而形成的各学科的总称。这些学科是应用数学、物理学、化学等基础科学原理，结合在生产实践中所积累的技术经验而发展出来的，其目的在于利用和改造自然来为人类服务，如土木工程、水利工程、冶金工程、机电工程、化学工程等。主要内容有：对工程基地的勘测、设计、施工，原材料的选择研究，设备和产品的设计制造，工艺和施工方法的研究等。因此，工程是科学和数学的某种应用，通过这一应用，使自然界的物质和能源的特性能够通过各种结构、机器、产品、系统和过程，以最短的时间和最少的人力、物力做出高效、可靠且对人类有用的东西。简单一点，可以把工程理解为综合应用科学的理论和技术手段去改造客观世界的具体实践活动以及由此取得的实际成果。

1.1.2 工程领域

原始时期，人类开始制造石器工具、用火、建筑居所、迁移等，从事一些十分有限、技术水平较低的工程活动。

古代文明时期，随着生产力的进步，人类已经能够制作陶器、青铜器、铁器，出现了大型水利工程、大型建筑结构。例如古埃及雄伟的金字塔，古罗马宏大的斗兽场，中国的万里长城、南北大运河、都江堰水利工程，法国的巴黎圣母院、卢浮宫等，反映了人类工程活动中已具有越来越高的生产力水平、组织管理水平和土木建造技术以及其他相关的工程技术水平。

近代时期，工程领域的扩大和发展需要强大的动力，在寻求这种动力的过程中，爆发了第一次工业革命。蒸汽机的发明和使用成为工程发展中划时代的标志，之后陆续出现了机械工程、采矿工程、纺织工程、结构工程、海洋工程等，在这期间，蒸汽机车、机器抽水、岩石机械、纺织机、钢结构桥梁、内燃机等相继出现，使人类真正进入了工业社会。

现代时期，基于电学理论而引发的电力革命使人类在19世纪末20世纪初迎来了"电气化时代"。生产力的发展更是以几何级数快速增长，标志生产力进步的工程达到了前所未有的规模和水平。远洋航道的不断开辟，四通八达的公路，地铁和隧道工程，冶金工程、飞机制造和空中运输，电子计算机的发明和使用等，越来越多的工厂建立，越来越多的城市出现，把工程扩展到越来越大的空间。现代的航天工程、原子能工程、计算机工程、海洋工程、生物工程、通信工程、新材料工程等，使工程进一步向广度和深度拓展。

现代工程的范围、领域、学科、分支、专业多样性在不断扩大，这些分支都从土木、机械、电气、化工和电子工程衍变而来，通常以大学院系、行业组织或现有组织中新部门的成立为标志。所有的工程学科都需要大量的物理知识，而化学、材料工程还需要大量的化学知识。不同学科之间相互交叉、融合、渗透而出现新兴学科，例如化学与生物学的交叉形成了生物化学工程，量子物理与计算机科学交叉形成了量子信息工程等。这些交叉学科的不断发展大大推动了科学进步，因此学科交叉研究体现了工程科学向综合性发展的趋势。

1. 土木工程

土木工程是建造各类土地工程设施的科学技术的统称。土木工程是指为新建、改建或扩建各类工程的建筑物、构筑物和相关配套设施等所进行的勘察、规划、设计、施工、安装和维护等各项技术工作及其完成的工程实体。土木工程随着社会科学技术和管理水平而发展，是技术、经济、艺术统一的历史见证。

古时，人类就修建了城池、运河、宫殿以及其他各种建筑物，许多著名的工程设施显示出人类在当时历史时期的创造力。例如中国的长城、都江堰、大运河、赵州桥，埃及的金字塔，希腊的巴台农神庙，罗马大斗兽场，以及其他许多著名的教堂、宫殿等。

现代土木工程取得了突飞猛进的发展，在世界各地出现了规模宏大的工业厂房、摩天大厦、核电站、高速公路和铁路、大跨桥梁、大直径管道、长隧道、大运河、大堤坝、大飞机场、大海港等。例如中国的三峡工程、港珠澳大桥、青藏铁路、京沪高铁，英吉利海峡隧道、美国金门大桥、巴西伊泰普大坝等。

案例1-2 国之重器三峡工程。中国的三峡工程建筑由大坝、水电站厂房和通航建筑物三大部分组成，如图1-2所示。设计这种大型结构需要丰富的专业知识，包括土壤力学、水力学、理论力学、材料力学、结构力学、混凝土工程等科学知识和施工实践知识。三峡工程是迄今为止世界上规模最大的水利枢纽工程和综合效益最广泛的水电工程。2020年生产清洁电能1118亿 kW·h，这些发电量相当于节约标准煤约3439万 t，减排二氧化碳约9402万 t，为中国社会经济发展注入澎湃动力。

图1-2 中国的三峡工程

视频1-2 三峡工程

2. 机械工程

机械工程是一门涉及利用物理定律为机械系统做分析、设计、制造及维修的工程学科。机械工程是以有关的自然科学和技术科学为理论基础，结合生产实践中的技术经验，研究和解决在开发、设计、制造、安装、运用和维修各种机械中的全部理论和实际问题的应用学科。涉及机械运动的任何装置（如图1-3所示），如汽车、工程机械、高铁、飞机、舰船、发动机、机床、电机、工业设备、洗衣机等都需要机械工程师的专业知识。机械工程师把理论力学、材料力学、结构力学、流体力学、热力学、机械设计、机械加工、热处理等专业知识应用于各种工程问题中，包括精密加工、环境工程、流体系统、发电系统、机器人、运输与制造系统、燃烧系统等。机械工程一直在技术的推动下向前发展，以增加生产量，提高劳动生产率，提高生产的经济性，降低资源消耗，发展洁净的再生能源，治理、减轻以至消除环境污染为目标来研制和发展新的机械产品。

案例1-3 大国重器。XE7000E液压挖掘机是中国徐工集团生产的新型液压挖掘机，挖掘机总重700t，工作时一次性就能铲起60多t的物料，这标志着中国在这一领域达到了世界先进水平，成为继日本、德国、美国之后，第4个能够生产这一级别液压挖掘机的国家。

图 1-3 机械工程产品

a) XE7000E 液压挖掘机　b) 8 万 t 模锻压力机
c) "京华号"盾构机　d) 百万千瓦水电机组转子

视频 1-3　8 万 t 模锻压力机

8 万 t 模锻压力机是中国二重研制的世界最先进的大型模锻压机，整体质量和最大单件重量均为世界第一，主要用于轻金属及其合金、镍基和铁基等高温合金的大型模锻件制造，为我国航空、舰船、航天、兵器、电力工业、核工业等工程项目关键核心部件研制提供了平台支撑。

"京华号"盾构机是由中国铁建重工集团、中铁十四局集团联合研制的 16m 级超大直径盾构机，整机长 150m，总重量 4300t，每天能够掘进 12m，是中国迄今研制的最大直径盾构机，实现了中国盾构机从"跟跑"到"领跑"的跨越。

百万千瓦水电机组是由东方电气、哈电集团研制的全球单机容量最大的水电机组，将世界水电带入"百万单机时代"。转轮直径 8.62m，单个叶片重达 11t，总重近 350t，转轮每转一圈可发电 150kW·h，每分钟转动 111 圈，一年发电约 39 亿 kW·h。实现了我国大型水电装备技术的历史性跨越，抵达世界水电的"无人区"。

3. 电气工程

传统的电气工程的定义为用于创造产生电气与电子系统的有关学科的总和。但随着科学技术的飞速发展，21 世纪的电气工程概念已经远远超出上述定义的范畴，如今电气工程的概念涵盖了几乎所有与电子、光子有关的工程行为。电气工程是现代科技领域中的核心学科和关键学科，电子技术的巨大进步推动了以计算机网络为基础的信息时代的到来，并将改变人类的生活工作模式等。

电在当代社会中主要起两个重要作用：传递动力和信息。传递动力涉及发电机、电动机、变压器、高功率设备、太阳能、风能以及基于电力的交通系统，包括电动汽车、混合动力汽车、高铁、轨道交通等。高铁与风力发电如图 1-4 所示。而传递信息涉及微电子技术、电子系统、数据通信技术、计算机技术、控制器等。

电气工程师应具有物理、数学方面的基础知识以及电子电路、电磁学、信号处理、通信技术、计算机技术和控制系统等专业知识，对所涉及电的产品进行设计、开发、建设、操作和维护。

图 1-4 高铁与风力发电
a) 高铁 b) 风力发电

案例 1-4 新疆昌吉至安徽古泉 1100kV 特高压直流输电工程。该输电工程送电距离为 3324km，输送容量 1200 万 kW，每年可向华东用电负荷中心输送 600 亿~850 亿 kW·h 电能，这相当于上海市半年用电量。该工程是目前世界上电压等级最高、输送容量最大、输送距离最远、技术最先进的特高压直流输电工程，是我国在能源电力领域的重大创新，实现了中国创造和中国引领。

案例 1-5 大国重器 13MW 海上风电机组。该机组由东方电气研制，叶轮直径 211m，单台机组每年可输出 5000 万 kW·h 清洁电能，能满足 25000 个三口之家一年的正常用电，可减少燃煤消耗 1.5 万 t、二氧化碳排放 3.8 万 t，助力实现"碳达峰""碳中和"目标。

4. 航空航天工程

航空航天工程学是航空工程学与航天工程学的总称，涉及航空飞行器与航天飞行器有关的工程领域。它包含航空动力学、固体力学、空气动力学、天体力学、热力学、导航、航空电子、自动控制、电机工程学、机械工程、通信工程、材料科学和制造等领域。航空航天工程师利用这些知识来设计和制造火箭、飞机、导弹、宇宙飞船等。航空航天工程如图 1-5 所示。航空航天工程师与其他领域的科学家和工程师合作，使人类探索太空成为可能，取得了一些万众瞩目的成就，包括阿波罗登月计划、国际空间站、中国探月工程、中国火星探测计划等。

案例 1-6 中国火星探测计划。2021 年 5 月 15 日早上 8 点 20 分左右，中国火星探测任务"天问一号"的火星车"祝融号"在火星表面着陆。这是中国火星探测史上的一个历史性时刻，这意味着中国成为除美国、俄罗斯以外，第三个登陆火星的国家。

a)　　　　　　　　　　　　　　　　b)

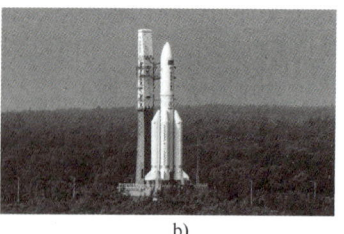

图 1-5　航空航天工程
a）C919 大飞机　b）火箭发射宇宙飞船

5. 计算机工程

计算机工程研究计算机的设计与制造，并利用计算机进行有关的信息表示、收发、存储、处理、控制等。计算机工程包括硬件、软件、数字通信及互联网等很多门类。计算机硬件工程师设计和制造计算机，包括嵌入式处理器（如图 1-6 所示）和微控制器、个人计算机、超级计算机等；而软件工程师则设计开发应用软件，包括操作系统、网站设计、数据库管理、人机界面、客户端应用程序设计等。

a)　　　　　　　　　　　　　　　　b)

图 1-6　嵌入式处理器
a）ARM 电路板　b）FPGA 电路板

随着计算机技术和通信技术各自的进步，以及社会对于将计算机联成网络以实现资源共享的要求日益增长，计算机技术与通信技术也已紧密地结合起来，将成为社会的强大物质技术基础。

6. 材料工程

材料工程是研究、开发、生产和应用金属材料、无机非金属材料、高分子材料和复合材料的工程领域。材料工程师能够将关于材料属性的各种知识应用到工程问题的解决方案中。在当今高科技社会中，对于所有工程活动来说，材料都至关重要。例如，航天飞船返回舱的热保护层、节能车辆的轻型复合材料、潜艇的高强度合金材料、隐形飞机的涂层材料、航空发动机材料、电能的传输材料等。两种战斗机尾喷管设计如图 1-7 所示。通常战斗机尾喷管设计成圆形的，而 F-22 隐形战斗机尾喷管设计成方形的，上下最大都可偏转 20°，不仅提高了 F-22 的敏捷性，还降低了喷气系统的雷达和红外特征，提高了隐身性。但是方形尾喷管对材料提出了很高的要求。

随着社会和科技进步，人们不仅要求性能更为优异的各类高强、高韧、耐热、耐磨、耐

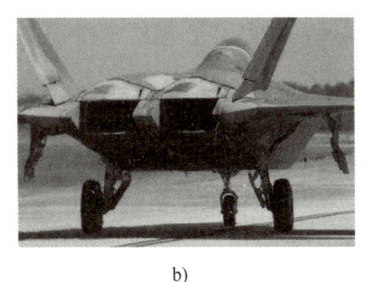

图 1-7 战斗机尾喷管设计

a) 圆形尾喷管战斗机 b) F-22 隐形战斗机的方形尾喷管

腐蚀的新材料,而且需要各种具有光、电、磁、声、热等特殊性能及其耦(或复)合效应的新材料,同时对材料与环境的协调性等方面的要求也日益提高。生物材料、信息材料、能源材料、智能材料及生态环境材料等将成为材料研究的重要领域。研究和解决传统材料的质量和工程问题,不断挖掘传统材料的潜力,将成为材料生产技术改造的重点。

7. 化学工程

化学工程是研究化学工业和其他过程工业生产中所进行的化学过程和物理过程共同规律的一门工程学科。从实验室到工业生产(特别是大规模的生产),都要解决装置的放大问题。生产规模扩大和经济效益提高的重要途径是装置的放大,以节省投资、降低消耗。但是,在大装置上所能达到的某些指标,通常低于小型试验结果,原因是随着装置的放大,物料的流动、传热、传质等物理过程的因素和条件发生了变化。化学工程的一个重要任务就是研究有关工程因素对过程和装置的效应,特别是在放大中的效应,以解决关于过程开发、装置设计和操作的理论和方法等问题。它以物理学、化学和数学的原理为基础,广泛应用各种实验手段,与化学工艺相配合,解决工业生产问题,包括石油产品、石油化工、塑料合成、化妆品、生物制药、食品加工等。化学工程工厂如图 1-8 所示。

图 1-8 化学工程工厂

a) 石油化工厂 b) 生物制药厂

8. 生物医学工程

生物医学工程主要运用工程技术手段,研究和解决生物学、医学中的有关问题,涉及生物材料、人工器官、生物医学信号处理方法、医学成像和图像处理方法等,在疾病的预防、诊断、治疗、康复等方面发挥着巨大的作用。例如,人工器官、超声波成像技术、CT、核磁共振等技术，现在已经在临床医学中广泛使用，这些改变人类生命轨迹的伟大成就来自于生物医学工程技术。

9. 农业工程

农业工程是为农业生产、农民生活服务的基本建设与工程设施的总称。农田水利建设，水土保持设施，农业动力和农业机械工程，农业环境保护工程，精准农业，农副产品的加工、储藏、运输工程，园艺工程，温室结构与工程，生物能源和水产养殖工程等都属于农业工程。农业工程如图1-9所示。在如何提高农作物产量，如何增加粮食产量，如何提高土地利用率，如何建立高效环保的病虫害防治和耕作方法等问题上，农业工程师发挥着重要作用。

图 1-9 农业工程

a）联合收割机 b）无人机植保精准农业

10. 其他工程

随着人类文明的进步，现代工程领域得到进一步拓展。例如，采矿和石油钻采工程、环境工程、工业工程、海洋工程、交通工程、船舶工程、核工程等。其他工程如图1-10所示。这些工程可以看作传统工程领域的分支或延伸。

图 1-10 其他工程

a）"蓝鲸1号"钻井平台 b）福清"华龙一号"核电站

视频 1-4 华龙一号

案例 1-7 大国重器"蓝鲸1号"。"蓝鲸1号"钻井平台是由中集集团建造的超深水双钻塔半潜式钻井平台，长117m，宽92.7m，最大作业水深3658m，最大钻井深度15240m，适用于全球深海作业。"蓝鲸1号"等一系列巨型装备的设计建造投产，标志着中国深水油气资源勘探开发能力和大型海洋装备建造水平处于世界领先地位，使得中国能源开采可以由陆转海。

案例 1-8　大国重器"华龙一号"。"华龙一号"是由中国核工业集团和中国广核集团研发的百万千瓦级压水堆核电技术，每台机组建成后年发电量近 100 亿 kW·h，相当于每年减少标准煤 312 万 t，减少二氧化碳排放 816 万 t，相当于植树造林 7000 多万棵。"华龙一号"安全指标和技术性能达到了国际三代核电技术的先进水平，具有完整自主知识产权，是中国核电走向世界的"国家名片"。

现代工程是人们运用现代科学知识和技术手段，在社会、经济和时间等因素的限制范围内，为满足社会某种需要而创造新的物质产品的过程。工程设计方案的选择和实施，往往要受到社会、经济、技术设施、法律、公众等多种因素制约。解决现代工程技术问题，需要综合运用多种专业知识。因此，现代工程技术人员不能满足于专业知识和具体经验的纵向积累，必须广泛汲取各类知识，建成有机的知识网络，以便适应现代工程这一综合性系统的要求。

对于一个成功的工程项目来说，不但应当在技术上是先进的和可行的，在经济上也应当是高效益的，即要求工程方案的成本最低、效益最大。同时，必须在尽可能做到的范围内实现综合平衡。因为在工程活动中存在许多不确定的因素和相互矛盾的要求，只有进行系统的综合平衡，才能最大限度地满足社会需要，取得满意的社会效益和经济效益。

现代工程呈现自动化、智能化、信息化、动态化的发展趋势。科学技术的飞速发展，必然使现代工程出现大量新的特点，为适应这些情况的变化，工程人员必须及时掌握工程技术信息，不断提高自身的主观素养，掌握多种技术能力，健全知识结构，以跟上时代的发展，满足现代社会提出的要求。

1.1.3　工程的本质和特征

1. 工程的本质

工程是直接的生产力，工程活动是一种既包括技术要素又包括非技术要素的、以系统集成为基础的物质实践活动。也就是说，当人们调动各种成熟的技术要素和非技术要素来实现某一具体项目，建成某一设施、某一工程系统以解决某些工程问题时，才能称之为工程。技术要素包括决策、规划、设计、建造、运行、管理等活动，技术要素构成了工程的基本内涵；非技术要素包括资源、资本、市场、环境、健康、安全、法律、伦理等，非技术要素是工程的重要内涵。技术要素和非技术要素在一起构成了工程的基本结构（如图 1-11 所示）。

因此，工程的本质可以理解为工程要素与各种资源的集成整合，有以下几个层面的意义：

1）工程是一种利用各种技术手段和非技术手段，去创造和构建集成物的实践活动，因而是直接的生产力。

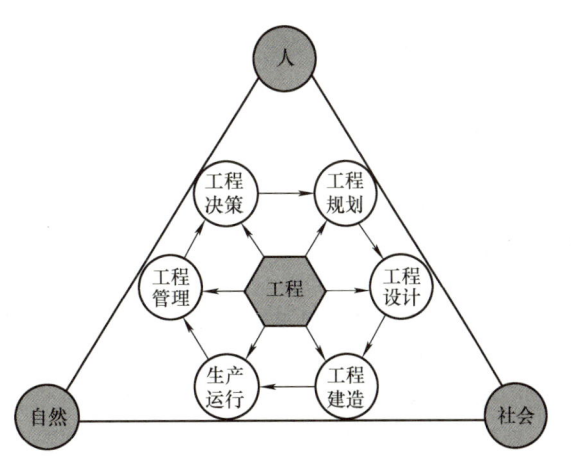

图 1-11　工程的基本结构

2）工程活动的结果是构建新的存在物，即各种各样的工程产品，工程是"造物"。

3）工程项目是通过具体的决策、规划、设计、建造、运行、管理等一系列实施过程来完成的，是一个复杂的构建过程。

4）工程不仅体现人与自然的关系，而且体现人与社会的关系。真正优秀的工程是对先进的技术要素以及资源、资本、市场、环境、健康、安全、法律、伦理等相关非技术要素的合理选择，有效地集成建造产物，这个过程实际上体现着工程集成的创新。

2. 工程的特征

工程科技是人类文明进步的发动机，工程活动是社会存在和发展的基础。从工程活动的基本构成和基本过程看，工程和工程活动具有建构性、实践性、集成性、创造性、系统性、复杂性、社会性、公众性、效益性和风险性等。

（1）工程的建构性和实践性　一个工程活动大体上有规划、设计、建造和使用等四个主要环节。这四个环节依次递进、动态衔接、相互渗透，并由此构成工程的过程性。在工程活动中，规划是工程的起点，包括工程目标、工程理念、工程决策、设计方法、管理制度、组织规则等方面，是一个综合的建构过程。工程设计是根据规划要求、体现工程理念，把规划变成"蓝图"的过程，是一个能动的充满创意的过程，是保证建造成功的决定性环节。建造环节就是生产环节，工程的建造就是各种物质资源配置、加工、能量转化、信息传输变换，工程产品逐渐生成直至最终完成的过程。工程的使用阶段就是工程产品的"消费"阶段，包括运转、运行、磨损、维护、淘汰等运动过程。

因此，工程活动具有鲜明的主体建构性和直接的实践性，并且表现为建构性与实践性的高度统一。工程的建构性既是工程目标、工程理念、设计方法、管理制度等主观概念建构，又是工程建设、管理运行的物质建构过程。工程的实践性，不仅体现在工程项目的物资建设过程中，更重要的是体现在项目建成后的工程运行中。工程运行效果能反映工程建设的质量和水平。

（2）工程的集成性和创造性　工程的集成性着眼于构成工程的各种技术要素、科学要素和社会要素的集成，这是工程集成的主体部分。

技术是工程的基本要素，是直接的工程生产力。工程生产力由劳动者、劳动资料和劳动对象三个基本要素构成，而支撑这三个基本要素的就是技术。科学理论不直接构成工程，但是科学理论转化为技术并在生产中应用，可以成为直接的工程生产力。现代工程活动涉及因素众多、系统复杂、规模宏大，工程设计与建造等各个环节所需要的知识大多超出了个人的经验，必须依据一定的科学理论，同时考虑到管理、组织等社会科学的制约。只有这样，才能把大量的不同性质的工程要素，集合成具有科技含量的工程集成物。

> **案例1-9**　工程的集成性。没有现代宇宙学、航天医学、新材料、控制理论、信息通信和系统论等的发展，就不会有载人航天、探月工程、空间站等航天工程的发展；没有现代生物学、遗传学、生态学、生理生化学的发展，就不会有杂交水稻、转基因食品、基因治疗、抗虫棉等生物工程的发展。

任何一个工程活动都是把技术要素、科学要素转化为现实生产力从而建造集成物的经济活动，是创造物质财富，实现经济发展的基本途径，因此工程集成建构的过程就是工程创造、创新的过程。工程创造、创新活动不仅是组合各种生产要素，而且是重新组合各种社会要素的过程。工程创造、创新活动是多方面的，并且贯穿于工程决策、工程规划、工程设计、工程建造、工程使用、工程管理等全过程，它是系统集成性和创造性的高度统一。

（3）工程的系统性和复杂性　工程是一个系统，系统最显著的特征是它的整体性。现代工程活动越来越具有复杂系统的特征。在工程集成建造的过程中，包含了人力、物料、设备、技术、信息、资金、土地、管理等要素，并受到自然、社会、政治、经济、文化等诸多要素的影响，形成工程与社会、自然复合的复杂系统。

工程系统是由规划、设计、建造和使用几个基本环节构成的系统整体，即使是工程活动的某一个环节，也是由许多复杂因素构成的系统整体。因此，工程本质上是一个具有复杂结构和功能的整体，工程的系统性关联着复杂性，工程的复杂性依存于工程的系统性，体现了复杂性与系统性的统一。

（4）工程的社会性和公众性　工程活动是社会主体在一定时期和一定社会环境中开展的社会实践活动。工程活动不是单纯的技术过程，还集成了众多社会要素，包括经济、政治、法律、文化各种要素。工程活动从规划、设计、建造到使用的过程中，社会性表现为实施工程主体的社会性。

> **案例1-10**　三峡工程移民。我国三峡工程总工期17年，集防洪、发电和航运于一体，静态投资1352.66多亿元，总库容393亿 m³，淹没129座城镇，搬迁工矿企业1632家，动迁131.03万人，涉及生态保护和经济社会变迁，这主要不是一个技术问题，而是一个社会问题，需要用社会知识去解决。工程建设中的征地拆迁问题，是一个社会问题、经济问题，需要业主、施工单位在地方政府的配合下，运用经济、法律、政策等手段，兼顾各方利益，加上人文关怀，才能解决好。

工程的社会性也表现出它的公众性特点。大型工程项目一般会引发社会公众对工程质量和工程效果的关心与评论。他们会关心工程项目对自己的生活与工作环境的影响，关心工程项目的风险状况、生态环境影响、能源消耗以及工程所引发的社会伦理问题等。工程项目的社会经济作用与公众所感受到的社会经济文化影响不一定一致，某些情况下，公众舆论会影响工程决策、工程建设和工程运行。

（5）工程的效益性和风险性　工程作为创造集成物的物质生产活动，为人类的存在和发展提供各种各样有价值的工程产品。工程的价值主要表现为经济价值、社会价值、生态环境价值以及文化价值、政治价值、科技价值等。

任何工程产品都有投入和产出的问题，通过投入人力、物力和财力生产出工程产品，应该以较少的投入获得较大的建造价值，工程建造活动要处理好投入与产出的关系，做到质量和效益的统一。

工程改变社会，即改变生产方式、生活方式和思维方式。工程建造活动推动生产力的发展，现代化工厂自动化水平越来越高，提高了生产效率，缩短了工作时间；高速铁路、高速公路和航空等现代化交通工程，使人们出行方便、眼界开阔；通信工程、网络工程的建设，使人们获取信息、人际交往、学习与工作等出现了新形态。

工程活动及其产品要实现人与自然、生态环境的和谐。在工程规划和决策阶段要进行生态环境影响评价，建造过程要实施生态环境保护，最后建成的工程产品必须是体现人与自然和谐的产品。

案例 1-11 青藏铁路。青藏铁路是一个工程与生态环境协同的典型，从规划、设计、建造到使用，采取植被移植养护、修建 30 处野生动物通道以及进行冻土区植被恢复等一系列环境保护措施，使青藏高原水环境没有发生明显变化，生态植被和野生动物得到了有效保护。青藏铁路在桥梁下方设置野生动物通道（如图 1-12 所示），以保障野生动物的正常生活、迁徙和繁衍。

图 1-12 青藏铁路在桥梁下方设置野生动物通道

工程活动不仅是经济活动、社会活动，也与文化、政治和科技等相关。工程产品的文化内涵涉及审美、人文、科技元素、民族文化等。青藏铁路建成通车，不仅具有经济意义，还具有政治意义。高速铁路工程、载人航天工程、港珠澳大桥工程等，在建造过程中就创造出很多新技术、新工艺、新方法，并上升为科学的理论。

然而，在工程实践中，任何工程都隐含着各种各样的风险，风险和效益是相关联的。工程活动包括决策、规划、设计、建造、运行和管理等，诸多环节不可能完全做到科学、准确和无偏差的整合，都会面临一些不确定因素，因而都有一定的风险性。例如，经济效益总是伴随着市场风险、资金风险、环境负荷风险；社会效益则伴随着就业风险、社区和谐风险、劳动安全风险；生态环境效益又伴随着成本风险等。正确地认识工程风险，积极地规避风险、化解工程风险，是工程有效运行的重要条件。

1.2 工程理念、工程思维和工程方法

1.2.1 工程理念

理念是指理性的认识和观念。工程理念是从工程实践中概括出来的理性认识和观念。以来自工程实践的理念指导工程活动，表明工程活动是人类有目的、有计划、有组织、有理想的造物活动，而不是自发的活动。工程理念是人类关于为何造物和怎样造物的理念。

任何工程活动都是在一定的工程理念指导下进行的。一定的工程理念必包含一定的目的。如节能工程、人性化工程、生态环保工程、智能交通等，都是基于人的需要为目的的工程理念的体现，又是在这一工程理念指导下的工程实践。而那些高能耗、缺少人性化、破坏生态环境的工程，都是工程理念上出了错误，工程目的不正确。

一般来说，工程理念主要从指导原则和基本方向上指导工程活动，工程理念先于工程的构建和实施。因此，工程规划要以一定的工程理念为指导，一定的工程理念总要通过具体的规划体现出来。

> **案例1-12** 南水北调工程。为了解决我国北方地区，尤其是黄淮海流域的水资源短缺问题，形成了南水北调东线工程、中线工程和西线工程的工程规划。东线工程、中线工程已经完工并向北方地区调水，河南焦作市区南水北调干渠如图1-13所示；西线工程也在规划中，目的是解决我国西部的严重干旱问题。这就是实现我国水资源优化配置、促进区域协调发展格局理念下产生的结果。
>
> 图1-13 河南焦作市区南水北调干渠　　　视频1-5 南水北调

工程理念不仅指导规划，而且贯穿于工程活动的全过程。对于工程活动，工程理念深刻地影响和渗透到工程活动的各个阶段、各个环节，具有根本的重要性，从根本上决定着工程的优劣和成败。

当代工程的规模越来越大、复杂程度越来越高，对社会、经济、环境、文化等方面的影响越来越大，需要全面认识和把握工程的本质和发展规律，树立新的工程理念，使人与自然、人与社会协调发展。

1.2.2 工程思维

思维方式是一定时代人们的理性认识方式，是按一定的结构、方法和程序把思维诸要素结合起来的相对稳定的思维运行样式。人的思维活动与实践活动是密切联系在一起的，依据不同的实践方式而划分出相应的思维方式和类型。例如，与工程实践、科学实践、艺术实践等不同的实践方式相对应，分别形成了工程思维、科学思维、艺术思维等不同的思维类型。

在工程活动中，从决策、规划、设计、建造、运行和管理等各个环节，都蕴含了工程思维的内容。工程思维具有五个方面的特征。

1. 工程思维的筹划性和集成性

工程活动是以人为主体的物资生产活动，包括规划、设计、建造和使用等各个环节。工程思维的筹划性体现在：以选择和制定工程行动目标、行动计划、行动模式、行动路径以及筹谋做什么、如何做，并进行多种约束条件下的运筹为思维内容与核心，它是人类改变世界的实践智慧的集中体现和生动展示。因此，在工程思维中，如何对各种资源进行统筹协调以找到最优的解决方案，并考虑可行性、可操作性、运筹性等问题成为工程思维的核心问题。

案例 1-13 工程思维的筹划性。上海地铁一号线，在每一个站的室外出口都设计了三级台阶（如图 1-14 所示），这样在下雨天可以阻挡雨水倒灌，从而减轻地铁的防洪压力。

图 1-14　上海地铁一号线常熟路站

此外，工程活动是在一定的经济、社会、文化、生态环境下，各种技术要素与非技术要素的集成体，即把不同方面的要素、技术、资源、信息汇集在一起，使其相互渗透、相互融合、彼此作用、合为一体，在综合集成的基础上实现系统创新。因此，综合集成思维就成为工程思维最显著的特征。工程活动中的综合集成性思维还包括对多领域、多学科、跨学科的多种理论、方法与技术的综合运用、跨界集成与深度融合，在集成与融合中，涌现出前所未有的思维能力与方法。

2. 工程思维的逻辑性和非逻辑性

逻辑性思维是按照既有的规则进行的思维，运用比较、分类、分析、综合等逻辑方法，借助概念、判断、推理等思维形式，去揭示和把握认识对象的本质或规律的思维过程。非逻辑性思维是不受逻辑规则约束的思维，包括想象、直觉和灵感。

工程思维过程中首先包含着逻辑思维的内容，表现在人们常常依据科学原理进行判断、推理，进而进行思维构建。例如，桥梁工程师设计和建造桥梁的活动必须遵守桥梁结构学、风动力学等一般逻辑，根据工程需求、目标、现实条件及环境约束，利用已有的经验和知识进行判断和推理，选择并确定工程设计方案与操作蓝图，进行思维构建。这种思维构建符合逻辑规则，遵循逻辑规律，并且其正确与否最终必须由实践来检验。

同时，工程思维过程中也存在着大量的非逻辑思维，例如在工程思维中，尤其是在规划、设计过程中，经验、直觉、想象、直观、灵感、顿悟、洞察力等往往发挥着重要的作用，产生很好的思维效果。

案例 1-14 "鸟巢"。北京奥运会标志性建筑"鸟巢"（如图 1-15 所示），从外形到内部结构都是设计师打破常规，充满想象力的设计，整个建筑通过迪士尼巨型网状结构联系，内部没有一根立柱，看台是一个完整的没有任何遮挡的碗状造型，如同一个巨大的容器，赋予体育场以不可

图 1-15　北京奥运会标志性建筑"鸟巢"

思议的戏剧性和无与伦比的震撼力。在这里,中国传统文化中镂空的手法、陶瓷的纹路、红色的灿烂与热烈,与现代最先进的钢结构设计完美地相融。

可以说,工程思维往往是在逻辑思维与非逻辑思维的相互交织、渗透、融合与贯通过程中实现的。此外,在工程活动中,往往存在着相互矛盾、彼此冲突的目标、要求与内容。例如经济目标与生态目标的冲突,不同利益相关者群体的利益冲突,技术维度要求与人文社会维度要求的冲突等。这就需要对各种矛盾、冲突进行调和,统筹兼顾,权衡协调,使其在工程总体目标统摄下彼此妥协,相互包容,彼此整合为一体。因此,在工程思维中,在整体上以及不同层次、界面上,各种矛盾、冲突可以并应该进行合理协调、彼此妥协与包容共存,实现非逻辑的复合,这就需要采用非逻辑思维,也有学者把它称为超协调逻辑。可见,工程思维是逻辑思维与非逻辑思维相统一的思维。

3. 工程思维的科学性与艺术性

工程思维具有科学性。一方面,现代工程思维往往以科学知识为支撑,其想象、构思、计划、设计与模型建构都要有科学依据,遵循科学原理,符合科学规律,并自始至终由理性或理智主导;另一方面,科学规律为设计师和工程师的工程思维设置了工程活动中存在"不可能目标"和"不可能行为"的"严格限制"。因此,合格的设计师和工程师不会存在以违反科学规律的方法进行设计的幻想,否则工程失败就不可避免。

同时,由于思维主体的个性化与创造性品质,工程思维又表现出艺术性。现实中的每一个工程建构都有自己的独特性质与不同模式,呈现出不同的艺术特色与个性魅力。工程思维的艺术性突出地表现为工程系统的要素、结构、单元、环节、层次等在纵向、横向上存在着各种各样不同的组合、选择、集成与建构的路径、方式与方法,这就为思维主体的艺术"创作"与"运作"提供了广阔的舞台与可能空间。

案例 1-15 长江大桥。同样是长江大桥工程(如图 1-16 所示),不同类型的梁桥、斜拉桥、悬索桥、拱桥等,由于思维主体建构艺术上的差异,则表现出不同的工程个性与艺术魅力。

图 1-16 长江大桥
a)九江长江大桥 b)芜湖长江大桥

科学性思维保证工程建构、运行及实施的现实性、可行性与操作性,艺术性思维则保证工程实施与建造的独特性、艺术性与审美性。正因如此,工程思维少不了艺术思维,工程造物往往被同时视为一个艺术创作的过程。1828 年,英国土木工程师学会章程就把工程定义为,利用丰富的自然资源为人类造福的艺术。1852年,美国土木工程师学会章程把工程定义为,把科学知识和经验知识运用于设计制造或完成对人类有用的建设项目、机器和材料的艺术。可见,工程思维是科学性与艺术性兼容的思维。

4. 工程思维中问题求解的非唯一性

科学思维和工程思维都可以被看作是一个问题求解的过程,科学思维需要解答的是自然界某种规律的原因,而工程思维解答的是如何有效地建构一个新的存在物。两种问题求解在性质上却有很大不同,其中最根本的区别之一就是工程问题的答案是非唯一的;而科学问题的答案一般来说具有唯一性。工程思维需要考虑工程系统的所有要素,技术要素中技术路线不是唯一的;非技术要素中,各种社会经济环境因素更是因时因地不断发生变化,再加上工程思维主体(设计师、工程师、管理者等)独特的思考方式(比如工程的个性美),都决定了工程思维问题求解的非唯一性。以桥梁工程为例,不但桥梁选址问题的答案是非唯一的,而且桥梁结构、桥梁设计、桥梁材料、架桥技术、施工方案等都不可能只有唯一答案。在现代社会中,业主方之所以常常对工程项目采用招标的方法,其"前提"和"基础"就是因为工程问题的求解具有非唯一性。

5. 工程思维的可靠性和容错性

任何工程都是具有一定程度的风险的,世界上不可能存在没有任何风险的工程。由于客观方面存在着许多不确定性因素,再加上主观方面人的认识存在一定的缺陷和盲区,这就使工程思维不可避免地带有风险性和不确定性。

工程风险和失败来源于两个方面:外部条件方面的原因而导致的(例如发生地震导致的工程风险);决策者、设计者、施工者的认识和思维中出现错误而导致的。一般地说,可错性是任何思维方式都不可避免的,不但工程思维具有可错性,科学思维也具有可错性,但是,我们绝不能把这两种可错性等同视之。人们可以"允许"科学家在科学实验中几十次甚至几百次的失败,可是,政府、社会、国民决不允许长江三峡工程之类的重大工程在失败后重来。于是,工程项目在实践上"不允许失败"的要求和人的认识具有不可避免的可错性的状况就发生了尖锐的矛盾,而如何认识和解决这个矛盾就成为推动工程思维进展的一个重要动因。

工程思维必须面对可能出现的可错性和可靠性、安全性的矛盾,在工程思维、工程设计中将矛盾统一起来,成为推动工程思维发展的一个内部动因。工程思维应该永远把可靠性作为工程思维的一个基本要求,同时又必须永远对工程思维的可错性保持最高程度的清醒意识。

为了提高工程思维和工程活动的可靠性,设计师和工程师往往要加强对工程容错性问题的研究。所谓容错性就是指在出现了某些错误的情况和条件下仍然能够继续"正常"地工作或运行。

> **案例1-16** 工程的容错性。在中板轧机、带材轧机等轧钢设备的生产过程中,液压系统容错设计主要采用硬件冗余容错技术,对液压泵等主要部件采用冗余来提高系统容错能力和可靠性,一台液压泵出现问题时,另一台液压泵可以取而代之,从而保证系统的正常运行,这就是容错性在发挥作用。

可以看出，容错性概念正是设计师和工程师在研究可靠性和可错性的对立统一关系中提出的一个新概念，而"容错性"方法也已经成为设计师和工程师为提高可靠性、对付可错性而经常采用的一个重要方法。

1.2.3 工程方法

工程是现实的、直接的生产力，工程活动的决策、规划、设计、建造过程及其结果，都是通过工程方法实现的。工程方法的基本任务就是形成和实现现实生产力的途径、手段和方法。工程方法有三个基本特征。

1. 选择性、集成性和协调性

工程活动是一个实现现实生产力的过程，其内在特征是集成和构建。在集成、构建活动中，当采用工程方法对构成工程的要素进行识别和选择时，工程主体必须进行必要的工程管理，依据一定的协调原则进行协调工作，然后将被选择的要素进行整合、协同、集成，构建出工程产品。

2. 结构化、功能化、效率化和和谐化

工程具有整体性，并在一定条件下发挥这一工程体系的功能、效率、效力。首先，要求工程系统实现整体结构优化，以实现工程的整体性功能；其次，在工程的技术要素与非技术要素的相互作用和动态耦合中，追求效率、卓越，实现工程整体目标；最后，工程活动要与自然、社会和人文相适应、相和谐，这关系到工程的质量、市场竞争力、可行性和可持续发展。

3. 过程性和产业性

工程活动是一个包括决策、规划、设计、建造、运行、管理等阶段在内的"全生命周期过程"，不能忽视运行、维护、退役等阶段活动，例如矿山资源枯竭、产品报废等善后处理问题，易燃易爆危险品存储、使用的安全管理，电力设备运行、维护的安全管理等，否则将导致一系列的社会问题、环境问题和安全生产问题。

工程活动的突出特点是划分出了不同的行业和专业，例如机械工程、电气工程、通信工程、交通工程、航天工程、船舶工程等。不同的行业和专业都各有自身的行业性、专业性的工程方法论。

1.3 工程与科学、技术

科学、技术、工程是三个不同性质的对象、行为和活动。科学以探索、发现为核心，技术以发明革新为核心，工程以集成建造为核心，这就是所谓的"三元论"。在区分三者不同的性质和特征的同时，也要看到它们之间的关联性和互动性。

1.3.1 工程与科学

什么是科学？科学是使主观认识与客观实际实现具体统一的实践活动，是通往预期目标的桥梁，是联结现实与理想的纽带。也可以说科学是使主观认识符合客观实际（客观事物的本来面貌，包括事物的本质属性、实际联系、变化规律）和创造符合主观认识的客观实际（使主观认识转化为客观实际事物、条件、环境）的实践活动。这是科学的内涵。

科学的突出特征是探索发现，工程的突出特征是集成建造；科学是知识形态的存在，工程是物质形态的存在。

科学研究的目的在于认识世界，揭示自然界的客观规律，解决有关自然界"是什么"和"为什么"的问题；在研究的过程和方法上，科学研究过程追求的是精确的数据和完备的理论，主要采用实验推理、归纳、演绎等方法；在成果性质和评价标准上，科学研究获得的最终成果主要是知识形态的理论或知识体系，具有公共性或共享性；在研究取向和价值观念上，科学具有好奇取向，与社会现实的联系相对较弱。

工程是以集成建构为核心的工程活动，遵循"计划—实施—观测—反馈—修正"的路线。例如隧道工程，在设计阶段靠钻孔探测获得的知识往往比较粗浅，在施工过程中需要不断进行监测，随时修改设计方案，决定合适的施工对策。科学不直接构成工程，但是作为工程基本要素的诸项技术背后都有与其相对应的基本科学原理作为前提。

因此，工程必须遵循科学理论的指导，符合科学的基本原则和定律。工程的失败正是科学知识不足造成的。

> **案例 1-17** 三门峡工程。如图 1-17 所示，正是由于当时的规划设计者对黄河泥沙的规律性认识不足而造成库区严重淤积。但失败是成功之母，在工程失败的基础上，人们逐渐对三门峡的情况取得了正确的认识，对三门峡泄流工程进行了几次改建，改变运用方式，以达到冲淤平衡、保持长期有效库容，为水库的可持续利用和发展奠定了坚实的基础。

图 1-17 黄河三门峡工程　　　　视频 1-6 三门峡工程

科学研究发现的规律和原则，对工程建造活动有指导和促进作用；同时，工程建造活动中发现的新问题，又促进科学研究的发展。

> **案例 1-18** 美国华盛顿州塔科马海峡大桥。该大桥于 1940 年 7 月建成，11 月 7 日大桥受到强风的吹袭引起卡门涡街，由于桥面厚度不足，使桥身摆动，当卡门涡街的振动频率和吊桥自身的固有频率相同时，引起吊桥剧烈共振并发生扭曲变形，风能最终战胜了钢的挠曲变形，使钢梁发生断裂，导致大桥坍塌，如图 1-18 所示。

图 1-18　卡门涡街引起塔科马海峡大桥变形　　　视频 1-7　塔科马海峡吊桥事件

塔科马海峡大桥坍塌事件成为研究卡门涡街引起建筑物共振破坏力的活教材，并使得空气动力学和共振实验成为建筑工程学的必修课。塔科马海峡大桥也被记载为 20 世纪最严重的工程设计错误之一。

科学与工程这两种相对独立的实践活动，处于互为条件、双向互动的辩证过程之中。这就是说，工程建立在科学之上，科学又寓于工程之中。

1.3.2　工程与技术

关于技术，在《工程哲学》一书中的解释是，人类社会为了满足社会需要，运用科学知识，在改造、控制、协调多种要素的实践活动中所创造的劳动手段、工艺方法和技能体系的总称，是人类合理改造自然、巧妙利用自然规律的方式和方法，是构成社会生产力的重要部分。

技术的突出特征是发明革新。技术是工程的基本要素。工程作为有目的、有组织地改造世界的活动或结果，由不同形态的技术要素的系统集成，是诸多核心技术和相关支撑技术的有序集成，如机器、设备、工具、生产线、工艺、程序、设计图样、技能、方法、规则、步骤等。所以这些体现技术的要素存在于工程建造过程的活动中。

工程不是一种简单的技术活动，而是技术与自然、社会、经济、政治、文化及环境等因素综合集成的产物，是自然科学、社会科学、人文科学多方面知识综合集成构建的活动或结果。这就是说，工程不仅要集成"技术要素"，还要集成"非技术要素"，如经济要素、环境要素、社会要素等。因此，工程的成功与失败不仅仅要解决技术问题，还要研究和解决很多非技术问题。

工程作为改造世界的活动，必须有技术的支撑。工程中的关键技术正是工程的支撑点，例如前面提到的青藏铁路中的冻土路基保护技术。但时至今日，人们掌握的技术手段还十分有限。因此，在飓风来临时，人们还只能像动物一样去逃命。这是因为人们还没有掌握控制飓风的关键技术，从而无法实施控制飓风的气象工程。由此可见，技术是某一工程能否成立的关键因素。

工程对技术的促进作用体现在两个方面，即工程是技术发展的动力，工程是技术成熟化道路上的桥梁。技术发展的动力有内部动力和外部动力。内部动力是思想体系（如西欧文艺复兴之后的科技大发展）、教育系统和人才机制等。外部动力是工程项目、工程产品需求,政府管理(如知识产权机制、奖励机制等)和政府投入等(如二战期间的技术飞速发展)。而工程项目、工程产品不断提出新的需要、新的研究课题,使人的认识获得了空前的进步和发展,不断达到新的广度和深度。

> **案例 1-19** 青藏铁路路基。青藏铁路是世界海拔最高、线路最长的高原铁路,在高原冻土上修这样的铁路,是世界首例。这一工程的关键技术是冻土路基保护,冻胀和融沉是路基病害的主要原因。因为土体冻胀是不均匀的,容易使铁路路基发生形变,反过来,在冻土融化过程中,土壤体积就会变小,使路基产生沉陷。为此国家投入大量人力、物力进行冻土路基保护技术的攻关,采用片石通风路基、热棒、以桥代路、铺设通风管路等措施,终于解决了这个世界性的难题,保证了青藏铁路工程的顺利实施。青藏铁路热棒路基如图 1-19 所示。
>
> 图 1-19 青藏铁路热棒路基

关于工程的桥梁作用,一项复杂技术的成熟过程也可分为三个阶段,即技术研发阶段、中间试验阶段、继续改进阶段。第一阶段可以在实验室条件下得出样机。第二阶段是要把该技术摆到施工或生产条件下进行中间试验,中间试验正体现了工程的桥梁作用。中间试验成功后,该技术还可能存在成本较高、性能不够完善等缺点,需要继续改进。

工程活动不断提出需要解决的新问题,有力地推动着技术的不断创新。恩格斯说:"社会一旦有技术上的需求,这种需求就会比十所大学更能把科学推向前进。"技术的不断发明革新,又必将促进工程活动质和量的不断提升。

1.4 工程与社会

工程、技术与科学的发展和应用,支持和推动了经济社会的可持续发展。工程、技术与科学在满足人类基本需求、减少贫困、实现可持续发展等方面发挥着关键的作用。

1.4.1 工程的社会性

工程活动通过其创造的技术产物影响着社会。工程产物无处不在,并确确实实地渗透进人们生活的方方面面,与政治、经济、文化、科技、地理和艺术等相互交织、相互作用。马路、水管、运河等让城市生活成为可能,蒸汽机的出现引起了 18 世纪的工业革命,电力与工业推动了世界的发展,通信、网络与计算机技术使人类进入信息时代。

工程活动不单纯是技术活动,工程活动不仅引起自然界的变化,而且也引起社会的变化,引起人类生活方式的变化,引起人与自然关系的变化。

1. 工程活动的社会性

任何工程都是具有社会性的工程。在工程活动中,投资者、管理者、设计师、工程师、工人等共同组成工程活动的主体,从规划、设计、建造到使用,不但要解决各种复杂的技术难题,还需要协调好各方利益冲突、解决各种社会问题,考虑人文价值、社会效益和文化意义等。同时，人文和社会环境还作为结构性因素影响着工程活动，并通过工程活动渗透到"工程物"中。金字塔、埃菲尔铁塔、故宫、长城、三峡大坝等，都折射出特定的政治社会背景。

此外，工程活动还受政策、法律、法规等因素的影响。工程活动不但要遵守各种技术规范，还要遵守各种法律、伦理、社会、文化、宗教和社会习俗等。例如房地产行业过热、房价不断攀升的时候，国家出台控制房地产的房贷政策，各地方政府出台购买政策等，以便房市降温。而如招投标规则、国际通行的工程建设"菲迪克条款"（FIDIC）等，既是技术规范，也是经济、社会的规则。

> **案例 1-20** "中泰群体性事件"。随着城市发展和人口增加，杭州与其他城市一样，面临"垃圾围城"的窘境。经过论证，该市规划建设中泰垃圾焚烧发电项目，设计日焚烧处理生活垃圾 3000t，总投资近 30 亿元，烟气排放优于欧盟 2000 标准，渗滤液能够"全回用，零排放"，预计每年可以发电 3 亿 kW·h。2014 年 5 月，当地民众因反对垃圾焚烧发电厂项目（规划在中泰街道南峰村九峰矿区）而大规模聚集，并出现打砸车辆、围攻执法人员等违法行为。
>
> 如何化开不信任的"坚冰"，打破项目停滞的僵局？杭州采取的措施是充分尊重群众意愿、以群众利益为准绳。省、市主要领导均郑重承诺："项目没有征得群众充分理解支持的情况下一定不开工！没有履行完法定程序一定不开工！"
>
> 与此同时，对新形势下如何做好群众工作，他们展开了新探索：不是用简单的行政命令，而是依靠耐心细致的群众工作，用事实去说服教育群众。余杭区机关干部进村入户走访了 2.5 万多人次，搜集意见建议 500 多条。群众提出来的建议和要求——像垃圾运输要走专用匝道、建立大管网供水以避免水源污染等，也被采纳并逐一落实。2014 年 7 月至 9 月，中泰街道共组织了 82 批、4000 多人次赴外地考察，让群众实地察看国内先进的垃圾焚烧厂。"不看不知道，一看放心了。"现身说法，让群众一个个打消了先前的顾虑。
>
> 中泰项目落地推进的全过程，都选择了让群众深度参与。像做水文和大气监测时，监测点就设在村民院子里，环境监测数据和细节第一时间公布，用公开透明信息打消群众顾虑。
>
> 为提升群众获得感，杭州市专门给中泰街道拨了 1000 亩土地空间指标，用来保障当地产业发展。区里投入大量资金帮助几个村子引进致富项目，改善生态、生产、生活环境。
>
> 2015 年 4 月 14 日，余杭区通过近 1 年时间与群众协商沟通，切实提出补贴"利益"等实时办法，最终让垃圾焚烧发电厂项目实现原址开工建设。

2. 工程活动的经济性

工程活动是一个技术过程，也是一个按照经济规律运作的生产过程。在工程活动中，涉及建设资金、原材料、市场信息、成本核算、利润取得、劳动力使用等经济因素，都有经济成本。在经济成本和社会效益的关系上，有的工程以经济效益为主，有的工程以社会效益为主。许多公共、公益工程，其首要目标不是经济效益，而是社会效益。例如城市地铁、道路、公交汽车是为城市提供便捷的交通条件；而像三峡工程、南水北调工程等具有国家战略意义的大型工程，其目的是为长期的社会经济发展服务，而不仅仅是短期的经济利益。

在市场经济条件下，为了生存和发展，企业都会把经济效益和企业盈利作为工程活动的主要目标。但是，随着时代的进步和认识的提高，人们越来越深刻地意识到企业还承担着重要的社会责任。只有那些符合社会发展需求，符合可持续发展理念的工程，才是具有生命活力的工程。

1.4.2 工程文化

任何工程活动都渗透、融会、贯穿和彰显人类文明成就和文化思想方面的人文或人本主义价值精神追求，因此，工程产品也是具有文化意义的产品，工程必定是一个蕴含着文化的系统。今天，人们对工程所蕴含的文化理解更广泛和深刻，提出了工程文化、工程精神、工程美学、工程伦理等概念。

工程文化始终渗透在工程活动的各个环节，又凝聚在工程活动的成果、产物中。在工程规划阶段，应当把工程文化理念作为一个重要因素纳入决策者的视野；在工程设计阶段，设计师应当力求设计出具有很高文化品位的工程蓝图，设计师需要有深厚的文化底蕴和艺术修养，把工程精神、工程思维、工程审美、价值取向、社会责任、道德、习俗等工程文化在设计过程和设计成果中体现出来。

案例 1-21 中国载人航天 LOGO。中国载人航天 LOGO 以现代科技和中国传统文化符号传达中国载人航天是"创新、超越、高端"的重大项目，以代表宇宙科技的神秘、广阔、无限、智慧的航天蓝色传达"现代、超越、宇宙科技无限"并结合中国与宇宙科技的思想。中国载人航天工程形象标识如图 1-20 所示。

图 1-20 中国载人航天工程形象标识

案例 1-22 国家游泳中心"水立方"。"水立方"则是结合中国传统文化和现代科技共同"搭建"而成的。在中国传统文化中，"天圆地方"的设计思想催生了"水立方"，它与圆形的"鸟巢"——国家体育场相互呼应、相得益彰。方形是中国古代城市建筑最基本的形态，它体现的是中国文化中以纲常伦理为代表的社会生活规则。而这个"方盒子"又能够最佳体现国家游泳中心的多功能要求，从而实现传统文化与建筑功能的完美结合。国家游泳中心"水立方"如图 1-21 所示。

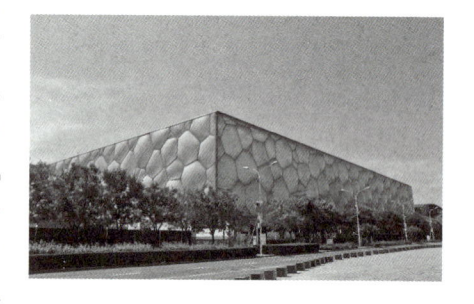

图 1-21 国家游泳中心"水立方"

在工程建造阶段，建设者必须要贯彻设计师的文化理念、文化要求，把建造标准、管理制度、施工程序、劳动纪律、安全制度、后勤保障等体制化成果表现出来；在工程集成物的使用阶段，工程产品成果及其消费使用是工程文化的集合或结晶。与埃及金字塔和巴台农神庙一样，现代建筑、汽车、大桥等均是文化、艺术与技术的完美体现。

20 世纪 50 年代，北京十大建筑中的民族文化宫、民族饭店、钓鱼台国宾馆、北京火车站、全国农业展览馆，就是体现了中国传统文化、具有鲜明特色的工程产品。北京的故宫、颐和园、天坛以及意大利的比萨斜塔、法国的凯旋门、美国的白宫等，无一不是历久不衰的美的杰作。部分世界著名建筑如图 1-22 所示。

图 1-22　部分世界著名建筑
a）故宫　b）比萨斜塔

而那些具有代表性的国家工程，都会形成体现民族凝聚力、战斗力的精神价值，如青藏铁路工程形成了"挑战极限，勇创一流"的青藏铁路精神；航天工程铸就了"特别能吃苦、特别能战斗、特别能攻关、特别能奉献"的载人航天精神，这些是最有意义的文化元素，是中华民族宝贵的精神财富。

1.4.3　工程伦理

虽然工程是有计划、有目的、有组织的物资生产活动，但是工程活动不是单纯的技术活动和物资生产活动，而是涉及经济、社会、政治、环境、管理等各种复杂社会因素的活动。在工程活动中，不仅涉及与工程活动相关的工程师、工人、管理者、投资方等多种利益相关方，还涉及工程与人、自然、社会的共生共存，因而面临着多种复杂交叠的利益关系。同时，由于工程是在部分无知的情况下实施的，工程活动既有可能满足人们的需求，也有可能导致非预期的不良后果。这样，在工程活动中，必然涉及一系列的选择问题。

例如工程目标的选择、设计原则的选择、建造方法和路径的选择、建造质量，以及工程师的责任和义务等。应该怎样选择？都有一个价值原则和道德评价问题，有一个好与坏、正当和不正当的问题，这就是工程伦理问题。

工程活动不仅要进行科学评价、技术评价、经济评价、社会评价，而且要进行伦理评价。工程活动受到伦理的影响和制约，伦理贯穿于工程活动的全过程。

工程在人类社会发展的历史长河中有着举足轻重的作用，无论是古代的水利工程、建筑工程，还是现代的工业工程、信息与通信工程、计算机与网络工程、交通工程、能源工程、军事工程、航空航天工程等，都对社会产生深远影响。如果离开创造性的工程活动，很难想象人类社会的图景会是什么样子。通过工程的造物活动，创造了人类社会灿烂的物质文明和精神文明。然而，尽管工程取得了如此显著的成就，人们同样尝到了由工程带来的种种恶果，无论是挑战者号航天飞机爆炸，还是日本福岛核电站泄漏，工程（尤其是当代工程）

给人们带来福祉的同时，也使人们生活的社会充满了风险，其中包括环境破坏、能源消耗、资源问题、公众健康危害、安全问题等，这些问题促使人们必须对工程活动进行深刻的伦理反思。对某些有害于环境保护、可持续发展，影响公众健康、安全、福祉的工程，要从更广泛的伦理范围进行约束。

工程活动既是应用科学知识和技术手段、方法改造物质世界的自然实践，也是改进社会生活和调整利益关系的社会实践。在工程活动全过程的各个环节包含以下三个方面的伦理问题：

（1）工程的技术伦理问题　工程的技术伦理问题涉及工程的质量和安全。质量和安全是产品的生命，工程产品的质量和安全是其发挥功能、实现其价值的基础。所以，几乎所有的工程规范都要求把公众的安全、健康和福祉放在优先的位置。保证良好的工程质量是实现这一目标的基本条件。如果工程产品是劣质的，就会给国家和人民的财产和健康、生命安全带来巨大的危害。

在确保工程质量和安全上，工程师承担的责任重大。世界工程组织联盟的伦理规范有关规定要求工程师重视工程安全，全美职业工程师协会章程也要求工程师进行安全设计、遵守公认的工程标准。工程师作为工程的设计者、管理者、技术监督者，在工程设计、建造和运行的过程中，要严格按照工程规范、技术标准和伦理原则进行工作，否则工程就有可能出现这样或那样的质量和安全问题。现实中存在的工程质量和安全问题，可能有决策不当、设计缺陷、施工过程中偷工减料，甚至管理腐败等问题，所有这些问题的原因之一，是工程师没有履行自己的职责。

> **案例 1-23**　福特平托车案。1978 年 8 月 10 日，一辆福特平托车（Ford Pinto）在印第安纳州公路上，由于车尾被撞，导致油箱爆炸，车上的三名乘客当场死亡。
> 　　由于油箱设计问题，从 1971 年到 1977 年，福特平托车发生 500 起恶性交通事故。在第一批平托车投放市场之前，福特公司的两名工程师曾经明确地提出过要在油箱内安装防震的保护装置，每辆车因此需要增加 11 美元的成本。但福特公司做了一个会计成本效益分析：如果要生产 1100 万辆家用轿车和 150 万辆卡车，那么增加该附加装置导致的成本为 1 亿 3750 万美元。而假设有 180 辆平托车的车主因事故而死亡，另外 180 位被烧伤，2100 辆汽车被烧毁。依据当时的普遍判例，福特公司将可能赔偿每个死者 20 万美元，每位烧伤者 67000 美元，每辆汽车损失 700 美元。那么，在不安装附加安全设施的情况下，可能的最大支出仅为 4953 万美元。对比安装油箱保护装置所要花费的 1 亿 3750 万美元，福特公司决定不安装该附加装置。
> 　　该案最终的结果是加州桑塔—阿纳法庭判处福特公司赔偿受害人 250 万美金，并处 350 万美元的惩罚性赔偿。同时，福特召回 150 万辆平托车。1981 年，臭名昭著的福特平托车退出市场。

（2）工程的环境伦理问题　工程技术推动经济社会的快速发展，城市化加快，工业化程度不断提高，人类对自然的开发力度逐渐加大，产生一系列的陆地污染、海洋污染、水污染、大气污染、噪声污染、放射性污染等，对自然环境造成越来越明显的影响。例如全球变暖、臭氧层破坏、酸雨、淡水资源危机、能源短缺、森林资源锐减、土地荒漠化、物种加速灭绝、垃圾成灾、有毒化学品污染等众多方面，这些直接威胁着生态环境，威胁着人类的健康和子孙后代的生存。人与自然的关系成为当代工程活动必须面临的问题。

> **案例 1-24** 阳宗海砷污染事件。阳宗海是云南九大高原湖泊之一,湖面面积 31.1km^2,总蓄水量 6.04 亿 m^3。
>
> 2001 年以来,×××公司违反国家防治环境污染的相关规定,在未办理环境影响评价的情况下,先后擅自技术改造改扩建年产 2.8 万 t 硫化锌精矿制酸生产线两条、开工建设年产 8 万 t 磷酸一铵生产线一条。
>
> 在上述工程施工中,×××公司没有同时建设配套的环境保护设施。建成投产后,使用砷含量超过国家标准的硫化锌精矿及硫铁矿作为原料生产硫酸,再用硫酸生产磷酸一铵。
>
> 此外,没有按照后期补办的环境影响评价及环境监管部门的要求,建设规范的生产废水收集、循环、排放系统及废固堆场,长期将含砷生产废水通过明沟及暗管直接排放到厂区内一个没有经过防渗处理的天然坑塘内,将含砷固体废物磷石膏在 3 个地点露天堆放。雨季降水量大时直接将生产废水抽至厂外排放。
>
> 法院审理认为,被告单位×××公司作为具有相应刑事责任能力的法人单位,在生产经营过程中的环境违法行为,导致阳宗海水体受污染,水质从二类下降到劣五类,饮用、水产品养殖等功能丧失,周边居民两万六千余人的饮用水源取水中断,公私财产遭受百万元以上损失,构成重大环境污染事故罪。

工程的环境伦理问题不仅涉及工程决策、规划的正确性和合理性,工程设计和工程建造的安全与效率等基本准则,还涉及工程原料的利用和工程从建造到使用过程中对环境的影响。工程活动不仅要通过对技术责任的严格遵守来承担对人的生命与健康的义务,同时在保护自然环境、维护生态平衡方面,工程活动主体也负有道义责任,应当将生态价值和工程价值协调起来,做到工程的社会经济和科技功能与自然界的生态功能相互协调和相互促进,在工程活动的各个环节都要减少对环境的负面影响,实现工程的可持续发展。

(3) 工程的社会伦理问题　工程活动涉及决策者、投资者、设计者、建造者、使用者以及受到工程影响的其他群体,能够尽量地公平协调不同利益群体的相关诉求,同时争取实现利益最大化,是工程活动所要解决的基本问题之一。

一方面,工程活动主体的决策者、投资者、工程师作为专业群体对工程的效果比一般公众具有更专业的判断力,更有责任预测和评估工程可能产生的各种后果,他们有责任评估工程的负面效应,有责任防止危害公众安全和健康的工程决策和设计,有责任、有义务发明与发展有意义的技术和技术问题的解决办法。

另一方面,工程主体应当让广大公众对影响较大的工程活动知情,尽量征得公众同意。在公共、公益工程中,例如城市地铁修建,公众既是投资者,也是利益相关者。在商业工程中,工程对自然和社会产生的影响是公共的,公众是重要的利益相关者。若工程与公众个人利益直接相关,公众在享有知情权的基础上,还应享有选择权。例如在转基因食品对健康影响问题尚未有定论的情况下,公众有权自主决定是否使用转基因食品。对于那些可能产生重大环境与社会影响的大型工程,公众在享有知情权的基础上,还享有表达意见的权利,甚至是某种形式的决策参与权。

案例 1-25 美国密歇根州大坝溃决事件。2020 年 5 月中旬，美国密歇根州大范围持续降雨，河道水位暴涨。5 月 19 日，提塔巴瓦西（Tittabawassee）河上的伊登维尔（Edenville）大坝发生溃坝（如图 1-23 所示），溃坝洪水下泄后，造成下游桑福德（Sanford）大坝发生漫顶破坏，导致水库下游米德兰市区大面积淹没，上万人被迫紧急撤离。大坝发生溃坝有以下几方面原因：

1) 气象条件因素。据美国国家气象局报道，5 月 17 日—19 日，提塔巴瓦西河流域降雨量达 100~180mm。集中的强降雨导致水库水位迅速上涨，水位逼近伊登维尔大坝坝顶，从而造成了对大坝安全的严重威胁。

图 1-23 伊登维尔大坝发生溃坝

2) 大坝结构因素。伊登维尔大坝的坝型为土坝。坝体上游坝坡采用碎石护坡，下游坝坡为草皮护坡。大坝溃决产生于坝身滑坡破坏，导致坝体滑动破坏的主要原因包括上游高库水位的荷载作用、坝体的渗透破坏、坝体渗流浸润线较高、大坝土体抗剪切强度降低等。

3) 运行管理因素。美国的联邦能源管理委员会（FERC）对伊登维尔大坝的安全评估结果表明，大坝泄流能力不足，无法有效应对大规模洪水威胁。在多次规劝无效的情况下，FERC 吊销了伊登维尔大坝的发电许可证。之后，密歇根州大湖能源环境部（EGLE）接管了博伊斯水电公司（电站发电不并入联邦电网），组织了对大坝的安全检查，得出"大坝结构状况良好"的结论，同时也对大坝泄洪能力不足的问题表示了强烈关注。在一般情况下，水库水位通常会在冬季下降，以防止冰的积聚对大坝造成破坏。但在 2020 年春天，博伊斯水电公司提高水库水位，以便有足够的水深供大多数湖滨居民放置和正常使用吊艇架和码头。5 月 3 日，水库水位达到了夏季最高水位。尽管 EGLE 大坝安全部门非常清楚，大坝实际泄洪能力可能无法达到最大洪水标准的一半，仍向其发放了提高水库蓄水位的许可证。

从工程伦理的角度来分析，本次溃堤事件的发生与博伊斯水电公司管理不力，更新改造不及时，以及不顾相关部门的提醒和警告，一意孤行，强行提升水位有直接联系。

1.4.4 经济、社会和环境的可持续发展

如今社会对工程的需求之大前所未有，无论是迅速发展的城市化进程所产生的需求，还是对关键资源的可利用、气候变化的后果与逐渐增多的自然与人为灾害的日益担忧。工程与社会不仅面临史无前例的技术挑战，还要面对一系列需要发展全球工程伦理学才能解决的新

的伦理问题。

在为经济可持续发展服务的工程领域中，挑战在于要设计技术和体系来使全球商业更加便利，促进技术创新和创业精神，帮助增加就业岗位，改变传统的以"高投入、高消耗、高污染"为特征的生产模式和消费模式，实施清洁生产和文明消费，以提高经济活动中的效益，节约资源和减少废物，把对环境的影响最小化。

在社会领域，对工程的挑战来自于要设计一种体系促进教育和健康的发展，改善人类生活质量，提高人类健康水平，减少全球贫困，创造一个保障人们平等、自由、教育、人权和免受暴力的社会环境。在每一个方面，工程都不是独立发挥作用，如果没有政治和经济力量的密切协作，是注定要失败的。面对一个出现的挑战，工程还要发展技术方法，来帮助阻止或减弱敌对行为，减少自然灾害的影响，减少对地球资源的索取。

在资源的索取中，工程的传统角色——从水到食物、能源和材料——需要通过新方法得到加强和扩展，在节约资源及废物利用方面，工程技术越来越重要。

水是一切生命赖以生存、社会经济发展不可缺少和不可替代的重要自然资源和环境要素。但是，现代社会的人口增长、工农业生产活动和城市化的急剧发展，对有限的水资源及水环境产生了巨大的冲击。在全球范围内，水质的污染、需水量的迅速增加以及部门间竞争性开发所导致的不合理利用，使水资源进一步短缺，水环境加倍恶化。

由于经济快速发展、人口增加，导致对食物供给的需求量增加，而农耕用地越来越多地被用于城市化发展、工业建设，食品面临供给不足的危险境地，增加了对农业工程的新需求。

在能源方面，能源需求持续增长，能源供需矛盾也越来越突出，工程受到的挑战包括：太阳能、风能、地热能、海洋能、生物能等可再生能源的开发和利用；可燃冰新型能源的开发技术；能源存储技术；提高能源利用率，在电力、钢铁、水泥、化工等高耗能行业，加快技术进步，淘汰落后产能，推动产业升级和节能减排，尽可能减少能源和其他自然资源的消耗；不断提高勘探开发、综采成套装备、发电等能源科技装备水平。

在环境领域，工程面临的挑战主要是帮助减少人类生活和活动对环境造成的侵害，这些侵害包括：人类栖息地不断扩大对环境的破坏，没有节制的矿产资源开采，人造水坝对野生动物的影响，工业排放威胁人类健康，全球气温变暖等。此外，工程面临更紧迫的挑战还有：提高资源的使用率，适度消费，材料回收，寻求可替代的新能源等。废品处理问题也越来越重要，其中包括棘手的核废料问题，这些关系人类健康和环境保护。同时，保护其他物种的栖息地，使它们与人类活动共存，这需要对社会经济活动进行科学合理的规划。

可持续发展要求经济建设和社会发展要与自然承载能力相协调。发展的同时必须保护和改善地球生态环境，保证以可持续的方式使用自然资源和环境成本，使人类的发展控制在地球承载能力之内。因此，可持续发展强调了发展是有限制的，没有限制就没有发展的持续。生态可持续发展同样强调环境保护，但不同于以往将环境保护与社会发展对立的做法，可持续发展要求通过转变发展模式，从人类发展的源头、从根本上解决环境问题。

案例 1-26 首钢京唐钢铁联合有限责任公司。2005 年 2 月 18 日，国家发改委批复"首钢实施搬迁、结构调整和环境治理方案"，批准首钢"按照循环经济的理念，结合首钢搬迁和唐山地区钢铁工业调整，在曹妃甸建设一个具有国际先进水平的钢铁联合企业"。

首钢京唐钢铁联合有限责任公司成为国内第一个实施城市钢铁企业搬迁、完全按照循环经济理念设计建设、临海靠港具有国际先进水平的千万吨级大型钢铁企业,如图1-24所示。按照清洁生产的思路,从产品整个生命周期分析生产过程,采用新工艺、新技术,使生产流程简单化、紧凑化、连续化,减少废弃物的产生与排放。

图1-24　首钢京唐钢铁联合有限责任公司

视频1-8　首钢京唐钢铁联合有限责任公司

同时,在不同产业、行业之间建立相互依存的链接代谢关系,通过钢铁、电力、化工、建材的紧密衔接和有效融合,构建焦化、冶炼—副产煤气、余热余压—发电,冶炼—废渣—建材,冶炼—含铁尘泥—烧结,炼焦—焦油、煤气—化工产品,冶炼—钢铁产品—废钢铁—电炉炼钢等产业链。对生产过程中的煤气、余热、余压、余气、废水、含铁物质和固体废弃物等充分循环利用,把上游废物变成下游原料,做到物尽其用,基本实现废水、固废零排放,铁元素资源100%回收利用。吨钢综合能耗570kg标准煤,吨钢综合电耗606kW·h,吨钢耗新水2.44m^3,吨钢粉尘排放量0.25kg、二氧化硫排放量0.08kg,达到国际先进水平。

此外,拓展服务社会功能,大力开发余热余压发电,富余电量上网,余热输送供社会居民采暖,利用钢铁高温冶炼条件成为城市废弃物处理中心,钢铁渣用于建材和城市道路建设,建设海水淡化,浓盐水送周边企业制盐,利用淡化水制取生活饮用水,实现与社会的和谐发展。

阅 读 材 料

【阅读材料1-1】

青 藏 铁 路

工程简介：青藏铁路简称青藏线,是一条连接青海省西宁市至西藏自治区拉萨市的国铁Ⅰ级铁路,是中国新世纪四大工程之一,是通往西藏腹地的第一条铁路,也是世界上海拔最高、线路最长的高原铁路,如图1-25所示。

青藏铁路分两期建成,一期工程东起西宁市,西至格尔木市,1958年开工建设,1984年5月建成通车;二期工程东起格尔木市,西至拉萨市,2001年6月29日开工,2006年7

月1日全线通车。

青藏铁路由西宁站至拉萨站，线路全长1956km，其中西宁至格尔木段线路长814km，格尔木至拉萨段线路长1142km；共设85个车站，设计的最高速度为160km/h（西宁至格尔木段）、100km/h（格尔木至拉萨段）。截至2015年3月，青藏铁路的运营速度为140km/h（西宁至格尔木段）、100km/h（格尔木至拉萨段）。

图1-25　青藏铁路　　　　　　　　　　　　　　视频1-9　青藏铁路

青藏线大部分线路处于高海拔地区和"生命禁区"，面临着三大世界铁路建设难题：千里冻土的地质构造、高寒缺氧的环境和脆弱的生态。

技术难题： 青藏铁路建设创造了西藏铁路运输史上的多项纪录。青藏铁路是世界海拔最高的高原铁路：铁路穿越海拔4000m以上地段达960km，最高点为海拔5072m。青藏铁路也是世界最长的高原铁路：青藏铁路的格尔木至拉萨段，穿越戈壁荒漠、沼泽湿地和雪山草原，全线总里程达1142km。青藏铁路还是世界上穿越冻土里程最长的高原铁路：铁路穿越多年连续冻土里程达550km。海拔5068m的唐古拉山车站，是世界海拔最高的铁路车站。海拔4905m的风火山隧道，是世界海拔最高的冻土隧道。全长1686m的昆仑山隧道，是世界最长的高原冻土隧道。海拔4704m的安多铺架基地，是世界海拔最高的铺架基地。全长11.7km的清水河特大桥，是世界最长的高原冻土铁路桥。青藏铁路冻土地段时速达到100km/h，非冻土地段达到120km/h，是世界高原冻土铁路的最高时速。

1）千里冻土。青藏铁路要穿越连续多年冻土区550km，不连续多年冻土区82km。在这一地区施工，带来的问题主要有两方面，一是全球变暖带来的气温升高，会使冻土消融；二是人类工程活动会改变冻土相对稳定的水热环境，使地下水位下降，土壤水分减少，导致植被死亡等，将涉及更大面积的冻土消融。

为攻克冻土难题，中国科学家采取以桥代路、片石通风路基、通风管路基（主动降温）、碎石和片石护坡、热棒、保温板、综合防排水体系等措施，解决了千年冻土所带来的难题。

2）高原反应。为了战胜高寒缺氧的恶劣环境，保障铁路建设者的生命健康。铁道部、卫生部在中国工程建设史上第一次联合发文，对医疗卫生保障专门做出详细规定，并投入近2亿元，在全线建立医疗卫生保障点，建立健全了三级医疗保障机构。铁路沿线共设立医疗机构115个，配备医务人员600多名，职工生病在半小时内即可得到有效治疗。对职工进行定期体检，安排职工到低海拔地区轮休。青藏铁路在关注建设者的生命健康方面也创造了许多新纪录。青藏铁路开工以来，累计接诊病人45.3万多人次，治疗脑水肿427例，肺水肿841例，无一例死亡，创造了高原医学史上的奇迹。

3）生态环保。青藏铁路穿越了可可西里、三江源、羌塘等中国国家级自然保护区，因地处世界"第三极"，生态环境敏感而脆弱。对此，青藏铁路从设计、施工建设到运营维护，始终秉持"环保先行"理念，如为保障藏羚羊等野生动物的生存环境，铁路全线建立了33个野生动物专用通道；为保护湿地，在高寒地带建成世界上首个人造湿地；为保护沿线景观，实现地面和列车的"污物零排放"；为改善沿线生态环境，打造出一条千里"绿色长廊"。这些独具特色的环保设计和建设运营理念，也使青藏铁路成为中国第一条"环保铁路"。

重要意义：青藏铁路的建成在政治和经济上都具有重要意义。

1) 政治意义。西藏处于中国的西南边陲，地理位置十分重要。青藏铁路的建成及其运行使国内主要城市与尼泊尔贸易的陆路运输时间从12天至18天缩短到一周以内。同时，青藏铁路加强国内其他广大地区与西藏的联系，促进藏族与其他各民族的文化交流，增强了民族团结。

2) 经济意义。青藏铁路对改变青藏高原贫困落后面貌，增进各民族团结进步和共同繁荣，促进青海与西藏经济社会又快又好发展产生了广泛而深远的影响。

青藏铁路有利于促进西藏在工业、旅游业等产业的发展，优化西藏的产业结构，实现中国地区经济的平衡、协调发展；有利于西藏矿产资源的开发，发挥资源优势；有利于降低进出西藏货物的运输成本，提高经济效益；有利于西藏的对外开放，加强与其他地区及国外的经济交流与合作；有利于西藏市场机制的完善和当地人民市场意识的增强，促进经济的发展；有利于西藏人民生活水平的提高和全国人民的共同富裕；有利于促进中国各民族的共同繁荣，进一步巩固平等、团结、互助的新型民族关系。

青藏铁路完善了中国铁路网布局，实现西藏自治区的立体化交通，为青、藏两省区的经济发展提供更广阔空间，使其优势资源得以更充分的发展；开发青海、西藏两省区丰富的旅游资源，促进青海、西藏两省区的旅游事业飞速发展，使之成长为两省区国民经济的支柱产业之一；改变西藏不合理的能源结构，从根本上保护青藏高原生态环境的长远需要。

社会评价：青藏铁路被列为"十五"四大标志性工程之一，名列西部大开发12项重点工程之首。媒体评价青藏铁路"是有史以来最困难的铁路工程项目""它将成为世界上最壮观的铁路之一"。

青藏铁路推动西藏进入铁路时代，密切了西藏与国内其他地区的时空联系，拉动了青藏带的经济发展，被人们称为发展路、团结路、幸福路。

【阅读材料1-2】

中国载人航天工程

工程简介：1986年，我国批准实施"863"计划，并把发展航天技术列入其中。当时论证了很多方案，最后专家们建议以载人飞船开始起步，最终建成我国的空间站。

1992年9月21日，中共中央政治局常委会批准实施载人航天工程，并确定了三步走的发展战略：

第一步，发射载人飞船，建成初步配套的试验性载人飞船工程，开展空间应用实验。

第二步，在第一艘载人飞船发射成功后，突破载人飞船和空间飞行器的交会对接技术，并利用载人飞船技术改装、发射一个空间实验室，解决有一定规模的、短期有人照料的空间应用问题。

第三步，建造载人空间站，解决有较大规模的、长期有人照料的空间应用问题。

中国载人空间站工程于2010年10月正式启动实施。载人空间站方案如图1-26所示。

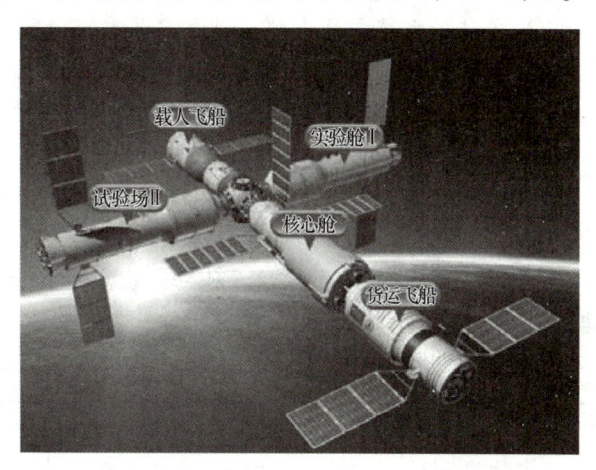

载人航天工程实行专项管理机制。设立中国载人航天工程办公室，作为统一管理工程的专门机构和组织指挥部门，也是工程两总和重大专项领导小组（一组）的办事机构。办公室对内行使工程管理职能，在工程两总的直接领导下，负责组织指导、协调各任务单位开展研制建设和试验任务，在技术方案、科研计划、条件保障、质量控制、运营管理上实施全方位、全过程、全寿命的组织管理。办公室对外代表中国政府与世界其他国家（地区）航天机构和组织开展载人航天国际合作与交流。

图1-26 载人空间站方案

系统组成： 中国载人航天工程是中国航天史上迄今为止规模最大、系统组成最复杂、技术难度和安全可靠性要求最高的跨世纪国家重点工程之一，由航天员、飞船应用、载人飞船、运载火箭、发射场、航天测控与通信和着陆场七大系统组成。

1）航天员系统。负责航天员的选拔、训练，对航天员进行医学监督和医学保障，研制航天员的个人装备和飞行过程中对航天员进行医学监督、数据传输的有关设备，对飞船的工程设计提出医学要求。另外，航天员系统还要负责航天员的环境控制，其环控生保分系统要给航天员创造一个适于生活、工作的大气环境。

2）飞船应用系统。负责载人航天工程的空间科学与应用研究。装载在飞船舱内的科学实验仪器，可进行空间对地观测和各种科学实验。实验内容非常广泛，研究成果将广泛用于医药发展、食品保健、防治疑难病症以及工业、农业等各行业之中。

3）载人飞船系统。主要是研制神舟号载人飞船。载人飞船采用轨道舱、返回舱和推进舱组成的三舱方案，额定乘员3人，可自主飞行7天。按照神舟号载人飞船目前运行模式，飞船在太空自主飞行试验结束后，返回舱按预定轨道返回地面，轨道舱可留轨运行半年时间，执行一些对地观测及其他预定任务。

4）运载火箭系统。主要是研制用于发射飞船的长征二号F型运载火箭。它是国内目前可靠性、安全性最高的运载火箭之一，可靠性超过99.9%。运载火箭系统要解决靶场发射、运输、故障诊断和宇航员安全逃逸等方面的问题。

5）发射场系统。由中国酒泉航天发射中心载人航天发射场承担，负责飞船、火箭的测试及其发射、上升阶段的测控任务。载人航天发射场由技术区、发射区、试验指挥区、首区测量区、试验协作区和航天员区6大区域组成，于1998年正式投入使用，采用了具有国际先进水平的"垂直总装、垂直测试、垂直运输"及远距离测试发射模式。

6）航天测控与通信系统。主要是执行飞行任务的地面测量和控制，负责飞船从发射、运行到最终返回的全程测量和遥控，是飞船升空后和地面唯一的联系途径。中国航天测控与通信系统目前包括4艘远洋测量船、6个陆上测量站和3个活动测量站。在原有卫星测控通信网的基础上，研制了符合国际标准体制，可进行国际联网的 S 波段统一测控通信系统，形成了陆海基载人航天测控通信网。

7）着陆场系统。负责对飞船返回再入的捕获、跟踪和测量，搜索回收返回舱，并对航天员返回后进行医监医保、医疗救护。着陆场区主要包括内蒙古中部的主着陆场和酒泉卫星发射中心内的副着陆场以及若干陆、海应急救生区。

中国载人航天工程的七大系统涉及学科领域广泛、技术含量密集，全国 110 多个研究院所、3000 多个协作单位和几十万工作人员承担了研制建设任务。

飞行任务：从 1992 年启动载人航天工程以来，中国航天不断取得新突破，成为世界上第 3 个独立掌握载人航天技术、独立开展空间实验、独立进行出舱活动的国家。中国航天飞船、飞行器发射情况见表 1-1。

表 1-1 中国航天飞船、飞行器发射情况

名称	发射时间	发射地点	类型
神舟一号	1999 年 11 月 20 日	酒泉卫星发射中心	第一艘实验飞船
神舟二号	2001 年 1 月 10 日	酒泉卫星发射中心	第一艘正样无人航天飞船
神舟三号	2002 年 3 月 25 日	酒泉卫星发射中心	正样无人飞船
神舟四号	2002 年 12 月 30 日	酒泉卫星发射中心	第三艘正样无人飞船
神舟五号	2003 年 10 月 15 日	酒泉卫星发射中心	载人航天飞行器
神舟六号	2005 年 10 月 12 日	酒泉卫星发射中心	载人飞船
神舟七号	2008 年 9 月 25 日	酒泉卫星发射中心	载人飞船
神舟八号	2011 年 11 月 1 日	酒泉卫星发射中心	载人飞船
神舟九号	2012 年 6 月 16 日	酒泉卫星发射中心	载人飞船
神舟十号	2013 年 6 月 11 日	酒泉卫星发射中心	载人飞船
神舟十一号	2016 年 10 月 17 日	酒泉卫星发射中心	载人飞船
天舟一号	2017 年 4 月 20 日	文昌航天发射场	无人货运飞船
天宫一号	2011 年 9 月 29 日	酒泉卫星发射中心	目标飞行器
天宫二号	2016 年 9 月 15 日	酒泉卫星发射中心	太空实验室
长征五号 B 运载火箭首飞任务	2020 年 5 月 5 日	文昌航天发射场	载人飞船试验船和试验舱
长征五号 B 遥二运载火箭	2021 年 4 月 29 日	文昌航天发射场	空间站天和核心舱
天舟二号	2021 年 5 月 29 日	文昌航天发射场	无人货运飞船
神舟十二号	2021 年 6 月 17 日	酒泉卫星发射中心	载人飞船
天舟三号	2021 年 9 月 20 日	文昌航天发射场	无人货运飞船
神舟十三号	2021 年 10 月 16 日	酒泉卫星发射中心	载人飞船
天舟四号	2022 年 5 月 10 日	文昌航天发射场	无人货运飞船
神舟十四号	2022 年 6 月 5 日	酒泉卫星发射中心	载人飞船
长征五号 B 遥三运载火箭	2022 年 7 月 24 日	文昌航天发射场	问天实验舱

工程意义：20 多年来，我国攻克并掌握了一大批尖端核心技术，建设形成了基本完整配套的研制试验体系，并在大型系统工程组织管理方面积累了宝贵经验；工程带动诸多领域

和行业的创新发展与产业提升,形成了巨大的拉动和辐射效应;凝聚、培养和造就了新一代航天高科技人才队伍,形成了"特别能吃苦、特别能战斗、特别能攻关、特别能奉献"的载人航天精神,极大激发了广大民众特别是青少年热爱祖国、崇尚科学、探索未知的热情。我国载人航天工程对经济社会发展起到了积极而显著的推动作用,产生了深刻而长远的社会影响。

1)维护国家安全利益的需要。载人航天技术源于国防和军事需求,是冷战时期苏联和美国军备竞赛的产物,最初目的是提高军事威慑能力,保持军备竞赛优势,维护国家传统安全与现实利益。随着世界科技的迅猛发展,人类的生存空间与发展视野不断延伸,国家安全边界得到拓展,利益空间范围得到扩大,宇宙空间的战略意义更加突出,客观上为载人航天技术的进一步发展持续增添新的需求和动力。

2)巩固提升大国地位的需要。载人航天是我国航天事业和科技发展的新里程碑,是国际竞争中的重大战略行动,凸显中国人的探索与创造能力。载人航天工程作为一个民族勇于探索、敢于超越的重要标志,对于激发民族自豪感,增强民族凝聚力,使中华民族以崭新面貌屹立于世界民族之林,意义十分重大。

3)促进人类文明进步的需要。探索未知世界是人类文明与进步的永恒动力,是人类拓展生存空间的必然选择。纵观人类社会发展的历史,其活动疆域和生存空间的每一次拓展,都极大地增强了人类认识自然、改造自然的能力,推动生产力跨越式发展。正如人类从陆地进入海洋、飞向天空一样,进入外层空间并向深空进发,认识、开发和利用太空资源,是人类不可回避的历史使命,对茫茫宇宙的不懈探索,将始终伴随人类向未来更高文明层次迈进。

4)推动社会经济发展的需要。航天产业的技术含量高、产业链条长、产业辐射性强,对许多行业领域发展具有很强的带动作用,可以为经济发展注入持久动力。载人航天融合众多学科和高新技术,解决人类在极端环境和高风险条件下的生存、工作等问题,体现了对航天产业的最高要求,对推动科技进步、带动相关产业发展的作用尤为明显。

【阅读材料1-3】

北京地铁8号线的文化特色

工程简介:北京地铁8号线(以下简称8号线)是一条纵贯北京南北的中轴线路,分南北两段运营。北段位于北京市域中北部,南起东城区中国美术馆站,北至昌平区朱辛庄站;南段位于北京市域中南部,南段南起大兴区瀛海站,北至东城区珠市口站。设35座车站、2座车辆基地,线路标识色为深绿色。

8号线一期工程(奥运支线)于2008年7月19日开通,并直接服务于北京奥运会。8号线二期全线于2013年12月28日开通,使这条规划中贯穿北京南北的中轴轨道再次延长,开通区间为朱辛庄站至南锣鼓巷站。三期工程南段与四期工程于2018年12月开通,2021年底,8号线三期工程北段开通,8号线全线贯通运营。

北京地铁8号线是贯穿北京南北的交通大动脉,号称北京的地下中轴线,地理环境特殊、文化底蕴丰厚。因此,8号线装修设计风格体现了环境、地域的文化因素。

车站设计:为了迎接2008年第29届北京奥运会,8号线一期奥运支线先期建设,8号线一期的4座车站中,北土城站可以与10号线换乘,奥林匹克公园站可以与15号线换乘。

4座车站都进行了专门的室内设计:北土城站的8号线部分为青花瓷设计元素(如图1-27所示),奥体中心站采用了运动主题的设计元素(如图1-28所示),奥林匹克公园站的天花板加入了"水泡泡"的设计元素,森林公园南门站整体是森林的设计元素。

图1-27 北土城站

图1-28 奥体中心站

除北土城站外,其余的3个车站均在奥运中心区内。奥体中心站位于奥体中心旁,另一侧是中华民族园。奥林匹克公园站位于奥林匹克公园中央地带,为国家体育场"鸟巢"、国家游泳中心"水立方"、国家体育馆、国家会议中心等设施提供服务。森林公园南门站位于奥林匹克森林公园南门外。

8号线二期北段的6座车站中,除朱辛庄站外,其他车站天花板均采用类似马赛克拼接的装饰风格,天花板中部设置灯带,取中轴线的寓意。这6座车站的风格相同,但是灯带和天花板的色调每站并不相同,一座车站使用一种颜色。

8号线二期南段6座车站中,鼓楼大街站仿照鼓的圆形灯饰,与车站所在地鼓楼的地域特色相呼应。什刹海站的装修风格贴近北京传统古建风格(如图1-29所示),设计上以北京传统市井的灰色调和青砖的肌理为背景。南锣鼓巷站位于北京市保存最完整的四合院区,车站装饰仿照四合院的灰砖、檩条、砖雕等元素(如图1-30所示),突出展现了老北京民居特色与风俗文化。中国美术馆站用黄公望的《富春山居图》作为装饰,体现了中国美术馆站的特色。

图1-29 什刹海站

图1-30 南锣鼓巷站

地铁8号线三期及四期工程以"门"的形象创意体现和延续"中轴"概念,以"门观中轴"作为其整体线路设计理念。例如,天桥站的站厅和站台层吊顶是拱形顶,宛如城门。同时,车站艺术品设计也体现出中轴线的文化底蕴。站厅层的两幅巨型壁画是点睛之笔,尽显天桥两种截然不同的文化。西侧的磨漆壁画长20.7m、高3.2m,取名《天子赴祭》(如图1-31所示),将再现当年皇帝率众赶赴天坛祭拜以求上苍保佑天下太平、五谷丰登的宏大场景。画中一座砖石桥梁,是天子出前门后过龙须沟的必经之桥,也就是"天桥"。与《天子赴祭》相对的，是以天桥平民文化见长的《天桥遗韵》（如图1-32所示）。这幅壁画长达32.7m，分三个部分表现不一样的天桥文化：中间一幅是天桥杂耍与民间艺术，百姓造型淳朴，一人一姿态；左右两边分别是天桥地区的各式小吃与杂货买卖，造型写实、构图密集，栩栩如生的画面和大理石特有的岁月感，充分展现出旧时天桥的热闹繁盛。

图1-31 天子赴祭

图1-32 天桥遗韵

在整体概念下，8号线三、四期其他各站也充分参考了中轴线的古文化特点和所在车站的地域特点，站域内的公共艺术品充满了"文化味儿"。例如，珠市口站结合周边胡同文化特点，打造"流金岁月"主题："流"意为车水马龙，川流不息；"金"象征财富与繁荣；整幅壁画展现了过去的胡同烟雨，旧城繁华，追忆胡同"流金岁月"。永定门外站的拱形车站顶是模拟中国古建筑设计的藻井，使现代化的车站增添了京城中轴古韵。墙壁上的艺术作品为《石幢燕墩》，描绘的是燕京八景之一——石幢燕墩，地域色彩显著。海户屯古时是为皇家饲养马匹的场所，因此海户屯站展厅内设计了《奔马图》壁画，展现出一幅万马奔腾的壮观场面。火箭万源站临近中国运载火箭技术研究院，外观造型和内部设计也极具航天特色，其装修设计主题为"空天之门"，整个站厅层充满了科技感，乘客行走在地铁站内，抬头就能看到拱顶上的蓝色星空，仿佛置身于浩瀚的宇宙中。

列车设计：8号线采用中国南车青岛四方机车车辆股份有限公司制造的SFM12型列车，不锈钢色的外表，显得车身厚实刚硬，深绿色的两条长线镶嵌其中。车厢里的座椅也是统一的深绿色，黄色的为老幼座椅。不锈钢材质增加了车门硬度，比一般车门更安全，也防止拥挤时车门被挤坏。新车采用第三轨上部接触受电。同时，客室车窗单独设有两个可打开的活动窗，位于每个车厢的前端和后端的斜对角。另外，车头左边还设有逃生门，遇突发状况乘客可逃生。

习题与思考题

1-1 什么是工程？
1-2 在古代和现代，工程的发展有什么不同？
1-3 如何理解工程的本质？工程有哪些基本特征？
1-4 工程为什么总是伴随着风险？
1-5 当代工程的规模越来越大、复杂程度越来越高，需要树立什么样的工程理念？
1-6 什么是工程思维？工程思维有哪些特征？
1-7 什么是工程方法？工程方法有哪些特征？
1-8 科学、技术、工程有什么不同？
1-9 简述工程与科学的关系。

1-10 举例说明科学探索发现的规律和原则，以及对工程建造活动的指导和促进作用。
1-11 举例说明工程建造活动中发现的新问题，它们怎样促进科学有新发现？
1-12 简述工程与技术的关系。
1-13 举例说明工程作为改造世界的活动必须有技术的支撑。
1-14 举例说明工程促进技术的发展。
1-15 如何理解工程活动的社会性和经济性？
1-16 如何理解工程文化？
1-17 什么是工程伦理问题？
1-18 工程活动全过程的各个环节包含哪三个方面的伦理问题？
1-19 如何理解工程师的环境伦理责任？
1-20 为什么说经济、社会和环境要可持续发展？
1-21 结合本章阅读材料，简述工程活动有什么特点。
1-22 结合阅读材料1-1和相关网络材料，分析工程与社会的关系。如果你是青藏铁路总设计师，根据青藏铁路的建设条件，你会考虑哪些社会、环境、伦理、经济因素？请具体说明。
1-23 结合阅读材料1-2，分析工程与科学技术是如何相互促进、共同发展的？同时分析工程应用与科学技术的不同。
1-24 结合阅读材料1-3，北京地铁8号线体现了哪些工程思维和工程文化理念？
1-25 你还能想到身边有哪些工程项目在设计、施工过程中充分体现了工程与社会的关系？试结合具体案例给出分析。
1-26 查阅"华龙一号"全球首堆——福建福清核电5号机组相关资料，从工程与社会、环境保护与可持续发展视角，分析其社会、经济和生态价值。"华龙一号"需要解决哪些技术、社会、环保方面的问题？是如何解决这些问题的？举例说明"华龙一号"的创造性。
1-27 查阅白鹤滩水电站相关资料，从工程与社会、环境保护与可持续发展视角，分析其社会、经济和生态价值。白鹤滩水电站需要解决哪些技术、社会、环保方面的问题？是如何解决这些问题的？举例说明白鹤滩水电站设计的创造性。
1-28 查阅港珠澳大桥相关资料，从工程与社会、环境保护与可持续发展视角，分析其社会、经济和生态价值。港珠澳大桥需要解决哪些技术、社会、环保方面的问题？是如何解决这些问题的？举例说明港珠澳大桥设计的创造性。
1-29 查阅南水北调中线工程相关资料，从工程与社会、环境保护与可持续发展视角，分析其社会、经济和生态价值。南水北调中线工程需要解决哪些技术、社会、环保方面的问题？是如何解决这些问题的？举例说明南水北调中线设计的创造性。
1-30 如果建造南水北调西线工程，查阅相关资料，从工程与社会、环境保护与可持续发展视角，分析其社会、经济和生态价值。南水北调西线工程需要解决哪些技术、社会、环保方面的问题？
1-31 PX项目，即对二甲苯化工项目，是化工生产中非常重要的原料之一，常用于生产塑料、聚酯纤维和薄膜。聚酯纤维可以代替棉花，是服装、纺织的重要原料。由于担心PX项目的环境问题，屡屡发生群体性事件，使厦门、宁波、昆明、彭州、茂名等规划中的多个PX项目相继停建或缓建。查阅相关资料，分析某个PX项目停建或缓建的原因，并提出解决的办法。

第 2 章 环境保护与可持续发展

2.1 环境问题

2.1.1 环境的概念

1. 环境的概念

环境，是指影响人类生存和发展的各种天然和经过人工改造的自然因素的总体，包括大气、水、海洋、土地、矿藏、森林、草原、野生动物、自然遗迹、人文遗迹、自然保护区、风景名胜区、城市和乡村等。其中，"影响人类生存和发展的各种天然和经过人工改造的因素的总体"，就是对环境的科学而又概括的定义，它有以下两层含义：

1）是指以人为中心的人类生存环境，关系到人类的毁灭与生存。同时，环境又不是泛指人类周围的一切自然的和社会的客观事物整体，比如，银河系并不包括在环境这个概念中。所以，环境保护所指的环境，是人类赖以生存的环境，是作用于人类并影响人类未来生存和发展的外界物质条件的综合体，包括自然环境和社会环境。

2）随着人类社会的发展，环境概念也在发展。如现阶段没有把月球视为人类的生存环境，但是随着宇宙航行和空间科学的发展，月球将有可能会成为人类生存环境的组成部分。

2. 环境问题

环境问题一般是指由于自然界或人类活动作用于人们周围的环境引起环境质量下降或生态失调，以及这种变化反过来对人类的生产和生活产生不利影响的现象。人类在改造自然环境和创建社会环境的过程中，自然环境仍以其固有的自然规律变化着。社会环境一方面受自然环境的制约，也以其固有的规律运动着。人类与环境不断地相互影响和作用，因而产生环境问题。

2.1.2 环境问题分类

环境问题可分为原生环境问题和次生环境问题两大类。

1. 原生环境问题

原生环境问题也称第一类环境问题，它是由自然因素的破坏和污染等原因所引起的。例如，火山活动、地震、风暴、海啸等产生的自然灾害，因环境中元素自然分布不均引起的地方病，以及自然界中放射物质产生的放射病等，这类灾难危害严重。

视频 2-1 "7·28"唐山地震

> **案例 2-1** 唐山地震。1976 年 7 月 28 日深夜，我国唐山发生了 7.8 级大地震，所释放的能量相当于日本广岛原子弹的 400 倍，把一座拥有百万人口的工业城市夷为平地，共造成 24 万 2000 余人死亡，16 万 4000 余人受伤，是 20 世纪十大自然灾害之一。

2. 次生环境问题

次生环境问题也称第二类环境问题。它是由人为因素造成的环境污染和自然资源与生态环境的破坏。在人类生产、生活活动中产生的各种污染物（或污染因素）进入环境，超过了环境容量的容许极限，使环境受到污染和破坏；人类在开发利用自然资源时，超越了环境自身的承载能力，使生态环境质量恶化，有时候会出现自然资源枯竭的现象，这些都可以归结为人为造成的环境问题。

人们通常所说的环境问题，多指人为因素作用的结果。当前人类面临着日益严重的环境问题，这种问题"虽然没有枪炮，没有硝烟，却在残杀着生灵"，但没有哪一个国家和地区能够逃避不断发生的环境污染和自然资源的破坏，它直接威胁着生态环境，威胁着人类的健康和子孙后代的生存。于是人们呼吁"只有一个地球""文明人一旦毁坏了他们的生存环境，他们将被迫迁移或衰亡"，强烈要求保护人类生存的环境。

环境问题的产生，从根本上讲是经济、社会发展的伴生产物。具体说可概括为以下几个方面：

1）由于人口增加而对环境造成的巨大压力。
2）伴随人类的生产、生活活动产生的环境污染。
3）人类在开发建设活动中造成的生态破坏。
4）由于人类的社会活动，如军事活动、旅游活动等，造成的人文遗迹、风景名胜区、自然保护区的破坏、珍稀物种的灭绝以及海洋等自然和社会环境的破坏与污染。

2.1.3 环境问题的产生和发展

自然环境的运动，一方面有它本身固有的规律，同时也受人类活动的影响。自然的客观性质和人类的主观要求、自然的发展过程和人类活动的目的之间不可避免地存在着矛盾。

1. 早期的环境问题

人类社会早期，因乱采、乱捕破坏人类聚居的局部地区的生物资源而引起生活资料缺乏甚至饥荒，或者因为用火不慎而烧毁大片森林和草地，迫使人们迁移以谋生存。

以农业为主的奴隶社会和封建社会，在人口集中的城市，各种手工业作坊和居民随意丢弃生活垃圾，曾出现环境污染。

2. 近代的环境问题

工业革命后环境污染的发生与工业革命时期的生产方式、生活方式等有着直接的关系。首先，工业社会是建立在大量消耗能源，尤其是化石燃料基础上的。在工业革命初期，工业能源主要是煤，直到19世纪70年代以后，石油作为能源才开始进入工业生产体系中，使工业能源结构发生了变化。但是，一直到今天，工业社会的能源依然以不可再生能源为主，特别是煤和石油。随着工业的发展，能源消耗量急剧增加，并很快就带来一系列始料不及的问题。其次，工业产品的原料构成主要是自然资源，特别是矿产资源。工业规模的扩大，伴随着采矿量的直线上升，森林遭到破坏，有毒、有害物质排放增加。产业革命以后到20世纪50年代，日本、美国、英国、德国等工业发达国家出现了大规模环境污染，局部地区的严重环境污染导致"公害"病和重大公害事件的出现。1948年美国多诺拉事件和1961年日本四日市事件分别如图2-1、图2-2所示。

视频2-2 全球著名的"十大环境污染事件"

图 2-1　1948 年美国多诺拉事件　　　　　　图 2-2　1961 年日本四日市事件

环境污染还与工业社会的生活方式，尤其是消费方式有直接关系。在工业社会，人们不再仅仅满足于生理上的基本需要——温饱，更高层次的享受成为工业社会发展的动力。于是，汽车等高档消费品进入了社会和家庭，由此引起的环境污染问题日益显著。最后，环境污染的产生与发展还与人类对自然的认识水平和技术能力直接相关。在工业社会，特别是工业社会初期，人们对环境问题缺乏认识，在生产生活过程中常常忽视环境问题的产生和存在，结果导致环境问题越来越严重。当环境污染发展到相当严重并引起人们重视的程度时，也常常由于技术能力不足而无法解决。

3. 当代世界的环境问题

当前，普遍引起全球关注的环境问题主要有：全球气候变化、酸雨污染、臭氧层耗损、有毒有害化学品和废物越境转移和扩散、生物多样性的锐减、海洋污染等。还有发展中国家普遍存在的生态环境问题，如水污染、水资源短缺、大气污染、能源短缺、森林资源锐减、水土流失、土地荒漠化、物种加速灭绝、垃圾成灾等众多方面。

环境污染出现了范围扩大、难以防范、危害严重的特点，自然环境和自然资源难以承受高速工业化、人口剧增和城市化的巨大压力，世界自然灾害显著增加。

目前环境问题的产生有以下几点：

1）各类生活污水、工业农业废水导致的水体污染。
2）工业烟尘废气、交通工具产生的尾气导致的大气污染。
3）各类噪声污染。
4）各类残渣、重金属及废弃物产生的污染。
5）过度放牧以及滥砍滥伐导致的水土流失、生态环境恶化。
6）过度开采各类地下资源导致的地层塌陷与土壤结构破坏。
7）从油船与油井漏出来的原油，农田用的杀虫剂和化肥，工厂排出的污水，矿场流出的酸性溶液，它们使得大部分的海洋湖泊都受到污染，不但海洋生物受害，鸟类和人类也可能因吃了这些海洋生物而中毒。
8）由于人类活动而造成物料、人体、场所、环境介质表面或者内部出现超过国家标准的放射性物质或者射线。
9）大量使用不可再生能源导致的能源资源枯竭。

2.1.4　环境问题的特点

全球环境问题虽然是各国各地环境问题的延续和发展，但它不是各国家或地区环境问题的相加之和，因而在整体上表现出其独特的特点。

1. 全球化

过去的环境问题虽然发生在世界各地，但其影响范围、危害对象或产生的后果主要集中在污染源附近或特定的生态环境中，影响空间有限。而全球性环境问题，其影响范围扩大到全球。原因如下：

1）一些环境污染具有跨国、跨地区的流动性，如一些国际河流，上游国家造成的污染可能危及下游国家；一些国家大气污染造成的酸雨，可能会降到别国等。

2）当代出现的一些环境问题，如气候变暖、臭氧层空洞等，其影响的范围是全球性的，产生的后果也是全球性的。

3）当代许多环境问题涉及高空、海洋甚至外层空间，其影响的空间尺度已远非农业社会和工业化初期出现的一般环境问题可比，具有大尺度、全球性的特点。

视频 2-3　冰川融化对人类有何影响？

2. 综合化

过去，人们主要关心的环境问题是环境污染对人类健康的影响问题。全球环境问题已远远超过这一范畴而涉及人类生存环境和空间的各个方面，如森林锐减、草场退化、沙漠扩大、沙尘暴频繁发生、大气污染、物种减少、水资源危机、城市化问题等，已深入人类生产、生活的各个方面。因此，解决当代全球环境问题不能只简单地考虑问题本身，而是要将这一区域、流域、国家乃至全球作为一个整体，综合考虑自然发展规律、贫困问题的解决与经济的可持续发展、资源的合理开发与循环利用、人类人文和生活条件的改善与社会和谐等问题，这是一个复杂的系统工程，要解决好，需要考虑各方面的因素。

3. 社会化

过去，关心环境问题的人主要是科技界的学者、环境问题发生地的受害者以及相关的环境保护机构和组织，如世界环保组织、世界自然基金会、全球环保基金、绿色和平组织等。而当代环境问题已影响到社会的各个方面，影响到每个人的生存与发展。因此，当代环境问题已绝不是限于少数人、少数部门关心的问题，而成为全社会共同关心的问题。

4. 高科技化

随着当代科学技术的迅猛发展，由高新技术引发的环境问题越来越多。例如，核事故引发的环境问题、电磁波引发的环境问题、噪声引发的环境问题、超音速飞机引发的臭氧层破坏、航天飞行引发的太空污染等，这些环境问题技术含量高、影响范围广、控制难、后果严重，已引起世界各国的普遍关注。

案例 2-2　塑料垃圾。塑料是一种合成的或天然的高分子聚合物，可制成各种材料或产品，塑料产品随处可见。然而塑料降解是非常困难的，它没有办法利用催化剂加速降解，只能通过焚烧或者自然降解毁灭，而它的自然降解需要很长时间，短则数十年，长则上百年。可是，随着人们生活的便捷，越来越多的生活塑料制品被遗弃，对环境造成了严重的污染。塑料垃圾堆积如图 2-3 所示。我们每天产生的垃圾中，塑料的占比也是非常高。而塑料垃圾仅仅我们所知道的影响环境问题的其中一项，还有很多我们所不知道的问题。

图 2-3 塑料垃圾堆积　　　　　　　　　　　视频 2-4 塑料垃圾危害

5. 累积化

虽然人类已进入现代文明时期，进入后工业化、信息化时代，但历史上不同阶段所产生的环境问题在当今地球上依然存在并影响久远。同时，现代社会又产生了一系列新的环境问题。因为很多环境问题的影响周期比较长，所以形成了各种环境问题在地球上日积月累、组合变化、集中暴发的复杂局面。

6. 政治化

随着环境问题的日益严重和全社会对环境保护认识的提高，各个国家也越来越重视环境保护。因此，当代的环境问题已不再是单纯的技术问题，而成为国际政治、各国国内政治的重要问题。其主要表现在：

1) 环境问题已成为国际合作和国际交流的重要内容。

2) 环境问题已成为国际政治斗争的导火索之一，如各国在环境责任和义务的承担、污染转嫁等问题上经常产生矛盾并引起激烈的政治斗争。

3) 世界上已出现了一些以环境保护为宗旨的组织，如绿色和平组织、地球之友等，这些组织在国际政治舞台上已占有一席之地，成为一股新的政治势力。

总之，环境问题已成为需要国家通过其宪法、国家规划和综合决策进行处理的国家大事，成为评价政治人物、政党的政绩的重要内容，也已成为社会环境是否安定、政治是否开明的重要标志之一。

2.2　环境与健康

2.2.1　人类和环境的关系

人类生命始终处于一定的自然环境、社会环境及人文环境中，经常受物质和精神的双重影响。人类为了生存发展，提高生活质量，维护和促进健康，需要充分开发利用环境中的各种资源，但是也会由于自然因素和人类社会行为的作用，使环境受到破坏，影响人体健康。当这种破坏和影响在一定限度内时，环境和机体所具有的调节功能有能力使失衡的状态恢复原貌；如果超过环境和机体所能承受的限度，可能会造成生态失衡及机体生理功能被破坏，甚至对人类健康产生近期和远期的危害。因此人类应该通过提高自身的环境意识，认清环境与健康的关系，规范自己的社会行为（防止环境污染，保持生态平衡，促进环境生态向良性循环发展），建立保护环境的法规和标准，避免环境退化和失衡，这是正确处理人类与环境关系的重要准则。

2.2.2 环境污染的危害

环境污染会给生态系统造成直接的破坏和影响，如沙漠化、森林破坏，也会给生态系统和人类社会造成间接的危害，有时这种间接的环境效应的危害比当时造成的直接危害更大，也更难消除。

例如，温室效应、酸雨和臭氧层破坏就是由大气污染衍生出的环境效应。这种由环境污染衍生的环境效应具有滞后性，往往在污染发生的当时不易被察觉或预料到，然而一旦发生，就表示环境污染已经发展到相当严重的地步。

当然，环境污染最直接、最容易被人所感受的后果是使人类生活环境的质量下降，影响人类的身体健康和生产活动。例如，城市的空气污染造成空气污浊，使人们的发病率上升等；水污染使水环境质量恶化，饮用水源的质量普遍下降，威胁人的身体健康，引起胎儿早产或畸形等。严重的污染事件不仅带来健康问题，也造成社会问题。随着污染的加剧和人们环境意识的提高，由于污染引起的纠纷和冲突逐年增加。

1. 环境污染对生物的不利影响

环境污染对生物的生长发育和繁殖具有十分不利的影响。污染严重时，生物在形态特征、生存数量等方面都会发生明显的变化。下面分别讲述环境污染在酸雨、有害化学药品、重金属元素和水体富营养化四个方面对生物的危害。

（1）酸雨对生物的危害　早在19世纪中叶，人们就注意到地衣和苔藓植物不能在空气污染严重的城市中存活，烟囱附近的植物叶片往往出现病斑。科学家们研究后发现，这些现象都与该地区的大气污染有关，并且可以利用一些植物来监测某个地区大气污染的状况。不同的植物对二氧化硫等大气污染物的敏感程度不同。例如，大气中二氧化硫的含量比较高时，紫花苜蓿、向日葵等植物的叶片就会很快褪绿，或者叶脉间出现褐色斑块，严重时叶片逐渐坏死。这些植物对大气污染反应敏感，可以用来监测大气污染的状况，称为大气污染指示植物。

酸雨是指由于大量燃烧化石燃料或生物物质，将酸性化合物（如二氧化硫、二氧化氮）排放至空气中，造成降雨中含硫酸、硝酸等酸性物质的现象，雨水 $pH<5.6$。酸雨的危害主要表现在以下几个方面：

1）损害生物和自然生态系统。酸雨降到地面上以后，如果得不到中和，就会使土壤、湖泊、河流酸化。湖水或河水 pH 值降到 5 以下时，鱼类生物的繁殖和发育就会受到严重影响。土壤和泥中的金属元素在酸性环境的作用下可能溶解于水中，也会毒害鱼类。水体酸化还可能改变水生生态系统。酸雨阻碍各种有机物的分解和氮的固定，淋溶土壤中钙、镁、钾等营养元素，使土壤贫瘠化。酸雨还直接危害陆生植物的叶和芽，使农作物和树木死亡。酸雨造成树木死亡如图 2-4 所示。

2）腐蚀建筑材料和金属结构。因为建筑材料和金属在酸性溶液中的溶解度比在中性溶液中的溶解度高，因此酸雨会加速建筑物和金属表面的腐蚀，从而影响建筑物和各种金属物品的使用寿命，破坏其外观。

3)直接威胁人类的健康。酸雨对人的皮肤、黏膜和毛发会产生刺激、灼伤和毒害作用,如果酸雨进入人的口中或眼中,其危害就更加严重。此外,酸雨会使饮用水中的金属含量成倍增加,人喝了以后会引起多种疾病。

现在,酸雨造成的危害日益严重,已经成为全球性环境污染的重要问题之一。二氧化硫是形成酸雨的主要污染物之一。随着经济的发展,人类将燃烧更多的煤、石油和天然气,产生更多的二氧化硫等污染物。因此,今后酸雨造成的危害有可能更加严重。发电厂排放二氧化硫如图 2-5 所示。

图 2-4 酸雨造成树木死亡

图 2-5 发电厂排放二氧化硫

(2)有害化学药品对生物的危害 农药是一类常见的有害化学药品。人类在利用农药杀灭病菌和害虫时,也会造成环境污染,对包括人类在内的多种生物造成危害。

许多农药是不易分解的化合物,被生物体吸收以后,会在生物体内不断积累,致使这类有害物质在生物体内的含量远远超过在外界环境中的含量,这种现象称为生物富集作用。生物富集作用随着食物链的延长而加强。

案例 2-3 有害化学药品。几十年前,DDT 作为一种高效农药,曾经广泛用于防治害虫。美国某地曾经使用 DDT 防治湖内的孑孓,使湖水中残存有 DDT,导致浮游动物体内 DDT 的含量达到湖水的一万多倍。小鱼吃浮游动物,大鱼又吃小鱼,致使 DDT 在这些大鱼体内的含量竟高达湖水的八百多万倍。

(3)重金属元素对生物的危害 有些重金属元素如锰、铜、锌等是生物体生命活动必需的微量元素,但是大部分重金属元素如汞、铅等对生物体的生命活动有毒害作用。生态环境中的汞和铅等重金属元素,同样可以通过生物富集作用在生物体内大量浓缩,从而产生严重的危害。

科学家们发现,自然界中的汞在水体中经过微生物的作用,能够转化成毒性更大的甲基汞。在被甲基汞污染了的海水中,藻类植物改变了颜色,海鱼也大量死亡。科学家们还发现,质量浓度仅为 4mg/L 的氯化铅($PbCl_2$)溶液,就能明显地抑制菠菜和番茄正常进行光合作用。可见,汞、铅等重金属元素对于生物的正常生命活动是十分有害的。

案例 2-4 日本水俣病事件。在日本南部九州湾有一个叫水俣的小镇,这里居住着 4 万居民,以渔业为生。1939 年开始,日本氮肥公司的合成醋酸厂开始生产氯乙烯,工厂的生产废水一直排放入水俣湾。1972 年据日本环境厅统计,水俣镇患水俣病的共

180人，死亡50多人，就在新线县阿贺野川也发现100多水俣病患者，8人死亡。据报道，患者人数远不止于此，仅水俣镇的受害居民，即达万余人。日本水俣病事件的原因是：该公司在生产氯乙烯和醋酸乙烯时，使用了含汞的催化剂，使废水中含有大量的汞。这种汞在水体中，被水中的鱼食用，在鱼体内转化成有毒的甲基汞。人食用鱼后，汞在人体内聚集从而产生一种怪病：患者在初期只是口齿不清、步履蹒跚，继而面部痴呆、全身麻木、耳聋眼瞎，最后变成精神失常，直至躬身狂叫而死。

视频2-5 日本水俣病事件

（4）水体富营养化对生物的危害　水体富营养化是指因水体中氮、磷等植物必需的矿质元素含量过多而使水质恶化的现象。水体中含有适量的氮、磷等矿质元素，是藻类植物生长发育所必需的。但是，如果这些矿质元素大量地进入水体，就会使藻类植物和其他浮游生物大量繁殖。这些生物死亡以后，先被需氧微生物分解，使水体中溶解氧的含量明显减少。接着，生物遗体又会被厌氧微生物分解，产生硫化氢、甲烷等有毒物质，致使鱼类和其他水生生物大量死亡。发生水体富营养化的湖泊、海湾等流动缓慢的水体，因浮游生物种类的不同而呈现出蓝、红、褐等颜色。水体富营养化发生在池塘和湖泊中称为"水华"，发生在海水中称为"赤潮"。工业废水、生活污水和农田排出的水中含有很多氮、磷等植物必需的矿质元素，这些矿质元素大量地排到池塘和湖泊中，会使池塘和湖泊出现水体富营养化现象。池塘和湖泊的水体富营养化不仅影响水产养殖业，而且会使水中含有亚硝酸盐等致癌物质，严重影响人畜的安全饮水。自20世纪80年代以来，我国由于大规模地对湖区资源进行不合理开发利用，产生的工业污染、农业污染、居民生活污染等造成滇池、洞庭湖、太湖、洪泽湖、巢湖等湖泊水体富营养化，污染严重，每年国家都需投入巨资进行治理。

案例2-5　太湖蓝藻污染事件。2007年5月至6月，江苏太湖爆发严重的蓝藻污染（如图2-6所示），造成无锡全城自来水污染，生活用水和饮用水严重短缺，超市、商店里的桶装水被抢购一空。太湖污染事件主要是由于水源地附近蓝藻大量堆积，厌氧分解过程中产生了大量的氨气、硫醇、硫醚及硫化氢等异味物质。

图2-6　太湖蓝藻污染

2. 环境与人体健康

随着环境污染的日益严重，许多人终日呼吸着污染的空气，饮用着污染的水，吃着从污染的土壤中生长出来的农产品，耳边响着噪声。环境污染严重地威胁着人体健康。

（1）大气污染与人体健康　大气污染主要是指大气的化学性污染。大气中化学性污染物的种类很多，对人体危害严重的多达几十种。我国的大气污染属于煤炭型污染，主要的污染物是烟尘和二氧化硫，此外还有氮氧化物和一氧化碳等。这些污染物主要通过呼吸道进入人体内，不经过肝脏的解毒作用，直接由血液运输到全身。所以，大气的化学性污染对人体健康的危害很大。这种危害可以分为以下三种：

1）慢性中毒。大气中化学性污染物的浓度一般比较低，对人体主要产生慢性毒害作用。科学研究表明，城市大气的化学性污染是慢性支气管炎、肺气肿和支气管哮喘等疾病的重要诱因。

2）急性中毒。在工厂大量排放有害气体并且无风、多雾时，大气中的化学污染物不易散开，就会使人急性中毒。

> **案例2-6** 日本四日市事件。1955年，日本四日市相继兴建了十多家石油化工厂，化工厂终日排放的含二氧化硫的气体和粉尘，使昔日晴朗的天空变得污浊不堪。1961年，呼吸系统疾病开始在这一带发生，并迅速蔓延。据报道，患者中慢性支气管炎占25%，哮喘病占30%，肺气肿等占15%。1964年，这里曾经有3天烟雾不散，哮喘病患者中不少人因此死去；1967年，一些患者因不堪忍受折磨而自杀；1970年，患者达500多人；1972年全市哮喘病患者871人，死亡11人。据报道，事件期间四日市每年二氧化硫和粉尘排放量达13万t之多，大气中二氧化硫浓度超过标准5~6倍，烟雾厚达500m，其中含有的有害气体和金属粉尘相互作用生成硫酸等物质，是造成哮喘病的主要原因。

3）致癌作用。大气中化学性污染物中具有致癌作用的有多环芳烃类和含铅的化合物等，其中苯并芘引起肺癌的作用最强烈。燃烧的煤炭、行驶的汽车和香烟的烟雾中都含有很多苯并芘。大气中的化学性污染物还可以降落到水体、土壤中以及农作物上，被农作物吸收和富集，进而危害人体健康。

大气污染还包括大气的生物性污染和大气的放射性污染。大气的生物性污染物主要有病原菌、霉菌孢子和花粉。病原菌能使人患肺结核等传染病，霉菌孢子和花粉能使一些人产生过敏反应。大气的放射性污染物主要来自原子能工业的放射性废弃物和医用X射线源等，这些污染物容易使人患皮肤癌和白血病。

（2）水污染与人体健康　水污染是由有害化学物质造成水的使用价值降低或丧失，污染环境的水。污水中的酸、碱、氧化剂，以及铜、镉、汞、砷等化合物，苯、二氯乙烷、乙二醇等有机毒物，会毒死水生生物，影响饮用水源、风景区景观。污水中的有机物被微生物分解时消耗水中的溶解氧，影响水生生物的生命，水中溶解氧耗尽后，有机物进行厌氧分解，产生硫化氢、硫醇等难闻气体，使水质进一步恶化。

造成水体污染的原因包括：工业生产过程的各个环节都可产生废水，影响较大的工业废水主要来自冶金、电镀、造纸、印染、制革等企业；人们日常生活的洗涤废水、粪尿污水等生活污水；含氮、磷、钾等元素的化肥、农药、粪尿等有机物及人畜肠道病原体等农业污水；工业生产过程中产生的固体废弃物含有大量的易溶于水的无机和有机物，受雨水冲淋造成水污染。

水污染对人体健康造成的危害主要表现在以下三个方面：

1）饮用污染的水和食用污水中的生物，能使人中毒，甚至死亡。

2）被人畜粪便和生活垃圾污染的水体，能够引起病毒性肝炎、细菌性痢疾等传染病，以及血吸虫病等寄生虫疾病。

3）一些具有致癌作用的化学物质，如砷、铬、苯胺等污染水体后，可以在水体中的悬浮物、底泥和水生生物体内蓄积，长期饮用这样的污水容易诱发癌症。

（3）固体废弃物污染与人体健康　固体废弃物是指人类在生产和生活中丢弃的固体物质，如采矿业的废石、工业的废渣、废弃的塑料制品以及生活垃圾，如图2-7所示。应当认识到，固体废弃物只是在某一过程或某一方面没有使用价值，实际上往往可以作为另一生产过程的原料被利用，因此固体废弃物又叫"放在错误地点的原料"。但是，这些"放在错误地点的原料"大多含有多种对人体健康有害的物质，如果不及时加以利用，长期堆放，越积越多，就会污染生态环境，对人体健康造成危害。

（4）噪声污染与人体健康　凡是干扰人们休息、学习和工作以及对所要听的声音产生干扰的声音，即不需要的声音，统称为噪声。当噪声对人及周围环境造成不良影响时，就会形成噪声污染。各种机械设备的制造和使用，现代化高铁、飞机及小轿车快速增长，给人类带来了繁荣和进步，但同时也产生了越来越多而且越来越强的噪声。小轿车噪声如图2-8所示。噪声对人的危害包括以下几个方面：

1）损伤听力。长期在强噪声中工作，听力会下降，甚至造成噪声性耳聋。

2）干扰睡眠。当人的睡眠受到噪声的干扰时，就不能消除疲劳、恢复体力。

3）诱发多种疾病。噪声会使人处在紧张状态，致使心率加快、血压升高，甚至诱发胃肠溃疡和内分泌系统功能紊乱等疾病。

4）影响心理健康。噪声会使人心情烦躁，不能集中精力学习和工作，并且容易引发工伤和交通事故。因此，人们应当采取多种措施，防治噪声污染，使包括人类在内的所有生物都生活在美好的生态环境下。

图2-7　固体废弃物　　　　　　　　　图2-8　小轿车噪声

3. 环境污染对生物的影响

环境污染往往具有使人或哺乳动物致癌、致突变和致畸的作用，统称"三致作用"。"三致作用"的危害一般需要经过比较长的时间才会显露出来，有些危害甚至影响到后代。

（1）致癌作用　致癌作用是指导致人或哺乳动物患癌症的作用。早在1775年，英国医生波特就发现清扫烟囱的工人易患阴囊癌，因此他认为患阴囊癌与经常接触煤烟灰有关。1915年，日本科学家通过实验证实，煤焦油可以诱发皮肤癌。污染物中能够诱发人或哺乳动物患癌症的物质称为致癌物。致癌物可以分为化学性致癌物（如亚硝酸盐、石棉和生产蚊香用的双氯甲醚）、物理性致癌物（如镭元素的核聚变物）和生物性致癌物（如黄曲霉毒素）三类。

> **案例 2-7** 黄曲霉毒素。当粮食、油及其制品未晒干或储藏不当时，往往容易被黄曲霉或寄生曲霉污染而产生黄曲霉毒素。黄曲霉毒素在花生、花生油、玉米、大米中最为常见，在动物性食品如肝、咸鱼、奶制品中也比较常见。
>
> 视频 2-6　黄曲霉毒素
>
> 黄曲霉毒素是一种毒性极强的剧毒物质，其毒性相当于氰化钾的 10 倍，砒霜的 68 倍；致癌力是奶油黄的 900 倍，二甲基亚硝胺的 75 倍，苯并芘的 4000 倍。黄曲霉毒素的危害性在于对人及动物肝脏组织有破坏作用，严重时可导致肝癌甚至死亡。
>
> 黄曲霉毒素最早发现于 20 世纪 60 年代。当时，英国一家农场的 2 万只火鸡因食用霉变的谷物，相继在几个月内死亡，而后的研究证明致死因素就是黄曲霉毒素。
>
> 1974 年 10 月，印度两个邦中 200 个村庄爆发黄曲霉毒素中毒性肝炎，有 397 人发病，106 人死亡。原因是玉米收获时正值降雨，使玉米产生含量极高的黄曲霉毒素。

（2）致突变作用　致突变作用是指导致人或哺乳动物发生基因突变、染色体结构变异或染色体数目变异的作用。人或哺乳动物的生殖细胞如果发生突变，可能影响妊娠过程，导致不孕或胚胎早期死亡等。人或哺乳动物的体细胞如果发生突变，可以导致癌症的发生。常见的致突变物有亚硝胺类、甲醛、苯和敌敌畏等。

（3）致畸作用　致畸作用是指作用于妊娠母体，干扰胚胎的正常发育，导致新生儿或幼小哺乳动物先天性畸形的作用。20 世纪 60 年代初，西欧和日本出现了一些畸形新生儿。科学家们经过研究发现，原来孕妇在怀孕后的 30~50 天内，服用了一种叫作"反应停"的镇静药，这种药具有致畸作用。目前已经确认的致畸物有甲基汞和某些病毒。

综上所述，环境污染的危害是巨大的，它涉及面广、危害程度大、侵袭性强，且难以治理。人们必须做好每一步环境污染防治的工作，坚持预防为主、防治结合、综合治理的原则，真正地把环境保护与治理同经济、社会持续发展相协调。

2.3　环保方针、政策及管理制度

2.3.1　国际上关于环境与发展问题的重要历程

1. 第一次联合国人类环境会议

20 世纪 60 年代以来，随着社会经济的发展和工业化进程的加快，世界范围内的环境污染与生态破坏日益严重，环境问题和环境保护逐渐为国际社会所关注。1972 年 6 月 5—16 日在瑞典首都斯德哥尔摩召开由各国政府代表团及政府首脑、联合国机构和国际组织代表参加的讨论当代环境问题的第一次联合国人类环境会议，如图 2-9 所示。

第一次联合国人类环境会议通过了全球性保护环境的《斯德哥尔摩宣言》和《人类环境行动计划》，呼吁各国政府和人民为维护和改善人类环境，造福全体人民，造福后代而共同努力。这是人类环境保护史上的第一座里程碑，标志着工业化国家与发展中国家开始就经济增长、空气、水和海洋的污染以及全世界人民福祉之间的关联展开对话。同年的第 27 届联合国大会，把每年的 6 月 5 日定为"世界环境日"。

图 2-9　第一次联合国人类环境会议

视频 2-7　联合国召开第一次人类环境会议

《斯德哥尔摩宣言》提出和总结了 7 个共同观点，26 项共同原则，内容包括：人的环境权利和保护环境的义务，保护和合理利用各种自然资源、防治污染，促进经济和社会发展，使发展同保护和改善环境协调一致，筹集资金，援助发展中国家，对发展和保护环境进行计划和规划，实行适当的人口政策，发展环境科学、技术和教育，加强国际合作，等等，以鼓舞和指导世界各国人民保护和改善人类环境。

2. 《我们共同的未来》报告

联合国于 1983 年成立了由挪威首相布伦特兰夫人为主席的"世界环境与发展委员会"，对世界面临的问题及应采取的战略进行研究。1987 年，"世界环境与发展委员会"发表了影响全球的题为《我们共同的未来》的报告，它分为"共同的问题""共同的挑战""共同的努力"三大部分。在集中分析了全球人口、粮食、物种和遗传资源、能源、工业和人类居住等方面的情况，并系统探讨了人类面临的一系列重大经济、社会和环境问题之后，这份报告鲜明地提出了以下三个观点：

1）环境危机、能源危机和发展危机不能分割。
2）地球的资源和能源远不能满足人类发展的需要。
3）必须为当代人和下代人的利益改变发展模式。

这份报告正式使用了"可持续发展"的概念。报告深刻指出，在过去，我们关心的是经济发展对生态环境带来的影响，而现在，我们正迫切地感到生态的压力对经济发展所带来的重大影响。因此，我们需要有一条新的发展道路，这条道路不是一条仅能在若干年内、在若干地方支持人类进步的道路，而是一直到遥远的未来都能支持全球人类进步的道路。这一鲜明、创新的科学观点，把人们从单纯考虑环境保护引导到把环境保护与人类发展切实结合起来，实现了人类有关环境与发展思想的重要飞跃。

3. 联合国环境与发展会议（又称地球首脑会议）

1992 年在巴西里约热内卢召开的有 179 位国家的政治领导人、外交官、科学家、媒体和非政府组织代表参加的地球问题首脑会议。

会议通过了《里约宣言》（又称《地球宪章》）《21 世纪行动议程》《联合国气候变化框架公约》（简称《公约》）和《生物多样性公约》等一系列重要文件，确立了要为子孙后代造福、走人与大自然协调发展的道路，并提出了可持续发展战略，确立了关于环境与发展的多项原则，其中，"共同但有区别的责任"成为指导国际环发合作的重要原则。

4.《京都议定书》

《京都议定书》全称《联合国气候变化框架公约京都议定书》，是1997年在日本京都召开的《公约》第三次缔约方大会上通过的，旨在限制发达国家温室气体排放量以抑制全球变暖的国际性公约。发达国家从2005年开始承担减少碳排放量的义务，而发展中国家则从2012年开始承担减排义务。2005年2月16日，《京都议定书》正式生效。这是人类历史上首次以国际性法规的形式限制温室气体排放。中国于1998年5月签署并于2002年8月核准了该议定书。

5.《巴黎协定》

《巴黎协定》是由全世界178个缔约方共同签署的气候变化协定，是对2020年后全球应对气候变化行动做出的统一安排。《巴黎协定》的长期目标是将全球平均气温较前工业化时期上升幅度控制在2℃以内，并努力将温度上升幅度限制在1.5℃以内。

《巴黎协定》于2015年在第21届联合国气候变化大会（如图2-10所示）上通过，于2016年在美国纽约联合国大厦签署，于2016年11月4日起正式实施。《巴黎协定》是继1992年《联合国气候变化框架公约》、1997年《京都议定书》之后，人类历史上应对气候变化的第三个里程碑式的国际法律文本，形成2020年后的全球气候治理格局。

图2-10　2015年联合国气候变化大会　　　　视频2-8　全球变暖拉响红色警报

《巴黎协定》获得了所有缔约方的一致认可，充分体现了联合国框架下各方的诉求，是一个非常平衡的协定。该协定体现"共同但有区别的责任"原则，同时根据各自的国情和能力自主行动，采取非侵入、非对抗模式的评价机制，是一份让所有缔约方达成共识且都能参与的协议，有助于国际（双边、多边机制）的合作和全球应对气候变化意识的培养。

2.3.2　我国环境保护的基本方针

1. 我国环境保护基本情况

我国环境保护起于20世纪70年代初，也经历了从认识到实践的不同阶段和过程。

20世纪70年代初，在中国工业化进程中，长期积累的环境污染问题爆发出来，发生了诸如官厅水库污染、松花江汞污染等影响颇大的污染事件。时任国务院总理周恩来在1970年前后曾多次指示国家有关部门和地区切实采取措施防治环境污染。

从1972年我国派代表团参加第一次联合国人类环境会议，1973年国务院召开第一次全国环境保护会议，提出环保工作"三十二字"方针，到党的十一届三中全会是第一阶段。

第二阶段是从党的十一届三中全会到1992年把保护环境确立为基本国策，提出环境管理八项制度。

第三阶段是 1992—2002 年，把实施可持续发展确立为国家战略，制定实施《中国 21 世纪议程》，大力推进污染防治。

第四阶段是 2002—2012 年，以科学发展观为指导，加快推进环境保护历史性转变，让江河湖泊休养生息，积极探索环境保护新道路，努力构建资源节约型、环境友好型社会。

第五阶段是党的十八大以来，将生态文明建设纳入中国特色社会主义事业"五位一体"总体布局，要求大力推进生态文明建设，努力建设美丽中国，实现中华民族永续发展。

2. 我国环境保护的"三十二字"方针

1972 年我国在第一次联合国人类环境会议上提出关于环境保护的"三十二字"方针，在 1973 年举行的第一次全国环境保护会议上得到了确认，并写入 1979 年颁布的《中华人民共和国环境保护法（试行）》。

我国环境保护工作方针："全面规划，合理布局，综合利用，化害为利，依靠群众，大家动手，保护环境，造福人民"，即"三十二字"方针。

"三十二字"方针指明了环境保护是国民经济发展规划的一个重要组成部分，必须纳入国家、地方和部门的社会经济发展规划，做到经济与环境的协调发展；在安排工业、农业、城市、交通、水利等建设事业时，必须充分注意对环境的影响，既要考虑近期影响，又要考虑长期影响；既要考虑经济效益和社会效益，又要考虑环境效益；全面调查，综合分析，做到合理布局；对工业、农业、人民生活排放的污染物，不是消极地处理，而是要开展综合利用，做到化害为利，变废为宝；依靠人民群众保护环境，发动各部门、各企业治理污染，使环境的专业管理与群众监督相结合，使实行法制与人民群众自觉维护相结合，把环境保护事业作为全国人民的事业；保护环境是为国民经济健全持久的发展和为广大人民群众创造清洁优美的劳动和生活环境服务，为当代人和子孙后代造福。这一方针是符合中国当时的国情和环境保护的实际的，在相当长一段时间内对我国环境保护起积极作用。

3. 环境保护的"三同步、三统一"方针

20 世纪 80 年代以后，我国政治、经济形势发生了重大变化，进入现代化建设时期。伴随着经济改革的深入，我国经济社会快速发展，环境污染问题日益突出，人类对环境问题的认识不断深化，我国环境保护形势也发生很大变化。

在认真总结过去 10 年环境保护实践的基础上，1983 年 12 月，国务院召开第二次全国环境保护会议，将环境保护确立为基本国策，制定了"三同步、三统一"的环境保护战略方针，确定把强化环境管理作为当前工作的中心环节，初步规划出到 20 世纪末我国环境保护的主要指标、步骤和措施。这次会议标志着我国环境保护工作进入了发展阶段，在我国环境保护发展史上具有重大意义。

"三同步、三统一"方针是指经济建设、城乡建设和环境建设同步规划、同步实施、同步发展，实现经济效益、社会效益、环境效益相统一。

这一指导方针是对环境保护"三十二字"方针的重大发展，体现了环境保护与经济社会协调发展的战略和思想，也体现了可持续发展的观念，指明了解决环境问题的正确途径，是环境管理思想与理论的重大进步。这也是至今为止一直在指导我国环境保护实践的基本方针。

"三同步"的前提是同步规划，实际上是预防为主思想的具体体现。它要求把环境保护作为国家发展规划的一个组成部分，在计划阶段将环境保护与经济建设和社会发展作为一个整体同时考虑，通过规划实现工业的合理布局。

"三同步"的关键是同步实施,实质是将经济建设、城乡建设和环境建设作为一个系统整体纳入实施过程,以可持续发展思想为指导,采取各种有效措施,运用各种管理手段落实规划目标。

"三同步"的目标是同步发展,是制定环境规划的出发点和落脚点,既要求把环境问题解决在经济建设和社会发展过程中,又要求不能以牺牲环境为代价,而是实现持续、高质量的发展。

"三统一"是贯穿于"三同步"的一条基本原则,旨在克服只顾经济发展的观点,强调整体的综合利益,使经济的发展既能满足人们对物质经济利益的需求,又能满足人民对生存环境质量的需要,也可以认为是各项工作的一条基本准则。

2.3.3 我国环境保护的政策

1. 保护环境是我国的一项基本国策

所谓国策,是建国之策、治国之策、兴国之策。只有对国家经济建设、社会发展和人民生活具有全局性、长期性和决定性影响的谋划和策略,才可称为国策。把保护环境确定为一项基本国策,有以下几方面的原因:

1)环境是人类生存的基本条件,是经济发展的物质基础。我国是一个拥有十多亿人口的社会主义大国,经济要发展,众多的人口要穿衣吃饭,要提高生活水平,都要依赖于自然资源的科学合理开发和利用,依赖于建设一个良好的自然生态环境。我国自然资源从总量上虽多,但由于人口众多,按人均占有量计算远远低于世界平均水平,一些地方的环境问题正逐步显现,这就决定了我国必须采取十分珍惜自然资源、科学合理开发利用自然资源、保护生态环境的政策。

2)长期以来,由于人们对环境问题认识不足,对环境保护重视不够,造成了十分严重的人为的环境污染和自然生态破坏。土地沙化、水土流失、森林减少、植被破坏、水资源短缺、沙尘暴肆虐、大气和水遭受严重污染,这一系列的环境问题,不仅直接影响人民的生活和健康,威胁着人类的生存和发展,也成为经济发展的制约因素。

案例 2-8 滇池长腰山违建别墅事件。滇池南岸的长腰山是滇池山水林田湖草生态系统的重要组成部分,是滇池重要自然景观。2021 年 4 月,中央生态环保督察组下沉督察发现,昆明围绕滇池"环湖开发""贴线开发"现象突出,长腰山区域被房地产开发项目蚕食。大量挡土墙严重破坏了长腰山地形地貌,原有沟渠、小溪全部被水泥硬化,长腰山 90%以上区域已被开发为房地产项目,生态功能基本丧失,变成了"水泥山"。滇池长腰山违建别墅如图 2-11 所示。

图 2-11 滇池长腰山违建别墅　　　　视频 2-9 滇池长腰山违建别墅

3）当前，我国正致力于大规模发展经济建设，把经济搞上去，是全党的中心任务。经济要发展，人民生活要提高，势必加快对自然资源的开发利用，给环境带来很大的压力。在这样的形势下，我们必须保持头脑清醒，在各项开发建设中，在重大的经济决策中，都要十分重视保护环境，维护自然生态平衡，绝不能掉以轻心。否则，就有可能造成决策和工作上的重大失误，给环境造成灾难性而又难以弥补的严重破坏，使人类遭受大自然的报复，进而带来严重的损失，付出重大代价。

4）我国发展生产的目的是不断提高人民的物质和文化生活水平，把国家建设得繁荣昌盛，使人民安居乐业。经济要发展，环境要保护，这是人民的根本利益所在。因此，在任何情况下，我们都要在发展经济的基础上，不断改善人民的生活环境，避免环境公害的发生，并为后代人的建设和发展保留充足的自然资源，创造一个良好的生态环境。

总之，人口众多和资源短缺的国情，环境污染和破坏严重的现实，经济发展和社会主义现代化建设长远发展的需要，可持续发展的战略目标的实现，人民的根本利益和社会主义性质，都决定了我们必须把保护环境作为社会主义现代化建设的一项战略任务，放到基本国策的地位，长抓不懈。

2. 我国环境保护的基本政策

我国环境保护的基本政策包括"预防为主、防治结合、综合治理"政策、"谁污染，谁治理"政策和"强化环境管理"政策，简称环境保护"三大政策"。这"三大政策"是以中国的基本国情为出发点，以解决环境问题为基本前提，在总结中国环境保护实践经验和教训的基础上制定的具有中国特色的环境保护政策。

（1）"预防为主"政策 这一政策的基本思想是把消除污染、保护环境的措施实施在经济开发和建设过程之前或之中，消除环境问题产生的根源，大大减少事后污染治理和生态保护所要付出的沉重代价。因此，预先采取措施，避免或者减少对环境的污染和破坏，是解决环境问题的最有效率的办法。贯彻"预防为主"政策，主要可以从以下几方面入手：

1）按照"三同步、三统一"方针，把环境保护纳入国民经济和社会发展计划之中，进行综合平衡，这是从宏观层次上贯彻"预防为主"政策的先决条件。

2）环境保护与产业结构调整、优化资源配置相结合，促进经济增长方式的转变，这是从宏观和微观两个层次上贯彻"预防为主"政策的根本保证。

3）建设项目的环境管理，严格控制新污染源的产生，这是从微观层次上贯彻"预防为主"政策的关键。从建设项目管理入手，实施全过程控制，从源头解决环境问题，减少污染治理和生态保护所付出的沉重代价，转变发达国家走过的"先污染、后治理"的环境保护道路。

（2）"谁污染，谁治理"政策 20世纪70年代初，经济合作与发展组织（Organization for Economic Co-operation and Development，OECD）将日本环境政策中的"污染者负担"作为一项经济原则提出，因为实行这一原则可以促进合理利用资源，防止并减轻环境损害，实现社会公平。所以这一原则被世界上许多国家采取。我国"谁污染，谁治理"政策也从这一经济原则引申而来。

"谁污染，谁治理"的政策思想：治理污染、保护环境是生产者不可推卸的责任和义务，因污染产生的损害以及治理污染所需要的费用，都必须由污染者承担和补偿，从而使外部不经济性内化到企业的生产中去。这项政策明确了经济行为主体的环境责任，开辟了环治理的资金来源，其主要内容包括：对超过排放标准向大气、水体等排放污染物的企事业单位征收超标排污费，专门用于防治污染；对严重污染的企事业单位实行限期治理；结合企业技术改造防治工业污染。

（3）"强化环境管理"政策 "三大政策"中的核心是"强化环境管理"政策。"强化环境管理"政策的提出是基于当时的两个重要事实：一是没有足够的经济和科技实力治理污染，二是现有的许多环境问题是管理不善造成的。

"强化环境管理"政策的主要目的是通过强化政府和企业的环境治理责任，控制和减少管理不善带来的环境污染和破坏。其主要措施有以下几项：

1）逐步建立和完善环境保护法规与标准体系。党的十八大以来，紧紧围绕党中央关于生态环境保护的决策部署，先后制定《中华人民共和国土壤污染防治法》《中华人民共和国生物安全法》《中华人民共和国长江保护法》《中华人民共和国湿地保护法》《中华人民共和国噪声污染防治法》《中华人民共和国黑土地保护法》，并修改了《中华人民共和国大气污染防治法》《中华人民共和国固体废物污染环境防治法》《中华人民共和国环境影响评价法》等多部法律，做出关于全面加强生态环境保护、依法推动打好污染防治攻坚战的决议等。这些法规已经成为环境保护工作的依据和武器，在实践中发挥了重要作用。

2）建立全国性的环境保护管理网络。在各级政府中都设立环境保护机构，依照法律规定对环境保护实施监督管理。同时，加强新闻媒介对环境违法行为的揭露和曝光，广泛动员民众参与环境保护，并在教育体系中逐步加强环境保护意识教育。

3）建立健全环境管理制度。主要包括：环境影响评价制度、"三同时"制度、排污收费制度、环境保护目标责任制度、城市环境综合整治定量考核制度、排污许可证制度、污染集中控制制度和污染源限期治理制度等，使环境管理工作迈上了新的台阶。

2.3.4 我国环境管理制度

环境管理就是国家环境保护部门运用经济、法律、技术、行政、教育等手段，限制和控制人类损害环境质量、协调社会经济发展与保护环境、维护生态平衡之间关系的一系列活动。环境管理的目的是在保证经济长期稳定增长的同时，使人类有一个良好的生存和生产环境。一般说来，社会经济发展对生态平衡的破坏和造成的环境污染，主要是由于管理不善造成的。

环境管理的内容涉及土壤、水、大气、生物等各种环境因素，环境管理的领域涉及经济、社会、政治、自然、科学技术等方面，环境管理的范围涉及国家的各个部门，所以环境管理具有高度的综合性。

《中华人民共和国环境保护法》第四章对我国长期以来实行的行之有效的环境管理制度进行了总结，目前我国环境管理的制度措施主要有八项，即：环境影响评价制度、"三同时"制度、排污收费制度、环境保护目标责任制度、城市环境综合整治定量考核制度、排污许可证制度、污染集中控制制度和污染源限期治理制度。

下面重点介绍环境影响评价制度、"三同时"制度、排污收费制度、城市环境综合整治定量考核制度和排污许可证制度。

1. 环境影响评价制度

为加强建设项目环境保护管理，严格控制新的污染，保护和改善环境，1986年3月26

日，国务院环境保护委员会、国家计划委员会、国家经济委员会[一]颁布了《建设项目环境保护管理办法》。该办法规定，凡从事对环境有影响的建设项目都必须执行环境影响评价制度和"三同时"制度，并以此为出发点，对实行这两项制度的对象、主管部门、各有关部门间的职责分工、审批程序、环境影响报告书和环境影响报告表、环境影响评价资格审查、评价工作收费、项目初步设计中的环境保护篇章、环境保护设施的竣工验收报告、监督检查等做了具体规定。

国务院于1998年11月29日颁布施行《建设项目环境保护管理条例》，第一次通过行政法规明确规定"国家实行建设项目环境影响评价制度"。《建设项目环境保护管理条例》主要内容包括以下几个方面：

1）规定了环境影响评价的适用范围，即对环境有影响的新建、改建、扩建、技术改造项目以及一切引进项目，包括区域建设项目都必须执行环境影响报告书审批制度。

2）规定了污染控制要求，建设产生污染的项目，必须遵守污染物排放的国家标准和地方标准。

3）改建、扩建项目和技术改造项目必须采取措施，治理与该项目有关的原有环境污染和生态破坏。

4）国家实行建设项目环境影响评价制度。

5）国家根据建设项目对环境的影响程度，对建设项目的环境保护实行分类管理：编制环境影响报告书、编制环境影响报告表、填报环境影响登记表。

6）规定了评价的时机，即建设项目环境影响评价报告书（报告表）必须在项目的可行性研究阶段完成。

7）规定了负责提出环境影响报告书的主体，即开发建设单位。

8）规定了环境影响评价报告书和环境影响评价报告表的基本内容。

9）规定了环境影响评价的程序，包括填写环境影响报告表或编报环境影响报告书的项目筛选程序；环境影响评价的工作程序和环境影响报告书的审批程序。

10）规定了承担评价工作单位和资格审查制度。

11）规定了环境影响评价的资金来源和工作费用的收取。

12）规定了环境保护设施建设。建设项目需要配套建设的环境保护设施，必须与主体工程同时设计、同时施工、同时投产使用。

13）规定了违反本条例规定，建设单位、从事建设项目环境影响评价工作的单位、技术机构、环境保护行政主管部门的工作人员应承担的法律责任。

《建设项目环境保护管理条例》颁布实施，对规范和推动建设项目环境保护工作发挥了重要作用。在2014年与2016年，《环境保护法》《环境影响评价法》相继修订、修改并颁布实施。根据修订后的《环境保护法》《环境影响评价法》和环境影响评价体制改革新要求，2017年7月，国务院对《建设项目环境保护管理条例》进行了修改，主要包括四个方面的内容：一是简化、细化建设项目环评管理，取消和下放不适应形势发展需求的审批事项，激发企业和社会创业创新的活力；二是取消环保设施验收审批，加强事中事后管

[一] 国务院原有组成部门，国家经济贸易委员会的前身。2003年3月，根据第十届全国人民代表大会第一次会议审议通过的《国务院机构改革方案》，不再保留国家经济贸易委员会。

理,强化"三同时"监管;三是统一执法机关,加大违法行为处罚力度;四是注意问题,环境保护部门要进一步加大宣传力度,确保基层管理部门、建设单位准确理解改革要求,要及时完善配套规定,要全面准确严格执法。2018年对《环境影响评价法》进行第二次修正。

环境影响评价制度是约束项目与规划环境准入的法制保障,是在发展中守住绿水青山的第一道防线,为项目的决策、项目的选址、产品方向、建设计划和规模以及建成后的环境监测和管理提供了科学依据。

> **案例 2-9** 违反环境影响评价制度事件。南京某生物化学有限责任公司(以下简称建设单位)补办的《80t/天废水生化处理项目及500m² 危废仓库项目环境影响报告表》未如实反映污水处理站废气治理设施实际建设内容,引用的监测数据与原始监测报告中的数据不一致。
>
> 南京市生态环境局对该建设单位处以50万元罚款,并责令改正违法行为;对建设单位法定代表人赵某某和项目主要负责人陈某某各处5.2万元罚款。对环评文件编制单位处以1.2万元罚款,并责令改正违法行为。根据失信记分办法对环评编制单位予以失信记分,环境影响评价信用平台已注销编制主持人段某某的诚信档案。

2. "三同时"制度

"三同时"制度是我国出台最早的一项环境管理制度。它是中国的独创,是在社会主义制度和建设经验的基础上提出来的,是具有中国特色并行之有效的环境管理制度。

所谓"三同时",是指新扩改项目和技术改造项目的环保设施要与主体工程同时设计、同时施工、同时投产使用。"三同时"制度是我国环境保护工作的一个创举,是在总结我国环境管理实践经验基础上,被我国法律所确认的一项重要的环境保护法律制度。这项制度最早出现于1973年的《关于保护和改善环境的若干规定》,在1979年的《环境保护法(试行)》中做了进一步规定。此后的一系列环境法律法规也都重申了"三同时"制度。1986年颁布的《建设项目环境保护管理办法》对"三同时"制度做了具体规定,1998年对《建设项目环境保护管理办法》做了修改并新颁布了《建设项目环境保护管理条例》,它对"三同时"制度做了进一步的具体规定,2017年又对《建设项目环境保护管理条例》进行了修订,该条例主要包括以下几方面内容:

1)建设项目需要配套建设的环境保护设施,必须与主体工程同时设计、同时施工、同时投产使用。

2)建设项目的初步设计,应当按照环境保护设计规范的要求,编制环境保护篇章,落实防治环境污染和生态破坏的措施以及环境保护设施投资概算。

3)编制环境影响报告书、环境影响报告表的建设项目竣工后,建设单位应当按照国务院环境保护行政主管部门规定的标准和程序,对配套建设的环境保护设施进行验收,编制验收报告。

"三同时"制度是从源头上消除各类建设项目可能产生的污染、保证环境保护设施与主体工程同时设计和建设、确保生产经营活动与污染治理同步进行以及保证治理污染效果的有力举措,是我国"预防为主"方针的具体化、制度化。

> **案例 2-10** 违反"三同时"制度事件。新疆昌吉回族自治州准东经济技术开发区（简称开发区）环境保护局执法人员现场检查发现，某建材有限公司二期 12 万 t 工业硅项目主体已完成建设并投产使用，配套脱硫脱硝污染防治设施仍在施工建设过程，无法投入运行，项目配套环保设施未与主体工程同时设计、同时施工、同时投产使用。该行为违反《建设项目环境保护管理条例》第十五条"建设项目需要配套建设的环境保护设施，必须与主体工程同时设计、同时施工、同时投产使用"的规定。开发区环境保护局于当日下达责令改正违法行为决定书。该公司在责令改正期间，整改进度缓慢，未能按要求时限完成整改，对该公司违法行为从重处罚，处罚款人民币 78.65 万元。

3. 排污收费制度

2016 年 12 月 25 日第十二届全国人民代表大会常务委员会第二十五次会议通过了《中华人民共和国环境保护税法》（以下简称《环境保护税法》），自 2018 年 1 月 1 日起施行。制定《环境保护税法》，是落实"推动环境保护费改税""用严格的法律制度保护生态环境"要求的重大举措，对于保护和改善环境、减少污染物排放、推进生态文明建设具有重要的意义。

为保障《环境保护税法》顺利实施，细化法律的有关规定，进一步明确界限、增强可操作性，2017 年 12 月 30 日，国务院公布《中华人民共和国环境保护税法实施条例》（以下简称《条例》），自 2018 年 1 月 1 日起与《环境保护税法》同步施行，《排污费征收使用管理条例》同时废止。

《环境保护税法》和《条例》的主要内容包括以下几方面：

1）明确规定在中华人民共和国领域和中华人民共和国管辖的其他海域，直接向环境排放应税污染物的企业事业单位和其他生产经营者为环境保护税的纳税人，应当依照本法规定缴纳环境保护税。

2）明确环境保护税法所称应税污染物，是指《环境保护税法》所附"环境保护税税目税额表""应税污染物和当量值表"规定的大气污染物、水污染物、固体废物和噪声。

3）明确不属于直接向环境排放污染物的情况，不缴纳相应污染物的环境保护税：一是企业事业单位和其他生产经营者向依法设立的污水集中处理、生活垃圾集中处理场所排放应税污染物的；二是企业事业单位和其他生产经营者在符合国家和地方环境保护标准的设施、场所储存或者处置固体废物的。

4）依法设立的城乡污水集中处理、生活垃圾集中处理场所超过国家和地方规定的排放标准向环境排放应税污染物的，应当缴纳环境保护税。

企业事业单位和其他生产经营者储存或者处置固体废物不符合国家和地方环境保护标准的，应当缴纳环境保护税。

5）计税依据和应纳税额。对应税大气污染物和水污染物排放量折合的污染当量数、固体废物的排放量和噪声超过国家标准的分贝数，分别确定计税依据和应纳税额计算方法。

6）税收减免规定。农业生产（不包括规模化养殖）排放应税污染物的；机动车、铁路机车、非道路移动机械、船舶和航空器等流动污染源排放应税污染物的；依法设立的城乡污水集中处理、生活垃圾集中处理场所排放相应应税污染物，不超过国家和地方规定的排放标准的；纳税人综合利用的固体废物，符合国家和地方环境保护标准的；国务院批准免税的其他情形等，暂予免征环境保护税。

7) 征收管理。环境保护税由税务机关依照《中华人民共和国税收征收管理法》和《环境保护税法》的有关规定征收管理。生态环境主管部门依照本法和有关环境保护法律法规的规定负责对污染物的监测管理。

8)《条例》在《环境保护税法》的框架内，重点对征税对象、计税依据、税收减免及税收征管的有关规定做了细化，进一步明确了税务机关和环境保护主管部门在税收征管中的职责以及互相交送信息的范围，以更好地适应环境保护税征收工作的实际需要。

近些年来，通过开展环境保护宣传教育，特别是运用经济杠杆和法律手段进行环境监督，深入开展征收排污费工作，促进"谁污染谁治理"政策的落实。排污收费在环境管理中的地位和作用日益显示出来，主要表现在：有力地控制新污染源，促使排污单位加强经营管理，推动了综合利用，提高了资源、能源的利用率，为防治污染提供了大量专项资金，加强了环境保护部门自身建设，促进了环境保护工作。

案例 2-11　欠缴环境保护税事件。2020 年 7 月，赣州市人民检察院从市税务局调取了 2018 年以来环境保护税的征收情况及明细表，从市住建部门调取了市本级监管工程项目表，从市生态环境部门调取了企业减排措施情况材料，对以上材料进行比对，发现赣州市税务局监管的 25 个房产开发建设工程项目未依法缴纳环境保护税。通过实地了解，以上项目均存在施工扬尘问题。根据《环境保护税法》《关于明确环境保护税应税污染物适用等有关问题的通知》等规定，建筑扬尘为应税大气污染物，建筑施工企业应按照一般性粉尘税目实行核定计算办法申报缴纳环境保护税。

2020 年 8 月，检察院向市税务局公开宣告送达检察建议，建议追缴涉案建设工程项目的环境保护税，并进行全面排查。市税务局收到检察建议书后，组织开展了专项清查、补报，对案涉的 25 个工程项目共征收环境保护税 35.35 万元、滞纳金 2.86 万元。

针对全市范围内普遍存在落实征收环境保护税不到位的问题，在辖区部署开展专项行动，11 个基层检察院向当地税务机关发出诉前检察建议，8 个基层检察院通过诉前磋商等方式依法开展监督。2020 年 1—9 月，全市环境保护税入库 5670 万元，在全省占比 21.7%，同比增长 98.7%，收入总量、增量和增幅均居全省第一。

4. 城市环境综合整治定量考核制度

城市环境综合整治定量考核制度，是指 20 世纪 80 年代，我国在开展城市环境质量综合整治实践的基础上，对城市环境综合整治规定可比的定量指标，定期进行考核评比，促进环境质量改善的一项重要制度。

1988 年 9 月，国务院环境保护委员会发布《关于城市环境综合整治定量考核的决定》，规定从 1989 年起，国家对北京、天津、上海等 32 个重点城市进行定量考核；城市环境综合整治是城市政府的一项重要职责，市长对城市的环境质量负责；这项工作应列入市长的任期目标，并作为考核政绩的重要内容；城市人民政府应按考核指标分级制定本市的环境综合整治目标，并在年度计划中分解落实到有关部门，组织实施。考核范围包括大气环境保护、水环境保护、噪声控制、固体废物处置和绿化 5 个方面，共 20 项指标。考核结果向群众公报，接受群众监督。该项制度使城市环境保护工作由定性管理转向定量管理，也使环境保护工作增加了透明度。

城市环境综合整治就是把城市环境作为一个系统、一个整体，运用系统工程的理论和方法，采取多功能、多目标、多层次的综合战略、手段和措施，对城市环境进行综合规划、综合管理、综合控制，以较小的投入，换取城市环境质量最优化，做到"经济建设、城乡建设、环境建设同步规划、同步实施、同步发展"，以使复杂的城市环境问题得到有效解决。

城市环境综合整治定量考核是由城市环境综合整治的实际需要而产生的，它不仅使城市环境综合整治工作定量化、规范化，而且增强了透明度，引入了社会监督的机制。因此，这项制度的实施使环保工作切实纳入了政府的议事日程。主要包括以下几方面：

1）定量考核的对象和范围。根据市长要对城市的环境质量负责的原则，城市环境综合整治定量考核的主要对象是城市政府。考核范围分为国家级考核和省（自治区）级考核。

2）定量考核的内容和指标。定量考核的内容：环境质量、污染控制、环境建设和环境管理4方面，共27项指标，总计100分。

5. 排污许可证制度

2016年11月，为进一步推动环境治理基础制度改革，改善环境质量，国务院根据《环境保护法》和《生态文明体制改革总体方案》等，制定并发布了《控制污染物排放许可制实施方案》，作为我国实施排污许可制的纲领性文件。

排污许可证制度是以改善环境质量为目标，以污染物总量控制为基础，对排污的种类、数量、性质、去向、方式等的具体规定，是一项具有法律含义的行政管理制度。主要包括以下几方面内容：

1）排污申报登记。排污申报登记是排污许可证的基础工作。一般要求申报如下内容：排污单位的基本情况，原料、资源、能耗消耗情况，污染排放状况（包括排放种类、排放去向、排放强度），污染处理设施建设、运行情况，排污单位的地理位置和平面示意图。

2）排污指标的审定。环保部门对排污单位排污登记表进行核查，确定登记情况的准确性，从而审定排污许可证控制因子，然后分配排污单位污染物允许排放浓度、允许排放量。审定排污单位排污指标是排污许可证制度的核心。

3）发放排污许可证。向达到控制指标的排污单位发放排污许可证，对暂时达不到需要控制指标的排污单位发放临时许可证。

4）许可证的监督管理。环保部门要加强监督性检查，问题监督规范化，抽查监督制度化，对排污单位是否按排污许可证规定的排污要求进行排污做定期检查。

> **案例2-12** 违反排污许可证制度事件。江西某生态农牧有限公司废水外排，废水排放口未安装在线监测设施。2020年6月，江西省赣州市生态环境局对该公司下达了《排污限期整改通知书》，要求其在2020年12月前在废水总排口安装自动监测设备。2021年6月，赣州市生态环境局执法人员对该公司进行现场检查时，发现该公司正在生产，废水总排口仍未安装自动监测设施，且未依法申请取得排污许可证。
>
> 该公司上述行为违反了《排污许可管理条例》第二条"依照法律规定实行排污许可管理的企业事业单位和其他生产经营者，应当依照本条例规定申请取得排污许可证；未取得排污许可证的，不得排放污染物"的规定。2021年8月，江西省赣州市生态环境局依据《排污许可管理条例》的规定，责令该公司改正违法行为，并处罚款30万元。

2.4 环境保护法

2.4.1 立法概述

保护环境是国家的基本国策，我国环境保护坚持保护优先、预防为主、综合治理、公众参与、损害担责的原则。

1989年12月26日，第七届全国人民代表大会常务委员会第十一次会议通过了《中华人民共和国环境保护法》（以下简称《环保法》）。《环保法》是环境领域的基础性、综合性法律，主要规定环境保护的基本原则和基本制度，解决共性问题。《环保法》的实施，提高了广大干部和人民群众的法制观念和环境意识，推动了环境保护的法制建设，加强了环境管理，促进了环境保护事业的发展，对保护与改善我国的环境、防治污染与其他公害起到了积极作用。

随着我国经济、政治、文化等各个领域发生深刻的变化，当时的《环保法》越发暴露出与时代不相适应的缺陷。2014年4月24日，第十二届全国人民代表大会常务委员会第八次会议表决通过了修订后的《环保法》，自2015年1月1日施行。修订后的《环保法》，充分体现了国家生态文明建设的要求，是目前现行法律中最严格的一部专业领域行政法，是解决目前我国严峻环境现实的一方良药，是在环境保护领域内的重大制度建设，对于环保工作以及整个环境质量的提升都产生重要的作用。

2.4.2 环境保护法的主要内容

修订后的《环保法》共七章七十条，其主要内容包括以下几方面：

1. 强化了环境保护的战略地位

《环保法》增加规定"保护环境是国家的基本国策"，并明确"环境保护坚持保护优先、预防为主、综合治理、公众参与、损害担责"的原则。另外，《环保法》在第一条立法目的中增加"推进生态文明建设，促进经济社会可持续发展"的规定，并进一步明确"国家支持环境保护科学技术的研究、开发和应用，鼓励环境保护产业发展，促进环境保护信息化建设，提高环境保护科学技术水平"。这些规定进一步了强化环境保护的战略地位，将环境保护融入经济社会发展。

2. 突出强调了政府监督管理责任

强调了政府对环境保护的监督管理职责。具体体现在下面几个方面：

1）在监督管理措施方面，进一步强化了地方各级人民政府对环境质量的责任。地方各级人民政府应当对本行政区域的环境质量负责。未达到国家环境质量标准的重点区域、流域的有关地方人民政府，应当制定限制达标规划，并采取措施按期达标。

2）在政府对排污单位的监督方面，针对当前环境设施不依法正常运行、监测记录不准确等比较突出的问题，《环保法》第二十四条规定，县级以上人民政府环境保护主管部门及其委托的环境监察机构和其他负有环境保护监督管理职责的部门，有权对排放污染物的企业事业单位和其他生产经营者进行现场检查。

3）在上级政府机关对下级政府机关的监督方面，加强了地方政府对环境质量的责任。同时，增加了环境保护目标责任制和考核评价制度，并规定了上级政府及主管部门对下级部门或工作人员工作监督的责任。

4）对于履职缺位和不到位的官员，《环保法》第六十八条规定，领导干部虚报、谎报、瞒报污染情况，应当引咎辞职。出现环境违法事件，造成严重后果的，地方政府分管领导、环保部门等监管部门主要负责人，要承担相应的刑事责任。

3. 建立了环境监测和预警机制

近年来，以雾霾为首的恶劣天气增多，雾霾成了一些城市的最大危害。《环保法》对雾霾等大气污染做出了有针对性的规定。

1）国家建立健全环境与健康监测、调查和风险评估制度。鼓励和组织开展环境质量对公众健康影响的研究，采取措施预防和控制与环境污染有关的疾病。

2）国家建立环境污染公共监测预警的机制。县级以上人民政府建立环境污染公共预警机制，组织制定预警方案；环境受到污染，可能影响公众健康和环境安全时，依法及时公布预警信息，启动应急措施。

3）国家建立跨行政区域的重点区域、流域环境污染和生态破坏联合防治协调机制。

4. 划定了生态保护红线

生态保护红线是我国环境保护的重要制度创新，目的是建立最为严格的生态保护制度，对生态功能保障、环境质量安全和自然资源利用等方面提出更高的监管要求，从而促进人口资源环境相均衡、经济社会生态效益相统一。生态保护红线可划分为生态功能保障基线、环境质量安全底线、自然资源利用上线。

1）生态功能保障基线包括禁止开发区生态红线、重要生态功能区生态红线和生态环境敏感区、脆弱区生态红线。

2）环境质量安全底线是保障人民群众呼吸上新鲜的空气、喝上干净的水、吃上放心的粮食、维护人类生存的基本环境质量需求的安全线，包括环境质量达标红线、污染物排放总量控制红线和环境风险管理红线。

3）自然资源利用上线是促进资源能源节约，保障能源、水、土地等资源高效利用，不应突破的最高限值。2021年，全国所有省份、地市两级"三线一单"（生态保护红线、环境质量底线、资源利用上线和生态环境准入清单）成果均完成发布，基本建立了覆盖全国的生态环境分区管控体系。

案例2-13　生态保护。截至2019年年底，我国各类自然保护地已达1.18万个，总面积超过1.7亿公顷，占国土陆域面积18%，提前实现联合国生物多样性公约"爱知目标"提出的到2020年达到17%的目标要求。大面积自然生态系统得到系统、完整地保护，野生生物生活环境得到有效改善。比如野生大熊猫、藏羚羊、麋鹿等珍稀濒危物种的生存状况得到改善。部分珍稀濒危物种种群逐步恢复，东北虎、东北豹、亚洲象、朱鹮等物种数量明显增加。大熊猫野外种群数量达到1800多只，受威胁程度等级由濒危降为易危。2021年10月，我国正式设立三江源、大熊猫、东北虎豹、海南热带雨林、武夷山首批5个国家公园，如图2-12所示。

图 2-12 国家公园
a) 三江源 b) 大熊猫

视频 2-10 国家公园

5. 扩大了环境公益诉讼主体

借鉴国际惯例，扩大环境公益诉讼主体的规定。国际上对诉讼主体的要求是由环境公益诉讼的性质和作用来决定的。由于专业性比较强，要求起诉主体对环境的问题比较熟悉，要具有一定的专业性和诉讼能力和比较好的社会公信力，或者说宗旨是专门从事环境保护工作，要致力于公益性的活动，不牟取经济利益的社会组织，才可以提起公益诉讼。

《环保法》第五十八条扩大了环境公益诉讼的主体，规定凡依法在设区的市级以上人民政府民政部门登记的，专门从事环境保护公益活动连续五年以上且无违法记录的社会组织，都能向人民法院提起诉讼，例如，中华环保联合会、中国生物多样性保护与绿色发展基金会、自然之友环境研究所等。

案例 2-14 "云南绿孔雀"事件。戛洒江一级水电站位于云南省新平县境内（如图 2-13 所示），电站采用堤坝式开发，坝型为混凝土面板堆石坝，最大坝高 175.5m，水库正常蓄水位 675m，淹没区域涉及红河上游的戛洒江、石羊江及支流绿汁江、小江河。

云南省林业和草原局编制的《元江中上游绿孔雀种群现状调查报告》载明：戛洒江一级水电站建成后，蓄水水库将淹没海拔 680m 以下河谷地区，将对绿孔雀目前利用的沙浴地、河滩求偶场等适宜栖息地产生较大影响。同时，淹没区公路将改造重修，破坏绿孔雀等野生动物适宜栖息地。绿孔雀栖息地如图 2-14 所示。2018 年，戛洒江一级水电站淹没区大部分被划入红河（元江）干热河谷及山原水土保持生态保护红线范围，在该区域内，绿孔雀为其中一种重点保护物种。

自然之友环境研究所向昆明市中级人民法院起诉，请求法院判令该水电站的建设公司等消除戛洒江一级水电站建设对绿孔雀、陈氏苏铁等珍稀濒危野生动植物以及热带季雨林和热带雨林侵害危险，立即停止水电站建设，不得截流蓄水，不得对该水电站淹没区内植被进行砍伐。

法院判决：该建设公司立即停止基于现有环境影响评价下的戛洒江一级水电站建设项目，不得截流蓄水，不得对该水电站淹没区内植被进行砍伐。对水电站的后续处理，待公司按生态环境部要求完成环境影响后评价，采取改进措施并报生态环境部备案后，由相关行政主管部门视具体情况依法做出决定。宣判后，自然之友环境研究所以戛洒江一级水电站应当永久性停建为由，建设公司以水电站已经停建且划入生态红线，应当驳回自然之友环境研究所诉讼请求为由，分别提起上诉。云南省高级法院判决：驳回上诉，维持原判。

视频 2-11 "云南绿孔雀"事件

图 2-13　戛洒江一级水电站开工　　图 2-14　绿孔雀栖息地

6. 加大了违法成本

2014 年修订后的新《环保法》被称为"史上最严环保法"，其针对企业事业单位和其他经营者环境违法行为规定如下处理措施：

1）设备扣押。《环保法》第二十五条规定，企业事业单位和其他生产经营者违反法律法规规定排放污染物，造成或者可能造成严重污染的，县级以上人民政府环境保护主管部门和其他负有环境保护监督管理职责的部门，可以查封、扣押造成污染物排放的设施、设备。

2）按日计罚。多年来，国家环境立法不少，但由于违法成本低，对违规企业的经济处罚并未取得应有的震慑效果，导致法律法规并未起到真正的约束作用。《环保法》第五十九条规定，企业事业单位和其他生产经营者违法排放污染物，受到罚款处罚，被责令改正，拒不改正的，依法做出处罚决定的行政机关可以自责令改正之日的次日起，按照原处罚数额按日连续处罚。

按日计罚是针对企业拒不改正超标问题等比较常见的违法现象采取的措施，目的就是加大违法成本，在我国现行行政法规体系里，这是一个创新性的行政处罚规则。环保部门在决定罚款时，应考虑企业污染防治设施的运行成本、违法行为造成的危害后果以及违法所得等因素，来决定罚款数额。

3）停业关闭。《环保法》第六十条规定，企业事业单位和其他生产经营者超过污染物排放标准或者超过重点污染物排放总量控制指标排放污染物的，县级以上人民政府环境保护主管部门可以责令其采取限制生产、停产整治等措施；情节严重的，报经有批准权的人民政府批准，责令停业、关闭。

4）行政责任。《环保法》第六十三条规定，企业事业单位和其他生产经营者有违反行为，尚不构成犯罪的，除依照有关法律法规规定予以处罚外，由县级以上人民政府环境保护主管部门或者其他有关部门将案件移送公安机关，违反行为包括：建设项目未依法进行环境影响评价，未取得排污许可证排放污染物，通过暗管、渗井、渗坑、灌注或者篡改、伪造监测数据或不正常运行防治污染设施等逃避监管的方式违法排放污染物的，生产、使用国家明令禁止生产、使用的农药等。

5）侵权责任。《环保法》第六十四条规定，因污染环境和破坏生态造成损害的，应当依照《中华人民共和国侵权责任法》的有关规定承担侵权责任。

6）连带责任。《环保法》第六十五条规定，环境影响评价机构、环境监测机构以及从事环境监测设备和防治污染设施维护、运营的机构，在有关环境服务活动中弄虚作假，对造成的环境污染和生态破坏负有责任的，除依照有关法律法规规定予以处罚外，还应当与造成环境污染和生态破坏的其他责任者承担连带责任。

7）刑事责任。《环保法》第六十九条规定，违反本法规定，构成犯罪的，依法追究刑事责任。

2.5 可持续发展

2.5.1 可持续发展的概念

1. 可持续发展的理论背景

可持续发展是指既满足当代人的需求，又不损害后代人满足需要的能力的发展。换句话说，就是指经济、社会、资源和环境保护协调发展，它们是一个密不可分的系统，既要达到发展经济的目的，又要保护好人类赖以生存的大气、淡水、海洋、土地和森林等自然资源和环境，使子孙后代能够永续发展和安居乐业。

可持续发展理论的形成经历了相当长的历史过程。20 世纪 50 至 60 年代，人们在经济增长、城市化、人口、资源等所形成的环境压力下，对"增长等于发展"的模式产生怀疑并展开争论。1962 年，美国女生物学家莱切尔·卡逊发表了一部引起很大轰动的环境科普著作《寂静的春天》，作者描绘了一幅由于农药污染所产生的可怕景象，惊呼人们将会失去"春光明媚的春天"，在世界范围内引发了人类关于发展观念上的争论。

10 年后，两位著名美国学者巴巴拉·沃德和雷内·杜博斯享誉全球的著作《只有一个地球》问世，把人类生存与环境的认识推向一个新境界——可持续发展的境界。同年，一个非正式国际著名学术团体罗马俱乐部发表了有名的研究报告《增长的极限》，明确提出"持续增长"和"合理的持久的均衡发展"的概念。

在这之后，随着公害问题的加剧和能源危机的出现，人们逐渐认识到把经济、社会和环境割裂开来谋求发展，只能给地球和人类社会带来毁灭性的灾难。源于这种危机感，可持续发展的思想在 20 世纪 80 年代逐步形成。

1980 年由世界自然保护联盟（IUCN）、联合国环境规划署（UNEP）、世界野生动植物基金会（WWF）⊖共同发表的《世界自然保护大纲》，明确提出了可持续发展（Sustainable Development）的概念，"必须研究自然的、社会的、生态的、经济的以及利用自然资源过程中的基本关系，以确保全球的可持续发展"。

1981 年，美国人布朗出版了《建设一个可持续发展的社会》，提出以控制人口增长、保护资源基础和开发再生能源来实现可持续发展。

⊖ 后改名为世界自然基金会。

1983年11月，联合国成立了世界环境与发展委员会（WECD）。

1987年，以挪威首相布伦特兰为主席的联合国世界环境与发展委员会发表了一份报告《我们共同的未来》，这份报告正式使用了可持续发展概念，并对之做出了比较系统的阐述，产生了广泛的影响。

1992年6月，在里约热内卢召开的联合国环境与发展会议通过了以可持续发展为核心的《里约宣言》《21世纪行动议程》等文件。随后，我国编制了《中国21世纪人口、环境与发展白皮书》，首次把可持续发展战略纳入经济和社会发展的长远规划。1997年的中共十五大把可持续发展战略确定为我国现代化建设中必须实施的战略。可持续发展主要包括社会可持续发展、生态可持续发展、经济可持续发展。

2. 可持续发展的定义

对于可持续发展的概念，各个学科从各自的角度有不同的表述，但基本含义是一致的。可持续发展就是建立在社会、经济、人口、资源、环境相互协调和共同发展的基础上的一种发展，其宗旨是既能相对满足当代人的需求，又不能对后代人的发展构成危害。

（1）世界环境与发展委员会对可持续发展的定义　1987年，世界环境与发展委员会发表了影响全球的题为《我们共同的未来》的报告，它分为"共同的问题""共同的挑战""共同的努力"三大部分。在集中分析了全球人口、粮食、物种和遗传资源、能源、工业和人类居住等方面的情况，并系统探讨了人类面临的一系列重大经济、社会和环境问题之后，这份报告鲜明地提出了三个观点：环境危机、能源危机和发展危机不能分割；地球的资源和能源远不能满足人类发展的需要；必须为当代人和下代人的利益改变发展模式。

在《我们共同的未来》报告中，可持续发展被定义为"既满足当代人的需要，又不损害后代人满足需要的能力的发展"。报告深刻指出，在过去，人们关心的是经济发展对生态环境带来的影响，而现在，人们正迫切地感到生态的压力对经济发展所带来的重大影响。因此，人们需要有一条新的发展道路，这条道路不是一条仅能在若干年内、在若干地方支持人类进步的道路，而是一直到遥远的未来都能支持全球人类进步的道路。这一鲜明、创新的科学观点，把人们从单纯考虑环境保护引导到把环境保护与人类发展切实结合起来，实现了人类有关环境与发展思想的重要飞跃。

《我们共同的未来》中包含了两个重要内容，一是对传统发展方式的反思和否定，二是对规范的可持续发展模式的理性设计。报告指出，过去人们关心的是发展对环境带来的影响，而现在人们则迫切地感到了生态环境的退化对发展带来的影响，以及国家之间在生态学方面互相依赖的重要性。就对传统发展方式的反思和否定而言，报告明确提出要变革人类沿袭已久的生产方式和生活方式；就规范的可持续发展模式的理性设计而言，报告提出工业应当是高产低耗，能源应当被清洁利用，粮食需要保障长期供给，人口与资源应当保持相对平衡。有人总结说，这种转变也即是三个重要的理论转变：由人类中心论向物种共同进化论转变；由现世主义向世代伦理主义转变；由效益至上向公平和合理至上转变。可持续发展理论得到了全世界不同经济水平和不同文化背景国家的普遍认同，并为1992年联合国环境与发展大会通过的《21世纪议程》奠定了理论基础。

（2）侧重自然方面的定义　"持续性"一词首先是由生态学家提出来的，即所谓"生态持续性"（Ecological Sustainability），意在说明自然资源及其开发利用程序间的平衡。1991

年 11 月，国际生态学联合会（INTECOL）和国际生物科学联合会（IUBS）联合举行了关于可持续发展问题的专题研讨会。该研讨会的成果发展并深化了可持续发展概念的自然属性，将可持续发展定义为"保护和加强环境系统的生产和更新能力"，其含义为可持续发展是不超越环境、系统更新能力的发展。

（3）侧重于社会方面的定义　1991 年，由世界自然保护联盟（IUCN）、联合国环境规划署（UNEP）和世界自然基金会（WWF）共同发表《保护地球——可持续生存战略》，将可持续发展定义为"在生存于不超出维持生态系统涵容能力之情况下，改善人类的生活品质"，并提出了人类可持续生存的九条基本原则。在这九条基本原则中，既强调了人类的生产方式与生活方式要与地球承载能力保持平衡，保护地球的生命力和生物多样性，同时又提出了人类可持续发展的价值观和 130 个行动方案，着重论述了可持续发展的最终落脚点是人类社会，即改善人类的生活质量，创造美好的生活环境。该组织认为，各国可以根据自己的国情制定各不相同的发展目标。但是，只有在"发展"的内涵中包括有提高人类健康水平、改善人类生活质量和获得必须资源的途径，并创造一个保持人们平等、自由、人权的环境，只有使人们的生活在所有这些方面都得到改善，才是真正的"发展"。

（4）侧重于经济方面的定义　爱德华·B·巴比尔（Edward B. Barbier）在其著作《经济、自然资源：不足和发展》中，把可持续发展定义为"在保持自然资源的质量及其所提供服务的前提下，使经济发展的净利益增加到最大限度"。皮尔斯认为："可持续发展是今天的使用不应减少未来的实际收入，当发展能够保持当代人的福利增加时，也不会使后代的福利减少。"当然，定义中的经济发展已不是传统的以牺牲资源和环境为代价的经济发展，而是"不降低环境质量和不破坏世界自然资源基础的经济发展"。

3. 侧重于科技方面的定义

斯帕思认为："可持续发展就是转向更清洁、更有效的技术——尽可能接近'零排放'或'密封式'，工艺方法——尽可能减少能源和其他自然资源的消耗。"还有的学者提出："可持续发展就是建立极少产生废料和污染物的工艺或技术系统。"他们认为，污染并不是工业活动不可避免的结果，而是技术差、效益低的表现。

4. 综合性定义

1989 年，联合国环境与发展会议专门为可持续发展的定义和战略通过了《关于可持续发展的声明》，认为可持续发展的定义和战略主要包括以下四个方面的含义：

1）走向国家和国际平等。
2）要有一种支援性的国际经济环境。
3）维护、合理使用并提高自然资源基础。
4）在发展计划和政策中纳入对环境的关注和考虑。

总之，可持续发展注重社会、经济、文化、资源、环境、生活等各方面协调发展，要求这些方面的各项指标组成的向量的变化呈现单调增态势（强可持续性发展），至少其总的变化趋势不是单调减态势（弱可持续性发展）。

可持续发展与环境保护既有联系，又不等同。环境保护是可持续发展的重要方面。可持续发展的核心是发展，但要求在严格控制人口、提高人口素质和保护环境、资源永续利用的前提下进行经济和社会的发展。发展是可持续发展的前提，人是可持续发展的中心体，可持续长久的发展才是真正的发展。

2.5.2 可持续发展的内涵、特征和原则

1. 可持续发展的内涵

2002年，中共十六大把"可持续发展能力不断增强"作为全面建设小康社会的目标之一。可持续发展是以保护自然资源环境为基础，以激励经济发展为条件，以改善和提高人类生活质量为目标的发展理论和战略。它是一种新的发展观、道德观和文明观。可持续发展有以下几个方面的丰富内涵：

（1）共同发展　地球是一个复杂的巨系统，每个国家或地区都是这个巨系统不可分割的子系统。系统的最根本特征是其整体性，每个子系统都和其他子系统相互联系并发生作用，只要一个系统发生问题，都会直接或间接影响其他系统的稳定性，甚至会诱发系统的整体突变，这在地球生态系统中表现最为突出。因此，可持续发展追求的是整体发展和协调发展，即共同发展。

（2）协调发展　协调发展包括经济、社会、环境三大系统的整体协调，也包括世界、国家和地区三个空间层面的协调，还包括一个国家或地区经济与人口、资源、环境、社会以及内部各个阶层的协调，持续发展源于协调发展。

（3）公平发展　世界经济的发展呈现出因水平差异而表现出来的层次性，这是发展过程中始终存在的问题。但是这种发展水平的层次性若因不公平、不平等而引发或加剧，就会因为局部而上升到整体，并最终影响到整个世界的可持续发展。可持续发展思想的公平发展包含两个纬度：一是时间纬度上的公平，当代人的发展不能以损害后代人的发展能力为代价；二是空间纬度上的公平，一个国家或地区的发展不能以损害其他国家或地区的发展能力为代价。

（4）高效发展　公平和效率是可持续发展的两个轮子。可持续发展的效率不同于经济学的效率，可持续发展的效率既包括经济意义上的效率，也包含着自然资源和环境的损益的成分。因此，可持续发展思想的高效发展是指经济、社会、资源、环境、人口等协调下的高效率发展。

（5）多维发展　人类社会的发展表现出全球化的趋势，但是不同国家与地区的发展水平是不同的，而且不同国家与地区又有着异质性的文化、体制、地理环境、国际环境等发展背景。此外，因为可持续发展又是一个综合性、全球性的概念，要考虑到不同地域实体的可接受性，因此可持续发展本身包含了多样性、多模式的多维度选择的内涵。因此，在可持续发展这个全球性目标的约束和制导下，各国与各地区在实施可持续发展战略时，应该从国情或区情出发，走符合本国或本区实际的、多样性、多模式的可持续发展道路。

2. 可持续发展的特征

可持续发展理论的基本特征可以简单地归纳为经济可持续发展（基础）、生态（环境）可持续发展（条件）和社会可持续发展（目的）。

1）可持续发展鼓励经济增长。它强调经济增长的必要性，必须通过经济增长提高当代人福利水平，增强国家实力和社会财富。但可持续发展不仅要重视经济增长的数量，更要追求经济增长的质量。这就是说经济发展包括数量增长和质量提高两部分。数量的增长是有限的，而依靠科学技术进步，提高经济活动中的效益和质量，采取科学的经济增长方式才是可持续的。

2）可持续发展的标志是资源的永续利用和良好的生态环境。经济和社会发展不能超越资源和环境的承载能力。可持续发展以自然资源为基础，同生态环境相协调。它要求在保护

环境和资源永续利用的条件下，进行经济建设，保证以可持续的方式使用自然资源和环境成本，将人类的发展控制在地球的承载力之内。要实现可持续发展，必须使可再生资源的消耗速率低于资源的再生速率，使不可再生资源的利用能够得到替代资源的补充。

3）可持续发展的目标是谋求社会的全面进步。发展不仅仅是经济问题，单纯追求产值的经济增长不能体现发展的内涵。可持续发展的观念认为，世界各国的发展阶段和发展目标可以不同，但发展的本质应当包括改善人类生活质量，提高人类健康水平，创造一个保障人们平等、自由、教育和免受暴力的社会环境。这就是说，在人类可持续发展系统中，经济发展是基础，自然生态（环境）保护是条件，社会进步才是目的。而这三者又是一个相互影响的综合体，只要社会在每一个时间段内都能保持与经济、资源和环境的协调，这个社会就符合可持续发展的要求。显然，在新的世纪里，人类共同追求的目标，是以人为本的自然、经济、社会复合系统的持续、稳定、健康的发展。

3. 可持续发展的原则

（1）公平性　所谓公平是指机会选择的平等性。可持续发展的公平性原则包括两个方面：一方面是本代人的公平，即代内之间的横向公平；另一方面是指代际公平性，即世代之间的纵向公平。可持续发展要满足当代所有人的基本需求，给他们机会以满足他们过美好生活的愿望。可持续发展不仅要实现当代人之间的公平，而且也要实现当代人与未来各代人之间的公平，因为人类赖以生存与发展的自然资源是有限的。从伦理上讲，未来各代人应与当代人有同样的权力来提出他们对资源与环境的需求。可持续发展要求当代人在考虑自己的需求与消费的同时，也要对未来各代人的需求与消费负起历史的责任，因为同后代人相比，当代人在资源开发和利用方面处于一种无竞争的主宰地位。各代人之间的公平要求任何一代都不能处于支配的地位，即各代人都应有同样选择的机会空间。

（2）持续性　这里的持续性是指生态系统受到某种干扰时能保持其生产力的能力。资源环境是人类生存与发展的基础和条件，资源的持续利用和生态系统的可持续性是保持人类社会可持续发展的首要条件。这就要求人们根据可持续性的条件调整自己的生活方式，在生态可能的范围内确定自己的消耗标准，要合理开发、合理利用自然资源，使再生性资源能保持其再生产能力，非再生性资源不至过度消耗并能得到替代资源的补充，环境自净能力能得以维持。可持续发展的可持续性原则从某一个侧面反映了可持续发展的公平性原则。

（3）共同性　可持续发展关系到全球的发展。要实现可持续发展的总目标，必须争取全球共同的配合行动，这是由地球整体性和相互依存性所决定的。因此，致力于达成既尊重各方利益，又保护全球环境与发展体系的国际协定至关重要。

《我们共同的未来》报告中提出，"今天我们最紧迫的任务也许是要说服各国，认识回到多边主义的必要性"，"进一步发展共同的认识和共同的责任感，是这个分裂的世界十分需要的"。这就是说，实现可持续发展就是人类要共同促进自身之间、自身与自然之间的协调，这是人类共同的道义和责任。

2.5.3　可持续发展的基本思想

1. 可持续发展并不否定经济增长

经济发展是人类生存和进步所必需的，也是社会发展和保持、改善环境的物质保障。特别是对发展中国家来说，发展尤为重要。目前发展中国家正经受贫困和生态恶化的双重压力，贫困是导致环境恶化的根源，生态恶化更加剧了贫困。尤其是在不发达的国家和地区，必须正确选择使用能源和原料的方式，力求减少损失、杜绝浪费，减少经济活动造成的环境压力，从而达到具有可持续意义的经济增长。既然环境恶化的原因存在于经济过程之中，其解决办法也只能从经济过程中去寻找。目前急需解决的问题是研究经济发展中存在的扭曲和误区，并站在保护环境，特别是保护全部资本存量的立场上去纠正它们，使传统的经济增长模式逐步向可持续发展模式过渡。

联合国粮食及农业组织、国际农业发展基金、联合国儿童基金会、世界粮食计划署和世界卫生组织联合发布了《2022年世界粮食安全和营养状况》。其中指出，2021年全球受饥饿影响的人数已达8.28亿，较2020年增加约4600万，自2019年年底以来累计增加1.5亿。全球近9.24亿人（占世界人口11.7%）面临严重粮食不安全状况，两年间增加了2.07亿。预计到2030年仍将有近6.7亿人（占世界人口的8%）面临饥饿。非洲粮食短缺如图2-15所示。

图2-15　非洲粮食短缺

视频2-12　非洲粮食短缺

2. 可持续发展以自然资源为基础，同环境承载能力相协调

可持续发展追求人与自然的和谐。可持续性可以通过适当的经济手段、技术措施和政府干预得以实现，目的是减小自然资源的消耗速度，使之低于再生速度。如形成有效的利益驱动机制，引导企业采用清洁工艺和生产非污染物品，引导消费者采用可持续消费方式，并推动生产方式的改革。经济活动总会产生一定的污染和废物，但每单位经济活动所产生的废物数量是可以减少的。如果经济决策中能够将环境影响全面、系统地考虑进去，可持续发展是可以实现的。"一流的环境政策就是一流的经济政策"的主张正在被越来越多的国家所接受，这是可持续发展区别于传统发展的一个重要标志。相反，如果处理不当，环境退化的成本将是十分巨大的，甚至会抵消经济增长的成果。

3. 可持续发展以提高生活质量为目标，同社会进步相适应

单纯追求产值的增长不能体现发展的内涵。学术界多年来关于增长和发展的辩论已达成共识。经济发展比经济增长的概念更广泛、意义更深远。若不能使社会经济结构发生变化，不能使一系列社会发展目标得以实现，就不能承认其为发展，就是所谓的"没有发展的增长"。

4. 可持续发展承认自然环境的价值

这种价值不仅体现在环境对经济系统的支撑和服务上，也体现在环境对生命保障系统的支持上，应当把生产中环境资源的投入计入生产成本和产品价格之中，逐步修改和完善国民经济核算体系，即"绿色GDP"。为了全面反映自然资源的价值，产品价格应当完整地反映三部分成本：资源开采或资源获取成本；与开采、获取、使用有关的环境成本，如环境净化成本和环境损害成本；由于当代人使用了某项资源而不可能为后代人使用的效益损失，即用户成本。产品销售价格应该是这些成本加上税及流通费用的总和，由生产者和消费者承担，最终由消费者承担。

5. 可持续发展是培育新的经济增长点的有利因素

通常情况认为，贯彻可持续发展要治理污染、保护环境、限制乱采滥伐和浪费资源，对经济发展是一种制约、一种限制。而实际上，贯彻可持续发展所限制的是那些质量差、效益低的产业。在对这些产业做某些限制的同时，恰恰为那些优质、高效，具有合理、持续、健康发展条件的绿色产业、环保产业、保健产业、节能产业等提供了发展的良机，培育了大批新的经济增长点。

2.5.4 可持续发展的能力建设

如果说经济、人口、资源、环境等内容的协调发展构成了可持续发展战略的目标体系，那么管理、法制、科技、教育等方面的能力建设就构成了可持续发展战略的支撑体系。可持续发展的能力建设是可持续发展的具体目标得以实现的必要保证，即一个国家的可持续发展很大程度上依赖于这个国家的政府和人民通过技术的、观念的、体制的因素表现出来的能力。具体地说，可持续发展的能力建设包括决策、管理、法制、政策、科技、教育、人力资源、公众参与等内容。

1. 可持续发展的管理体系

实现可持续发展需要有一个非常有效的管理体系。历史与现实表明，环境与发展不协调的许多问题是由于决策与管理的不当造成的。因此，提高决策与管理能力就构成了可持续发展能力建设的重要内容。可持续发展管理体系要求培养高素质的决策人员与管理人员，综合运用规划、法制、行政、经济等手段，建立和完善可持续发展的组织结构，形成综合决策与协调管理的机制。

2. 可持续发展的法制体系

与可持续发展有关的立法是可持续发展战略具体化、法制化的途径，与可持续发展有关的立法的实施是可持续发展战略付诸实现的重要保障。因此，建立可持续发展的法制体系是可持续发展能力建设的重要方面。可持续发展要求通过法制体系的建立与实施，实现自然资源的合理利用，使生态破坏与环境污染得到控制，保障经济、社会、生态的可持续发展。

3. 可持续发展的科技系统

科学技术是可持续发展的主要基础之一。没有较高水平的科学技术支持，可持续发展的目标就不能实现。科学技术对可持续发展的作用是多方面的。它可以有效地为可持续发展的决策提供依据与手段，促进可持续发展管理水平的提高，加深人类对人与自然关系的理解，扩大自然资源的可供给范围，提高资源利用效率和经济效益，提供保护生态环境和控制环境污染的有效手段。

4. 可持续发展的教育系统

可持续发展要求人们有高度的知识水平，明白人的活动对自然和社会的长远影响与后果，要求人们有高度的道德水平，认识自己对子孙后代的崇高责任，自觉地为人类社会的长远利益而牺牲一些眼前利益和局部利益。这就需要在可持续发展的能力建设中大力发展符合可持续发展精神的教育事业。可持续发展的教育体系应该不仅使人们获得可持续发展的科学知识，也使人们具备可持续发展的道德水平。这种教育既包括学校教育这种主要形式，也包括广泛的潜移默化的社会教育。

5. 可持续发展的公众参与

公众参与是实现可持续发展的必要保证，因此也是可持续发展能力建设的主要方面。这是因为可持续发展的目标和行动，必须依靠社会公众和社会团体最大限度的认同、支持和参与。公众、团体和组织的参与方式和参与程度，将决定可持续发展目标实现的进程。公众对可持续发展的参与应该是全面的。公众和社会团体不但要参与有关环境与发展的决策，特别是那些可能影响到他们生活和工作的决策，而且更需要参与对决策执行过程的监督。

2.6 经济、生态与社会的可持续发展

世界未来学会前主席、美国社会学家爱德华·科尼什（Edward Cornish）曾说过，就社会变革的角度而言，1800—1850年可称为迅速变革的时期；从1950年开始，我们这个星球出现了一个彻底变革的时期；而20世纪70年代以来，变革的速度进一步加快，可称作"痉挛性变革时期"。社会以及人的能力的迅速发展，确实使人类在控制自然方面取得了辉煌的成就：在宏观领域，人类制造的宇宙探测器已经飞出了太阳系；在微观领域，人类已经深入原子核内部的研究，并把成果应用于解决能源问题和武器制造上。人们坚信，只要坚持这样发展下去，生活就会越来越美好，前途就会越来越光明。

但是，自20世纪70年代以来，人类对自己的这些进步却产生了种种疑虑，人们越发感到，西方近代工业文明的发展模式和道路是不可持续的，迫切地需要对自己过去走过的发展道路重新进行评价和反思。人们面对的不仅仅是经济问题，而是需要在价值观、文化和文明的方式等方面进行更广泛、更深刻的变革，寻求一种可持续发展的道路。这是人们的明智选择。

人们之所以对自己的发展产生疑虑，主要是因为传统的发展模式给人类造成了各种困境和危机，它们已开始危及人类的生存。

1. 资源危机

工业文明依赖的主要是非再生资源（如金属矿、煤、石油、天然气等）。据估计，地球上（已探明的）矿物资源储量，长则还可使用一二百年，少则几十年。水资源匮乏也已十分严重。在全部水资源中，97.47%是无法饮用的咸水。在余下的2.53%的淡水中，有87%是人类难以利用的两极冰盖、高山冰川和永冻地带的冰雪。人类真正能够利用的是江河湖泊以及地下水中的一部分，仅占地球总水量的0.26%，而且分布不均。因此，世界上有超过14亿的儿童、妇女及男人无法获取足量而且安全的水来维持他们的基本需求。

我国也是全球人均水资源匮乏的国家之一，人多水少，人均淡水资源占有量仅为世界平均水平的1/4。全国正常年份缺水量达500亿 m^3，水安全已全面亮起红灯。2021年，全国用水总量为5920.2亿 m^3。其中，生活用水占15.4%；工业用水占17.7%，万美元GDP用水量约为350m^3，而发达国家基本在300m^3以下；农业用水占61.5%，农田灌溉水有效利用系数为0.568，与发达国家0.7~0.8的系数差距很大。水资源短缺已经成为生态文明建设和经济社会可持续发展的瓶颈制约。

2. 土地沙化日益严重

"沙"字结构即"少水"之意。水是生命存在的条件，人体约70%由水构成，沙漠即意味着死亡。2022年4月，《联合国防治荒漠化公约》发布第二版《全球土地展望、土地恢复以促进恢复和复原力》报告，该报告称，人类已经改变了地球上超过70%的自然，造成了

空前的环境退化,并大大加剧了全球变暖,据估计,全球土地退化程度在总土地面积的 20%~40%之间,直接影响到世界近一半的人口,遍及世界农田、旱地、湿地、森林和草原。我国土地沙化现象也比较严重,沙化土地面积达 170 万 km²,还有 140 多万 km² 水土流失面积亟须治理,草原中度和重度退化面积占 1/3 以上,部分地区草原生物灾害较为突出。

3. 环境污染日益严重

环境污染包括大气污染、水污染、噪声污染、固体污染、农药污染、核污染等。由于工业化大量燃烧煤、石油,再加上森林大量减少,空气中的二氧化碳含量大量增加,温室效应不断积累,导致地气系统吸收与发射的能量不平衡,能量不断在地气系统累积,从而导致温度上升,造成全球气候变暖。政府间气候变化专门委员会(IPCC)发布《气候变化 2021:自然科学基础》报告,该报告称,2011—2020 年的 10 年间,比 1850 年—1900 年的全球地表平均温度已上升 1.09℃,并指出从未来 20 年的平均温度变化来看,全球温升预计将达到或超过 1.5℃。

视频 2-13 温室效应

4. 物种灭绝和森林面积大量减少

据估计,地球表面最初有 67 亿公顷[○]森林,60%的陆地面积由森林覆盖。根据 2020 年联合国粮农组织的数据,全球森林面积占土地总面积的比例已经从 2000 年的 31.9%降至 31.2%,全球森林面积约为 41 亿公顷,尽管减少的速度低于以往,但在稳步下降。毁坏森林对撒哈拉以南非洲和东南亚的影响尤其严重;相比之下,中国政府 2013 年推出《推进生态文明建设规划纲要》,提出并实施大量生态计划,包括天然林资源保护工程,三北防护林体系建设工程,退耕还林工程等,森林覆盖率从 2015 年的 22.3%上升到 23.3%。

自工业革命以来,地球人口不断增加,需要的生活资料越来越多,人类的活动范围越来越大,对自然的干扰越来越多,大批的森林、草原、河流消失了,取而代之的是公路、农田、水库……生物的自然栖息地被人类活动的痕迹割裂得支离破碎,使得地球上每天有很多生物灭绝,其中大多数人们连名字都不知道。

案例 2-15 "云南大象迁徙"事件。西双版纳是野生亚洲象的主要栖息地,随着野生动物保护力度不断加大,我国亚洲象种群数量持续增长,已由 20 世纪 80 年代的 180 余头增长至如今的 300 头左右。但是随着当地经济发展,大力发展旅游业和种植业,很多原始森林被开发,生态环境被破坏,大象的生存面积不断减少。2020 年 3 月,一群野生亚洲象家族离开西双版纳国家级自然保护区勐养片区,一路向北迁移,2021 年 6 月到达昆明市晋宁区,创下近年来我国野生亚洲象活动的最北纪录,如图 2-16 所示。

图 2-16 云南大象北迁途中

○ 1 公顷=1 万 m²。

当代发生的各种危机几乎都是人类自己造成的。传统的西方工业文明的发展道路，是一种以摧毁人类的基本生存条件为代价获得经济增长的道路。人类已走到十字路口，面临着生存还是死亡的选择。正是在这种背景下，人类选择了可持续发展的道路。

可持续发展是一个涉及经济、社会、文化、技术及自然环境的综合概念，主要包括自然经济的可持续发展、生态的可持续发展和社会的可持续发展三个方面：一是以自然资源的可持续利用和良好的生态环境为基础；二是以经济可持续发展为前提；三是以谋求社会的全面进步为目标。只要社会在每一个时间段内都能保持自然、经济、社会同环境的协调，那么，这个社会的发展就符合可持续发展的要求。人类的最终目标是实现供求平衡条件下的可持续发展。可持续发展不仅是经济问题，也不仅是社会问题和生态问题，而是三者互相影响的综合体。

2.6.1 经济的可持续发展

1. 经济发展与可持续发展的关系

工业革命是近代工业化的实际开端，是传统农业社会向近代工业社会过渡的转折点。工业革命所建立起来的工业文明，不仅从根本上提升了社会的生产力，创造出巨量的社会财富，而且从根本上变革了农业文明的所有方面，完成了社会的重大转型，经济、政治、文化、精神以及社会结构和人的生存方式等，无不发生了翻天覆地的变革。然而，工业发展本质上就是建立以能源为基础的一种经济发展模式，它的生产和增长依赖于大量的自然资源的使用和各种矿物原材料的巨大耗费。土地资源和森林资源大规模地减少、土壤侵蚀、水土流失、草原退化和土地荒漠加速蔓延；社会生产一味追求规模经济和效益，"三高一低"（高投入、高消耗、高污染、低效益）的粗放型增长方式，使发展所付出的代价也非常巨大，主要表现有：大气污染、水体污染、酸雨、臭氧层遭到破坏、温室效应及海洋污染等，人类健康受到危害。

工业文明的种种危机，迫使人类逐步从反省中悟出了人类的希望在于寻求一种既满足当代人的发展需求，又不危害后代人生存的可持续发展，摒弃以牺牲自然资源和生态环境来谋求一时经济繁荣的片面发展道路，坚持经济、自然、社会协调发展，以求得社会的高度文明和全面发展。从经济发展与可持续发展的关系来看，包含以下几方面的内容：

（1）经济发展是可持续发展的前提和基础　可持续发展的根本目的是实现社会的可持续发展。世界各国的发展阶段和发展目标可以不同，但发展的本质应当包括改善人类生活质量，提高人类健康水平，创造一个保障人们平等、自由、受教育和免受暴力的社会环境。这就是说，在人类可持续发展系统中，经济发展是基础，必须保持较快的经济增长速度，才有可能不断消除贫困，人民生活的水平才会逐步提高，才能有能力提供必要的条件支持可持续发展。

首先，解决环境问题依赖经济发展的有效支撑，需要由经济发展提供物质基础，这样环境保护措施才能有力实施。总结过去发达国家与发展中国家的实践经验可以得出：没有一定的经济基础作为保障，环境保护就犹如无源之水、无本之木。经济发展是社会发展以及科学技术发展的基础，也是人类生产生活的物质文化基础。例如，城市化发展中的污水处理、垃圾处理、大气污染治理、天然气管道建设等手段需要大量的投资和运转费用，经济落后、财力不足，也就难以解决这些问题。

其次，解决环境问题需要依赖科学技术的发展。解决环境问题需要得到科学技术和设备的有效支持，主要措施表现为以科学技术和设备为主体支撑，再兼以人力的统筹和调配，最终保证环境保护措施的有效实施。假如没有先进的科学技术、设备与之相匹配，将无法推动环保措施的现实化和具体化，最终只是纸上谈兵，不能解决环境问题。

(2) 实行可持续发展必须转变传统的经济发展方式　改革开放40多年来，我国经济发展取得了举世瞩目的成就。2021年我国国内生产总值为114.4万亿元，比上年增长8.1%。按平均汇率折算，经济总量达到17.7万亿美元，稳居世界第二位。虽然我国经济有了很大发展，但仍然没有摆脱资源型经济模式。主要表现在工业素质不够高，结构不太合理，资源配置效益较差，属于高投入、高消耗、低效率、低产出、追求数量而忽视质量的经济增长模式。这种增长是在低技术组合基础上，靠高物质投入支撑，动用大量人、财、物等经济资源来支持速度型经济扩张，以耗竭资源能源、污染环境、破坏生态平衡为代价。

2021年我国单位GDP能耗为2.96吨标煤/万美元，2020年欧盟单位GDP能耗为1.22吨标煤/万美元，美国为1.69吨标煤/万美元，即我国能源消费强度约为欧盟的2.4倍，美国的1.8倍。2021年我国煤炭消费量占能源消费总量的56%，2020年欧盟煤炭消费量占能源消费总量的10%。2021年，我国原油对外依存度达到71.6%，天然气对外依存度达到46%。如果考虑到我国的国际支付能力，对于资源的全球竞争力和安全保障能力，以及高消耗水平下产品的国际竞争力等因素，我国的GDP高增长是难以为继的，由关注发展速度转向关注发展质量十分重要。

"三高一低"的粗放式经济增长方式，使经济社会发展与自然生态环境之间的矛盾日益突出。2020年，全国废水中化学需氧量排放量为2564.8万t，氨氮排放量为98.4万t，废气中二氧化硫排放量为318.2万t，氮氧化物排放量为1019.7万t，颗粒物排放量为611.4万t，挥发性有机物排放量为610.2万t。全国一般工业固体废物产生量为36.8亿t，综合利用量为20.4亿t，处置量为9.2亿t。

2021年，长江、黄河、珠江、松花江、淮河、海河、辽河等七大流域及西北、西南、浙闽片河流水质优良（Ⅰ~Ⅲ类）断面比例为87.0%；劣Ⅴ类断面比例为0.9%。210个重点湖（库）中，水质优良（Ⅰ~Ⅲ类）湖库个数占比72.9%，劣Ⅴ类水质湖库个数占比5.2%。

2020年，全国污水处理率：城市为97.53%，县城为95.05%，建制镇为60.98%，乡为21.67%；全国城市生活垃圾清运量约2.351亿t，无害化处理率为99.75%；县城生活垃圾清运量约0.68亿t，无害化处理率为98.53%。但是，村镇环卫发展面临种种难题，2021年我国农村垃圾产生量约为5.61亿t，垃圾处理率约为76.92%。

因此，"三高一低"外延的粗放型经济增长方式必须根本转变，实施清洁生产和文明消费迫在眉睫，必须走"高效益、可持续发展"的新增长模式，不仅要重视经济增长的数量，更要追求经济发展的质量，在发展中保护，在保护中发展，以提高经济活动中的效益、节约资源和减少废物。

(3) 适当的经济政策是可持续发展的重要保证　可持续发展政策是实施可持续发展战略的保证措施，是环境政策向经济和社会发展政策扩展并与之相互融合的产物。西方的一些国家的政府环境部门同经济部门合作，并广泛邀请社会各界参加，制定了综合性的长期环境政策规划，力求实现环境和经济政策的一体化。我国在这方面也有一定进展，建立了比较完整的污染防治和资源保护的法律体系和政策体系，全面贯彻可持续发展、预防污染、污染者负担、经济和资源利用效率、污染综合控制、公众参与、环境与经济发展综合决策等原则，通过适当的经济发展战略和区域政策、价格政策、投资与贸易政策、绿色产业政策和绿色税收政策等经济手段，发挥经济杠杆的调节作用，实现可持续发展经济。

> **案例 2-16**　淮河治污。我国政府围绕淮河等重点污染治理地区，制定和实施了水污染的流域规划与管理政策和污染物排放总量控制政策，对二氧化硫和酸雨，也通过划定"控制区"，实施了总量控制的政策；同时，加强了各项环境保护政策的实施力度，淮河的水质有了明显改善。2018年与1994年比，淮河流域主要跨省河流省界断面水质Ⅴ类和劣Ⅴ类的比例由77%下降到20%，水质好于Ⅲ类的比例由13%上升到38%。2018年与2011比，水功能区水质达标率由49%上升到71%，淮河干流和南水北调东线一期输水干线的水质长期维持在Ⅲ类。

2. 利用环境经济政策推进可持续发展

我国目前采取的仍是以行政管制为主的环境治理模式，环境经济手段还处于辅助地位，但是环境经济政策在减少管理成本、调动利益相关方积极性和主动性、增进实现环境治理目标的灵活机动性、筹集环保资金以及调控环境行为、促进经济转型、优化环境政策系统等方面发挥了非常重要的作用。

环境经济政策是指按照市场经济规律的要求，运用价格、税收、财政、信贷、收费、保险等经济手段，调节或影响市场主体的行为，以实现经济建设与环境保护协调发展的政策手段。它以内化环境行为的外部性为原则，对各类市场主体进行基于环境资源利益的调整，从而建立保护和可持续利用资源环境的激励和约束机制。与传统行政手段的"外部约束"相比，环境经济政策是一种"内在约束"力量，具有促进环保技术创新、增强市场竞争力、降低环境治理成本与行政监控成本等优点。

可持续发展的环境经济政策主要有环境税费、生态财政补贴、环境保护专项资金政策、押金制、排污权交易、经济惩罚环保融资政策、环境金融政策、环境污染责任险、环境债券等。

（1）征收环境费用　环境费用是指因环境污染与生态破坏所造成的损失和因防治环境污染、控制环境退化、改善环境质量所支付的费用的总和。环境费用是根据有偿使用环境资源的原则，由国家授权的机构向开发、利用环境资源的单位和个人收取的费用。

环境费用通常划分：一是污染治理费用，包括防治、消除污染所支付的各种治理费用，如建设处理"三废"设施的费用；二是环境管理费用，包括环境保护业务费、环境监测费用等；三是社会损害费用，包括因环境受到污染及生态平衡遭到破坏而对社会造成的各种经济损失，如因污染引起疾病的治疗费用，或因污染造成的工农业生产损失的费用；四是环境保护费用，包括保持生态平衡所投入各种物化劳动和活劳动支出，如绿化环境、净化水质等。

（2）征收环境税　环境税是把环境污染和生态破坏的社会成本内化到生产成本和市场价格中去，再通过市场机制来分配环境资源的一种经济手段。环境税是国家为了保护资源与环境而凭借其权力对一切开发、利用环境资源的单位和个人征收的税种。如废气和大气污染税、废水和水污染税、固定废物税、噪声税等。

(3) 生态财政补贴　向采取污染防治措施及推广无害工艺、技术的企业提供贴息贷款等财政、信贷补贴。

(4) 环境保护专项资金政策　主要污染物减排专项资金、城镇污水处理设施配套管网以奖代补资金等环保专项资金对解决我国阶段性、特定重点领域的环保问题起到了至关重要的作用。

(5) 押金制　对可能造成污染的产品，如啤酒瓶、饮料瓶等加收一份押金，当把这些潜在的污染物送回收集系统时，即退还。

(6) 排污权交易　排污权交易是指在实行排污能力总量控制的前提下，政府将可交易的排污指标卖给污染者。这实质上出卖的是环境纳污能力，促使污染者降低能源、原材料消耗，减少排污量，从而达到降低成本的目的。

> **案例 2-17**　排污权交易。2019 年，某排水有限公司通过工程扩建、自身技改提标、内控管理，日污水处理量从 2.5 万 t 迅速提升至 15 万 t，处理后的出水达到国家一级 A 排放标准，积累了富余排污权。某半导体公司总投资约 37.7 亿元，因年污水排放总量较大，为符合区域污染物总量控制要求，需购买排污指标才能顺利投产。两家公司通过南通市公共资源交易平台完成排污权交易：半导体公司以 308.88 万元的价格从排水有限公司购买了"排污权指标"，其中化学需氧量 198t/年、氨氮 19.8t/年、总磷 1.98t/年。

(7) 经济惩罚　对违反环境保护法律法规的行为采取的罚款措施。

3. 加快发展循环经济

循环经济是一种以资源的高效利用和循环利用为核心，以减量化、再利用、资源化为原则，以低消耗、低排放、高效率为基本特征，符合可持续发展理念的经济增长模式，是对"大量生产、大量消费、大量废弃"的传统增长模式的根本变革。这一定义不仅指出了循环经济的核心、原则、特征，同时也指出了循环经济是符合可持续发展理念的经济增长模式，抓住了当前中国资源相对短缺而又大量消耗的症结，对解决中国资源对经济发展的瓶颈制约具有迫切的现实意义。

循环经济作为一种科学的发展观，一种全新的经济发展模式，具有自身的独立特征，其特征主要体现在以下几个方面：

1) 循环是指在一定系统内的运动过程，循环经济的系统是由人、自然资源和科学技术等要素构成的大系统。循环经济要求人在考虑生产和消费时不再置身于这一大系统之外，而是将自己作为这个大系统的一部分来研究符合客观规律的经济原则，将退田还湖、退耕还林、退牧还草等生态系统建设作为维持大系统可持续发展的基础性工作来抓。

2) 在传统工业经济的各要素中，资本在循环，劳动力在循环，而唯独自然资源没有形成循环。循环经济要求运用生态学规律，而不是仅仅沿用 19 世纪以来机械工程学的规律来指导经济活动。不仅要考虑工程承载能力，还要考虑生态承载能力。在生态系统中，经济活动超过自然资源承载能力的循环是恶性循环，会造成生态系统退化；只有在自然资源承载能力之内的良性循环，才能使生态系统平衡地发展。

3) 循环经济在考虑自然时，不再像传统工业经济那样将其作为"取料场"和"垃圾场"，也不仅仅视其为可利用的资源，而是将其作为人类赖以生存的基础，是需要维持良性循环的生态系统；在考虑科学技术时，不仅考虑其对自然的开发能力，而且要充分考虑其对生态系统的修复能力，使之成为有益于环境的技术；在考虑人自身的发展时，不仅考虑人对自然的征服能力，而且更重视人与自然和谐相处的能力，促进人的全面发展。

4）传统工业经济的生产观念是最大限度地开发利用自然资源，最大限度地创造社会财富，最大限度地获取利润。而循环经济的生产观念是要充分考虑自然生态系统的承载能力，尽可能地节约自然资源，不断提高自然资源的利用效率，循环使用资源，创造良性的社会财富。

在生产过程中，循环经济观要求遵循"3R"原则。

第一，减量化（Reducing）原则。要求用较少的原料和能源投入来达到既定的生产目的或消费目的，进而从经济活动的源头就注意节约资源和减少污染。减量化有几种不同的表现，在生产中，减量化原则常常表现为要求产品小型化和轻型化。此外，减量化原则要求产品的包装应该追求简单朴实而不是豪华浪费，从而达到减少废物排放的目的。

第二，再使用（Reusing）原则。要求制造产品和包装容器能够以初始的形式被反复使用。再使用原则要求抵制当今世界一次性用品的泛滥，生产者应该将产品及其包装当作一种日常生活器具来设计，使其像餐具和背包一样可以被再三使用。再使用原则还要求制造商应该尽量延长产品的使用期，而不是非常快地更新换代。

第三，再循环（Recycling）原则。要求生产出来的物品在完成其使用功能后能重新变成可以利用的资源，而不是不可恢复的垃圾。按照循环经济的思想，再循环有两种情况，一种是原级再循环，即废品被循环用来产生同种类型的新产品，例如报纸再生报纸、易拉罐再生易拉罐等；另一种是次级再循环，即将废物资源转化成其他产品的原料。原级再循环在减少原材料消耗上面达到的效率要比次级再循环高得多，是循环经济追求的理想境界。

> **案例 2-18** 废钢利用。以废钢为原料相比以铁矿石为原料炼钢，生产 1t 钢可以减少约 1.6t 二氧化碳排放，我国 2020 年废钢利用量约 2.6 亿 t，仅此一项就可以减少二氧化碳排放量约 4.16 亿 t。据中国循环经济协会初步测算，"十三五"期间，发展循环经济对我国减少二氧化碳排放的综合贡献率超过 25%。

"3R"原则有助于改变企业的环境形象，使他们从被动转化为主动。典型的事例就是杜邦公司的研究人员创造性地把"3R"原则发展成为与化学工业实际相结合的"3R"制造法，以达到少排放甚至零排放的环境保护目标。他们通过放弃使用某些环境有害型的化学物质、减少某些化学物质的使用量以及发明回收本公司产品的新工艺，在过去 5 年中使生产造成的固体废弃物减少了 15%，有毒气体排放量减少了 70%。同时，他们在废塑料如废弃的牛奶盒和一次性塑料容器中回收化学物质，开发出了耐用的乙烯材料等新产品。

5）循环经济要求走出传统工业经济"拼命生产、拼命消费"的误区，提倡物质的适度消费、层次消费，在消费的同时就考虑到废弃物的资源化，建立循环生产和消费的观念。同时，循环经济观要求通过税收和行政等手段，限制以不可再生资源为原料的一次性产品的生产与消费，如宾馆的一次性用品、餐馆的一次性餐具和豪华包装等。

循环经济体系是以产品清洁生产、资源循环利用和废物高效回收为特征的生态经济体系。由于它将对环境的破坏降到最低程度，并且最大限度地利用资源，从而大大降低了经济发展的社会成本，有利于经济的可持续发展。循环经济是我国推进产业升级、转变经济发展方式的重要力量，同时也是我国实现节能减排目标的重要手段之一。

2021年7月，《"十四五"循环经济发展规划》（简称《规划》）提出，到2025年，循环型生产方式全面推行，绿色设计和清洁生产普遍推广，资源综合利用能力显著提升，资源循环型产业体系基本建立。废旧物资回收网络更加完善，再生资源循环利用能力进一步提升，覆盖全社会的资源循环利用体系基本建成。资源利用效率大幅提高，再生资源对原生资源的替代比例进一步提高，循环经济对资源安全的支撑保障作用进一步凸显。《规划》明确，到2025年，主要资源产出率比2020年提高约20%，单位GDP能源消耗、用水量比2020年分别降低13.5%、16%左右，农作物秸秆综合利用率保持在86%以上，大宗固废综合利用率达60%，建筑垃圾综合利用率达60%，废纸利用量达6000万t，废钢利用量达3.2亿t，再生有色金属产量达2000万t。

当前，绿色低碳循环发展成为全球共识，世界主要经济体普遍把发展循环经济作为破解资源环境约束、应对气候变化、培育经济新增长点的基本路径，加速循环经济发展布局。"十四五"时期，我国资源能源需求仍将刚性增长。同时，我国一些主要资源对外依存度高，资源能源利用效率总体上仍然不高，资源安全面临较大压力。我国发展循环经济、提高资源利用效率和再生资源利用水平的需求十分迫切，且空间巨大。

2.6.2 生态的可持续发展

可持续发展要求经济建设和社会发展要与自然承载能力相协调。发展的同时必须保护和改善地球生态环境，保证以可持续的方式使用自然资源和环境成本，使人类的发展控制在地球承载能力之内。因此，可持续发展强调了发展是有限制的，没有限制就没有发展的持续。生态可持续发展同样强调环境保护，但不同于以往将环境保护与社会发展对立的做法，可持续发展要求通过转变发展模式，从人类发展的源头、从根本上解决环境问题。

1. 我国生态可持续发展面临的主要问题

（1）资源浪费严重　自改革开放以来，我国发展的速度是无可争议的，但是我国的资源浪费也是严重的，主要表现在：

1）水资源利用率不高。我国是缺水国家，农业、工业、城镇生活等用水利用率不高。2021年，全国用水总量为5920.2亿m^3，但是，在输水、用水过程中，通过蒸腾蒸发、土壤吸收、产品带走、居民和牲畜饮用等多种途径消耗的水量为3164.7亿m^3，耗水率53.5%；其中，农业耗水量2347.3亿m^3，占耗水总量74.2%，工业耗水量230.8亿m^3，占耗水总量7.3%，生活耗水量358.5亿m^3，占耗水总量11.3%。水资源短缺已经成为生态文明建设和经济社会可持续发展的瓶颈制约。

2）矿产资源利用率不高。我国矿产资源总量丰富，但人均资源占有量远低于世界平均水平。截至2020年年底，我国已发现矿产173种，其中具有资源储量的矿种163个。油气、铁、铜等大宗矿产人均储量远低于世界平均水平，对外依存度高。另外，目前我国处于工业化初期，与发达国家相比，矿业经济技术水平相对落后，矿产资源综合利用水平较低。石油和天然气采收率平均为30%左右，而世界采收技术先进的国家可以达到45%；煤炭开采回采率总体达标，入选率超过73%；铁矿平均选矿回收率为75.8%；主要有色金属矿种开采回采率超过90%，选矿回收率超过85%；全国综合利用尾矿总量约为3.35亿t，综合利用率约为27.7%。

3）森林资源相对不足。我国仍然是一个缺林少绿、生态脆弱的国家，森林覆盖率为 23.04%，森林覆盖率远低于全球 31% 的平均水平，人均森林面积仅为世界人均水平的 1/4，人均森林蓄积只有世界人均水平的 1/7；我国木材对外依存度接近 50%，木材安全形势严峻；西南、西北立地条件差，造林难度越来越大，林地生产力低，局部地区毁林开垦问题依然突出。森林资源总量相对不足、质量不高、分布不均的状况仍未得到根本改变，林业发展还面临着巨大的压力和挑战。

我国经济社会发展中还存在着众多资源浪费的现象，这不利于我国实现经济社会的可持续发展。

（2）生态环境治理任务艰巨　当前生态环境保护依然面临不少问题和挑战，生态环境保护结构性压力依然较大。全国主要污染物排放总量仍处高位，2021 年，全国有 35.7% 的城市空气质量尚未达标，一些行业和地区挥发性有机物污染治理不到位。2021 年全国地下水 V 类比例达到 21.6%，部分重点湖泊富营养化，近岸海域劣 IV 类海域面积比例占 9.6%。农村生活污水治理率较低，多数县城生活垃圾处理以填埋为主（如图 2-17 所示），垃圾焚烧比率有待提高。沙化土地面积达 1.7 亿公顷，还有 140 多万 km^2 水土流失面积亟须治理（如图 2-18 所示），草原中度和重度退化面积占总草原面积的 1/3 以上。我国还处于工业化、城镇化深入发展阶段，产业结构调整和能源转型发展任重道远，生态环境新增压力仍在高位，实现碳达峰、碳中和任务艰巨。

图 2-17　农村生活垃圾填埋　　　　　　图 2-18　金沙江水土流失

（3）经济增长方式为粗放型　粗放型经济增长方式是指主要依靠增加生产要素的投入，即增加投资、扩大厂房、增加劳动投入来增加产量，这种经济增长方式又称外延型增长方式，其基本特征是依靠增加生产要素量的投入来扩大生产规模，实现经济增长。以这种方式实现的经济增长，消耗较高、成本较高，产品质量难以提高，经济效益较低，也造成环境污染、资源浪费、生态失衡。目前，我国经济增长方式多为粗放型经济增长方式。

（4）相关法律法规不健全　自然生态保护和修复法律制度有待完善，区域生态环境立法有待加强。生态环境监测条例、生态保护补偿条例亟待出台，新污染物治理缺乏相应标准。碳排放、环评等领域第三方机构弄虚作假，犯罪"入刑"标准还需进一步明确。部分地方法规与上位法衔接不够，不少地方环境保护条例及水、土壤、固体废物污染防治条例尚未制定或没有及时修改，个别地方政府规章存在"放水"行为。

（5）环境保护意识需要加强　近年来，人民群众对环保与经济发展的关系、环保与民生需求的关系、环保与生活幸福的关系，有了更加深刻的认识。简约适度、绿色低碳生活方式成为新风尚，公众运用法治方式参与环境保护的意识不断提升。但是在某些地区还是存在诸多问题，环保意识依然薄弱，乱扔垃圾、焚烧垃圾、不对垃圾进行合理分类等现象屡见不鲜，而且已经直接影响了人们的生活。一些地方普法宣传的广度和深度不够，公众参与和监督作用尚未充分发挥。

2. 我国生态环境发展的可持续战略

（1）加强资源保护和合理利用　目前我国资源存在着诸多浪费的现象，对资源进行保护和合理利用成为我国的一项基本任务。土地资源、水资源、矿产资源等各类资源，都制约着我国经济社会的建设和人民生活水平的提高。为建设资源节约型、环境友好型社会，就必须加强资源保护和合理利用，发展循环经济，促使资源得到循环利用。

我国是一个人口众多的国家，保护环境的意义非常重大，它不仅关系到人们的生死存亡、还关系到可持续发展战略的实现。政府要采取措施来防治由生产和生活引起的各类环境污染，包括防治工业生产排放的废水、废气、废渣、粉尘、放射性物质以及产生的噪声、振动、异味和电磁微波辐射，交通运输活动产生的有害气体、废液、噪声，海上船舶运输排出的污染物，工农业生产和人民生活使用的有毒有害化学品，城镇生活排放的烟尘、污水和垃圾等造成的污染，以便更好地实现可持续发展的目标。

（2）推进生态环境保护和治理　环境是人类生存和发展的基本前提。环境为人们生存和发展提供了必需的资源和条件。随着社会经济的发展，环境问题已经作为一个不可回避的重要问题提上了各国政府的议事日程。保护环境，减轻环境污染，遏制生态恶化趋势，成为政府社会管理的重要任务。对于国家而言，保护环境是我国的一项基本国策，解决全国突出的环境问题，促进经济、社会与环境协调发展和实施可持续发展战略，是政府面临的重要而又艰巨的任务。保护环境是关系到人类生存、社会发展的根本性问题。推进生态环境保护和治理，走生态绿色的发展道路。

（3）推动工业绿色低碳转型　当前，我国仍处于工业化、城镇化深入发展的历史阶段，传统行业所占比重依然较高，战略性新兴产业、高技术产业尚未成为经济增长的主导力量。能源结构偏煤、能源效率偏低的状况没有得到根本性改变。重点区域、重点行业污染问题没有得到根本解决，资源环境约束加剧，碳达峰、碳中和时间窗口偏紧，技术储备不足，推动工业绿色低碳转型任务艰巨。

"十三五"以来，工业领域以传统行业绿色化改造为重点，以绿色科技创新为支撑，初步建立落后产能退出长效机制，钢铁行业提前完成 1.5 亿 t 去产能目标，电解铝、水泥行业落后产能已基本退出。高技术制造业、装备制造业增加值占规模以上工业增加值比重分别达到 15.1%、33.7%，分别提高了 3.3 和 1.9 个百分点。规模以上工业单位增加值能耗降低约 16%，单位工业增加值用水量降低约 40%。重点大中型企业吨钢综合能耗水耗、原铝综合交流电耗等已达到世界先进水平。2020 年，10 种主要品种再生资源回收利用量达到 3.8 亿 t，工业固废综合利用量约 20 亿 t。燃煤机组全面完成超低排放改造，6.2 亿 t 粗钢产能开展超低排放改造。重点行业主要污染物排放强度降低 20% 以上。截至 2020 年年底，我国节能环保产业产值约 7.5 万亿元。新能源汽车累计推广量超过 550 万辆，连续多年位居全球第一。太阳能电池组件在全球市场份额占比达 71%。研究制定 468 项节能与绿色发展行业标准，建设 2121 家绿色工厂、171 家绿色工业园区、189 家绿色供应链企业，推广近 2 万种绿色产品，绿色制造体系建设已成为绿色转型的重要支撑。

《"十四五"工业绿色发展规划》（简称《规划》）提出发展目标：到 2025 年，工业产业结构、生产方式绿色低碳转型取得显著成效,绿色低碳技术装备广泛应用,能源资源利用效率大幅提高,绿色制造水平全面提升,为2030年工业领域碳达峰奠定坚实基础。碳排放强度持续下降,单位工业增加值二氧化碳排放降低18%,钢铁、有色金属、建材等重点行业碳排放总量控制取得阶段性成果。污染物排放强度显著下降,有害物质源头管控能力持续加强,清洁生产水平显著提高,重点行业主要污染物排放强度降低10%。到2025年,我国绿色环保产业产值达到11万亿元。实施工业领域碳达峰行动,制定工业碳达峰推进工程,见表2-1。

表 2-1 工业碳达峰推进工程

工程	具体内容
降碳重大工程示范	开展非高炉炼铁、水泥窑高比例燃料替代、二氧化碳耦合制化学品、可再生能源电解制氢、百万吨级二氧化碳捕集利用与封存等重大降碳工程示范
绿色低碳材料推广	推广低碳胶凝、节能门窗、环保涂料、全铝家具等绿色建材和生活用品,发展聚乳酸、聚丁二酸丁二醇酯、聚羟基烷酸、聚有机酸复合材料、椰油酰氨基酸等生物基材料
降碳基础能力建设	制订、修订重点行业碳排放核算标准,推动建立工业碳排放核算体系,加强碳排放数据统计分析,建立碳排放管理信息系统,培育一批碳排放核算专业化机构

《规划》提出,加快钢铁、有色金属、石油化工、建材、纺织、轻工、机械等行业实施绿色化升级改造,推进城镇人口密集区危险化学品生产企业搬迁改造。落实能耗"双控"目标和碳排放强度控制要求,推动重化工业减量化、集约化、绿色化发展。着力打造能源资源消耗低、环境污染少、附加值高、市场需求旺盛的产业发展新引擎,加快发展新能源、新材料、新能源汽车、绿色智能船舶、绿色环保、高端装备、能源电子等战略性新兴产业,带动整个经济社会的绿色低碳发展。

(4)完善并实施环境保护相关法律法规 目前由于我国环保相关的法律法规不太健全,所以要完善并实施环境保护相关法律法规,必须做到以下几点:一是加强对环境社会的调研,建立和完善适应新时期的环境法律法规,要全面形成水、气、声、固废、辐射放射、环境影响评价等一系列环境法律体系;二是要及时修订和完善现行的环境法律法规,积极地对不适应经济发展和人们生存需要的环境法律法规进行修订和完善,使其更能适应新时期经济社会发展的需要,更符合民众的利益;三是要将污染减排、环保实绩考核、生态补偿和环境税等纳入环境的法律规范范畴,将其形成法律制度,使环境执法更加有力可行;四是要明确环境法律责任,特别是要明确政府及其组成部门环境保护的法律责任,要通过法律使政府及部门官员重视和加强环境保护,牢固树立生态文明观念。

(5)加强环境保护教育,增强居民的绿色消费意识 我国居民的环保意识有一定提高,要实现可持续发展道路,还要进一步加强居民的环保意识教育,提高居民参与环境保护的自觉性。就目前情况而言,仍有一部分公众不愿意主动地去了解环境知识,对于环境问题的客观状况和根本性的环境问题缺乏清醒的认识,环保道德较弱,具有很强的依赖政府的特征,居民参与环境保护的自觉性不高。所以,应该积极倡导推广绿色健康生活方式。例如,垃圾分类、废物利用、选择公共交通、上班少开一次车、控制夏季室内空调温度不低于26℃、减少一次性用品使用、休闲时少吃一次烧烤、节庆时少放或不放烟花爆竹、节约粮食、节约用电等。流通与消费领域的节约案例见表 2-2。

表 2-2　流通与消费领域的节约案例

案例	节约情况
减少使用一次性筷子	从 2006 年起对木制一次性筷子征收 5%的消费税；北京、上海《生活垃圾管理条例》规定：送外卖不得主动提供一次性筷子、叉子、勺子。陕西出台法规：禁止餐饮业提供一次性筷子
限制生产使用塑料购物袋	2007 年，我国政府印发了《关于限制生产销售使用塑料购物袋的通知》，被称为我国的"限塑令"，在国际社会引起了很大反响。据初步统计，"限塑令"实施以来，全国主要商品零售场所塑料购物袋年使用量减少了 240 亿个以上；累计减少塑料消耗 60 万 t，相当于节油 360 万 t，折合标准煤 500 多万 t，减少二氧化碳排放 1000 多万 t
实施强制回收	在《循环经济促进法》中规定了产品或者包装物的强制回收制度，确定了生产者、销售者、消费者的责任和义务，有关部门加紧制定《强制回收的产品和包装物的名录及管理办法》。治理商品过度包装，颁布实施包装标准，规范各种包装行为，并加强监督检查

我国生态环境建设还任重而道远，需要每一位公众的积极参与，从而实现生态环境的良性发展，实现可持续发展道路。

2.6.3　社会的可持续发展

可持续发展观念强调社会公平，它是环境保护得以实现的机制和目标。世界各国的发展阶段可以不同，发展的具体目标也各不相同，但发展的本质应包括改善人类生活质量，提高人类健康水平，创造一个保障人们平等、自由、受教育和免受暴力的社会环境。这就是说，在人类可持续发展系统中，生态可持续是基础，经济可持续是条件，社会可持续才是目的。21 世纪人类应该共同追求的是以人为本的自然、经济、社会复合系统的持续、稳定、健康发展。

我国把实现好、维护好、发展好最广大人民群众的根本利益作为一切工作的出发点和落脚点，尊重人民主体地位，发挥人民首创精神，保障人民各项权益，促进人的全面发展，努力改善民生，构建和谐社会，推进社会可持续发展。

1. 促进人口长期均衡发展

我国是一个拥有 14 亿多人口的发展中国家。党和国家始终坚持人口与发展综合决策，科学把握人口发展规律，坚持计划生育基本国策，有力促进了经济发展和社会进步。党的十八大以来，党中央高度重视人口问题，根据我国人口发展变化形势，做出逐步调整完善生育政策、促进人口长期均衡发展的重大决策，各项工作取得显著成效。

（1）制定人口长期发展战略，优化生育政策　随着我国经济发展及工业化、城镇化加快，人口总量继续增长，但生育率、增长率下降。同时，由于医疗健康条件持续改善，人口死亡率明显下降，导致人口迅速老龄化，我国老年人口占比从 1971 年的 3.82%提高到 2021 年的 18.9%。面对新时期人口发展形势和人口变化趋势，2021 年《中共中央国务院关于优化生育政策促进人口长期均衡发展的决定》指出，优化生育政策，实施一对夫妻可以生育三个子女政策，配套实施积极生育支持措施，促进人口长期均衡发展。

（2）积极应对人口老龄化　国家统计局数据显示，2021 年年底，60 岁及以上人口 2.67

亿人，占全国人口的 18.9%，进入国际通行标准定义的深度老龄化阶段。有效应对我国人口老龄化，事关国家发展全局，2021 年 11 月，《中共中央国务院关于加强新时代老龄工作的意见》强调，要健全养老服务体系，创新社区养老服务模式，以居家养老为基础，通过新建、改造、租赁等方式，提升社区养老服务能力。进一步规范发展机构养老，各地要通过直接建设、委托运营、购买服务、鼓励社会投资等多种方式发展机构养老。要完善老年人健康支撑体系，提高老年人健康服务和管理水平，布局若干区域老年医疗中心。到 2025 年，二级及以上综合性医院设立老年医学科的比例达到 60%以上。加强失能老年人长期照护服务和保障，完善从专业机构到社区、家庭的长期照护服务模式，积极探索建立适合我国国情的长期护理保险制度。深入推进医养结合，到 2025 年年底前，要让每个县（市、区、旗）有 1 所以上具有医养结合功能的县级特困人员供养服务机构。

(3) 促进妇女全面发展和儿童优先发展　我国实行男女平等基本国策，坚持儿童优先发展原则，不断完善妇女和儿童权益保障体系。妇女参与国家和社会事务管理的能力不断增强，妇女儿童的社会保障制度建设不断推进。2020 年，我国女性平均寿命 80.88 岁，据联合国《世界人口展望》测算结果，在 184 个国家中位列第 62 位，比世界女性平均水平高 4 岁。女性就业人员占全社会就业人员的比重为 43.5%。2021 年，全国孕产妇死亡率为 16.1/10 万，婴儿死亡率为 5.0‰，5 岁以下儿童死亡率为 7.1‰，较 2012 年分别下降了 34.3%、51.5%和 46.2%，指标水平居全球中高收入国家前列。2021 年 9 月，国务院印发《中国妇女发展纲要（2021—2030 年)》和《中国儿童发展纲要（2021—2030 年)》，面向发展需求，强调加强公共服务体系和制度机制建设，强调重点保障特殊困难妇女儿童群体权益，强调缩小妇女儿童发展的城乡、区域、群体差距，强调家庭、学校、社会和网络对儿童全方位全过程的综合保护。

(4) 加快残疾人事业发展　近年来，我国在国家层面建立起覆盖数千万残疾人口，包含生活补贴、护理补贴、儿童康复补贴等内容的残疾人专项福利制度；在实施健康中国战略中高度重视和关注每个残疾人的健康问题，加快实现残疾人"人人享有康复服务"目标。到 2020 年年底，国家现行贫困标准下 710 多万建档立卡贫困残疾人如期实现了脱贫，107.5 万残疾人得到特困人员救助供养，1000 多万残疾人纳入最低生活保障范围；截至 2021 年 9 月，我国困难残疾人生活补贴惠及 1189.5 万残疾人，重度残疾人护理补贴惠及 1489.8 万残疾人，年发放资金额度超过 300 亿元。

2. 努力提高人的综合素质

教育、卫生、文化等社会事业是积聚人力资本最为重要的领域。教育是民族振兴的基石，健康是人全面发展的基础，文化是民族凝聚力和创造力的重要源泉。我国实施教育优先发展战略，大力发展医疗卫生、文化体育等社会事业，不断提升居民身心健康水平。

(1) 促进教育公平发展　我国逐年提高对教育的投入，全面实施城乡免费义务教育，促进各级各类教育的持续快速发展。我国高度注重教育的公平发展，新增教育经费主要用于农村并向贫困地区、民族地区倾斜。通过实施"贫困地区义务工程""中小学危房改造工程""农村寄宿制学校建设工程"等一系列重大工程项目，极大地改善了中西部农村地区中小学的办学条件。2020 年，我国的小学净入学率达到 100%，九年义务教育巩固率为 95.2%，高中阶段毛入学率为 91.2%，高等教育毛入学率为 57.8%，15 岁以上文盲率由 4.08%下降为 2.67%。

(2) 提高医疗卫生服务水平　我国医疗卫生服务资源总量持续增加。2021年年末，全国医疗卫生机构总数1030935个，全国医疗卫生机构床位944.8万张，全国卫生人员总数1398.3万人，全国卫生总费用初步推算为75593.6亿元。2020年，我国政府加强了公共卫生体系建设，"强化基层卫生防疫"，社区卫生服务中心如图2-19所示；通过智能化的新技术，如"互联网+健康"，实现防疫和健康知识的新"e"代，打通医疗机构与公共卫生单位之间的协同衔接，在疾病病理研究、流行病学监测、预防知识普及上形成"合力"；以法律和制度确定健康生活的范式，明确个人、政府、社会的健康防病责任，提高全民健康素养，促进我国医疗卫生"提质升级"。

图2-19　社区卫生服务中心

(3) 积极发展文化体育事业　我国不断加强公共文化服务体系建设，相继实施了广播电视村村通、文化信息资源共享等一系列重点文化惠民工程；先后实施了国家文化和自然遗产保护、抢救性文物保护、历史文化名城名镇名村保护、非物质文化遗产保护等项目，注重抢救和保护少数民族文化遗产；出版了《中国民族民间文化集成志书》《中国少数民族古籍总目纲要》等反映少数民族文化的重大成果，少数民族三大英雄史诗《格萨尔》《江格尔》《玛纳斯》的收集、整理、翻译和研究取得积极进展并发展成国际性学科；大力保护并使用少数民族文字，在立法、行政、出版、广播影视等领域广泛应用民族语言，有效保障了少数民族学习、使用和发展本民族语言文字的权利；大力发展全民健身运动，2009年，国家颁布实施《全民健身条例》，并确定每年的8月8日为"全民健身日"，2022年，我国成功举办了以"一起向未来"为主题的第二十四届冬季奥林匹克运动会和第十三届冬季残奥会，标志着我国体育事业迈入了新的发展阶段。

(4) 加强人才队伍建设　我国大力实施人才强国战略，不断加强以高层次和高技能人才为重点的各类人才队伍建设。推进实施万名专家服务基层行动计划，遴选实施101项专家服务基层示范项目，遴选设立20个国家级专家服务基地，组织实施西部和东北地区高层次人才援助计划，人才培养工作机制初步形成。

3. 不断提升就业水平

我国是一个人口和劳动力大国，新增就业人口持续增加。我国坚持实施就业优先战略，把促进就业放在经济社会发展的优先位置，健全劳动者自主择业、市场调节就业、政府促进就业相结合的机制，创造平等就业机会，提高就业质量，努力实现充分就业。近年来，我国实施更加积极的就业政策，实现了就业总量的稳步增加和就业结构的进一步优化，失业率得到有效控制。

(1) 就业规模不断扩大　2022年6月人力资源和社会保障部对外发布《2021年度人力资源和社会保障事业发展统计公报》，截至2021年年末，全国就业人员74652万人，其中城镇就业人员46773万人。全国就业人员中，第一产业就业人员占22.9%，第二产业就业人员占29.1%，第三产业就业人员占48.0%。

(2) 公共就业服务体系日益完善　健全覆盖城乡的就业公共服务体系，加强基层公共就业创业服务平台建设，为劳动者和企业免费提供政策咨询、职业介绍、用工指导等服务。

构建常态化援企稳岗帮扶机制，统筹用好就业补助资金和失业保险基金。健全劳务输入集中区域与劳务输出省份对接协调机制，加强劳动力跨区域精准对接。加强劳动者权益保障，健全劳动合同制度和劳动关系协调机制，完善欠薪治理长效机制和劳动争议调解仲裁制度，探索建立新业态从业人员劳动权益保障机制。健全就业需求调查和失业监测预警机制。

（3）全面提升劳动者就业创业能力　健全终身技能培训制度，持续大规模开展职业技能培训。深入实施职业技能提升行动和重点群体专项培训计划，广泛开展新业态新模式从业人员技能培训，有效提高培训质量。统筹各级各类职业技能培训资金，创新使用方式，畅通培训补贴直达企业和培训者渠道。健全培训经费税前扣除政策，鼓励企业开展岗位技能提升培训。支持开展订单式、套餐制培训。建设一批公共实训基地和产教融合基地，推动培训资源共建共享。

4. 建立健全社会保障体系

坚持应保尽保原则，按照兜底线、织密网、建机制的要求，加快健全覆盖全民、统筹城乡、公平统一、可持续的多层次社会保障体系。

（1）改革完善社会保险制度　健全养老保险制度体系，促进基本养老保险基金长期平衡。实现基本养老保险全国统筹，放宽灵活就业人员参保条件，实现社会保险法定人群全覆盖。完善划转国有资本充实社保基金制度，优化做强社会保障战略储备基金。完善城镇职工基本养老金合理调整机制，逐步提高城乡居民基础养老金标准。发展多层次、多支柱养老保险体系，提高企业年金覆盖率，规范发展第三支柱养老保险。推进失业保险、工伤保险向职业劳动者广覆盖，实现省级统筹。推进社保转移接续，完善全国统一的社会保险公共服务平台。

（2）优化社会救助和慈善制度　以城乡低保对象、特殊困难人员、低收入家庭为重点，健全分层分类的社会救助体系，构建综合救助格局。健全基本生活救助制度和医疗、教育、住房、就业、受灾人员等专项救助制度，完善救助标准和救助对象动态调整机制。健全临时救助政策措施，强化急难社会救助功能。加强城乡救助体系统筹，逐步实现常住地救助申领。积极发展服务类社会救助，推进政府购买社会救助服务。促进慈善事业发展，完善财税等激励政策。规范发展网络慈善平台，加强彩票和公益金管理。

（3）社会保障面持续扩大　截至2021年年底，全国参加基本养老保险人数为102871万人，其中参加城镇职工基本养老保险人数为48074万人，城乡居民基本养老保险参保人数54797万人。截至2021年年底，全国基本医疗保险参保人数为136297万人。2022年1月—4月，我国工伤保险参保人数为28282万人。

（4）社会保障水平不断提高　2022年，企业离退休人员月平均养老金为3106.48元，全国城市低保标准是每人每月734元、农村低保标准是每人每月554元，2022年上半年累计支出低保资金926.2亿元。

5. 逐步改善人居环境

城镇化是经济社会发展的必然过程，我国正处于城镇化快速发展阶段。2016年，城镇人口7.9亿，城镇化水平57.35%。城市规模迅速扩大，城市群、都市圈迅速崛起，由大中小城市和小城镇构成的城镇体系初步形成。我国高度重视提升城乡人居环境质量。经过多年的努力，城镇和乡村的住房条件、绿化水平、环境质量、饮水条件等都有了极大的改善，为居民提供了良好的生活和工作环境。

（1）城镇综合承载能力不断加强　2021年年底，全国城市数量达691个，其中直辖市4个，地级市293个，县级市394个。2020年，我国供水普及率和燃气普及率分别达到99%

和97.9%，基本达到发达国家水平。集中供热面积达到98.82亿 m²。2020年，全国城市市政共用设施建设固定资产投资总额为22283.9亿元。全国城市建成区绿地面积达到230余万公顷，绿化覆盖率为42.5%。

（2）居民住房条件明显改善　2019年城镇居民人均住房建筑面积为39.8m²，农村居民人均住房建筑面积为48.9m²。

（3）城镇环境质量大幅改善　2020年，全国污水处理率：城市为97.53%，县城为95.05%，建制镇为60.98%，乡为21.67%；全国城市生活垃圾清运量约2.351亿 t，无害化处理率为99.75%；县城生活垃圾清运量约0.68亿 t，无害化处理率98.53%。

（4）农村环境综合整治初见成效　2020年年底，15万个行政村完成了农村环境的综合整治。全国行政村的生活垃圾处置体系覆盖率已经达到了90%以上，全国1万多个"千吨万人"的农村饮用水水源地完成了保护区划定，18个省份实现了农村饮用水卫生监测乡镇全覆盖。

（5）加大城市和农村饮用水安全保障力度　我国始终将饮用水水源保护工作摆在突出重要的位置，建立了饮用水水源地核准和安全评估制度，出台了《全国重要饮用水水源地名录》，划定饮用水水源保护区，推进饮用水水源地安全达标建设。全国城市供水能力不断提高，服务人口不断扩大。截至2019年，全国城市总供水能力为3.01亿 m³/日，供水管道长度为92.01万 km，服务人口5.18亿。加快改变农村居民吃水难和饮水不安全的局面。2020年，全国农村饮水安全卫生监测乡镇覆盖率达98%以上，农村集中式供水覆盖人口比例提高到82%。农村饮用水卫生预警监测如图2-20所示。

（6）积极开展环保、园林、生态城建设和低碳试点　近年来，我国通过开展试点示范，在促进城市可持续发展方面进行了积极探索。截至2019年，已命名19个国家生态园林城市、217个国家园林城市、257个国家园林县城和32个国家园林城镇，设立58个国家城市湿地公园。南宁国家园林城市如图2-21所示。

图2-20　农村饮用水卫生预警监测

图2-21　南宁国家园林城市

2.7　我国推进可持续发展战略总体进展

自1992年联合国环境发展大会以来，全球可持续发展态势发生了深刻变化。可持续发展逐步成为国际共识，国际合作和区域合作深入推进。世界各国在推进可持续发展、实现千年发展目标方面取得积极进展。同时，全球可持续发展也面临着人口过快增长、贫困问题加剧、南北发展不平衡、环境污染严重、生物多样性减少、荒漠化及全球气候变化等严峻挑战。2012年联合国可持续发展大会把"可持续发展和消除贫困背景下的绿色经济""促进可持续发展的机制框架"作为两大主题,将"评估可持续发展取得的进展、存在的差距""积极应对新问题、新挑战""做出新的政治承诺"作为三大目标,有助于各方凝聚共识,进一步推进全球、区域和国家的可持续发展。

20年来,我国从工业化、城镇化加快发展的国情出发,不断丰富可持续发展内涵,积极应对国内外环境的复杂变化和一系列重大挑战,实现了经济平稳较快发展、人民生活显著改善,在控制人口总量、提高人口素质、节约资源和保护环境等方面取得了积极进展。同时,作为一个发展中国家,我国人口众多、生态脆弱、人均资源占有量不足,人均国内生产总值尚排在全球百位左右,资源环境对经济发展的约束增强,区域发展不平衡问题突出,科技创新能力不强,改善民生的任务十分艰巨。我国将进一步转变发展思路,创新发展模式,在发展中加快解决不平衡、不协调、不可持续问题,不断提升可持续发展能力和生态文明水平,为全球可持续发展做出更大贡献。

2.7.1 我国推进可持续发展面临的形势与困难

1. 全球可持续发展面临诸多长期性压力

2002—2022年,世界人口增长15亿多,经济总量增长近两倍。与此同时,全球尚有超过10亿人口没有摆脱贫困,近2/3的国家没有完成工业化、现代化进程,生存与发展的刚性需求对资源环境的压力继续加大,因此而引发的粮食安全、能源资源安全、环境风险、气候变化、公共卫生安全、重大自然灾害等全球性问题日益突出。发展中国家尤其最不发达国家的能力缺乏、发达国家兑现自身承诺意愿的下降、可持续发展领域的全球性执行力不足等因素进一步加剧了这些长期性压力。

2. 公平性问题依然是全球可持续发展的巨大挑战

全球性经济快速发展所积累的巨大财富,并未有效解决人类的公平性问题。发达国家与最贫穷国家的差距继续扩大,广大发展中国家面临资金严重不足、技术手段缺乏、能力建设薄弱等挑战,实现可持续发展目标依然困难重重。与此同时,各国内部均不同程度地面临着贫富差距拉大所带来的社会问题。总体上看,人均收入差距扩大的趋势没有改变,资源占用不均衡的状况没有改变,贸易规则不公平的格局没有改变。公平性问题已然是地区冲突、生态环境破坏、社会动荡等问题的根源,依然是实现人类共同发展目标的巨大挑战。

3. 我国仍然面临发展压力

我国已转向高质量发展阶段,制度优势显著,治理效能提升,经济长期向好,物质基础雄厚,人力资源丰富,市场空间广阔,发展韧性强劲,社会大局稳定,继续发展具有多方面优势和条件。同时,我国发展不平衡不充分问题仍然突出,重点领域关键环节改革任务仍然艰巨,创新能力不适应高质量发展要求,农业基础还不稳固,城乡区域发展和收入分配差距较大,生态环保任重道远,民生保障存在短板,社会治理还有弱项。

4. 自然生态环境的脆弱性对我国可持续发展构成巨大压力

我国的地理地质环境复杂多样,不适合人类居住的国土比重偏高,自然生态条件相对恶劣。我国沙化土地面积达1.7亿公顷,还有140多万平方公里水土流失面积亟须治理,草原中度和重度退化面积占1/3以上,部分地区草原生物灾害较为突出。极度脆弱的自然环境给我国生态环境建设与保护带来巨大挑战。与此同时,我国是世界上自然灾害最严重的国家之一,灾害种类多、分布地域广、发生频率高，对人民生命财产安全和经济社会发展构成重大威胁。

> **案例 2-19** 郑州"7·20"特大暴雨。2021 年 7 月 17~23 日，河南省遭遇历史罕见特大暴雨，发生严重洪涝灾害，特别是 7 月 20 日郑州市遭受重大人员伤亡和财产损失。郑州"7·20"特大暴雨如图 2-22 所示。灾害共造成河南省 150 个县（市、区）1478.6 万人受灾，因灾死亡失踪 398 人，其中郑州市 380 人、占全省 95.5%；直接经济损失 1200.6 亿元，其中郑州市 409 亿元、占全省 34.1%。
>
> 图 2-22　郑州"7·20"特大暴雨　　　视频 2-14　郑州"7·20"特大暴雨

5. 资源条件的刚性约束成为我国可持续发展的巨大挑战

我国人均淡水、耕地、森林资源占有量分别为世界平均水平的 28%、40% 和 25%，石油、铁矿石、铜等重要矿产资源的人均可采储量分别为世界人均水平的 7.7%、17%、17%。而且，大部分自然资源、能源主要分布在地理、生态环境恶劣的西部地区，开采、利用与保护的成本高。我国经济依然处于重化工业比重偏高的发展阶段，经济发展短期内难以摆脱对资源环境的依赖。经济发展与社会进步持续面临节约资源、保护环境、节能减排、技术进步以及管理创新等巨大挑战。

6. 我国的经济社会结构性问题突出

我国城镇化进程明显滞后于工业化进程，人口流动与转移带来的社会管理压力大。城乡发展不平衡，农村生产生活条件和公共服务水平远远落后于城市。区域间基本公共服务水平发展差距较大，贫困地区发展落后问题突出。三次产业结构不甚合理，内需与外需、投资与消费结构失衡，经济增长过于依赖投资和出口拉动，国内消费需求明显不足，经济结构调整的任务十分艰巨。

2.7.2　我国推进可持续发展的主要方面

1. 巩固脱贫攻坚成果，推动区域平衡发展

虽然我国已打赢脱贫攻坚战，但各地发展不平衡状况普遍存在。这既包括同一省区市内部不同领域间发展不平衡，同时也包括各地区间存在的发展不平衡问题。结合新发展阶段下的新形势，需进一步转变发展方式，以"共同富裕"为目标寻求实现全面、协调、平衡的可持续发展，统筹做好教育、医疗、社会保障、收入分配等民生工作，同时统筹城乡区域间发展，让发展成果更多更公平地惠及人民群众。

2. 坚持高质量发展，科技创新引领产业转型

我国多地创新驱动引领能力仍然不足，产业结构不合理。对此，紧跟科技革命和产业变革方向，提升科技支撑能力，加大关键共性技术研发力度，助力高质量发展转型。尤其要推动数字经济相关产业的发展，大力推进由资源驱动型向创新驱动型发展方式转变，提高自主创新能力，着力于解决"卡脖子"的关键技术突破。加快构建以企业为主体的科技创新体系，培育相对稳定、持续健康发展的产业结构。

3. 围绕"双碳"目标，持续推进生态文明建设

从资源环境角度来看，我国各地区间的自然禀赋显著不同，西部地区及东北地区普遍自然资源丰富、生态环境较好，但也存在经济发展滞后、总体可持续发展水平不高的发展失衡问题。东部地区经济发展水平普遍较高，但在资源环境方面表现相对落后，未将生态文明建设与其他领域发展有效连接。因此，应在"双碳"目标引领下，牢固践行"绿水青山就是金山银山"理念，构建基于"双碳目标"的治理体系，推动社会经济以可持续发展为导向实现系统性变革。

4. 提高公共卫生健康水平，构建人类卫生共同体

坚持基本公共卫生服务性质，提升各基层医疗机构健康服务能力，完善传染病预防机制，强化各级政府疾病防控能力。各地公共卫生均衡发展有待提升，未来需要做好补短板工作，推动公共卫生服务供给水平与需求相匹配，保障地方政府卫生保健投入，培养公众疫病预防意识，优化社会健康管理能力，提升政府、社会和居民个人各类主体对卫生保健的重视程度和资源供给水平。此外，还应强化与其他国家在公共卫生领域的相关合作，以实际行动构建人类卫生共同体。

5. 坚持可持续发展理念，提升我国全球治理话语权

可持续发展是全球共识，对于地方的可持续发展而言，应对标联合国《2030年可持续发展议程》，抓紧实施有利于完成2030年可持续发展目标的具体措施，要落实到各行业、各地区的实际需求和承受能力，积极稳妥地推进可持续发展转型。同时，加强监督和检查，完善考核机制，进一步细化监管措施和核查制度，统筹推进各项工作措施落到实处。此外，应依托可持续发展加强国际交流与合作，在国际上积极倡导生态文明、绿色低碳发展等理念，不断地总结和推广地方可持续发展成功案例，积极扮演全球治理的重要参与者、贡献者和引领者身份，为全球可持续发展提供切实可行的中国方案。

2.7.3 我国对全球推进可持续发展的原则立场

1. 坚持经济发展、社会进步和环境保护三大支柱统筹原则

国际社会要紧紧围绕可持续发展目标，统筹协调经济、社会、环境因素，推动实现全面、平衡、协调、可持续发展。世界各国应该坚持发展经济，改变不可持续的生产和消费方式；坚持社会公平正义，确保发展成果惠及所有国家和地区；坚持以人为本，保持资源环境的可持续性。

2. 坚持发展模式多样化原则

世界各国发展阶段、发展水平和具体国情各不相同，可持续发展没有普适的模式，要尊重各国可持续发展自主权，由各国自主选择适合本国国情的发展模式和发展道路，并确保其足够的政策空间。在推进可持续发展的进程中，政府的作用不可替代，同时也需要民间社会、私营部门、工商界等主要群体的广泛参与。

3. 坚持"共同但有区别的责任"等里约热内卢环境发展大会各项原则

实现可持续发展是国际社会的共同责任和使命，国际合作是实现全球可持续发展的必由之路。国际合作应该以平等和相互尊重为基础，充分考虑发展中国家与发达国家不同的发展阶段和发展水平，正视发展中国家面临的困难和问题。发达国家要切实履行做出的各项承诺，帮助发展中国家实现可持续发展。我国作为一个发展中国家，愿意与各方加强合作，携手推进全球可持续发展进程，为人类实现可持续发展做出应有贡献。

2.7.4 我国推进可持续发展战略实施的主要做法

1. 消除绝对贫困、全面建成小康社会

我国是拥有 14 亿人口、世界上最大的发展中国家，长期饱受贫困问题困扰，贫困治理难度很大。2012 年以来，中国共产党将解决贫困问题摆在治国理政突出位置，坚持在发展中解决贫困问题，立足实际推进减贫进程，创造性地提出并实施精准扶贫方略，汇聚全党全国全社会的力量打赢脱贫攻坚战，历史性地解决了绝对贫困问题。

> **案例 2-20** 消除贫困。国有企业：脱贫攻坚的重要力量。中国石油作为国有骨干能源企业，自觉担当扶贫开发责任，努力促进我国乃至全球落实 2030 年议程。"十三五"期间，中国石油累计投入超过 18 亿元，开展了 2800 多个扶贫项目。所属企事业单位积极承担地方政府定点帮扶任务，共涉及 1175 个村。其中，中国石油主导的一批乡村旅游扶贫示范项目、生态扶贫、
>
> 图 2-23 中国石油乡村旅游扶贫示范项目
>
> "互联网+合作社"项目成功实施运作，有效推动了帮扶地区经济、社会和环境的可持续发展。中国石油乡村旅游扶贫示范项目如图 2-23 所示。

2. 建设生态文明、共谋绿色低碳发展

我国政府历来高度重视生态环境问题，把建设生态文明、保护生态环境作为关系社会主义现代化建设全局、人民福祉和可持续发展的长远大计。习近平总书记提出"绿水青山就是金山银山""山水林田湖草沙是生命共同体"等科学论断，我国坚持以习近平生态文明思想为指导，建设人与自然和谐共生的现代化。

> **案例 2-21** 中华鲟保护。作为全球最大的水电开发运营企业和我国最大的清洁能源集团，三峡集团在共抓长江大保护中发挥着骨干主力作用，实施中华鲟放流，加强珍稀水生生物保护。作为长江珍稀特有鱼类保护的旗舰型物种，中华鲟的存续一定程度上反映着长江的水生态环境状况。自 1984 年首次放流中华鲟以来，三峡集团至今已连续实施了 64 次中华鲟放流活动，累计向长江放流中华鲟超过 504 万尾，为补充中华鲟种群资源、实现中华鲟可持续繁衍生息发挥了重要作用。2021 年，中华鲟增殖放流是《长江保护法》和"长江十年禁渔计划"实施后三峡集团开展的首次大规模放流活

动,延续"中、青、幼"相结合的科学放流策略,放流"子二代"中华鲟 1 万尾。中华鲟增殖放流活动如图 2-24 所示。

图 2-24 中华鲟增殖放流活动

3. 发展社会事业、努力改善民生福祉

我国政府始终贯彻"以人民为中心"的发展思路,以实现"全体人民共同富裕"为发展目标,通过持续增加民生投入、深化社会领域改革、鼓励多元主体参与、采用新兴技术手段等方式,努力促进社会事业各领域发展,改善人民群众全生命周期福祉。我国社会事业发展主要包括努力提供公平且有质量的教育、充足稳定的工作岗位、完善且高水平的医疗卫生服务、可靠的社会保障、舒适的居住条件、优美的生活环境、丰富的精神文化生活等。

4. 创新双轮驱动、激发可持续发展新动能

我国坚持科技创新和体制机制创新双轮驱动、相互协调、持续发力,构建可持续发展的动力源泉。近年来,我国加快实施创新驱动发展战略,让市场在资源配置中起决定性作用,同时更好发挥政府作用,破除一切制约创新的思想障碍和制度藩篱,激发全社会创新活力和创造潜能,不断提升劳动、信息、知识、技术、管理、资本的效率和效益。

案例 2-22 中国月球探测工程。按照"绕、落、回"三步走规划实施。2007 年 10 月 24 日,"嫦娥一号"发射,圆满完成绕月探测后,于 2009 年受控落月。2010 年 10 月,"嫦娥二号"发射,实现月球环绕详勘、日—地拉格朗日 L2 点环绕探测、图塔蒂斯小行星飞越探测后,成为绕太阳飞行的人造小行星。2013 年 12 月,"嫦娥三号"发射,实现我国首次月球着陆巡视探测,如图 2-25 所示。2018 年 12 月,"嫦娥四号"发射,实现人类首次月背着陆巡视探测。2020 年 11 月,"嫦娥五号"发射,于 2020 年 12 月 17 日成功携带 1731g 月球样品返回地球,圆满完成月球探测工程"三步走"目标。

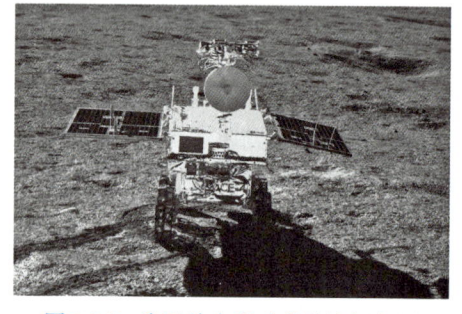

图 2-25 我国首次月球着陆巡视探测

5. 建设创新示范区、打造可持续发展样板

2016 年 12 月，国务院印发《中国落实 2030 年可持续发展议程创新示范区建设方案》，提出在全国建设 10 个左右国家可持续发展议程创新示范区，依靠创新打造一批可复制、可推广的可持续发展现实样板，对国内其他地区可持续发展发挥示范带动效应，为其他国家落实 2030 年议程提供中国经验。截至 2019 年 5 月，国务院已经批复太原、桂林、深圳、郴州、临沧和承德 6 个城市建设创新示范区。自批复以来，各市在部际联席会议成员单位的支持下，紧密围绕示范主题，着力构建多利益攸关方共同参与机制，大力推进制度创新和先进适用技术应用，在破解可持续发展典型问题、培育经济新动能、提升百姓幸福感等方面取得了积极成效；示范区建设促进了我国地方政府与联合国开发计划署、亚洲开发银行等多个国际组织的联系与合作，向世界展示了我国在地方层面落实 2030 年议程的做法和经验，正在成为可持续发展领域对外合作交流的活跃平台。

> **案例 2-23**　可持续发展样板。郴州创新水产业发展路径，用东江湖天然"冷水"发展大数据产业，用温泉"热水"发展康养产业，用丰富的"净水"发展食品医药和生态农业，东江湖大数据产业园能源消耗和运行成本与常规相比降低 40%，"温泉+旅游+地产+康养"等新业态快速发展，文化旅游产业迈上千亿元台阶。承德把构建文化康养、钒钛新材料、清洁能源等绿色主导产业体系作为示范区建设，建成世界上第一条亚熔盐法清洁提钒生产线，打造出国家一号风景大道等旅游新项目（如图 2-26 所示），风电基地项目加快建设，绿色产业增加值占 GDP 比重从示范区建设前 39%（2018 年）提升到 50%（2020 年）。
>
> 图 2-26　国家一号风景大道　　　　视频 2-15　国家一号风景大道

6. 基础设施建设、连接人民美好生活

我国高度重视基础设施建设在实现可持续发展目标中的重要作用，基于基础设施发展现状、适应经济社会未来发展趋势和人民日益增长的美好生活需要，统筹推进传统基础设施和新型基础设施建设，打造优质可靠、智能绿色、可持续发展的现代化基础设施体系。

7. 深化国际合作、促进人类共同发展

我国从全球视角出发，提出构建人类命运共同体、共建"一带一路"等新思想新倡议，倡导正确义利观和真实亲诚、亲诚惠容理念，在一系列重大国际场合宣布务实合作举措，为破解全球发展难题、推动落实联合国 2030 年可持续发展议程提出中国方案、贡献中国智慧、

注入中国力量。高质量共建"一带一路"已成为我国实行全方位对外开放的重大举措,当今世界最大规模的国际合作平台,我国向国际社会提供的公共产品。

阅 读 材 料

【阅读材料 2-1】

尼罗河上的阿斯旺水坝

工程简介:尼罗河是一条流经非洲东部与北部的河流,自南向北注入地中海。与中非地区的刚果河以及西非地区的尼日尔河并列非洲最大的三个河流系统。尼罗河长 6670km,是世界上最长的河流。尼罗河有定期泛滥的特点,在苏丹北部通常 5 月开始涨水,8 月达到最高水位,以后水位逐渐下降,1—5 月为低水位。虽然洪水是有规律发生的,但是水量及涨潮的时间变化很大。为充分开发利用尼罗河水资源,蓄洪济枯,埃及政府于 1960 年开始建造阿斯旺水坝(如图 2-27 所示),1970 年工程全部竣工,在世界大坝中排名第 11。

为建水库,埃及政府迁移了阿布辛拜勒古庙,人口迁移达 14 万。水库坝高 111m,顶长 3830m,所形成的水库(纳赛尔水库)容量为 1689 亿 m^3。水库建成后增加灌溉面积 32 万多公顷,并把 28 万公顷的洪泛区改造成常年灌溉区。水电站装机 12 台,总装机容量 210 万 kW,年发电量 100 亿 kW·h。高坝建成后有效地消除了尼罗河水位的季节性涨落。

图 2-27 阿斯旺水坝

工程意义:高坝给埃及带来的经济效益是多方面的,具体表现在以下几点:

1) 保证了灌溉用水需要,并使埃及尚存的耕地由圩垸灌溉变成常年灌溉,提高耕地夏种指数,使埃及农业增产 25%,并在 1972—1973 年、1980—1987 年的极枯水期挽救了农业。

2) 控制洪水、消除水灾。大坝建成后,埃及已战胜了 1964 年、1967 年、1975 年 3 次大洪水。

3) 高坝建成非洲大型水力发电站,为埃及提供廉价的电力,从而减少热电站的燃料消耗。

4) 改善航运条件,使尼罗河(埃及段)货运量增至 1000 万 t。

5) 减少下游灌渠的清淤工作,节约疏浚费用。

6) 纳赛尔湖发展为大型淡水渔场,渔获量逐年增加,渔业资源潜力很大。

7) 阿斯旺地区旅游业得到发展,增加政府收入;促进城镇繁荣、增加就业机会。

存在问题: 高坝对生态环境和社会也产生了一系列不同程度的影响:

1) 大坝工程造成了沿河流域可耕地的土壤肥力持续下降。大坝建成前,尼罗河下游地区的农业得益于河水的季节性变化,每年雨季来临时泛滥的河水在耕地上覆盖了大量肥沃的泥沙,周期性地为土壤补充肥力和水分。可是,在大坝建成后,虽然通过引水灌溉可以保证农作物不受干旱威胁。但由于泥沙被阻于库区上游,下游灌区的土地得不到营养补充。所以土壤肥力不断下降。

2) 修建大坝后沿尼罗河两岸出现了土壤盐碱化。由于河水不再泛滥,也就不再有雨季的大量河水带走土壤中的盐分,而不断的灌溉又使地下水位上升,把深层土壤内的盐分带到地表,再加上灌溉水中的盐分和各种化学残留物的高含量,导致了土壤盐碱化。

3) 库区及水库下游的尼罗河水水质恶化,以河水为生活水源的居民的健康受到危害。大坝完工后水库的水质及物理性质与原来的尼罗河水相比明显变差了。库区水的大量蒸发是水质变化的一个重要原因。另一个原因是,土地肥力下降迫使农民不得不大量使用化肥,化肥的残留部分随灌溉水又回流尼罗河,使河水的氮、磷含量增加,导致河水富营养化,下游河水中植物性浮游生物的平均密度增加了,由160mg/L上升到250mg/L。此外,土壤盐碱化导致土壤中的盐分及化学残留物大大增加,即使地下水受到污染,也提高了尼罗河水的含盐量。这些变化不仅对河水中生物的生存和流域的耕地灌溉有明显的影响,而且毒化尼罗河下游居民的饮用水。

4) 河水性质的改变使水生植物及藻类到处蔓延,不仅蒸发掉大量河水,还堵塞河道灌渠等。由于河水流量受到调节,河水混浊度降低,水质发生变化,导致水生植物大量繁衍。这些水生植物不仅遍布灌溉渠道,还侵入了主河道。它们阻碍着灌渠的有效运行,需要经常性地采用机械或化学方法清理,因此增加了灌溉系统的维护开支。同时,水生植物还大量蒸腾水分,据埃及灌溉部估计,每年由于水生杂草的蒸腾所损失的水量就达到可灌溉用水的40%。

5) 尼罗河下游的河床遭受严重侵蚀,尼罗河出海口处海岸线内退。大坝建成后,尼罗河下游河水的含沙量骤减,水中固态悬浮物由1600ppm降至50ppm,混浊度由30~300mg/L下降为15~40mg/L。河水中泥沙量减少,导致了尼罗河下游河床受到侵蚀。大坝建成后的12年中,从阿斯旺到开罗,河床每年平均被侵蚀掉2cm。预计尼罗河道还会继续变化,大概要再经过一个多世纪才能形成一个新的稳定的河道。河水下游泥沙含量减少,再加上地中海环流把河口沉积的泥沙冲走,导致尼罗河三角洲的海岸线不断后退。

工程警示: 由于大坝设计时对环境保护的认识不足,大坝建成后在对埃及的经济起了巨大推动作用的同时也对生态环境造成了一定的破坏。

1) 使下游丧失了大量富有养料的泥沙沃土。由于失去了泥沙沃土,尼罗河河谷和三角洲的土地开始盐碱化,土壤肥力也丧失殆尽。如今,埃及是世界上最依赖化肥的国家。具有讽刺意味的是,化肥厂正是阿斯旺水电站最大的用户之一。

2) 水坝严重扰乱了尼罗河的水文。原先富有营养的泥沙沃土沿着尼罗河冲进地中海,养活了在尼罗河入海处产卵的沙丁鱼,如今当地沙丁鱼已经绝迹了。这对此后一些国家和地区的大型水坝建设工作起了警示作用。

【阅读材料 2-2】

伦敦烟雾事件

事件成因：1952年11月和12月初伦敦出现异常的低温，居民为了取暖，在家中大量烧煤，煤烟便从烟囱排放出来。如果煤烟在大气中扩散，就不会聚集而产生浓雾。但是当时有一股反气旋在伦敦上空，使伦敦上方的空气升温，导致高处的空气温度高于低处的空气温度。这样，伦敦的空气无法上升，于是停滞在了伦敦，同时把煤烟也留在了伦敦。煤烟和废气不断从市民家中和工厂中排出来，聚集在伦敦空气里的污染物就越来越多。同时，那几天的空气里水蒸气含量很高，在寒冷的空气中，水蒸气被冷却到了露点，并且大量煤烟为它们提供了凝结核，于是出现了浓厚的烟雾。

1952年12月5~9日，伦敦被浓厚的烟雾笼罩，交通瘫痪，行人小心翼翼地摸索前进。市民不仅生活被打乱，健康也受到严重侵害。许多市民出现胸闷、窒息等不适感，多种疾病的发病率和死亡率急剧增加。直至该年12月9日，一股强劲而寒冷的西风吹散了笼罩在伦敦的烟雾。此次事件被称为"伦敦烟雾事件"（如图2-28所示），成为20世纪十大环境公害事件之一。

图2-28 伦敦烟雾事件

在此次事件的每一天中，伦敦排放到大气中的污染物有1000t烟尘、2000t二氧化碳、140t氯化氢（盐酸的主要成分）、14t氟化物，以及最可怕的——370t二氧化硫，这些二氧化硫随后转化成了800t硫酸（燃煤烟尘中有三氧化二铁，它能催化二氧化硫氧化生成三氧化硫，进而与吸附在烟尘表面的水化合生成硫酸雾滴）。

事件影响：居民出门走路都要小心翼翼，回家时发现脸和鼻孔都变黑了。位于泰晤士河北岸的半岛——道格斯岛上的居民说，自己在走路时看不见自己的脚。除了地铁，伦敦的公共交通都受到很大影响。泰晤士河上的船、火车、飞机在这几天被迫停止运行。交通引导员手持手电筒或火炬指引公共汽车缓缓行进。街上的私家车都亮着车前灯，司机把头伸向窗外，仔细观察前方，缓缓行驶。

政府建议家长把孩子留在家中，怕孩子走丢。拦路抢劫、入室抢劫、盗窃案件在这几天增多，因为烟雾可以掩盖犯罪者的行踪。

在萨德勒威尔斯剧院演出的《茶花女》被迫中止，因为剧院里充斥着浓雾。伦敦的足球赛也都被取消了，比如在温布利球场举办的大学生足球赛。这场大雾期间，有个著名的农牧业展览在伯爵宫举办，在农民们把牲畜带到伦敦的过程中，有些牲畜就呼吸困难了。这场展会中，350 头牛中有 52 头严重中毒，11 头牛死亡。有些农民赶快自制了一些口罩给牲畜们戴上。

此次事件中，许多伦敦市民因烟雾感到身体不适，比如呼吸困难和眼睛刺痛。发生哮喘、咳嗽等呼吸道症状的病人明显增多。同时，伦敦市民死亡率陡增，尤其是在老年人、婴儿、本来就有呼吸道疾病的人群和本来就有心血管疾病的人群中。45 岁以上的死亡人数最多，约为正常时期的 3 倍；1 岁以下的死亡人数其次，约为正常时期的 2 倍。因支气管炎死亡 704 人，为正常时期的 9 倍；因冠心病死亡 281 人，为正常时期的 2.4 倍；因肺结核死亡 77 人，为正常时期的 5.8 倍。除此之外，因心脏衰竭、肺炎、肺癌、流感以及其他呼吸道疾病死亡的也都成倍增长。东区的死亡率是平时的 9 倍。

据部分专家统计，这场烟雾在 1952 年 12 月杀死了约 4000 人，并且有后续影响——在 1953 年 1 月和 2 月杀死了约 8000 人。但也有分析称，1953 年初升高的死亡率应该归咎于流感，这种说法是英国政府一贯支持的。英国卫生部在 1953 年的报告中称，总共有 3500～4000 人死于这场烟雾，大约是平时死亡率的 3 倍。但是他们把 1952 年 12 月 20 日以后的高死亡率归咎于其他原因：他们认为超出正常死亡人数的 8625 人中，有 5655 人死于流感，而剩余的 2970 人死因不明。但是有专家指出，1953 年年初并没有异于平常的流感爆发。1953 年年初到底有多少人死于流感，而死于流感的人里有多少是受这场烟雾影响而死的，至今学界还没有统一的说法。

应对方案：1956 年，英国政府颁布了世界上第一部现代意义上的空气污染防治法——《清洁空气法案》，大规模改造城市居民的传统炉灶，逐步实现居民生活天然气化，减少煤炭用量，冬季采取集中供暖。在城市里设立无烟区，区内禁止使用可以产生烟雾的燃料。发电厂和重工业作为排烟大户被强制搬迁到郊区。

1968 年又追加了一份《清洁空气法案》，要求工业企业必须加高烟囱，将烟雾排放到更高的空域，从而更好地疏散大气污染物。1974 年出台《空气污染控制法案》，规定工业燃料里的含硫上限等硬性标准。在这些刚性政策面前，烧煤产生的烟尘和二氧化硫排放减少，空气污染明显好转。到 1975 年，伦敦的"雾日"已经减少到了每年只有 15 天，1980 年降到 5 天，伦敦此时已经可以丢掉"雾都"的绰号了。

但事件并没有到此为止。20 世纪 80 年代以后，汽车走进大众家庭、数量激增。汽车尾气取代煤烟成为英国大气的主要污染源。汽车尾气中的铅吸入人体后就无法排出，会严重影响人类后代的智力。铅问题遭到英国民众的强烈抗议，一张小女孩戴着防毒面具拿着抗议标语到英国首相官邸抗议的图片广为流传。随后英国开始推行无铅汽油，但是到 20 世纪 80 年代末，人们发现汽车排放的其他污染物如氮氧化物、一氧化碳、不稳定有机化合物等也极为有害，它们被阳光中的紫外线照射后，会发生复杂的光化学反应，产生以臭氧为主的多种二次污染物，形成"光化学烟雾"。

英国人此时已经对抗雾形成社会共识。从 1993 年 1 月开始，英国强制所有在国境内出售的新车都必须加装催化器以减少氮氧化物的排放。1995 年，英国通过了《环境法》，要求制定一个治理污染的全国战略，设立了必须在 2005 年前实现的战雾目标，要求工业部门、交通管理部门和地方政府同心协力,减少一氧化碳等8种常见污染物的排放量。

【阅读材料2-3】

天人和谐的都江堰水利工程

工程背景:岷江是长江上游的一大支流,流经的四川盆地西部是中国多雨地区。岷江发源于四川与甘肃交界的岷山南麓,分为东源和西源,东源出自弓杠岭,西源出自郎架岭。两源在松潘境内漳腊的无坝汇合。都江堰以上为上游;都江堰市至乐山段为中游,流经成都平原地区;乐山以下为下游,在宜宾市汇入长江。岷江全长793km,流域面积133500km^2。

岷江出自岷山山脉,从成都平原西侧向南流去,对整个成都平原来说是地上悬江,而且悬得十分厉害。成都平原的整个地势从岷江出山口玉垒山,向东南倾斜,坡度很大,都江堰距成都50km,而落差竟达273m。都江堰位于岷江由山谷河道进入冲积平原的地方,它灌溉着都江堰市以东成都平原上的万顷农田。

原来岷江上游流经地势陡峻的万山丛中,一到成都平原,水速突然减慢,因而夹带的大量泥沙和岩石随即沉积下来,淤塞了河道。在古代每年雨季到来时,岷江和其他支流水势骤涨,洪水泛滥,成都平原就是一片汪洋;雨水不足时,又会造成干旱,赤地千里,颗粒无收。岷江水患长期祸及西川,鲸吞良田,侵扰民生,成为古代蜀国生存发展的一大障碍。

公元前256年,战国时期秦国蜀郡太守李冰,率众在位于四川成都平原西部都江堰市西侧的岷江上修建了都江堰水利工程,距成都56km。该大型水利工程根治岷江水患,发展川西农业,造福成都平原,为秦国一统创造了经济基础。

都江堰水利工程历经两千多年至今依旧在灌溉田畴,是造福人民的伟大水利工程。它以年代久、无坝引水为特征,是世界水利文化的鼻祖。这项工程主要由鱼嘴分水堤、飞沙堰溢洪道、宝瓶口进水口三大部分和人字堤等附属工程构成(如图2-29所示),科学地解决了江水自动分流(鱼嘴分水堤四六分水)、自动排沙(鱼嘴分水堤二八分沙)、控制进水流量(宝瓶口与飞沙堰)等问题,消除了水患。

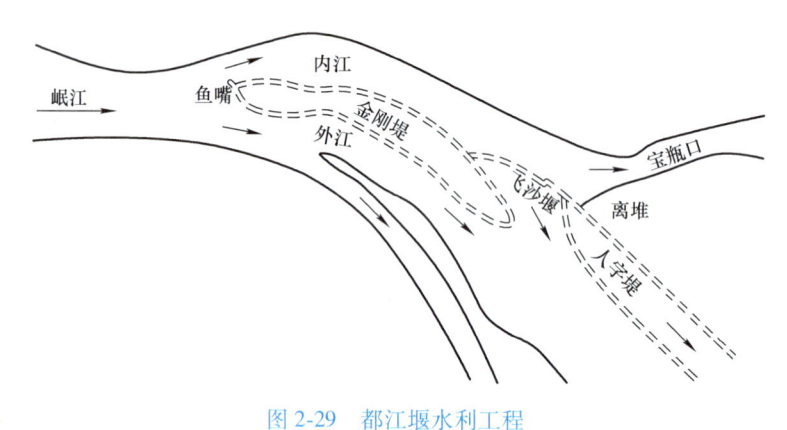

图2-29 都江堰水利工程

工程构成:都江堰渠首枢纽主要由鱼嘴、飞沙堰、宝瓶口三大主体工程构成。三者有机配合,相互制约,协调运行,引水灌田,分洪减灾,具有"分四六,平潦旱"的作用。

(1) 鱼嘴　鱼嘴是都江堰的分水工程，因其形如鱼嘴而得名，位于岷江江心，把岷江分成内外二江。西边叫外江，俗称"金马河"，是岷江正流，主要用于排洪；东边沿山脚的叫内江，是人工引水渠道，主要用于灌溉。

(2) 飞沙堰　"泄洪道"具有泄洪排沙的显著功能，故又叫它"飞沙堰"。飞沙堰是都江堰三大组成部分之一，看上去十分平凡，其实它的功用非常大，可以说是确保成都平原不受水灾的关键。飞沙堰的作用是当内江的水量超过宝瓶口流量上限时，多余的水便从飞沙堰自行溢出；若遇特大洪水的非常情况，它还会自行溃堤，让大量江水回归岷江正流。另一作用是"飞沙"。岷江从万山丛中急驰而来，挟着大量泥沙、石块，如果让它们顺内江而下，就会淤塞宝瓶口和灌区。古时的飞沙堰是用竹笼卵石堆砌的临时工程，如今已改用混凝土浇筑，自动泄洪，使多余的内江的水排入外江正流使内江不受洪灾。

(3) 宝瓶口　宝瓶口起"节制闸"作用，是前山（今名灌口山、玉垒山）伸向岷江的长脊上凿开的一个口子，是人工凿成控制内江进水的咽喉，因它形似瓶口而功能奇特，故名宝瓶口。留在宝瓶口右边的山丘，因与其山体相离，故名离堆。离堆在开凿宝瓶口以前，是湔山虎头岩的一部分。由于宝瓶口自然景观瑰丽，有"离堆锁峡"之称，属历史上著名的"灌阳十景"之一。

价值意义：针对岷江与成都平原的悬江特点与矛盾，都江堰水利工程充分利用当地西北高、东南低的地理条件，根据江河出山口处特殊的地形、水脉、水势，乘势利导，无坝引水，自流灌溉，使堤防、分水、泄洪、排沙、控流相互依存，共为体系，科学地解决了江水自动分流、自动排沙、控制进水流量等问题，保证了防洪、灌溉、水运和社会用水综合效益的充分发挥。

都江堰充分发挥水体自调、避高就下、弯道环流特性，正确处理悬江岷江与成都平原的矛盾，以不破坏自然资源，充分利用自然资源为人类服务的前提，变害为利，使人、地、水三者高度和谐统一。都江堰水利工程，是我国古代人民智慧的结晶，是中华文化的杰作。

【阅读材料 2-4】

库布齐治沙：从"黄色沙漠"到"绿洲银行"

地理环境：库布齐沙漠，是我国第七大沙漠，在河套平原黄河"几"字弯里的黄河南岸，长 400km，宽 50km，总面积约 1.86 万 km²，流动沙丘约占 61%，沙丘高 10~60m，形态以沙丘链和格状沙丘为主，像一条黄龙横卧在鄂尔多斯高原北部，横跨内蒙古三旗。库布齐沙漠如图 2-30 所示。

新中国成立时，库布齐沙漠每年向黄河岸边推进数十米、流入泥沙 1.6 亿 t，直接威胁着"塞外粮仓"河套平原和黄河安澜，沙区老百姓的生存和生命安全常受其扰。"沙滚滚，树木罕见，草原鲜有，飞鸟难越"。为了减少沙子堆积，当地家家户户不建院墙，怕沙子堆积开不了门，房门均朝里开。20 世纪 80 年代—90 年代，冬春狂风肆虐，黄沙漫卷，800km 之外的北京由此饱受沙尘暴之苦。

治沙背景：库布齐沙漠特殊的地理位置决定了开展沙漠治理的重要性和必要性。

一是作为"三北"防护林的西北要塞，长 400km 占"三北"防护林东西长近 10%。

图 2-30 库布齐沙漠

视频 2-17 库布齐治沙

二是京津冀的风沙源要塞,它是距离北京最近的沙漠,仅约 800km,沙尘一夜之间就可直抵北京,被称作"北京上空的一盆沙"。

三是黄河几字湾流沙源要塞,2000 年以前年均向黄河输沙约 2400 万 t,造成黄河数次断流。其中有 9 次集中输沙,每次输沙量达 1.44 亿 t,造成下游包头市断水断电、大量人畜伤亡,严重威胁黄河生态安全。

治沙经验:从黄沙漫漫到草木葱茏,从"死亡之海"到"经济绿洲"。库布其人民用 30 多年的努力,形成了库布齐沙漠治理精神,主要经验如下:

一是政府政策性推动。中央和地方政府出台了一系列推动防沙治沙的税收优惠、金融支持和权益保护政策,建立了奖励补助、目标考核等激励约束机制,大力推行禁牧、休牧制度。实施了京津风沙源治理、沙化土地封禁保护、三北防护林体系建设、退耕还林等国家重点工程项目,加大沙化土地的保护和修复力度。据统计,中央和地方每年投入资金 6 亿多元用于鄂尔多斯市治沙造林,确保了库布齐沙漠治理持续快速推进。

二是企业产业化发力。共有 20 多家企业参与库布其沙漠治理,亿利资源集团是其中的典型代表。亿利资源集团坚持绿起来与富起来相结合、生态与经济相结合、产业与扶贫相结合,建立了生态修复、生态牧业、生态旅游、生态光伏等一、二、三产业融合发展的沙漠生态产业体系,确立了"锁住四周,渗透腹部,以路划区,分割治理,科技支撑、产业拉动"的防沙治沙用沙方略,通过发展产业反哺防沙治沙,进而实现生态富民,开创了沙区生态治理产业化、产业推进生态化的新模式。

例如,经过多年的探索实践,亿利资源集团创新了光伏治沙+扶贫模式,板上发电、板下种植、板间养殖,建成 0.9GW 光伏发电项目,累计发电量 30 多亿度,帮扶贫困户 1000 余户,治沙面积达到 10 万多亩。沙漠光伏治沙如图 2-31 所示。

三是群众市场化参与。通过采取"公司+农户"、沙地入股、租地到企的模式,实现了从山农、牧民到产业工人的转变;通过发挥沙漠资源优势,兴办家庭旅馆、餐饮、沙漠越野等旅游项目,实现了山农牧民到小业主的转变;通过

图 2-31 沙漠光伏治沙

参加企业组建的治沙民工联队,增加就业,实现了山农牧民到生态建设工人的转变。农牧民群众在为治沙改善生态做出贡献的同时实现增收致富。

四是科技创新性引领。坚持尊重自然、顺应自然、保护自然,封飞造结合,乔灌草结合,因地制宜,综合治理。紧紧围绕抗旱节水,组装配套并大力推广一批防沙治沙科技成果和抗旱造林适用技术,引进、培育一批耐寒耐旱耐盐碱的树种草种、研发了气流法植树、甘草平移栽种等多项沙漠治理技术,建成了沙生植物种质资源库,引领库布其沙漠实现科学治理。建立了旱地节水现代农业示范中心、生态大数据示范中心、"一带一路"沙漠绿色经济创新中心等一系列示范中心,交流治理经验,推广中国模式,加强国际合作。

巨大成就: 经过几十年的艰辛治沙,库布其沙漠出现了几百万亩厘米级厚的土壤迹象,改良出大规模的沙漠土地,初步具备了农业耕作条件。2017年9月,联合国环境署在《联合国防治荒漠化公约》大会上发布报告称,库布齐沙漠共计修复、绿化沙漠969万亩,固碳1540万t,涵养水源243.76亿 m^3,释放氧气1830万t。

每年可以阻止上亿吨黄沙侵入黄河。植物在沙漠中很难存活但是在沙漠里甘草还是长得挺好,在穿沙公路两边种植甘草,一可以护路,二可以产生效益。种植甘草的穿沙公路如图2-32所示。

生物多样性得到了明显恢复,出现了天鹅、野兔、胡杨等100多种绝迹多年野生动植物。100多种生物固沙种植方法:如气流法种植沙柳十几秒钟就可以完成,甘草固氮法让沙漠出现了大面积的黑色土壤,这些技术突破了治沙难题,解放了生产力。

图2-32 种植甘草的穿沙公路

当地人民种植甘草来改善土壤,甘草固氮量大,改土效果明显,1棵甘草就是1个固氮工厂。"甘草固氮治沙改土"技术,让1棵甘草治沙的面积由 $0.1m^2$ 扩大到 $1m^2$,把大面积沙漠变成有机土壤,构建了甘草、肉苁蓉中草药产业链;同时,还充分利用沙漠丰富的光、热资源,大规模发展了以大棚和节水灌溉农业为主的现代农业,种植出了沙漠西瓜、沙漠香瓜、沙漠黄瓜、沙漠西红柿等。

1988年,库布其年降雨量不足100mm,2016年,年降雨量达到了456mm;1988年,库布其生物种类不足10种,2016年,生物种类达到了530种;1988年,库布其植被覆盖率仅有3%~5%,2016年,植被覆盖率达到53%。

30年来,库布齐沙漠绿色经济创造了数百亿的生态财富,累计带动了沙区10万多人彻底摆脱贫困,实现了从"黄色沙漠"到"绿洲银行"的蜕变。2018年12月,库布齐沙漠中的亿利生态治理区荣膺"国家第二批绿水青山就是金山银山"实践创新基地称号。2019年,3条新的穿沙公路正式通车,建设里程389.3km。

习题与思考题

2-1 简述环境的概念。

2-2 有哪些环境问题?请举例说明。

2-3 什么是生态破坏?请举例说明。

2-4 环境问题是如何产生的？
2-5 当代环境问题有哪些特点？
2-6 当前人类社会面临的主要环境问题有哪些？
2-7 环境污染有哪些危害？
2-8 水体富营养化有什么危害？其产生的原因是什么？
2-9 大气污染对人体健康有什么危害？
2-10 环境污染对人体健康的危害主要有哪些？
2-11 水污染产生的原因是什么？
2-12 噪声污染对人体有什么危害？
2-13 我国环境保护的"三十二字"方针有什么重要意义？
2-14 如何理解我国环境保护的"三同步、三统一"方针？
2-15 为什么把保护环境确定为一项基本国策？
2-16 我国环境保护的基本政策是什么？
2-17 什么是环境影响评价？
2-18 城市环境综合整治定量考核有哪些内容？
2-19 什么是排污收费制度？征收排污费的目的是什么？
2-20 我国环境管理有哪些主要的制度措施？
2-21 《环保法》对于环境保护有什么现实意义？
2-22 如何理解可持续发展？
2-23 全球可持续发展面临哪些问题？
2-24 可持续发展的能力建设包含哪几方面？
2-25 什么是循环经济？循环经济有哪些特征？
2-26 "双碳"战略目标是什么？我国实现"双碳"目标面临哪些方面的挑战？
2-27 我国经济可持续发展存在的主要问题有哪些？解决的办法有哪些？
2-28 我国生态可持续发展面临的主要问题是什么？解决的办法有哪些？
2-29 我国社会可持续发展主要有哪些内容？
2-30 我国推进可持续发展面临哪些困难？
2-31 我国推进可持续发展的主要方面是什么？
2-32 我国推进可持续发展的主要做法有哪些方面？
2-33 结合阅读材料2-1，分析工程、环境与可持续发展之间的关系。如果你是工程师，你会在建设阿斯旺水坝工程前考虑哪些环境因素，从而促进该地区的可持续发展。
2-34 结合阅读材料2-2和近年来北京等地的雾霾情况，谈谈不同行业的工程师可以通过哪些方式减轻空气污染。请举例说明。
2-35 都江堰水利工程反映出来的生态智慧给人们什么启示？
2-36 我国太湖、巢湖、滇池等湖泊水体中富营养化问题日趋严峻，严重影响水质质量，查阅相关资料，分析造成水体中富营养化问题的主要原因，提出解决方法？
2-37 针对生活中的资源浪费现象，列举其中的两件事情，提出有效、可落实的解决方法？
2-38 高校中生活垃圾分类效果不是很好，能否提出有效、可落实的解决方法？

第 3 章　职业能力与职业道德

现代工程是人们运用现代科学知识和技术手段，在社会、经济和时间等因素的限制范围内，为满足社会某种需要而创造新的物质产品的过程。工程师在工程设计方案的选择和实施时，往往要受到社会、经济、技术设施、法律、公众等多种因素的制约。解决现代工程技术问题，不仅需要综合运用多种专业知识，而且需要不同专业背景的工程师进行合作，并能在工作中正确运用专业知识保证工程和自然、社会的和谐发展。因此，现代工程技术人员不能满足于专业知识和具体经验的纵向积累，必须及时掌握工程技术信息，不断提高自身的工程素养，广泛汲取各类知识，掌握多种技术能力，建成有机的知识网络，并具有较强的团队合作精神、社会责任感和敬业精神，注重保护自然，保障公众利益，遵守职业道德，以便适应现代工程这一综合性系统的要求。

3.1　工程职业伦理

3.1.1　工程师与科学家的区别

工程师是指具有从事工程系统操作、设计、管理、评估能力的人员。牛津英文词典将工程师定义为构思、设计或发明的人，是作者、设计者、发明者及制图者。

科学家是指对真实自然及未知生命、环境、现象进行统一性的客观数字化重现与认识、探索、实践的人。

美国加州理工学院冯·卡门教授有句名言："科学家研究已有的世界，工程师创造未来的世界。"科学家与工程师的区别最先在于科学与工程两个概念的区别：科学在于探索客观世界中存在的客观规律，所以科学强调分析，强调结论的唯一性；工程是人们综合应用科学理论和技术手段去改造客观世界的实践活动，所以工程强调综合，强调方案比较和论证。这也是科学与工程的主要不同之处。

工程师常说"一切皆有可能（Everything is possible）！"对他们来说只有想不到的，没有做不到的。而科学家认为每件事都有很多可能性，当然经过一段时间论证后有些可能性就变成了必然性。

科学家的思维方式和工程师的思维方式有很大的不同。在科学家看来，几个简单的动作，到了工程师那里进行实现时很可能被细分成几十个小步骤。工程师们要有严谨的思维，而科学家们需要大胆的假设，同时也要对假设进行严谨的推理论证。这也能从高等教育培养机制窥见一斑，工程师的培养模式是科学基础+工程规范，科学家的培养模式是科学基础+形象思维。

科学家从事研究发现，探索世界以发现普遍法则，而工程师进行创造发明，使用普遍法则设计实际物品。科学家的成果主要表现为科学论文，而工程师的成果是有经济价值的产品。科学家的动力来自兴趣，工程师的动力则是功利。科学研究有时候仅仅是为了满足科学家个人的好奇心，当然也可以是非常有实用价值的科学探求，科学发现离实际应用都有或长或短的距离，其研究成果是否能得到经济回报永远是一个未知数。工程师们则不同，他们必须使制造出来的产品在经济上是可行的，如果一件产品的成本高于其市场价值，就有可能无人问津，所以对工程师来说，经济观念是必备的。

总的来说，科学家主要探索已经存在的世界的奥秘，而工程师则主要创造不曾存在的新世界。科学家主要回答"为什么"，在回答"为什么"时，往往需要将问题分解、再分解，直到研究的对象成为一个简单到可以被认识的东西。而工程师则主要回答"怎么办"，在回答"怎么办"时，往往不得不同时考虑各种外界条件的制约，把各方面的诉求和限制都综合起来，给出全套的解决方案，从而使这个方案尽可能巧妙地处理各方面的矛盾。分析与综合的方法经常同时出现在工程实践与科学研究中，科学家可能也需要完成某些工程作业（比如设计试验仪器、制造原型机），工程师经常也要做研究。

虽然科学和工程完成的是两种完全不同的任务，一个是理论层面，一个是实践层面，但是两者是不能割裂开来的。没有坚实的基础科学，技术转化就无从谈起，同时技术的进步也可以带来科学研究的重大发现，比如正是因为电技术的出现导致了电磁场理论的重大发现。科学和工程相辅相成，科学的进步推动着工程的发展，工程的发展反过来又为科学提出新的问题。但这种相互依存的关系并不会自我维持，而需要一些媒介。这些媒介具有双重的角色，一方面将科学成果转化为推动工程进步的力量，解决"怎么办"的问题；另一方面在工程实践中提炼出科学问题，回答"为什么"的问题。这些媒介是谁？就是我们，研究型的工程师，或者工程型的科学家。

3.1.2　工程伦理学背景

伦理是指在处理人与人、人与社会相互关系时应遵循的道理和准则。它不仅包含着对人与人、人与社会和人与自然之间关系处理中的行为规范，而且也蕴涵着依照一定原则来规范行为的深刻道理。伦理是指做人的道理，包括人的情感、意志、人生观和价值观等方面。伦理是指人与人之间符合某种道德标准的行为准则。

工程活动是现代社会存在和发展的物质基础。它不但涉及人与自然的关系，而且必然涉及人与人、人与社会的关系，因此内在地存在着许多深刻、重要的伦理问题。工程伦理是指在工程实践和研究中处理人与社会、人与自然和人与人关系时适用的思想与行为准则，它规定了工程师及其共同体应恪守的价值观念、社会责任和行为规范。

工程技术对世界产生了深远而广泛的影响，而工程师在技术各个方面的发展上扮演了一个核心角色。工程师创造产品推动了社会生产力的发展，也给人类生活带来更多的便捷，例如，提高农作物产量、加强植物保护、节约能源、开发新能源、制造高速列车以及减轻自然灾害等。然而技术在带来益处的同时，也产生了环境破坏、生态失衡等负面影响，甚至危及人类自身的生存。例如，对宇宙的探索可以看作工程项目的胜利，但是1986年挑战者号航天器爆炸和2003年哥伦比亚号航天器爆炸都是忽视技术风险的悲剧。所以，技术的风险不应该被技术的益处所掩盖，同时技术的负面影响也能完全预见，除了基本的和可预见的技术负面影响，也存在潜在的二次负面影响。因此，环境、生态等问题将长期存在，并且正在遭受伤害的人们也可能将长期受到危害。

工程技术的负面结果在20世纪初、20世纪30年代大萧条时期，以及20世纪70

年代和 20 世纪 80 年代都引起了越来越多的批评。在 20 世纪 70 年代，发生两起全世界关注的案件：一是斑马车油箱事件，二是 DC-10 飞机坠毁事件。这两起事件造成了巨大的人员伤亡，而其原因在于从事研发活动的科学家和工程师将利润和效益放在了首位，而忽略了对公众的安全、健康和福祉的关注。学者们对这两个案例进行了研究，发现涉及工程师的责任和权利问题，以及由于缺失这种责任所带来的灾难等，这些批评对工程师的工作产生很大影响。一些工程师针对这种现状积极地进行辩护，对于工程师的工程活动从伦理角度进行深刻反思，由此产生了工程伦理学。工程师通过强调工程的根本道德任务，以此促进工程师的职业化进程。美国几乎各大工程师协会章程中都增加了一些伦理方面的要求，都把"工程师的首要义务是将人类的安全、健康、福祉放在至高无上的地位"作为章程的根本原则。同时美国国家工程师职业协会（National Society of Professional Engineers，NSPE）设立了伦理审查委员会，积极鼓励工程师利用伦理理论来评估工程的各种活动。

工程伦理问题的提出，使得工程师在技术产品开发过程中必须考虑安全问题，也直接增强工程师在工程中有效处理道德问题复杂性的能力，增进工程师的道德自治，即理性地思考以道德关注为基础的工程伦理问题。总之，工程伦理学以增进人类福祉为目的，加强工程师职业责任为手段，来规范与约束工程师的行为，提高其道德敏感性，从而更清晰并更仔细地审视工程中的伦理问题，消除道德困境。美国国家工程院（National Academy of Engineering，NAE）有关 2020 年工程的报告中指出，伦理是未来工程师需要具备的品质之一，也为工程师道德水平的提高与工程伦理学的发展指明了方向。

3.1.3 工程师的职业伦理规范

工程是运用各种科学和技术手段去建造或构筑集成物的活动，是一种体现物质生产力的活动。在工程活动中集成了技术、经济、社会、环境、政治、文化等各种复杂的社会因素，例如，工程目标的确定、工程方案的选择、工程设计的原则、工程建造的方法和路径的选择、工程集成物的质量，环境保护、可持续发展，保护公众健康、安全和福祉，以及工程师的责任和义务等。工程师的职业特点决定了工程师在工程活动中需要承担更多的职业伦理责任。

1. 工程师遵守职业道德的伦理责任

职业伦理是指职业人员从业的范围内所采纳的一套行为标准。工程师职业伦理是工程伦理学的基本组成部分。

职业伦理规范实际上表达了职业人员之间以及职业人员与公众之间的一种内在的一致，或职业人员向公众的承诺：确保他们在专业领域内的能力，在职业活动范围内增进全体公众的福利。因而，工程师的职业伦理规定了工程师职业活动的方向、职业行为和行为方式，使工程师明确自己的职业行为。不仅如此，它还着重培养工程师在面临义务冲突、利益冲突时做出判断和解决问题的能力。工程师需要具有前瞻性地思考问题、预测自己行为的可能后果并做出判断的能力。一些工业发达国家把认同、接受、履行工程专业的伦理规范作为职业工程师的必要条件。

19 世纪末之前，在社会、企业和工程师队伍中，伦理责任的观念与工程师职业很少挂钩，但是工程师伦理责任广泛地存在于工程实践过程之中，却是不争的事实。工程师在工程实践中涉及许多的伦理责任问题。例如：

1）在工程产品设计时，考虑产品的有用性了吗？是不是非法的？
2）从事工程技术研究时，是否侵犯他人的知识产权仿造产品？
3）在对实验的数据处理过程中是否存在修改？
4）在论文的撰写过程中是否抄袭他人的科研成果？
5）在对科研成果进行验收时，是否对研究成果的缺陷以及对后期用户可能产生的不利影响进行隐瞒？
6）是否为了自身的利益，夸大了样品的使用性能？
7）产品的规格符合已经颁布的标准和准则吗？
8）产品是否有安全隐患？是否会给用户造成伤害？

美国学者马丁等人通过研究发现，在一个产品的生命周期中，从产品设计、生产、制造、成品、使用到报废，都蕴涵着道德问题和伦理问题，工程师的职业伦理责任贯穿于一个产品生命周期的各个环节。

案例 3-1 长春长生疫苗事件。2018 年 7 月 15 日，国家药品监督管理局发布通告指出，长春长生生物科技有限公司冻干人用狂犬病疫苗生产存在记录造假等严重违反《药品生产质量管理规范》（药品 GMP）行为。

查明原因：疫苗生产应当按批准的工艺流程在一个连续的生产过程内进行。但该企业为降低成本、提高狂犬病疫苗生产成功率，违反批准的生产工艺组织生产，包括使用不同批次原液勾兑进行产品分装，对原液勾兑后进行二次浓缩和纯化处理，个别批次产品使用超过规定有效期的原液生产成品制剂，虚假标注制剂产品生产日期，生产结束后的小鼠攻毒试验改为在原液生产阶段进行。为掩盖违法违规行为，企业系统地编造生产、检验记录，开具填写虚假日期的小鼠购买发票，以应付监管部门检查。

2018 年 10 月 16 日，国家药监局和吉林省食药监局分别对长春长生公司做出多项行政处罚。撤销涉案产品药品批准证明文件、生物制品批签发合格证，罚款 1203 万元。吊销其《药品生产许可证》；没收违法生产的疫苗、违法所得 18.9 亿元，处违法生产、销售罚没款共计 91 亿元；吉林检察机关依法批捕涉嫌犯罪的 18 人。

工程师对雇主或客户有特殊的义务，要具备诚实、正直、能干、勤奋、忠诚及谨慎等美德，不能辜负雇主或客户对他们的信赖。要从根本上提高工程师的社会责任感，就要从本质上改变工程师的责任感意识，培养良好的职业素养和道德水准。工程师要化解社会矛盾，消除偏见与歧视，应主动担负起守护公平正义的伦理责任，并在工程实践中尽力做到：始终坚持公平原则，在工程设计或人工智能产品开发中，应充分考虑各种因素，避免由于人为因素造成的不平等；始终坚持正义原则，以最大多数人的幸福为基本出发点，让产品造福全人类而不是仅为少数人服务；在坚持公平正义原则的同时，还应对工程实践导致的利益受损方（包括自然在内）给予必要的爱护与补偿。

2. 工程师保护公众安全、健康和福祉的社会伦理责任

工程师与雇主或客户的关系是建立在合同的基础上，只要他们作为平等的双方经过讨价还价达成了协议，就实现了合乎道德的公正。工程师要为雇主服务，但他们又有一定的独立性，享有合同规定的包括道德上的权利和义务，不仅要诚实地为雇主或客户工作，还要为公众利益负责。

工程师在工程活动中对于技术设计、建造等方面起到重要作用。由于受到不同因素的困扰，在权衡公司、公众以及自身利益时，他们会面临两难抉择，往往陷入忠诚于雇主还是忠诚于公众的道德困境。

在技术发达社会中，工程师作为专家，凭借其能力对指出特定技术产生的消极影响负有特殊的责任。为此，世界各专业工程师协会提倡工程师要从伦理角度对社会公众利益给予重视。例如，1963年美国土木工程师协会（ASCE）修改伦理规范的第一条基本标准："工程师在履行他们的职责时，应当将公众的安全、健康和福利放在首要位置。"1974年，美国职业发展工程理事会（ECPD）采用了一项新的伦理章程，该章程认为工程师的最高义务是公众的健康、福祉与安全。现在，几乎所有的工程社团和社团伦理章程都把这一观点视为工程师的首要义务，而不是工程师对客户和雇主所承担的义务，以提升工程师贡献于公众福利的意识，而不是仅仅服从于公司管理者的利益和指令。

20世纪70年代以来，随着一批高新技术的出现，产生了依托高新技术的许多工程，由于这些高新技术的复杂性和不确定性，使得工程的设计者和使用者无法完全预测或控制该工程存在的意外后果。技术过程的不可预见性，即使是对那些相关领域的权威专家来说也是一样。仅有建设工程的良好初衷，并不是工程项目能达到预期效果的根本保证。

案例 3-2 住宅楼倒塌。2009年上海某小区一栋在建住宅7号楼倒塌，如图3-1所示。

直接原因：紧贴7号楼北侧，在短期内堆土过高，最高处达10m左右；与此同时，紧邻大楼南侧的地下车库基坑正在开挖，开挖深度4.6m，大楼两侧压力差使土体产生水平位移，过大的水平力超过了桩基抗侧能力，导致房屋倾倒。

间接原因：土方堆放不当，开挖基坑违规，监理不到位，管理不到位，安全措施不到位，基坑围护桩施工不规范。

图 3-1 上海某小区在建住宅楼倒塌事故

案例 3-3　奶制品污染事件。事故起因是很多食用三鹿集团生产的婴幼儿奶粉的婴儿被发现患有肾结石，随后在其奶粉中发现化工原料三聚氰胺。根据公布的数字，截至 2008 年 9 月，因使用婴幼儿奶粉而接受门诊治疗咨询且已康复的婴幼儿累计 39965 人，正在住院的有 12892 人，此前已治愈出院 1579 人，死亡 4 人，另截至 2008 年 9 月 25 日，香港地区有 5 人、澳门地区有 1 人确诊患病。三鹿集团奶粉事件报道如图 3-2 所示。

图 3-2　三鹿集团奶粉事件报道

视频 3-1　奶制品污染事件

查明原因：2007 年 7 月，被告人张玉军等人明知三聚氰胺是化工产品、不能供人食用，以三聚氰胺和麦芽糊精为原料，配制出专供往原奶中添加、以提高原奶蛋白检测含量的混合物（俗称"蛋白粉"），销售给石家庄三鹿集团股份有限公司等奶制品生产企业。

被告人耿金平等在明知"蛋白粉"为非食品原料，人不能食用的情况下，将约 434kg"蛋白粉"添加到其收购的 900 余吨原奶中，销售到石家庄三鹿集团股份有限公司等处。

2008 年 8 月 1 日，河北出入境检验检疫技术中心出具检测报告，确认三鹿集团送检的奶粉样品中含有三聚氰胺。同日，被告人田文华等召开集团经营班子扩大会进行商议，在明知三鹿牌婴幼儿系列奶粉中含有三聚氰胺的情况下，虽然做出了暂时封存产品、对库存产品的三聚氰胺含量进行检测以及以返货形式换回市场上含有三聚氰胺的三鹿牌婴幼儿奶粉等决定，但仍准许库存产品三聚氰胺含量 10mg/kg 以下的出厂销售，直到被政府勒令停止生产和销售为止。

法院判决：被告人张玉军犯以危险方法危害公共安全罪，判处死刑，剥夺政治权利终身；被告人耿金平犯生产、销售有毒食品罪，被判处死刑，剥夺政治权利终身，并处没收个人全部财产；被告单位石家庄三鹿集团股份有限公司犯生产、销售伪劣产品罪，判处罚金人民币 4937.48 万元；被告人田文华犯生产、销售伪劣产品罪，判处无期徒刑，剥夺政治权利终身，并处罚金人民币 2468.74 万元。

大楼倒塌、核电站爆炸、挑战者号航天器爆炸、毒气泄漏等工程灾难，给人们的生命财产和周围环境造成了严重的影响，引发工程师的自省和反思。在 2002 年德国工程师协会制定的《工程伦理的基本原则》中就特别强调工程师对社会及公众的责任"工程师应对工程团体、政治和社会组织、雇主、客户负责，人类的权利高于技术的利用；公众的福利高于个人的利益；安全性和保险性高于技术方法的功能性和利润性"。

实际上，也有少数工程技术专家的工作在相当大限度上受经营者或政治家影响。有些经理往往从企业的利益出发，忽视工程产品的安全性和危险性，这对社会福利和公众安全、健康造成巨大风险和威胁，在这种情况下，作为一名工程师必须对自身工作中由于失职或有意破坏造成的后果负责任。同时，工程师的工作性质使他们常常直接且最早了解公司或其他机构中存在的一些问题，例如产品质量、性能的缺陷，对公众的安全和健康或环境的影响等，他们有责任披露事实的真相，使决策部门和公众能够了解工程中的潜在威胁，这是工程师应该担负的社会伦理责任。

在工程伦理教育方面，1985 年，美国工程与技术鉴定委员会（ABET）要求美国工程院校必须把培养学生对"工程职业和实践的伦理性质的理解"作为接受认证的一个条件。2000 年，美国工程与技术鉴定委员会制定了更为具体的要求：工程学学科应当展现出他们的毕业生能够在全球的和社会的背景下来理解工程的影响，并且具有与当代工程相关的知识。它还指出，除了经济的、环境的、社会的和政治的因素外，学生还必须拥有伦理的"设计经历"。

3. 工程师担负社会可持续发展的生态伦理责任

生态伦理即人类处理自身及其周围的动物、环境和大自然等生态环境关系的一系列道德规范。通常是人类在进行与自然生态有关的活动中所形成的伦理关系及其调节原则。"最大限度的（长远的、普遍的）自我实现"是生态智慧的终极性规范，即"普遍的共生"，人类应该"让共生现象最大化"。

人类自然生态活动中一切涉及伦理性的方面构成了生态伦理的现实内容，包括合理指导自然生态活动、保护生态平衡与生物多样性、保护与合理使用自然资源、对影响自然生态与生态平衡的重大活动进行科学决策以及人们保护自然生态与物种多样性的道德品质与道德责任等。

工业文明创造出大量的物质财富，但也消耗了大量的自然资源和能源，并产生了土壤沙化、生物多样性面临威胁、森林锐减、草场退化、大气污染等严重的生态后果，严重破坏了社会和自然环境，甚至危及人类自身的生存。在德国工程师学会制定的《工程伦理的基本准则》中，要求"工程师应该明白技术体系对他们的经济、社会、生态环境及子孙后代生活的影响，有义务发展理性的和可持续发展的技术体系"。世界工程组织联合会也把可持续发展的责任，寻求人类生存中所遇到的各种问题的解决方法作为自己的基本宗旨。

生态伦理责任包含以下几方面：

1) 在工程产品的规划、决策工程中，必须处理好社会价值、市场价值和个人价值的关系，整体利益更为重要，而社会价值优先。

2) 把改造自然的行为严格限制在生态运动的规律之内，使人类活动与自然规律相协调。充分考虑环境生态的价值，走技术进步、提高效益、节约资源的道路。要公正地对待自然，限制对自然资源的过度开发，坚持开发与保护并重的原则，提高自然再生产能力，最大限度地保持自然界的生态平衡，真正确立关心自然、爱护自然的责任感，自觉履行保护生态环境的义务。

3) 把排污量控制在自然界自净能力之内，促进污染物排放与自然生态系统自净能力相协调。倘若人类排放的污染物超过了大自然的自净能力，污染物就会在大气、水体、生物体内积存，产生持续性危害。

4) 在生态文明大背景下，市场也可以由不同的环境标准进行细分归类，而且关乎社会可持续发展的建设走向。目前国际上已认定根据一些环境标准对产品进行挑选,只有通过这些环境标准的产品才能进入优等市场,在这样的市场上进行交易也会得到国际社会的肯定。而没有通过环境标准的产品及其生产企业将无法在竞争中得到优势,甚至会被淘汰出局。

5）建立透明和公开的平台,关于工程的环境以及其他方面的风险信息必须客观、真实地和公众进行公平的交流。

6）生态伦理所要求的道德观念,不仅超越了人与人的关系,而且把道德的范围扩展到了全人类。一部分人的发展不应损害另一部分人的发展,最重要的是要保证大部分人对于自然资源、环境资源公平的享用权利。另外,一些国家和地区依靠自己的技术和科学优势去占有或者损害其他国家和地区的利益,向弱势地区索取本该由其占有或者目前不能开发的资源,从而造成环境的污染,这实际上是一种不公平。必须树立公平观念,兼顾国家之间、国际、代际利益的协调,兼顾生态系统的价值。

> **案例 3-4** 大气污染责任纠纷案。北京市环境保护局经抽检,认定某投资公司自 2013 年 3 月 1 日至 2014 年 1 月 20 日进口并在北京地区销售的全新胜达 3.0 车辆的排气污染数值排放超过北京市第五阶段机动车排放地方（京 V）标准的限值,并据此做出行政处罚决定。北京市朝阳区自然之友环境研究所提起本案诉讼。一审法院委托对案涉车辆超标排放的大气环境污染物对环境的影响及修复进行了鉴定。
>
> **裁判结果：**经北京市第四中级人民法院主持,双方达成如下调解协议：某投资公司停止在北京地区销售不符合排放标准的全新胜达 3.0 车辆,通过技术改进等方式对所有在北京地区销售的不符合排放标准的全新胜达 3.0 车辆进行维修并达排放标准。某投资公司向信托受托人长安国际信托股份有限公司交付信托资金 120 万元,用于保护、修复大气环境、防治大气污染,支持环境公益事业；某投资公司就本案所涉车辆不符合排放标准一事向社会公众致歉,并承诺支持环境公益事业等。

工程师对公众的生态责任还包括正确的引导作用。随着企业规模的扩大,其对于公众的影响力也在逐渐增强,特别是一些大的工程产品,他们的行为与运作方式可能会成为公众效仿的对象和模板。

人类应摆正自己在大自然中的道德地位。只有当人类能够自觉控制自己的生态道德行为,并理智而友善地对待自然时,人类与自然的关系才会走向和谐,从而实现生态伦理的真正价值。

3.2 工程职业能力

3.2.1 工程师的分类

工程师是职业水平评定（职称评定）的一种。通常按职称（资格）高低分为研究员或教授级高级工程师（正高级）、高级工程师（副高级）、工程师（中级）、助理工程师（初级）。

1）助理工程师是初级工程技术人员的职务名称,具有完成一般性技术工作的能力。

2）工程师是已经具有一定工程技术研究和设计工作的实践经验,可独立承担工作的工程技术人员。

3) 高级工程师是具有丰富的生产、技术管理工作实践经验，能够解决生产过程或综合技术管理中本专业领域重要技术问题能力的工程技术人员。高级工程师是我国专业技术职称工程类中的高级职称，而教授级高级工程师是高级工程师任职资格职称里的最高级别之一。

通常所说的工程师，是指中级工程师。工程师职称由企业或上级主管部门评定，全国通用。

在欧洲一些国家，工程师称谓的使用被法律所限制，必须用于持有学位的人士，而其他没有学位人士使用属于违法。在美国大部分州及加拿大一些省份亦有类似法律存在。通常只有在专业工程考试取得合格才可被称为工程师。

3.2.2 工程师的职业能力

职业能力是人们从事其职业的多种能力的综合。职业能力可以定义为个体将所学的知识、技能和态度在特定的职业活动或情境中进行类化迁移与整合所形成的能完成一定职业任务的能力。

工程师的职业能力反映了专业技术人员的学术和技术水平、工作能力及工作成就。就学术而言，它具有头衔的性质；就专业技术水平而言，它具有岗位的性质。通常，专业技术人员的职业能力从专业能力、交流能力、职业道德、项目管理能力和领导能力等方面进行评价。高级工程师、工程师和助理工程师的职业能力见表3-1。

表3-1 高级工程师、工程师和助理工程师的职业能力

职业能力	高级工程师	工程师	助理工程师
专业能力	有本专业良好工程教育背景，接受过系统的专业知识学习和专业技能训练；在某一技术方向有比较深入的研究；能带领团队攻克技术难关；能在工作中自觉遵循法律法规、技术规范和正确运用质量、安全、节能、环保知识，并能提出改进意见；主动跟踪本专业国内外技术发展趋势，不断掌握新知识、新技能，并创造性地运用于工作中；能分析本专业国内外技术发展现状和趋势，提出具有应用价值的研究课题，制定出研究方案并实施	有本专业良好工程教育背景，接受过系统的专业知识学习和专业技能训练；能熟练运用专业知识和技能解决实际工程技术问题；能在工作中自觉遵循法律法规、技术规范和正确运用质量、安全、节能、环保知识；主动跟踪本专业国内外技术发展趋势，不断掌握新知识、新技能，并应用于工作中；能进行技术问题的研究，进而提出解决方案	有本专业基本工程教育背景，具备本专业基础理论、技术知识和基本技能；能在工程师指导下独立运用专业知识和技能解决实际工程技术问题；对本专业相关法律法规、标准规范和质量、安全、节能、环保知识有一定了解，并能加以运用；对本专业国内外技术发展现状和趋势有一定了解
交流能力	能熟练使用工程语言制定工程文件，并在跨区域、跨专业环境下进行交流；有良好人际交往关系；有很强的团队合作精神，能够控制自我并理解他人意愿，在团队中发挥领导作用；能适应各种环境并充分发挥自身能力；具备一门外语的听、说、读、写能力；具备国际交流与合作的理念和方法	能熟练使用工程语言制定工程文件，并与同行深入交流；有良好人际交往关系；有较强的团队合作精神，能够控制自我并理解他人意愿，在团队中发挥带头作用；能适应各种环境并发挥自身能力；具备一门外语的听、说、读、写能力；具备国际交流与合作的基本理念和方法	能使用工程语言制定工程文件，并与同行交流；有正常人际交往关系；有团队合作精神，在完成本职工作的同时，主动分担工作；能很快适应新的环境；具备一门外语的听、说、读、写能力

（续）

职业能力	高级工程师	工程师	助理工程师
职业道德	有强烈的社会责任感和敬业精神，能在工作中正确运用专业知识保证工程和自然、社会的和谐发展；有强烈的本专业职业健康安全、节能、环保、知识产权保护意识，能在工作中正确运用专业知识维护以上要素；模范遵守职业行为准则，承担自身行为责任；能制定并实施自身职业发展规划；积极参与或组织业内学术活动；积极提携和热心培养后备力量	有较强的社会责任感和敬业精神，能在工作中正确运用专业知识保证工程和自然、社会的和谐发展；有较强的本专业职业健康安全、节能、环保、知识产权保护意识，能在工作中正确运用专业知识维护以上要素；模范遵守职业行为准则，承担自身行为责任；能制定并实施自身职业发展规划；积极参与业内学术活动；主动提携助理工程师，培养见习工程师	有社会责任感和敬业精神，对工程与自然、社会和谐发展有正确的认知和理解，并能在工作中自觉遵循；有本专业职业健康安全、节能、环保、知识产权保护意识，具备相关知识，并能在工作中自觉遵循；自觉遵守职业行为准则；对自身职业发展有规划
项目管理能力	具备较强的市场调研、需求预测和技术经济分析能力，具备设计、预算大型工程项目的能力，进而能策划和评估大型工程项目；具备较强的团队组建和管理能力，具备较强的项目监控和过程管理能力，进而能组织实施大型工程项目；具备一定的风险管控能力，能在事先预防和事后补救方面采取一定措施	具备一定的市场调研、需求预测和技术经济分析能力，具备设计、预算小型工程项目的能力，能策划和评估小型工程项目；具备一定的团队组建和管理能力，具备一定的项目监控和过程管理能力，进而能组织实施小型工程项目；具备风险管控意识，能进行风险预判并提出风险规避预案	具备成本意识，能估算项目成本
领导能力	具备收集、分析、判断国内外相关技术信息的能力，能提出开发方向和思路；具备系统思维和创新思维能力，能提出创新方案；具备一定的综合分析、判断能力，能提出决策意见；具备组建和指挥本单位跨部门团队的能力		

3.2.3　工程技能

由于现代工程问题日益复杂，市场竞争激烈，产品更新换代频繁，要求工程师不仅具有扎实的数学、自然科学和专业基础理论知识以及很强的工程技术能力，还要求其具备使用现代工具的能力、收集和分析资料的能力、书面表达与交流的能力等，以适应现代工程实践对分析和解决工程实际问题的综合能力要求。

1. 使用现代工具

使用现代工具主要是运用计算机软件来分析和解决工程实际问题。对于现代工程领域的工程问题，借助计算机软件进行建模、分析、仿真实验等，从而得出数量指标，为工程师提供关于这一过程或系统的定量分析结果，作为决策的理论依据；借助计算机软件进行工程设计，可以大大提高设计水平和效率；基本上所有的工程项目都需要应用计算机技术进行产品开发。常用的计算机软件有以下几种：

（1）MATLAB　MATLAB是由美国MathWorks公司发布的主要面向科学计算、可视化以及交互式程序设计的高科技计算软件。它将数值分析、矩阵计算、科学数据可视化以及非线性动态系统的建模和仿真等诸多强大功能集成在一个易于使用的视窗环境中，主要包括 MATLAB 和 Simulink 两大部分，为科学研究、工程设计以及必须进行有效数值计算的众多科学领域提供了一种全面的解决方案，并在很大程度上摆脱了传统非交互式程序设计语言（如 C、Fortran）的编辑模式，代表了当今国际科学计算软件的先进水平。

MATLAB 可以进行矩阵计算、绘制函数和数据、实现算法、创建用户界面、连接其他编程语言的程序等，主要应用于数值分析、工程与科学绘图、控制系统的设计与仿真、数字图像处理技术、数字信号处理技术、通信系统设计与仿真、财务与金融工程、管理与调度优化计算（运筹学）等领域，MATLAB 应用于音频信号的处理结果如图 3-3 所示。

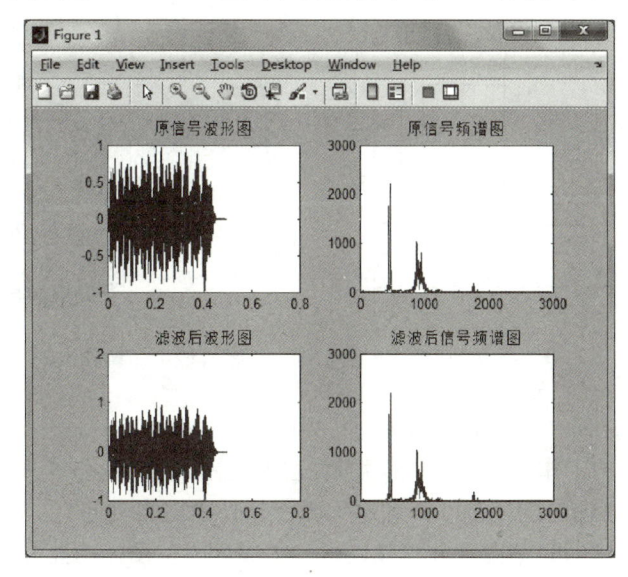

图 3-3　MATLAB 应用于音频信号的处理结果

（2）SolidWorks　SolidWorks 是世界上第一个基于 Windows 开发的三维 CAD 系统，主要用于三维机械设计，包括 3D 建模设计、零件设计、装配设计和工程图设计等。这些功能简化了高复杂度模型设计，能够提供不同的设计方案、减少设计过程中的错误，提高设计效率，能在比较短的时间内完成更多的工作，更快地将高质量的产品投放到市场。

SolidWorks 在航空航天、机车、食品、机械、国防、交通、模具、电子通信、医疗器械、娱乐工业、日用品/消费品、离散制造等领域均有使用，成为全球装机量最大、最好用的机械设计软件之一。SolidWorks 应用于机器人、无人小车三维机械产品设计如图 3-4 所示。

图 3-4　SolidWorks 应用于机器人、无人小车三维机械产品设计

（3）CAXA　北京数码大方科技股份有限公司（CAXA）是我国领先的工业软件和服务公司，主要提供数字化设计（CAD）、数字化制造（MES）、产品全生命周期管理（PLM）等。主要产品包括：①CAXA CAD 电子图板，它是一个开放的二维 CAD 平台，支持最新制图标准，提供全面的最新图库，能低风险替代各种 CAD 平台，提高设计效率；②CAXA 3D 实体设计提供三维数字化方案设计、详细设计、分析验证、专业工程图等功能；③CAXA 图文档数据管理平台，可以对各种二维 CAD、三维 CAD、工艺 CAPP 以及各种办公软件产生的电子文件进行归档；④CAXA 协同管理 PDM 系统可以对图文档管理、产品结构管理、CAD 集成、工作流、红线批注、电子签名、汇总报表、项目管理等产品数据进行管理。CAXA 应用于二维、三维机械产品设计如图 3-5 所示。

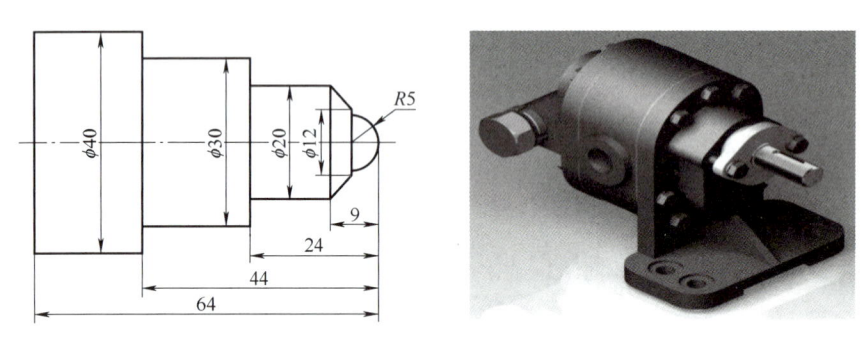

图 3-5　CAXA 应用于二维、三维机械产品设计

（4）Altium Designer　Altium Designer 是 Altium 公司推出的一体化的电子产品开发系统，就是将电路设计中各种工作交由计算机来协助完成，主要在 Windows 操作系统运行。Altium Designer 通过把电路原理图设计、PCB 绘制编辑、拓扑逻辑自动布线、信号完整性分析、电路仿真和设计输出等技术的完美融合，并且可以集成 FPGA 设计功能和 SOPC 设计功能，从而允许工程设计人员能将系统设计中的 FPGA 设计、PCB 设计及嵌入式设计集成在一起，为设计者提供了全新的解决方案，使电路设计的质量和效率大大提高。Altium Designer 应用于电路原理设计如图 3-6 所示。

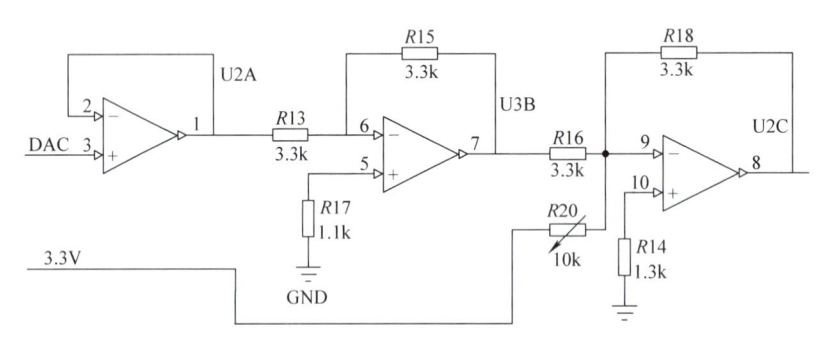

图 3-6　Altium Designer 应用于电路原理设计

随着电子科技的蓬勃发展，新型元器件层出不穷，电子线路变得越来越复杂，电路的设计工作已经无法单纯依靠手工来完成，电路设计自动化（Electronic Design Automation，EDA）已经成为必然趋势，越来越多的设计人员使用快捷、高效的 CAD 设计软件来辅助进

行电路原理、印制电路板的设计以及打印各种报表等。

（5）有限元分析　有限元分析（Finite Element Analysis，FEA）是利用数学近似的方法对真实物理系统（几何和载荷工况）进行模拟。利用简单而又相互作用的元素（即单元），就可以用有限数量的未知量去逼近无限未知量的真实系统。

有限元分析是用较简单的问题代替复杂问题后再求解。它将求解域看作由许多被称为有限元的小的互连子域组成，对每一单元假定一个合适的（较简单的）近似解，然后推导求解这个域总的满足条件（如结构的平衡条件），从而得到问题的解。因为实际问题被较简单的问题所代替，所以这个解不是准确解，而是近似解。由于大多数实际问题难以得到准确解，而有限元分析不仅计算精度高，而且能适应各种复杂形状，因而成为行之有效的工程分析手段。

随着市场竞争的加剧，产品更新周期越来越短，企业对新技术的需求更加迫切，而有限元数值模拟技术是提升产品质量、缩短设计周期、提高产品竞争力的有效手段之一。所以随着计算机技术和计算方法的发展，有限元分析在工程设计和科研领域得到了越来越广泛的重视和应用。从汽车到航天飞机，几乎所有的设计制造都已离不开有限元分析计算，它在机械制造、材料加工、航空航天、汽车、土木建筑、电子电器、国防军工、船舶、铁道、石化、能源和科学研究等各个领域的广泛使用已使设计水平发生了质的飞跃。

为了使工程师快捷地解决复杂工程问题，许多公司开发了多种大型通用有限元商业软件，例如 ANSYS 有限元分析软件可以分析机械、电磁、热力学等多学科的问题，NASTRAN 有限元分析软件可以分析电机的问题，Abaqus 6.9 有限元分析软件可以分析材料断裂失效、高性能计算以及噪声振动领域的问题等。有限元分析应用于电机设计如图 3-7 所示。

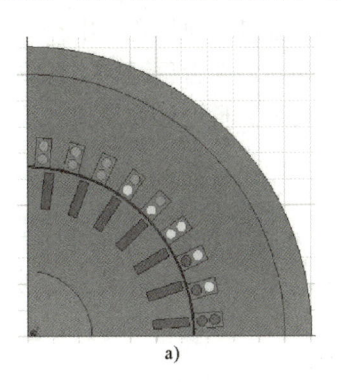

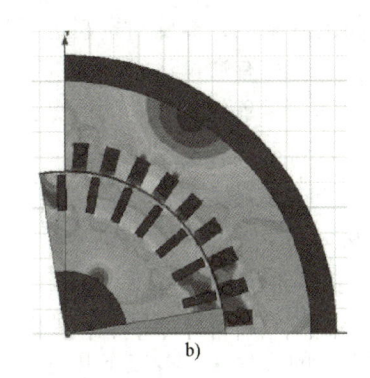

图 3-7　有限元分析应用于电机设计

a）电机有限元模型　b）电机磁密分布云图

2. 收集和分析资料

收集和分析资料是工程项目决策、规划和方案设计工作的前期基础工作，是项目启动后最为关键的一个环节。只有通过细致扎实地收集和分析资料，才能为项目决策、规划和方案设计提供科学依据。收集和分析资料直接关系到项目的成败。

收集资料通常需要聚焦于一个项目、课题、主题或问题，通过各种途径、调查方式系统客观地查阅、收集项目相关的背景、关键技术、技术路线、技术难点、现有解决方案及技术发展等资料。在收集资料的基础上，从技术、经济、财务、资源、社会、商业以至环境保护、可持续发展、法律等多个方面进行分析、归纳、整理和研究，撰写可行性分析报告，以确定工程项目是否可行，为正确进行投资决策、规划和方案设计提供科学依据。

收集资料首先需要选择主题，然后开展文献搜索，文献搜索的途径包括以下几方面：

1) 期刊、学位论文、专利说明书、技术标准、科技报告、会议文献、图书、报纸等。

2) 产品目录、产品样本、设计图样等。

3) 通过检索工具查阅文摘、索引、全文数据库等。

4) 参加学术会议交流。

5) 网络资料。计算机互联网技术具有信息量大、内容丰富、信息传递快、方便交流和传播广泛等优势，为收集资料提供了最便捷的途径。通过网络搜索资料，可以突破时间和空间限制，快速搜索，可以查找到大量的相关材料和信息，是现代工程项目资料收集的主要途径。

查阅文献、收集资料并不是一件很容易做的工作，需要耐心、细致、仔细地查阅文献，并经过慎重考虑进行选择，这需要一定的经验，而这一经验是在不断查阅资料的实践中积累起来的。

作为一名工程师，仅仅会查阅资料还不够，还要能够对文献资料进行分析，它包含整理和加工两项工作。

资料整理是根据调查研究的目的，运用科学的方法，对调查所获得的资料进行审查、检验、分类、汇总等初步加工，使之系统化和条理化。资料整理是资料研究的重要基础，是提高调查资料质量和使用价值的必要步骤，是保存资料的客观要求。资料整理的原则是真实性、合格性、准确性、完整性、系统性、统一性、简明性和新颖性。

在整理资料的基础上，需要对资料进行加工。在大量的原始资料中，不可避免地存在一些假信息和伪信息，只有通过认真地筛选和判别，才能防止鱼目混珠、真假混杂。收集来的资料是一种原始的、零乱的和孤立的信息，只有把这些资料进行分类和排序，才能进行分析比较和研究，使资料更具有使用价值。

3. 书面表达与交流能力

书面表达及交流能力是工程师的一项基本职业技能，涉及项目建议书、可行性分析报告、研究报告、实验报告、主题论述、总结或结题报告、专利申请书、期刊或会议论文、专著等众多内容。这些书面材料的撰写需要基于科学事实或实验数据进行客观的描述，禁止捏造。工程领域报告的撰写一般有以下几方面的要求：

1) 主题明确。撰写的书面材料主题要明确，撰写内容与主题密切相关。

2) 注重事实。一切分析研究都必须建立在事实基础之上，因此要尊重客观事实，用事实说话。撰写的材料都必须真实无误，涉及的时间、地点、事件经过、背景介绍、资料引用等都要求准确真实。一切材料均出之有据，才能给出解决问题的经验和方法，研究的结论才能有说服力。

3) 论理性。撰写的主要内容是事实，主要的表现方法是叙述。但撰写的目的是从这些事实中概括出观点，而观点是撰写报告的灵魂。因此，占有大量材料，不一定就能写好报告，还需要把相关的材料加以分析综合，进而提炼出观点。对材料的研究，要用科学方法经过"去粗取精，去伪存真，由此及彼，由表及里"的处理，运用最能说明问题的材料并合理安排，做到既要弄清事实，又要说明观点。这就需要在对事实叙述的基础上进行恰当的议论，表达出撰写内容的主题思想。既要防止只叙不议、观点不鲜明，也要防止空发议论、叙议脱节。

4）符合逻辑顺序。几乎所有书面材料撰写都包含四个方面的内容：拟解决的问题（背景等）、解决方案、解决内容及结果。撰写过程中，应将内容进行合理安排，确定大标题和小标题。

5）语言简洁。报告尽量语言简洁明快，充足的材料加少量议论，不要求细致的描述，用简明朴素的语言报告客观情况。可以适当使用一些浅显生动的比喻，增强说理的形象性和生动性，但前提必须是为说明问题服务。

> **案例 3-5** 北京丰台区储能电站起火爆炸事故调查报告。2021年4月16日，位于丰台区西马场甲14号的北京福威斯油气技术有限公司（以下简称福威斯油气公司）光储充一体化项目发生火灾爆炸，事故造成1人遇难、2名消防员牺牲、1名消防员受伤，火灾直接财产损失1660.81万元。
>
> 报告认为，南楼起火直接原因系西电池间内的磷酸铁锂电池发生内短路故障，引发电池热失控起火。北楼爆炸直接原因为南楼电池间内的单体磷酸铁锂电池发生内短路故障，引发电池及电池模组热失控扩散起火，事故产生的易燃易爆组分通过电缆沟进入北楼储能室并扩散，与空气混合形成爆炸性气体，遇电气火花发生爆炸。
>
> 根据事故追责处理建议，负责项目投资建设以及光伏、储能、充电设施等设备采购及安装的业主单位——福威斯油气公司的法定代表人、后勤主管、运营与维护岗员工，对事故发生负有直接责任，涉嫌重大责任事故罪，已经被丰台区人民检察院批准逮捕。
>
> 该报告主题明确，事件经过、数据准确真实，事实清楚、观点明确，事件经过、原因、处理逻辑顺序合理，报告语言简洁。

4. 终身学习

终身学习是指社会每个成员为适应社会发展和实现个体发展的需要，贯穿于人的一生的、持续的学习过程，即人们常说的"活到老学到老"或者"学无止境"。

进入21世纪以来，具有颠覆性特征的研究在多个产业领域取得重大突破，如新材料、新能源、人工智能、机器学习、生物工程、3D打印等。这些划时代的技术进步，不仅促进已有产业的迅猛发展和升级，还培育出了众多的全新产业，而且广泛应用于其他相关产业领域，带动全社会的大发展。

例如，新材料技术的突破，带动了化工、机械、电子、航空、医疗、能源、建筑等产业发展；大数据应用技术的突破，带来了制造、零售、健康、金融、教育、农业等产业的历史性变革。人们面对的是全新的和不断变化发展的职业、家庭和社会生活，若要与之适应，人们就必须用新的知识、技能和观念来武装自己。因此，工程师需要具备终身学习的能力，在工程实践中不断更新知识，及时掌握新技术及新技能，才能适应工程技术发展的需要。

终身学习强调人的一生必须不间断地接受教育和学习，以不断地更新知识，保持应变能力，其理念符合时代、社会及个人的需求。国际21世纪教育委员会在向联合国教科文组织提交的报告中指出："终身学习是21世纪人的通行证。"终身学习又特指"学会求知，学会做事，学会共处，学会做人。许多国家在制定本国的教育方针、政策或是构建国民教育体系的框架时，均以终身学习的理念为依据，以终身学习提出的各项基本原则为基点，并以实现这些原则为主要目标。

3.2.4 提高职业能力

任何一个职业岗位都有相应的职责要求，一定的职业能力则是胜任某种职业岗位的必要条件。职业能力主要包含以下三方面基本要素：

1）为了胜任一种具体职业而必须要具备的专业能力，表现为任职资格。
2）在步入职场之后表现的职业素质，例如团队合作、交流表达、心理承受能力等。
3）开始职业生涯之后具备的职业生涯管理能力。

例如：一位教师只具有语言表达能力是不够的，还必须具有教学手段和方法运用的能力，对教学的组织和管理能力，对教材的理解和使用能力，对教学问题和教学效果的分析、判断能力，总结并持续改进教学的能力等。家国情怀、教育情怀、学生情怀融为一体，能对学生进行有效积极的教育。这才是一个老师的职业能力。

职业能力是在实践的基础上得到发展和提高的，一个人长期从事某一专业劳动，能促使人的能力向高度专业化发展和提高。个人职业能力除了在实践中磨炼和提高之外，另一个有效的途径就是在后来的职业生涯中继续学习和接受培训，积累工程职业经验并提升工程职业能力。

职业能力是人发展和创造的基础，是成功地完成某种任务或胜任岗位工作的必不可少的基本因素。没有能力或能力低下，就难以达到工作岗位的要求，不能胜任。个体的职业能力越强，各种能力越是综合发展，就越能促进人在职业活动中的创造和发展，就越能取得较好的工作绩效和业绩，越能给个人带来职业成就感。

3.3 工程职业素养

3.3.1 工程师的职业素养

素养就是在遗传因素的基础上，受后天环境、教育的影响，通过个体自身的体验认识和实践磨炼，形成比较稳定的、内在的、长期发生作用的基本品质结构，包括人的思想、道德、知识、能力、心理、体格等。

职业素养是人类在社会活动中需要遵守的行为规范。个体行为的总和构成了自身的职业素养，职业素养是内涵，个体行为是外在表象。职业素养包含职业道德、职业信念、职业技能、职业规范等方面的内容。

1. 职业道德

良好的职业素养是每一个优秀工程师必备的素质，良好的职业道德是每一个工程师都必须具备的基本品质，这两点是企业对工程师最基本的规范和要求。良好的职业道德主要应包括以下几方面的内容：忠于职守、乐于奉献，实事求是、不弄虚作假，依法行事、严守秘密，公正透明、服务社会等。

2. 职业信念

职业信念是职业素养的核心。一个人只要拥有强有力的职业信念，就拥有了百折不挠的心理根基，就可以从容应对事业中的许多不测风云。优秀工程师必备的职业信念应该包括：

爱岗、敬业、忠诚、奉献、正面、乐观、用心、开放、合作、坚强等。

3. 职业技能

职业技能是做好一个职业应该具备的专业技术和能力。俗话说"三百六十行，行行出状元"。没有过硬的专业知识，没有精湛的职业技能，就无法把一件事情做好，更不可能成为"状元"。职业技能在不同的工程专业领域有不同的具体要求，但现代工程领域大多要求工程师必备的职业技能包括：获取知识、应用知识、问题分析、设计解决方案、设计实验、分析数据、创新、使用现代工具等能力。由于现代科技的发展，对职业技能的要求也越来越高，工程师要不断关注行业的发展动态及未来的趋势走向，具备终身学习的能力，及时掌握新技术及新技能，才能适应现代工程技术的发展要求。

4. 职业规范

职业规范就是在职场上通过长时间地学习、改变而最后变成习惯的一种职场综合素质。工程师不仅要掌握职业技能，还要遵守工程行为规范。在现代工程活动中，工程师扮演着极其重要的角色，所具有的影响力也越来越大，这必然要求工程师在工程活动中承担更大的责任。工程师不但要遵守法律责任的显性约束，更要遵守伦理责任的隐性约束。伴随着工程活动中出现的"豆腐渣工程"或"问题工程"，让全社会感受到了其中所表现出来的工程师伦理责任的丧失和职业道德的败坏。因此，加强对工程师的伦理责任教育势在必行。

> **案例 3-6** 綦江彩虹桥垮塌。1999年1月4日，30余名群众正行走于彩虹桥上，另有22名驻綦武警战士进行训练，由西向东列队跑步至桥上约2/3处时，整座大桥突然垮塌，桥上群众和武警战士全部坠入綦江中，经奋力抢救，14人生还，40人遇难死亡。重庆綦江彩虹桥整体倒塌如图3-8所示。
>
> 图 3-8 重庆綦江彩虹桥整体倒塌
>
> **直接原因**：主拱钢绞线锁锚方法错误，不能保证钢绞线有效锁定及均匀受力，锚头部位的钢绞线出现部分或全部滑出，使吊杆钢绞线锚固失效；主拱钢管在工厂加工中，对接焊缝普遍存在裂纹、未焊透、未熔合、气孔、夹渣等严重缺陷，质量达不到施工及验收规范规定的标准；主钢管内混凝土强度未达设计要求，局部有漏灌现象；吊杆的灌浆防护也存在严重质量问题；设计粗糙，随意更改，施工中对主拱钢结构的材质、焊接质量等无明确要求，构造也有不当之处。
>
> 检察院以涉嫌重大安全事故罪对桥梁总设计师赵国勋等17人提起了公诉。

3.3.2 优秀工程师的素质

科学技术的飞速发展，使现代工程出现大量新的特点，工程设计方案的选择和实施，往往要受到社会、经济、技术设施、法律、公众等多种因素的制约。作为工程师，解决现代工程技术问题，不仅要具备扎实的理论基础知识，而且要及时掌握工程技术信息，不断提高自身的工程素养，广泛汲取各类知识，掌握多种技术能力，健全知识结构，以满足现代社会提出的要求。要成为优秀的工程师，需要具备以下素质。

1. 专业能力

应具有扎实的理论基础知识和专业知识，通过文献研究，能对所从事工作（设计、生产、服务）的结构、功能、工艺、材料等方面的复杂工程问题进行分析，设计解决方案，设计满足特定需求的系统、部件或工艺流程，并能够在设计环节中体现创新意识，考虑社会、健康、安全、法律、文化以及环境等因素。

2. 实践能力

基于科学原理并采用科学方法对复杂工程问题进行研究，包括设计实验、分析与解释数据，并通过信息综合得到有效结论。要在实践中发现、发明、创造，能够用跨学科知识和所掌握的理论综合分析，解决前人没有解决的工程问题。

3. 观察能力

观察力是指大脑对事物的观察能力，如通过观察发现新奇的事物等，在观察过程中对观察的事物有一个新的认识，善于发现人们习以为常的事物中的缺陷或不足，从而加以改善。具有敏锐的观察力，即发现问题的能力。观察力具有目的性、条理性、理解性、敏锐性、准确性等特点，观察力可以使一个人变得更加睿智、严谨，发现许多人不能发现的东西。

4. 系统思维能力

工程师要立足整体，把想要达到的结果、实现该结果的过程、过程优化以及对未来的影响等一系列问题作为一个整体系统，依据科学方法、逻辑推理进行研究和决策。系统思维方式具有整体性、结构性、立体性、动态性、综合性等特点。整体性是系统思维方式的核心，无论干什么事都要立足整体，从整体与部分、整体与环境的相互作用过程来认识和把握整体。另外，客观事物是多方面相互联系、发展变化的有机整体，要从系统的结构去认识系统的整体功能，既注意进行纵向比较，又注意进行横向比较，把事物的发展放在多种可能、多种方向、多种方法和多种途径的选择上，从整体上综合把握对象、分析问题、解决问题。

案例 3-7 手机电池爆炸事件。某公司 Note7 手机于 2016 年 8 月 19 日开始在美国、韩国等 10 余个国家发售。然而，Note7 手机在全球销售不到 10 天的时间内，却接连收到 35 位用户反映手机充电发热、起火甚至爆炸等问题。截至该年 9 月底，Note7 发生了 90 多起有关电池的事故，包括手机在飞机上冒烟、手机爆炸炸毁了一辆 SUV 车等。

美国保险商实验室、Exponent 实验室以及德国莱茵 TUV 集团等第三方机构对 Note7 事件可能的原因展开调查，Note7 燃损的原因在于电池。某公司为了追求创新与卓越的设计，就 Note7 电池设置了规格和标准，而这种电池在设计与制造过程中存在的问题，未能在 Note7 发布之前发现和证实。

> 2016年10月11日，在经历了电池爆炸起火事件后，该公司决定永久停止生产和销售Note7手机。
> 电池给手机提供电能，手机电池设计影响因素多，包括：电池容量、体积、大小、结构、环境温度、电池膨胀、保护电路、制作工艺等，结合手机性能要求，要从整体上综合地进行电池设计。

5. 终身学习能力

为适应社会发展和实现个体发展的需要，必须不间断地接受教育和学习，以不断地更新知识，保持应变能力。终身学习能使我们克服工作中的困难，解决工作中的新问题；能满足我们生存和发展的需要；能使我们得到更大的发展空间，更好地实现自身价值；能充实我们的精神生活，不断提高生活品质。

6. 沟通能力

工程项目的成功都是团队合作的结果。工程师的职业工作不仅需要专业知识和技能，而且越来越需要与他人沟通的能力。沟通能力是一个人生存与发展的必备能力，也是决定一个人成功的必要条件。沟通能力强，不仅能够更容易地理解别人，同时增加别人理解自己的可能性，减少沟通成本，让工作能更加有效地推进。

7. 管理能力

大部分工程项目都是极其复杂的，涉及项目组织、项目时间、项目质量、项目经费、人力资源、项目采购、项目风险等各方面工作，都是在工程师的组织安排下进行的，因此，作为工程师必须具有良好的组织能力，才能安排好建造的进度和质量，并保证工期和成本不超过工程预算。

8. 严谨的作风

由于工程项目的复杂性，工程在决策、规划、设计、建造、使用等各个环节往往存在一些难以预测的不确定性因素。俗话说细节决定成败，因此，增强工程师的责任感和使命感，提高工程师的基本职业素养，培养做事规范、严谨细致、认真负责、精益求精的工作作风，是工程项目顺利完成的技术保障。

9. 优秀的品格

为了完成工程项目，工程师需要与项目其他成员共同合作，做到坦诚而不轻率，谨慎而不拘泥，活泼而不轻浮，豪爽而不粗俗，尊重他人，勇于担责，善待他人，帮助他人，常怀感恩之心，心理健康，可以和其他同事融洽相处，提高自己团队作战的能力。

10. 敬业的精神

热爱自己从事的事业，愿意为自己所从事的工作献身，认真踏实、忠于职守、尽职尽责、精益求精、善始善终等是工程师职业道德的内在要求，是工程师应该具备的崇高精神。

> **案例 3-8** 载人航天精神。实施载人航天工程以来，我国航天工作者牢记使命，不负重托，培育和发扬了特别能吃苦、特别能战斗、特别能攻关、特别能奉献的载人航天精神，也成为民族精神的宝贵财富，激励一代代航天人不忘初心、继续前行。载人

> 航天精神的基本内涵：热爱祖国、为国争光的坚定信念；勇于登攀、敢于超越的进取意识；科学求实、严肃认真的工作作风；同舟共济、团结协作的大局观念；淡泊名利、默默奉献的崇高品质。
>
> 伟大的事业孕育伟大的精神，伟大的精神推动伟大的事业。大力弘扬载人航天精神，对于积极推进中国特色军事变革、实现强军目标，对于全面建成小康社会、实现中华民族伟大复兴的强国梦，具有十分重要的意义。

3.4 工程职业道德

工程师在所从事的职业领域内会遇到各种各样的伦理问题，而工程师对客户或雇主存在道德义务，因此，工程师对所遇到的伦理问题要有正确的认识，做出正确的分析，并能够正确地处理。

职业道德，就是同人们的职业活动紧密联系的符合职业特点所要求的道德准则、道德情操与道德品质的总和，它既是对本职人员在职业活动中的行为标准和要求，同时又是职业对社会所负的道德责任与义务。

3.4.1 社会主义职业道德

《中共中央关于加强社会主义精神文明建设若干重要问题的决议》规定了今天各行各业都应共同遵守的职业道德的五项基本规范，即"爱岗敬业、诚实守信、办事公道、服务群众、奉献社会"。其中，为人民服务是社会主义职业道德的核心规范，它是贯穿于全社会共同的职业道德之中的基本精神。社会主义职业道德的基本原则是集体主义，因为集体主义贯穿于社会主义职业道德规范的始终，是正确处理国家、集体、个人关系的最根本的准则，也是衡量个人职业行为和职业品质的基本准则，是社会主义社会的客观要求，是社会主义职业活动获得成功的保证。

1. 爱岗敬业

爱岗敬业是社会主义职业道德最基本的要求。爱岗敬业作为最基本的职业道德规范，是对人们工作态度的一种普遍要求。爱岗敬业也是社会公德中最重要的要求。

爱岗就是热爱自己的工作岗位，热爱本职工作；敬业就是要用一种恭敬严肃的态度对待自己的工作，即对自己的工作要专心、认真、负责任。要达到爱岗敬业的职业道德要求，就需要做到以下几点：

1）要有献身事业的思想意识。

2）要培养干一行、爱一行的精神。只有干一行、爱一行，才能认认真真"钻一行"，才能专心致志搞好工作，出成绩、出效益。

3）要贯穿工作的每一天。提倡爱岗敬业，并非说一个人一辈子只能在某一个岗位上。然而无论他在什么岗位，只要在岗一天，就应当认真负责地工作一天。岗位、职业可能有多次变动，但工作的态度始终都应当勤勤恳恳、尽职尽责。

> **案例 3-9** 劳动模范。袁隆平、钟南山、王进喜、邓稼先、程开甲、彭士禄、张定宇、张秉贵、吴运铎、赵占魁、王崇伦、时传祥、郭明义、贾立群、孙泽洲……他们来自不同行业领域,在平凡中创造非凡;一个个熠熠生辉的名字,烛照民族复兴伟大征程,他们铸就的精神,是我们极为富贵的精神财富。科研、工厂、医院、乡间、社区,在神州大地的每一个角落,广大劳动模范与亿万劳动者一起,胼手胝足、挥汗如雨地辛勤劳作,托举起一个充满活力的中国。两位劳动模范如图 3-9 所示。
>
> 图 3-9 劳动模范
> a)袁隆平 b)王进喜

2. 诚实守信

诚实守信是做人的基本准则,是一个人能在社会生活中安身立命的根本,也是社会道德和职业道德的一个基本规范。诚实守信也是一个企业、事业单位行为的基本准则。

诚实是人的一种品质。这种品质最显著的特点是表里如一,说老实话、办老实事、做老实人。诚实守信也是社会主义公民的职业道德之一,每一位公民、每个企业家、每个经营者都要遵守这一基本准则。守信就是信守诺言,讲信誉、重信用,忠实履行自己应承担的义务,其中"信"字也是诚实不欺的意思。诚实守信是各行各业的行为准则,也是做人做事的基本准则,是社会主义最基本的道德规范之一。

诚实守信四个字,说起来容易,做起来不易。首先在经营活动中仍存在大量"不诚不信"的现象,一些人在私利的驱动下,缺斤少两、坑蒙拐骗、偷工减料、假冒伪劣、不讲信誉、不履行合同,坑害消费者,这实际是一种不公平的竞争。"不守信"也存在于其他领域,如有些干部有意夸大成绩,缩小问题(或者是有意夸大问题,缩小成绩),总而言之是不实事求是。有的人不注重"守信",说话往往言而无信,出尔反尔;开会或赴约,总是迟到,不能遵守时间,这样的人就不具有"守信"的美德。

3. 办事公道

办事公道是指对于人和事的一种态度,也是千百年来人们所称道的职业道德。它要求人们待人处世要公正、公平。办事公道是很多行业、岗位必须遵守的职业道德,以国家法律、法规、各种纪律、规章以及公共道德准则为标准,秉公办事,公平、公正地处理问题。其主要内容有:

1)秉公执法,不徇私情,坚持法律面前人人平等的原则,正确处理执法中的各种问题。

2）在体育比赛和劳动竞赛的裁决中，提倡公平竞争，不偏袒、无私心，做出公平、公正的裁决。

3）在政府公务活动中对群众一视同仁，不论职位高低、关系亲疏，一律以同样态度热情服务，一律照章办事，不搞拉关系、走后门那一套。

4）在服务行业的工作中做到诚信无欺、买卖公平，称平尺足，不以劣充优、以次充好。同时，对顾客一视同仁，不以貌取人，不以年龄取人。

4. 服务群众

服务群众就是为人民群众服务，是社会全体从业者通过互相服务，促进社会发展、实现共同幸福。服务群众是一种现实的生活方式，也是职业道德要求的一个基本内容。服务群众是社会主义职业道德的核心，它是贯穿于社会共同职业道德之中的基本精神。其主要内容包括以下几项：

1）树立全心全意为人民服务的思想，热爱本职工作，甘当人民的勤务员。

2）文明待客，对群众热情和蔼，服务周到，说话和气，急群众之所急，想群众之所想，帮群众之所需。

3）廉洁奉公，不利用职务之便谋取私利，坚决抵制拉关系走后门等不正之风。

4）对群众一视同仁，不以貌取人，不分年龄大小，不论职位高低，都以同样态度热情服务。

5）自觉接受群众监督，欢迎群众批评，有错即改，不护短、不包庇，不断提高服务水平。

5. 奉献社会

奉献社会就是积极自觉地为社会做贡献，这是社会主义职业道德的本质特征。奉献社会自始至终体现在爱岗敬业、诚实守信、办事公道和服务群众的各种要求之中。每个公民无论在什么行业，什么岗位，从事什么工作，只要他爱岗敬业，努力工作，就是在为社会做出贡献。奉献社会并不意味着不要个人的正当利益，不要个人的幸福。恰恰相反，一个自觉奉献社会的人，他才真正找到了个人幸福的支撑点。奉献和个人利益是辩证统一的。奉献社会职业道德的突出特征如下：

1）自觉自愿地为他人、为社会贡献力量，完全为了增进公共福利而积极劳动。

2）有热心为社会服务的责任感，充分发挥主动性、创造性，竭尽全力为社会做贡献。

3）不计报酬，完全出于自觉精神和奉献意识。在社会主义精神文明建设中，要大力提倡和发扬奉献社会的职业道德。

案例 3-10 扶贫书记黄文秀（1989年4月18日—2019年6月17日）。黄文秀，女，壮族，中共党员，出生于广西壮族自治区百色市田阳区巴别乡德爱村多柳屯。2016年，黄文秀从北京师范大学硕士研究生毕业后，自愿回到百色革命老区工作，主动请缨到贫困村担任驻村第一书记。

她从大山中走来，是党的扶贫政策让她家易地搬迁、摆脱了贫困；她向大山中奔去，放弃大城市的工作机会，把扶贫路当作"心中的长征"。在服务百坭村的日子里，黄文秀用两个月访遍全部贫困户，帮助村民发展杉木、砂糖橘等扶贫产业，以真抓实干的作风赢得村民信任；她全身心扑在扶贫事业上，整天在城乡、村屯间穿梭，用真情奉献与群众打成一片（如图3-10所示）；她带领百坭村88户贫困户实现脱贫，以使命担当兑现着"不获全胜，决不收兵"的驻村诺言……黄文秀的奋斗拼搏，展现了共产党人的政治本色，绽放了为民造福的青春光华。

2019年6月17日凌晨，黄文秀同志在突发山洪中不幸遇难，献出了年仅30岁的宝贵生命，用青春书写了饮水思源的情怀，标注着第一书记的责任担当。黄文秀同志被追授"全国三八红旗手""全国脱贫攻坚模范"等称号。

图 3-10 倾情投入脱贫攻坚第一线的黄文秀

3.4.2 工程师的职业道德

工程职业道德是所有工程师必须遵循的一系列道德标准，它是对大众道德标准的一个延伸。在国际上，职业道德标准已具有很长的历史，工程师和医生、教师、法官、律师等职业一样，是最需要职业道德的几个行业之一。工程职业道德包括以下几方面基本准则。

1. 把公众的安全、健康和福祉摆在最优先的位置

工程师作为工程活动的设计者、实施者、管理者和监督者，他们具有专业技术知识，了解更多的具体情况，可以清楚地预见工程活动是否侵犯公众利益，工程活动对公众安全、健康以及生态环境具有怎样的影响。也就是说，工程师比其他人更能准确而全面地预见科学技术应用的前景，他们有责任去思考、预测、评估科学技术给工程带来的可能的社会后果，因而理应承担更大的责任。因此，工程师不能只具有消极被动的责任意识，更应当具有"预防性的责任"或"前瞻性的责任"意识，不仅要对当下自己的行为负责，而且要对未来负责，以一种事先责任的精神，把公众的安全、健康和福祉放在首位。

2. 只在力所能及的范围内提供专业服务

工程师的职业性质决定了工程师所从事工作具有专业性，工程师应该了解自身专业能力和职业范围，在工程活动中把公众的安全、健康和福祉摆在最优先的位置，拒绝接受个人能力不及或非专业领域的业务。人们期待工程师能产生对社会有价值的产品以及服务，并赋予工程师以权威、责任及信任。因此，工程师在工程设计、实施和运行中，应根据自己的专业技术知识和经验，充分考虑各种制约因素，严格按照工程规范、技术标准和伦理原则进行工作，采取有效的保护措施，以保证产品的质量和安全性能。

3. 诚信和保密

在工程活动中，诚信包括诚实、正直、严谨，是基本的行为规范，也是工程师以及各类专业人员所必须具备的一种基本道德素养。工程师应该以自己可靠、道德及合法的行为增强本职业的尊严、地位和荣誉。例如，美国国家职业工程师协会的《工程师伦理章程》要求工程师"只可参与诚实的事业"，提出"工程师提供的服务必须诚实、公平和平等，仅以客观的和诚实的方式发表公开声明，作为忠实的代理人和受委托人为雇主和客户服务和避免发生欺骗性的行为"，在实践规则部分还给出了更为详细的职业行为原则。

工程活动是人类利用各种要素的人工造物活动，涉及科学、技术、经济、管理、社会、文化、环境等众多要素的集成、选择和优化。工程师作为工程活动的主体，为了保证工程的质量和安全，在设计、建造、监督和使用等各个环节承担了更大的责任。诚实、正直、严谨是工程师必备的优良品格，在分工日益精细化和越来越知识化、专业化的现代社会，诚信成为工程活动的一个基本伦理要求。

诚实的工程师不能篡改和捏造数据，不能抄袭他人的研究成果，不能侵犯他人的知识产权、仿造他人的产品。工程师应当努力找出事实，而不仅仅是避免不诚实。

> **案例 3-11** 汉芯造假事件。2003 年 2 月某高校微电子学院院长陈某发明的"汉芯一号"造假，并借助"汉芯一号"，申请了数十个科研项目，骗取了高达上亿元的科研基金。
>
> **调查结论**：陈某在负责研制"汉芯"系列芯片过程中存在严重的造假和欺骗行为，以虚假科研成果欺骗了鉴定专家、高校、研究团队、地方政府和中央有关部委，欺骗了媒体和公众。陈某负责的汉芯团队所研制的"汉芯一号"，是一款 208 只管脚封装的数字信号处理器（DSP）芯片，由于其结构简单，不能单独实现指纹识别和 MP3 播放等复杂演示功能。为了在某新闻发布会上能够达到所需的宣传效果，陈某等预先安排在"汉芯一号"演示系统中使用了印有"汉芯"标识、具有 144 只管脚的芯片，而不是提供鉴定的 208 只管脚的"汉芯一号"芯片。调查表明，汉芯公司并没有研制出任何 144 只管脚的芯片，存在造假欺骗行为。
>
> 根据专家调查组的调查结论，科技部决定终止陈某负责的科研项目的执行，追缴相关经费，取消陈某以后承担国家科技计划课题的资格；教育部决定取消其享受政府特殊津贴的资格，追缴相应拨款。

工程师在工作中很可能获得关于雇主或客户的机密信息，工程师有为雇主或客户保守秘密的责任。工程师在没有得到雇主或客户授权的情况下，不得泄露雇主或客户的机密信息。但是，当遵守保密性原则可能对公众安全、健康和福祉造成影响时，工程师可以不受此原则约束，甚至可以举报。

4. 举报与忠诚

在现代经济和社会制度下，工程师大多受雇于企业，这就决定了工程师要用专业知识和技能给企业带来有价值的产品，因此，对雇主忠诚是工程师的一个重要职业道德准则。

但是，工程师作为专业技术人员，不但要忠诚于雇主或管理者，还必须坚持其首要的职业道德准则，即致力于保护公众的安全、健康和福祉。因此，工程师具有"双重的忠诚"，而这两种要求并非总是一致，相反，它们常常可能发生冲突。工程师和管理者的职业分工不同,尽管他们都追求可行性、效率、节约能源等,但两者也有很大的不同:管理者更关注营利性、市场可行性、时机、投资等商业价值,而工程师更关注技术可行性、技术方案完整性、安全性、质量、功能和运行状况等工程价值。

工程师对雇主忠诚并不意味着必须放弃对工程的技术标准和职业道德准则的独立判断。当冲突发生时,工程师应该以建设性、合作的方式去解决问题。但是,在事关公众安全、健康和福祉的重大原则问题上,工程师应当用自己的专业知识承担起对社会的责任和义务,坚持真理、客观公正,保护公众利益,甚至举报揭露违反法律、直接危害公众利益的问题。

5. 利益冲突

工程活动是在社会多种合力的驱动下进行的,涉及公司、工程师群体、社会公众、政府甚至社会组织等,当受雇主或客户委托的工程师进行职业判断时,由于其受到不同利益因素的困扰,在权衡公司、公众以及自身利益时,会面临抉择的困境,这种抉择困境构成了利益冲突。

首先,公司与社会公众之间会产生利益冲突。作为营利性的组织,公司做出的决策所遵循的都是利益最大化原则,而当公司的这种实现自身利益的活动影响到社会公众利益(即安全、健康与福祉)时,就会产生公司与社会公众之间的利益冲突。

其次,工程师与公司之间的利益冲突有两种情形:其一,面对雇主或客户提出的违背工程师职业伦理的要求,工程师是坚持己见,与雇主或客户进行抗争,还是屈服于雇主或客户的要求,放弃社会公众的利益;其二,外部私人利益影响到工程师的职业判断,使工程师的行为不利于公司的利益。

再次,工程师个体与社会公众之间的利益冲突也有两种情形:其一,当工程师面对公共利益与私人利益的抉择时,可能会发生利益冲突;其二,当公司利益与公共利益发生冲突时,作为公司雇员的工程师也可能会面对利益冲突。

工程师应对可能发生的利益冲突通常采取的方式有回避与披露。回避就是放弃产生冲突的利益因素。通过回避的方法来处理利益冲突总是有代价的,总会有个人利益的损失。而披露能够避免欺骗,给那些依赖于工程师判断的当事方知情的机会,重新进行选择。但披露的方法并没有完全解决利益冲突,而仅仅是避免了对信任的背叛,并为其他当事方提供了新的机会。

阅读材料

【阅读材料 3-1】

工程史上的水门事件

芝加哥 M 公司是一家生产蒸汽锅炉的垄断性大公司,它有一个被广泛使用的燃料自动切断装置,其主体是一个漂浮球,在锅炉水位降低到规定水位时,会自动切断燃料供应,防止锅炉干烧和爆炸。

纽约的小公司 H 公司发明了一个新型的燃料切断装置,其主体是一个固定安装的探针,针对蒸汽锅炉内因沸腾冒泡而上下起伏的水位,探针虽然会时常被浸没,但它会做一个延时判断，在整体水位够的情况下，不会过早或反复切断燃料供应。

1971年年初，H公司的新型装置得到了布鲁克林燃气公司的订单，而这家公司一直是M公司的大客户。为此，M公司销售副总裁米切尔和技术副总裁詹姆士商议了好多次，想到了技术上赢H公司的方法。詹姆士是拥有20多年会龄的美国机械工程师协会（ASME）老会员，并且曾经负责起草了该协会热锅炉方面的技术标准。而此时，ASME下属的热锅炉委员会主席哈丁正是詹姆士的老朋友。哈丁是哈特福德蒸汽锅炉监测和担保公司执行副总裁，该公司受国际电话电报公司控股，而国际电话电报公司又在这一年里收购了M公司股份。所以，哈丁和詹姆士两人除了友情外，还同属于另一个利益组织。在这些情况下，詹姆士找来了哈丁。

1971年3月下旬的一天，哈丁主席亲自来到M公司的办公室商谈此事，并且与詹姆士和M公司最高总裁共用了晚餐。期间，詹姆士当着最高总裁的面询问了哈丁对于热锅炉技术标准中HG-605a段落的看法，这一段标准正是针对低水位燃料自动切断装置的。哈丁回答说他相信应该立即切断燃料，不允许有延时装置。这次会餐后，詹姆士起草了咨询ASME相关技术标准的询问信发给哈丁，哈丁加入了一些修改意见，最后签上了销售副总裁米切尔的署名寄出去。这封信要求ASME确定两件事：第一，要求协会承认锅炉水位一旦低于可视水位玻璃管的规定水位，就要立即切断，不得延时；第二，要求协会承认，可视水位玻璃管的安装位置不宜改动（玻璃管的安装位置是可以上下调整的，询问信认为这种改装的做法同样会违反ASME技术标准，是不安全、不可靠的。这就使得H公司新技术即使通过改装水位玻璃管去符合ASME标准，也是无用的）。

ASME秘书霍伊特收到了信件，按惯例转给了哈丁。哈丁将准备好的回复信寄给M公司，完成了事先的约定，并且他的回信没有指名道姓地说H公司的新技术是危险的，如果那样做了，就变成一个明显的干涉事件了。这一回复咨询的行动，哈丁并没有向所属热锅炉委员会报告，他之所以有权这样做，又因为在ASME里，做非正式交流是允许不报告的。该协会有400多套各类技术标准，每年收到的咨询要求有上万条之多，与H公司新技术相关的"锅炉和压力容器技术标准"文件，也有18000多页。哈丁这样做，表面看是合乎程序的。

然而，ASME的权威性、强影响力又是不容置疑的，协会400多个技术标准体系，尽管都是建议、咨询性质的，但实际上却具有一种强影响力，因为它们与联邦法律的注释、大多数州的法律，还有主要大城市的法令，甚至与相邻的加拿大各省的法律都是有一体性的。销售副总裁米切尔相信，只要ASME协会对H公司的新技术有一丁点的安全怀疑，M公司就能轻松保护好原有的市场份额。

事情果然如此，信件起效后，M公司获得了"胜利"，米切尔还在公司内部印发了小册子，把这件事作为销售战略成功的案例，向员工宣传。而H公司却被蒙在鼓里，直到隔年年初才从一个前客户处得知此事。随后，他们向ASME要求得到一份咨询信的复印件，协会提供了，但以信誉原则为由，隐去了M公司和米切尔的署名。

在很短时间里，H公司写了长达9页的申诉材料寄给ASME，恳请它收回成命。这次秘书霍伊特将信转给了热锅炉协会的新任主席，而此时的新主席竟然正是詹姆士本人（在任中的M公司技术副总裁）。事隔1年不到，詹姆士已经代替老友哈丁，成了新主席。在他的主持下，热锅炉委员会进行了一次投票，结果是维持原来的解释。并且，整个热锅炉委员会成员还一致同意发给H公司一份正式的、加强的解释信。1972年6月9日,一封加强1971年4月29日非正式回函的解释信发出了。起草这封信的过程中,詹姆士执行了一次回避程序,但事实上他后来也承认"应起草委员会之邀",自己的确帮助起草了此信的一个关键性语句。

至此,H公司确信无法从ASME得到帮助了,并且关于H公司新技术的安全性问题依旧受到怀疑。事情就这样拖了两年,直到新闻媒体介入。

1974年7月9日的"华尔街日报"报道了这次事件,文中不客气地写道:"一个工业领域中的垄断性大企业与它所属的专业协会紧密联系在一起,后者成了大企业的看门狗。"当时报纸揭露的不正常关系仅指詹姆士身兼两职的人事关系,但已是影响巨大,引起了ASME内部的骚动,高层人士纷纷表态,还就詹姆士的行为展开一系列内部调查。然而一番自查下来,发现该协会的章程对于詹姆士是很仁慈的,好像什么都可以说得通,好些协会人士还公开站出来为詹姆士辩护。

直到1975年,没有内部调查的判定结果出来,H公司才走上法庭。这桩诉讼中三个被告分别是ASME、M公司及ASME原主席哈丁所在的哈特福德蒸汽锅炉监测和担保公司。其中后两家被告都与原告达成了庭外和解,分别赔款75万美元和7.5万美元,而ASME认为自己没有从中获利,认为事属成员个人过失,协会不应负责,结果应诉于法庭失败,赔偿额高达750万美元,最终降到475万美元,是其年预算的3/4。

2006年翻译出版的《工程伦理概念与案例》一书对此事件有初步介绍,但把H公司误当成了一家锅炉生产商,而事实上两家公司当时竞争的只是一种小小的燃料切断装置。H公司至今仍存在着,在生产开关、控制器类产品,他们的中国代理商在深圳。这一事件之所以获得工程史上的水门事件之名,与M公司过度压制损害小竞争对手的霸道行为,还有事情的阴谋性质是明显相关的。H公司的胜利,好比水门事件中小记者战胜大总统,具有深远的意义。

【阅读材料3-2】

福特平托汽车油箱事件

1971年,福特公司推出一款平托汽车,当时正值石油危机时期,这辆车一问世就以低油耗、低价格迅速占领了市场。可是,与该车型的畅销相伴的是恶性交通事故接二连三地发生,最主要的问题是它的油箱设计有问题:别的车油箱放在后轴承的上面,而平托汽车却是放在下面。这就产生一个问题:一旦发生后车追尾,很容易引发油箱的爆裂,甚至是爆炸。福特平托汽车追尾爆炸如图3-11所示。

图3-11 福特平托汽车追尾爆炸

1972年，13岁的理查德格林乘坐邻居的平托汽车回家，结果汽车被追尾，油箱爆炸，驾车的司机当场死亡，理查德格林严重烧伤面积达90%，鼻子、左耳和大部分左手永久性地失去了，接下来在6年多的时间里，他接受了60多次手术来修补被毁坏的面容。

愤怒的家长把福特公司告上了法庭，原告律师向法庭提供了充足的证据论证平托汽车的设计缺陷，这一点福特公司也没有异议。可是接下来，原告律师出示的证据却震惊了整个陪审团：

"在第一批平托汽车投放之前，福特的两名工程师已经发现了油箱设计缺陷，并建议在油箱内安装防震的保护装置，这将导致每辆车的成本增加11美元。而福特公司经过严密的会计成本收益分析，决定不增加该装置。他们的计算过程如下：假如每年生产1100万辆家用轿车和150万辆卡车，那么增加装置将导致成本增加1亿3750万美元；而假如最多180辆平托车的车主因事故死亡，另外180位被烧伤，2100汽车被烧毁，根据当时的判例，福特公司赔偿每位死者20万美元，每位烧伤者6.7万美元，每辆汽车损失700美元，那么，不安装附加安全设施的前提下，最大可能的支出为4953万美元，比起安装设置花费的1亿3750万美元来讲，公司选择了省钱的做法。"

1978年2月，陪审团要求福特公司赔偿1.25亿美金的新闻占据了各大媒体的头条。原告律师基于上述计算原本提出了1亿美金的赔偿，而陪审团认为，即使给予这一数额的赔偿也不足以表达对福特汽车公司无视消费者生命安全的惩戒，所以他们要求在赔偿总额中再增加2500万美元。尽管最终法官没有采纳陪审团提出的1.25亿美元赔偿，将赔偿额缩减到了350万美元，但在1978年也已经是个天文数字了。事后福特公司上诉被驳回。

1978年，福特公司召回了150万辆平托汽车，并对油箱添加了额定的结构以确保平托汽车不会起火。遗憾的是，这无法挽回消费者对其的信任，3年后，平托汽车永久地退市了。

【阅读材料3-3】

挑战者号航天飞机灾难

事件简介：挑战者号航天飞机于美国东部时间1986年1月28日上午11时39分（格林尼治标准时间16时39分）在美国佛罗里达州的上空发射，如图3-12所示。挑战者号航天飞机升空后，因其右侧固体火箭助推器（SRB）的O型环密封圈失效，毗邻的外部燃料舱在泄漏出的火焰的高温烧灼下结构失效，使高速飞行中的航天飞机在空气阻力的作用下于发射后的第73s解体，机上7名宇航员全部罹难。

这次灾难性事故导致美国的航天飞机飞行计划被冻结了长达32个月之久。在此期间，美国总统罗纳德·里根委派罗杰斯委员会对该事故进行调查。罗杰斯委员会发现，美国国家航空航天局（NASA）的组织文化与决策过程中的缺陷与错误是导致这次事件的关键因素。NASA的管理层事前已经知道承包商莫顿·锡奥科尔公司设计的固体火箭助推器存在潜在的缺陷，但未能提出改进意见。他们也忽视了工程师对于在低温下进行发射的危险性发出的警告，并未能充分地将这些技术隐患报告给他们的上级。

在该事故中遇难的宇航员克丽斯塔·麦考利夫是太空教学计划的第一名成员。她原本准备在太空中向学生授课，因此许多学生观看了挑战者号的发射直播。这次事故的媒体覆盖面非常广，一项研究的民意调查显示，85%的美国人在事故发生后 1h 内已经知晓这次事件的新闻。挑战者号航天飞机灾难也成为此后工程安全教育中的一个常见案例。

图 3-12　挑战者号航天飞机

视频 3-2　挑战者号航天飞机灾难

事件过程：挑战者号最初计划于美国东部时间 1 月 22 日下午 14 时 43 分在佛罗里达州的肯尼迪航天中心发射，但是，由于上一次任务 STS-61-C 的延迟导致发射日推后到 23 日，然后是 24 日。接着又因为塞内加尔达喀尔的"越洋中辍降落"场地（Transoceanic Abort Landing Site）的恶劣天气，发射又推迟到了 25 日。NASA 决定使用达尔贝达作为 TAL 场地，但由于该场地的配备无法应对夜间降落，发射又不得不被改到佛罗里达时间的清晨。而又根据预报，肯尼迪航天中心（KSC）当时的天气情况不宜发射，发射再次推后到美国东部时间 27 日上午 9 时 37 分。由于外部舱门通道的问题，发射再推迟了一天。

天气预报称 28 日的清晨将会非常寒冷，气温接近 31℉（约 -0.5℃），这是允许发射的最低温度。过低的温度让莫顿·锡奥科尔公司的工程师感到担心，该公司是制造与维护航天飞机 SRB 部件的承包商。在 27 日晚间的一次远程会议上，莫顿·锡奥科尔公司的工程师和管理层同来自肯尼迪航天中心和马歇尔航天飞行中心的 NASA 管理层讨论了天气问题。部分工程师，如比较著名的罗杰·博伊斯乔利，再次表达了他们对密封 SRB 部件接缝处的 O 型圈的担心，即低温会导致 O 型圈的橡胶材料失去弹性。他们认为，如果 O 型圈的温度低于 53℉（约 11.7℃），将无法保证它能有效密封住接缝。他们也提出，发射前一天夜间的低温，几乎肯定把 SRB 的温度降到 40℉（约 4.44℃）的警戒温度以下。但是，莫顿·锡奥科尔公司的管理层否决了他们的异议，他们认为发射进程能按日程进行。

由于低温，航天飞机旁矗立的定点通信建筑被大量冰雪覆盖。肯尼迪冰雪小组在红外摄像机中发现，右侧 SRB 部件尾部接缝处的温度仅有 8℉（约 -13℃），从液氧舱通风口吹来的极冷空气降低了接缝处的温度，让该处的温度远低于气温，并远低于 O 型圈的设计承限温度。但这个信息从未传达给决策层。冰雪小组用了一整夜的时间来移除冰雪；同时，航天飞机的最初承包商罗克韦尔国际公司的工程师，也在表达着他们的担心。他们警告说，发射时被震落的冰雪可能会撞上航天飞机，或者会由于 SRB 的排气喷射口引发吸入效应。罗克韦尔国际公司的管理层告诉航天飞机计划的管理人员阿诺德·奥尔德里奇，他们不能完全保证航天飞机能安全地发射，但他们也没能提出一个能强有力的反对发射的建议。讨论的最终结果是，阿诺德·奥尔德里奇决定将发射时间再推迟 1h，以让冰雪小组进行另一项检查。

在最后一项检查完成后，冰雪开始融化时，最终确定挑战者号将在美国东部时间当日上午11时38分发射。

挑战者号航天飞机顺利发射：7s时，飞机翻转。16s时，机身背向地面，机腹朝天完成转变角度。24s时，主发动机推力降至预定功率的94%。42s时，主发动机按计划再减低到预定功率的65%，以避免航天飞机穿过高空湍流区时由于外壳过热而使飞机解体。这时，一切正常，航速已达677m/s，高度8000m。50s时，地面曾有人发现航天飞机右侧固体助推器侧部冒出一丝丝黑烟，这个现象没有引起人们的注意。52s时，地面指挥中心通知指令长斯克比将发动机恢复全速。59s时，高度10000m，主发动机已全速工作，助推器已燃烧了近450t固体燃料。此时，地面控制中心和航天飞机上的计算机上显示的各种数据都未见任何异常。65s时，斯克比向地面报告"主发动机已加大""明白，全速前进"是地面测控中心收听到的最后一句报告。73s时，高度16600m，航天飞机突然闪出一团亮光，外挂燃料箱凌空爆炸，航天飞机被炸得粉碎，与地面的通信猝然中断，监控中心屏幕上的数据陡然全部消失。挑战者号变成了一团大火，两枚失去控制的固体助推火箭脱离火球，成V字形喷着火焰向前飞去，眼看要掉入人口稠密的陆地，航天中心负责安全的军官比林格眼疾手快，在第100s时，通过遥控装置将它们引爆了。

事件调查：挑战者号事故调查委员认为，挑战者号航天飞机失事的原因是右侧固体火箭助推器后连接处的O型密封圈损坏，在火箭发动机燃烧过程中，燃气和火焰从紧邻的外加燃料舱的封缝处喷出，烧穿了外储箱使液氢液氧燃烧并爆炸，造成机毁人亡。

报告中也批评了挑战者号发射的决策过程，认为它存在严重的瑕疵。由于O型密封圈在这之前曾出现了不少问题，所以承包商莫顿·锡奥科尔公司提出书面建议，反对在53°F（约11.7℃）以下发射航天飞机，但该建议被NASA的马歇尔航天中心（负责固体火箭助推器的发射安全）的发射管理局驳回，尽管锡奥科尔公司的工程师们一直坚决反对发射。还有罗克韦尔公司（负责承包助推器的发射后处理和修复再利用）也认为，由于发射台上有冰雪，所以发射是不安全的。报告明确指出，NASA的管理层并不知道莫顿·锡奥科尔公司最初对O型圈在低温下的功能的忧虑，也不了解罗克韦尔国际公司提出的大量冰雪堆积在发射台上会威胁到发射的意见。报告最终总结出："在沟通上的失败导致了51-L的发射决策，是建立在不完善与时常误导的信息上的。冲突存在于工程数据与管理层的看法，以及允许航天飞机管理层忽略掉潜在的飞行安全问题的NASA管理结构之间"。

在挑战者号事故发生之后，NASA也遵从委员会对行政官员的建议，由副行政官员直接重新建立了安全性、可靠性与质量保证办公室，副行政官员将直接向NASA的行政官员报告。

习题与思考题

3-1 工程师和科学家有什么区别？

3-2 为什么工程职业伦理对工程活动影响非常重要？请举例说明。

3-3 结合工程活动的特点，思考为什么在工程实践中会出现伦理问题。

3-4 工程师需要承担什么样的职业责任？

3-5 结合产品生命周期，在产品生命周期的各个阶段工程师都要遵守哪些职业伦理？

3-6 结合第2章环境保护与可持续发展的相关内容，工程师如何担负生态伦理责任？

3-7　如何理解工程师生态伦理责任？它是限制了工程师的行为，还是为工程师提供了制度性保护？请说明理由。

3-8　工程师有哪些基本的职业能力？

3-9　结合你的学习、实习经验，谈谈工程师专业技术能力与其他非专业技术能力的关系。

3-10　现代工程问题日益综合与复杂，工程师需要哪些基本技能？

3-11　如何提高工程师的职业能力？

3-12　工程师需要哪些职业素养？

3-13　优秀工程师需要具备哪些素质？

3-14　查阅相关资料，思考我国在当前发展趋势下，优秀工程师的标准有哪些？

3-15　社会主义职业道德有哪些？

3-16　工程师应具备哪些职业道德？

3-17　工程师如何应对可能发生的利益冲突？

3-18　结合阅读材料 3-1，分析 M 公司违反了哪些职业道德。你若是一名工程师，你将从哪些方面预防和保护自身的合法权益？

3-19　结合阅读材料 3-2，分析遵守工程师职业伦理和履行工程师责任，能够为公司、客户和个人带来什么长远影响和收益。

3-20　结合阅读材料 3-3，分析工程师职业能力和职业素养分别对项目成功的影响。你将如何不断培养自己的职业能力和职业素养？

3-21　假设你研究生毕业后来到一家势头强劲、福利待遇良好的化工企业工作。五年后，由于工作成绩突出，你被提拔为车间主任。最近由于市场变化，你们企业销售额大幅度的下降。一天，企业总经理命令你在夜间把你们车间的污水处理设施停下来，以降低企业成本，你该怎么办？

3-22　A 会计师事务所曾经是世界五大会计师事务所之一，在 B 公司成立之初就为其提供内部审计和咨询服务。2001 年 10 月，美国证券交易委员会对 B 公司的财务丑闻进行调查。A 会计师事务所在调查开始的两周内销毁了数千页有关 B 公司的文件。A 会计师事务所的销毁行为应承担什么职业道德责任？

3-23　2002—2007 年，原告 A 公司与 B 公司共同开发了一种生产"香兰素"的新工艺，该工艺被作为技术秘密保护。A 公司是全球最大的"香兰素"生产商，占据了全球"香兰素"市场约 60%的份额。但在 2010 年，原告前员工傅某伙同案外人冯某窃取了"香兰素"的技术秘密，并透露给 C 集团及其关联企业用于批量生产同类产品。分析傅某、冯某和 C 集团的行为应承担什么样的职业道德责任？

3-24　丹·阿普尔盖特（Dan Applegate）是康维尔公司的一名高级工程师，1972 年他负责一项来自麦道公司的转包合同，为 DC-10 飞机设计和建造货舱门。通常为了安全考虑，舱门都是向内设计，而且门的尺寸略大于门框，麦道公司为了节省货仓空间，把 DC-10 的舱门设计成向外开。当舱门关闭，锁扣就会扣住机身门框的门闩，为了确保舱门关妥，货运人员还需要压下舱门外的门杆，使锁针穿过锁钩上方的凹口。当第一架 DC-10 飞机在生产线上测试时，货舱门爆裂，客舱地板弯曲变形，导致液压管路和电力线路受损。随后，飞机在飞越安大略温索尔的过程中，货舱门脱落，客舱地板再次变形，飞机不得不在底特律紧急降落。

鉴于这些问题，丹·阿普尔盖特给康维尔公司副总裁写了一份备忘录，详细地说明了该设计存在的危险。因为，如果发生事故，则可能要面对经济处罚和诉讼，所以康维尔公司的管理者决定不将这一信息告知麦道公司。丹·阿普尔盖特的备忘录是一个预兆。2 年后，即 1974 年，一架满载的 DC-10 飞机在巴黎奥利机场外坠毁，346 名乘客全部遇难。飞机坠毁的原因，就是丹·阿普尔盖特在他的备忘录中概述的。

试从工程师职业道德角度，分析丹·阿普尔盖特及其主管的行为。

3-25　查阅小保方晴子事件的相关资料，阐述科学和工程中诚信的重要性。

3-26　试从以下几方面分析关于科学欺诈行为的本质及后果：

1）伪造数据的原因有几类？

2）伪造数据的理由中（如果有的话），哪些是合理的（可能为伪造数据进行辩护）？
3）谁可能会受到伪造数据的伤害？只有发生了实际伤害才能证明伪造在伦理上是错误的么？
4）科学家或工程师是否有责任来评估其他科学家或工程师工作的可信度？
5）如果一个科学家或工程师有理由认为另一位科学家或工程师已经伪造了数据，那么他或她应该怎么办？
6）为什么在科学和工程界，研究中的诚信是十分重要的？
7）为什么研究的诚信度对于公众是十分重要的？
8）采取什么措施可以降低研究不端行为发生的可能性？

3-27　查阅花旗银行大厦案例，判别并分析该案例所涉及的工程师职业道德问题。

3-28　凯迪拉克芯片问题。1990年，凯迪拉克两款车型发动机的控制使用了一种新设计的计算机芯片，可以解决打开空调控制系统时动力不足的现象，但同时会导致尾管排出的二氧化碳量超标。空调系统打开时，通常车辆在运行中，而检验排放是否达标的测试是在空调系统关闭时进行，这是当时整个汽车行业进行尾气检测的通常做法。由于所安装的计算机芯片导致凯迪拉克车排放出过量的二氧化碳而受到指控，通用汽车公司于1995年12月同意召回近50万辆新型凯迪拉克车，并支付了约4500万美元的罚款及召回费用。就该芯片所涉及污染问题的产生和解决，通用汽车公司的工程师应负有怎样的责任？

第 4 章　项 目 管 理

工程项目包括决策、规划、设计、建造、监督和使用等各个环节，在工程活动中集成了技术、经济、社会、环境、政治、文化等各种复杂因素，需要对项目的各种资源进行合理的配置，需要对各项工作进行计划、协调和控制，需要所有团队和团队成员共同努力，需要控制项目成本、保持项目进度、保证项目质量等，以确保项目目标的成功实现。因此，工程项目需要进行全方位、全过程的项目管理。

4.1　项目管理的概念、内容和流程

4.1.1　项目管理的概念

项目管理（Project Management）是指运用各种相关技能、方法与工具，为满足或超越项目有关各方对项目的要求与期望，所开展的各种计划、组织、领导、控制等方面的活动。

项目管理是第二次世界大战后期发展起来的重大新管理技术之一，最早起源于美国。有代表性的项目管理技术包括关键路径法（CPM）、计划评审技术（PERT）和甘特图（Gantt Chart）。

CPM 由美国杜邦公司和兰德公司于 1957 年联合研究提出，它假设每项活动的作业时间是确定值，重点在于费用和成本的控制。

PERT 的出现是在 1958 年，由美国海军特种计划局和洛克希德航空公司在规划和研究在核潜艇上发射"北极星"导弹的计划中首先提出。与 CPM 不同的是，PERT 中作业时间是不确定的，是用概率的方法进行估计的估算值，另外它也并不十分关心项目费用和成本，重点在于时间控制。PERT 主要应用于含有大量不确定因素的大规模开发研究项目。

甘特图又叫横道图、条状图（Bar Chart）。它是在第一次世界大战时期发明的，以亨利·L.甘特的名字命名，他制定了一个完整的用条形图表示进度的标志系统。

20 世纪 60 年代，项目管理的应用范围还只是局限于建筑、国防和航天等少数领域，但因为项目管理在美国的阿波罗登月项目中取得巨大成功，由此风靡全球。国际上许多人开始对项目管理产生了浓厚的兴趣，并逐渐形成了两大项目管理的研究体系，其一是以欧洲国家为首的体系——国际项目管理协会（IPMA）；另外是以美国为首的体系——美国项目管理协会（PMI）。他们的工作卓有成效，为推动国际项目管理现代化发挥了积极的作用。

项目管理则分为三大类：工程项目管理、信息项目管理和投资项目管理。

4.1.2　项目管理的内容

在项目的规划和执行过程中，会涉及范围、质量、预算、进度、资源、风险等各种复杂的制约因素，其中任何一个因素发生变化，都可能影响其他因素。例如，提高质量会增加预算，加快工期通常需要提高预算等。因此，为了确保项目成功，需要对项目的各个环节、各

项工作、资源配置等进行计划、组织、协调和控制,并在技术、成本、质量、时间等方面达到预定的目标。项目管理内容主要包括八个方面,如图 4-1 所示。

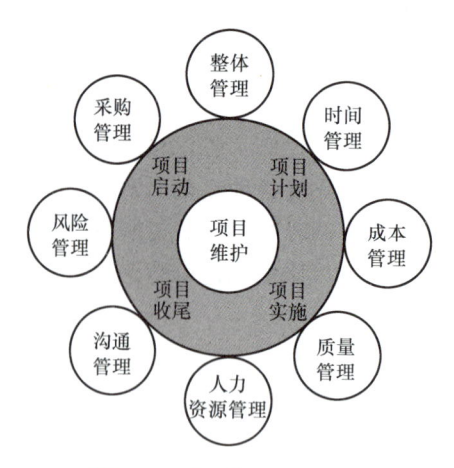

图 4-1　项目管理主要内容

1. 项目整体管理

项目整体管理是为了实现项目的目标,对项目的各项工作有机地协调所展开的综合性和全局性的项目管理过程。它包括整体规划、计划实施、各项工作调整,以及在多个相互冲突的目标和方案之间做出权衡等。

2. 项目时间管理

项目时间管理(Getting Things Done,GTD)是为了确保项目最终按时完成的一系列管理过程。它包括具体活动界定、活动排序、时间估计、进度安排及时间控制等各项工作。很多项目把时间管理引入其中,以大幅提高工作效率。

3. 项目成本管理

项目成本管理是为了保证完成项目的实际成本、费用不超过预算的管理过程。它包括资源的配置,成本、费用的预算以及费用的控制等。

4. 项目质量管理

项目质量管理是为了确保项目达到客户所规定的质量要求所实施的一系列管理过程。它包括质量规划、质量控制和质量保证等。

5. 项目人力资源管理

项目人力资源管理是为了保证所有项目关系人的能力和积极性都得到最有效的发挥和利用所做的一系列管理措施。它包括组织的规划、团队的建设、人员的选聘和项目的班子建设等一系列工作。

6. 项目沟通管理

项目沟通管理是为了确保项目信息的合理收集和传输所需要实施的一系列措施,它包括沟通规划、信息传输和进度报告等。

7. 项目风险管理

项目风险管理涉及项目可能遇到各种不确定因素,并对这些因素采取应对措施,把不利事件的消极后果降到最低程度。它包括风险识别、风险量化、制定对策和风险控制等。

8. 项目采购管理

项目采购管理是为了从项目实施组织之外获得所需资源或服务所采取的一系列管理措施。它包括采购计划、采购与征购、资源的选择以及合同的管理等项目工作。

4.1.3 项目管理的流程

项目先后衔接的各个阶段的全体被称为项目管理流程。项目管理流程一般包括五个部分：项目启动、项目计划、项目实施、项目收尾和项目维护，贯穿项目的整个生命周期。

1. 项目启动

在项目管理过程中，启动阶段是开始一个新项目的过程。项目启动是保证项目成功的第一步，这决定了是否对项目进行投资，项目决策失误可能造成巨大的损失。

项目启动最主要的问题是进行项目可行性研究与分析，需要对项目技术、项目内容、项目成果、资源配置、商业环境、组织运营等进行缜密的论证，甚至涉及健康、安全、环境保护、可持续发展、法律法规等各方面制约，最后得出项目的可行性报告，为项目启动提供支撑理由。

案例 4-1　杭州湾跨海大桥。杭州湾跨海大桥是连接嘉兴市和宁波市的跨海大桥，全长 36km，总投资约 140 亿元。2003 年 6 月 8 日奠基建设，2008 年 5 月 1 日通车运营。杭州湾跨海大桥如图 4-2 所示。

杭州湾跨海大桥项目是我国民营企业与国家联合投资大型基础设施项目的首例，但从经济效益上来看，该项目投资并不成功，主要原因是项目可行性研究出现重大误判。

1) 市场需求不足。2003 年《杭州湾跨海大桥工程可行性研究》预测，2012 年车流量可达 1415.2 万辆，而实际车流量只有 1252.44 万辆，市场需求明显不足。2013 年全年资金缺口达到 8.5 亿元，而作为唯一收入来源的大桥通行费收入全年仅为 6.43 亿元。预期收益高于实际收益。预期收益的误判使得民企决策失误，出现了资金缺口。

2) 收入来源单一，受市场风险影响较大。通行费是大桥的唯一收入来源，如果出现通货膨胀、利率变化等导致民营企业无法及时调整，会影响后续资金的注入。

3) 由于杭州湾施工条件复杂、工程量大、管理难度大，采用常规设计方案和施工方法很难满足工期要求，诸多技术难点使大桥建设及维护的成本大大提高，2003 年该项目可行性研究报告预测总投资 107 亿元，2011 年增加到 136 亿元。

图 4-2　杭州湾跨海大桥　　　　　　　　视频 4-1　杭州湾跨海大桥

2. 项目计划

项目启动之后，需要编制项目阶段的工作目标、分解任务、工作方案、预算成本、进度计划、控制质量、组织人员、采购计划、防范风险及应急措施等。制订项目计划应遵循目的性、系统性、经济性、灵活性、相关性和职能性等原则。

一个科学合理的项目计划，能够消除或减少不确定性，改善经营效率，指导项目团队有序开展工作及为项目监控提供依据，帮助其在时间、成本、质量等方面达到预定目标。

3. 项目实施

项目实施阶段就是按照项目计划开展各项工作，为任务分解、方案选择、项目设计、资金筹集、采购资源、建造等制订实施计划，衔接、协调各方面的工作。在实施阶段中，要向项目成员发布工作内容、工程进度、质量标准等相关内容，对于出现的质量问题、意外情况、计划变更等不可预见因素，要分析原因、采取合适的控制措施，把风险损失降到最低。

4. 项目收尾

项目的收尾过程涉及整个项目的阶段性结束，即项目产品正式验收通过。项目收尾要对本项目有一个全面的总结，撰写项目总结报告，整理项目各阶段产生的文档、项目管理过程中的文档、与项目有关的各种记录等。最后，把项目成果及各种文档资料提交给项目建设单位。

5. 项目维护

在项目收尾阶段结束后，项目将进入后续的维护期。项目投入使用后，经较长时间运转，系统中的软件或硬件有可能出现损坏，这时需要维护工程师对系统进行正常的日常维护。维护期的工作是长久的，一直持续到整个项目的结束。

4.2 组织管理和团队建设

4.2.1 组织管理

项目管理组织是指为了完成某个特定的项目任务而由不同部门、不同专业的人员所组成的一个特别工作组织，通过计划、组织、领导、控制、协调等，对项目的各种资源进行合理配置，以保证项目目标的成功实现。

建立一个完善、高效、灵活的项目管理组织，有利于项目目标的分解与完成，对资源配置进行优化，应付项目环境的变化，有效地满足项目组织成员的各种需求，使其具有凝聚力、组织力和向心力，提高项目团队的工作效率，协调内外关系，以保证项目组织系统正常运转，确保项目管理组织目标的实现。项目管理组织通常有以下几种形式。

1. 职能式组织管理

职能式组织管理是按职能来组织部门分工，即从企业高层到基层，均把承担相同职能的管理业务及其人员组合在一起，设置相应的管理部门和管理职务。例如，现代企业中许多业务活动都需要有专门的知识和能力，通过将专业技能紧密联系的业务活动归类组合到一个单位内部，可以更有效地开发和使用技能，提高工作效率。职能式组织管理结构如图 4-3 所示。

职能式组织管理结构有以下几方面的特点：

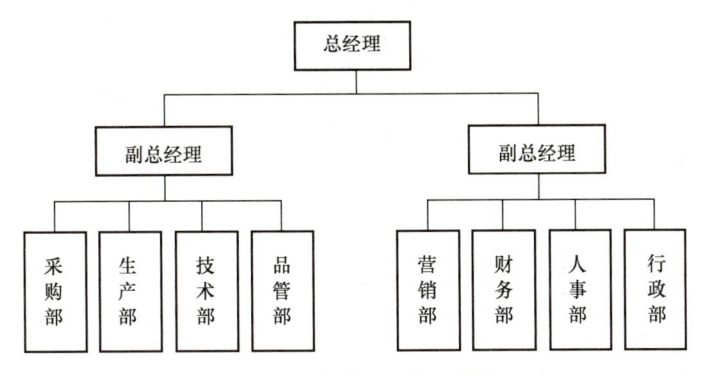

图 4-3 职能式组织管理结构

1）各级管理机构和人员实行高度的专业化分工，各自履行一定的管理职能。

2）由于专业人员属于同一部门，有利于知识和经验的交流，一个项目就能从该部门所存在的一切知识与技术中获得支持，这有助于项目的技术问题获得创造性地解决。另外，专业人员可以从本职部门获得一条顺畅的晋升途径。

3）把项目作为职能部门的一部分，不仅在技术上，在政策、工程、管理等方面，都有利于其连续性的保持。

4）要完成一个复杂的项目，通常要求多个职能部门来共同合作，而各个部门更为注重本领域，整个项目的目标则被忽略了。要进行跨部门的交流与合作，协调会比较困难。

5）由于职能部门各有其日常工作，所以他们优先考虑的往往不是项目和客户的利益，而是项目中那些与职能部门利益直接相关的问题。这样，在其利益范围之外的问题就很有可能被冷落，从而导致项目得不到足够的支持。因此，这种项目组织结构将导致责任的不明确。

职能式组织管理结构实行的条件：企业必须有较高的综合平衡能力，各职能部门按企业综合平衡的结果，为同一个目标进行专业管理。职能式组织管理结构可适用于产品品种比较稳定、生产技术发展变化较慢、外部环境比较稳定的企业，其经营管理结构清晰，部门职能明确，横向协调难度小，对适应性要求较低，能使其功能得到较为充分的发挥。

因此，很多社会化大生产、专业化分工的大中小企业都采用职能式组织管理结构；另外，一般高等学校里也都采用职能型组织结构，行政机关包括学校办公室、教务处、研究生院、财务处、人事处、科研处、宣传处等，而学校的学生隶属于不同的学院、系或研究所等。

2. 项目式组织管理

项目式组织形式是按项目划归所有资源，属于横向划分组织结构，即每个项目有完成项目任务所必需的所有资源，组织的经营业务由一个个项目组合而成，每个项目之间相互独立。项目式组织管理结构如图 4-4 所示。

每个项目的组织实施有明确的项目经理或项目负责人，责任明确，对上直接接受企业主管或大项目经理领导，对下负责本项目资源的运用以完成项目任务。在这种组织形式下，项目可以直接获得系统中的大部分组织资源，项目经理具有较大的独立性和对项目的绝对权力，对项目的总体负责。项目式组织管理结构有以下几方面的特点：

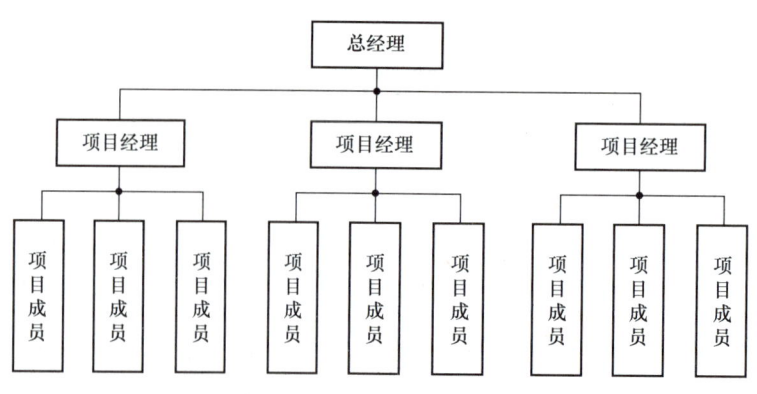

图 4-4 项目式组织管理结构

1）项目式组织是基于项目而组建的，每个项目中成员的责任及目标也是通过对项目总目标的分解而获得的，目标明确且统一指挥。

2）尽管项目经理必须向单位的高层管理报告，但是按项目划分资源，项目经理享有最大限度的决策自主权，有利于项目进度、成本、质量等方面的控制与协调。

3）项目从职能部门中分离出来，使得沟通途径简洁，项目经理可以对客户需求和单位高层意图做出快速响应，而不像职能式组织管理或矩阵式组织管理那样，需要通过职能经理协调才能达到对项目的控制作用。

4）各项目组独立核算，能充分发挥他们的积极性、主动性和创造性，同时各项目组之间的竞争有利于提高整个企业的效率。

5）一方面，项目实施涉及计划、组织、用人、指挥与控制等多种职能，为人才全面成长锻炼提供了条件，从小项目经理，到中大型项目经理，再成长为企业主管。另一方面，一个项目中拥有不同才能的人员，相互交流学习也为员工的能力开发提供良好的场所。

6）每个项目都有自己的一套机构，造成了人员、设施、技术、设备等的重复配置，可能造成资源的闲置。

7）专业技术人员工作范围狭窄，不利于专业技术人员技术水平提高和专业人才成长。

8）项目式组织形式随项目的产生而建立，也随项目的结束而解体，项目成员都会为自己的未来而做出相应的考虑，使得"人心惶惶"，进入不稳定期。

项目式组织管理结构适用于同时进行多个项目，但不生产标准产品的大企业。使用项目式组织管理结构的企业有：设计院、承包商、监理公司、咨询公司、高度离散型制造商等。使用项目式组织管理结构的企业内部部门有：新产品研发机构、IT 部门、基础建设部门等。

3. 矩阵式组织管理

矩阵式组织管理结构是在职能式组织管理结构的基础上，再增加一种横向的领导系统，它由职能部门系统和完成某一临时任务而组建的项目小组系统组成，从而同时实现了项目式与职能式组织管理结构的特征。同一名员工既同原职能部门保持组织与业务上的联系，又参加所在工作小组的工作。矩阵式组织管理结构如图 4-5 所示。

矩阵式组织管理的优点是把职能分工与组织合作结合起来，从专项任务的全局出发，便于资源共享，促进组织职能和专业协作，有利于任务的完成；把常设机构和非常设机构结合

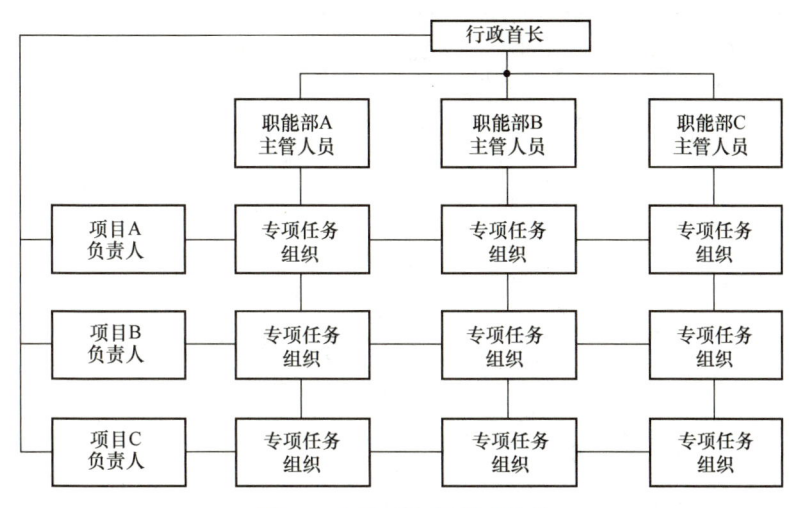

图 4-5 矩阵式组织管理结构

起来，既发挥了职能机构的作用，保持常设机构的稳定性，又使行政组织具有适应性和灵活性，与变化的环境相协调；在执行专项任务组织中，有助于专业知识与组织职权相结合；非常设机构在特定任务完成后立即撤销，可避免临时机构长期化。

矩阵式组织管理的缺点是组织结构复杂，各专项任务组织与各职能机构关系多头，协调困难；专项任务组织负责人的权力与责任不相称，如果缺乏有力的支持与合作，工作难以顺利开展。专项任务组织是非常设机构，该组织的成员工作不稳定，其利益易被忽视，故他们往往缺乏归属感和安全感。

矩阵式组织管理结构适用于一些重大攻关项目。企业可用其来完成涉及面广的、临时性的、复杂的重大工程项目或管理改革任务。该结构特别适用于以开发与实验为主的单位，例如科学研究，尤其是应用性研究单位等。

矩阵式组织管理结构是一种十分常见的组织结构，一般比较适用于协作性和复杂性强的大型组织。IBM、福特汽车等公司都曾成功地运用过这种组织结构形式。矩阵式组织管理结构的高级形态是全球性矩阵式组织管理结构。一般认为，这种组织结构方式可以使公司提高效率而降低成本，同时，也因其良好的创新与顾客回应，而使其经营具有差异化特征。这种组织结构除了具有高度的弹性外，同时在各地区的全球主管可以接触到有关各地的大量资讯。它为全球主管提供了许多面对面沟通的机会，有助于公司的规范与价值转移，因而可以促进全球企业文化的建设。目前，全球性矩阵式组织管理结构已在全球性大企业，如 ABB、杜邦、雀巢、菲利普、莫里斯等组织中进行运作。

案例 4-2 IBM 矩阵式组织结构。IBM 是一个国际化的大公司，既按地域分区，如欧洲区、拉美区、亚太区（中国区、华南区）等，又按 PC、服务器、软件等产品体系划分事业部，既按照银行、电信、中小企业等行业划分，也有销售、渠道、支持等不同的职能划分等。把多种划分部门的方式有机地结合起来，就形成了纵横交错的立体网络——多维矩阵式组织管理结构，如图 4-6 所示。

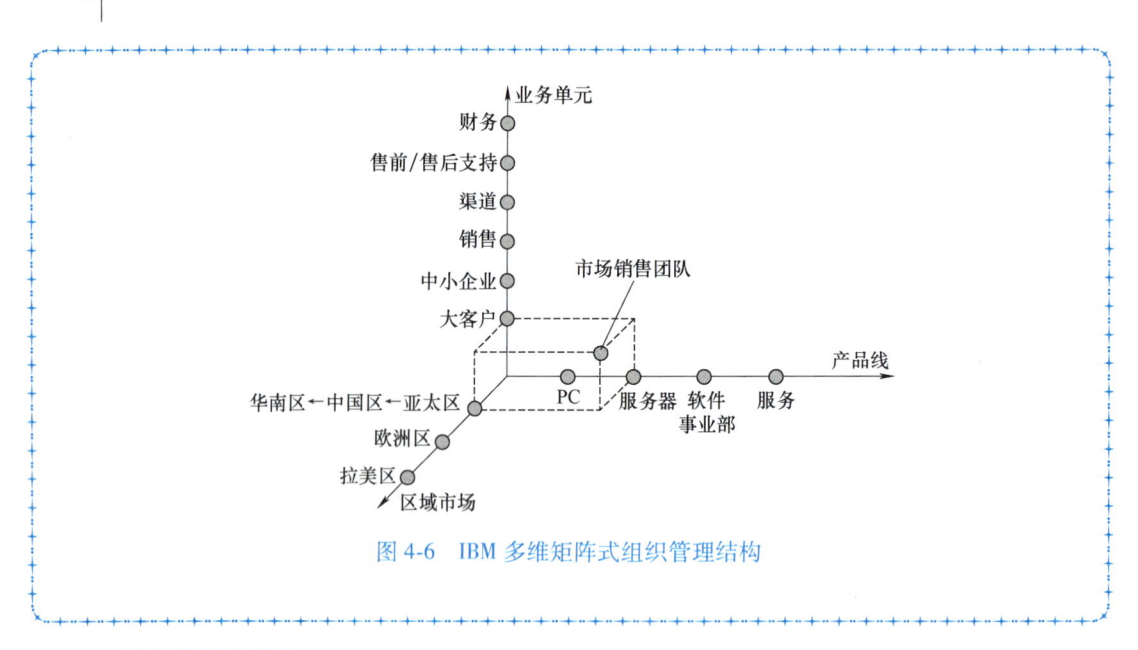

图 4-6　IBM 多维矩阵式组织管理结构

4. 项目管理办公室

（1）什么是项目管理办公室　项目管理办公室（Program Management Office，PMO）是企业设立的一个职能机构名称，也称作项目管理部、项目办公室等。

PMO 是在组织内部将实践、过程、运作形式化和标准化的部门，是提高组织管理成熟度的核心部门，它根据业界最佳实践和公认的项目管理知识体系，并结合企业自身的业务和行业特点，以此确保项目成功率的提高和组织战略的有效贯彻执行。项目管理办公室结构如图 4-7 所示。

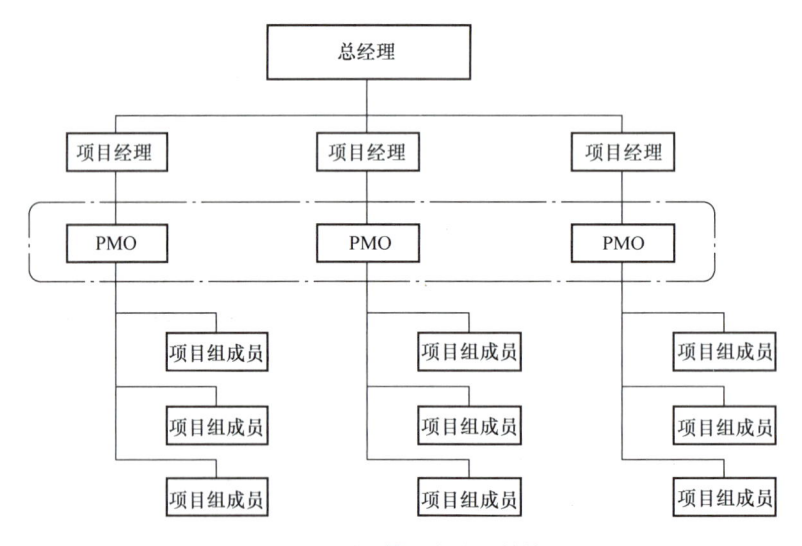

图 4-7　项目管理办公室结构

PMO 最早出现于 20 世纪 90 年代初期。当时 PMO 仅提供了很少的服务和支持工作，而更多被企业用来"管制"项目经理，而不是为他们提供项目管理的方向和指导。在 20 世纪

90年代后期,对于企业领导来说,将项目放到整个企业的运作中统一管理的需要变得越来越明显,PMO 随之大量出现。不论是对于项目经理还是企业主管人员来说,PMO 都被证明是理想的选择。因为企业需要建立一个可以执行商业策略的理想环境,PMO 实现了这一点,它对每一个项目根据商业策略进行评估和排序,然后对他们进行恰当的资源分配。

伴随着项目管理理念的深入和项目管理价值的日益凸显,管理层逐渐认识到项目管理对提高企业经济效益和利润将产生非常巨大的有利影响,越来越多的企业以项目为单元进行企业的战略分解与任务执行。随着专业分工的细化,越来越多跨职能的项目出现,如何在跨职能的项目之间进行资源优化组合、管理好各项目的风险和进度等就变得越来越重要。为了更好地解决资源冲突,复制已有项目的成功经验,规范企业的项目管理标准,PMO 应运而生。

(2) 为什么要建立项目管理办公室 建立项目管理办公室是为了满足两方面的需要。

1) 满足商业竞争的需要。早期建立 PMO 的一个重要原因是失败的项目给企业所带来的痛苦。而现代商业社会竞争的残酷性,使得任何企业都有可能因为个别项目的失败而陷入困境。项目的成败在当今社会已经和企业的成败密不可分了,因此产生了对 PMO 的迫切需求。

一个成功的中大型企业必然有许多的项目在进行。优秀的项目管理技术人才,成为能否在有限的时间及成本条件下完成客户需求的关键。但是,再优秀的人才都不可避免地有各种局限,况且一个企业所能拥有的优秀人才是有限的。在大量项目的实施过程中,必然要求企业有一个对项目工作提供强大支持的机构,来协助项目经理和项目团队及时、有效地克服各种困难,高质量、高绩效地完成项目。为了让项目管理技术和经验能够成为企业的组织财富,最终改善项目团队的整体生产力和提高企业的获利能力,在企业内部建立 PMO 就有其必然性和紧迫性。

一旦项目开工,PMO 就持续地对每一个项目的变化进行监控,提供各种项目经理和项目团队所需要的支持与服务。这里要强调的一个关键就是随着企业战略的变化,任何一个项目的状况也要跟着发生变化。PMO 通过对项目进行修正、加速、终止或是优先权的排序,实现项目向适应企业战略变化的方向调整,以满足商业竞争的需要。

2) 满足合理配置资源的需要。要想获得 PMO 所带来的好处,企业首先要达到一定的级别。如果一个企业每年只有一个项目,那就不要在 PMO 上浪费有限的资源了。对于一个有众多项目的企业来说,其项目经理相当多,每一个都具有不同的技能和经验。这些项目经理经常不会意识到其他项目的成功,甚至不知道其他人在做什么。如果出现类似的情况,就应该建立 PMO。任何一个 PMO 的运转都需要资金和人员的投入。但是投入 PMO 的时间和资金将会是物有所值的,它能够让项目经理在企业中更好、更快、更节省地执行项目工作。因为 PMO 是在整个企业运作的高度而不是单个项目的高度将企业有限的资源进行合理分配,同时为项目经理和项目团队提供各种支持,确保符合企业战略的项目成功实施。

集中化的 PMO 可以保证所有的项目经理具有核心的项目管理技能,使用共同的方法处理过程和模板,并得到企业最高层的支持。PMO 组织的简单性使得每个人都可以建立这样的办公室。但是 PMO 人员配置是非常重要而复杂的工作。为了具有在各方面提供支持和配置资源的能力,PMO 应该包括企业的高层主管、项目经理、各类专项专家、项目协调人员等角色。

(3) 项目管理办公室的作用 PMO 在企业中担当着建立规范项目管理标准、提供项目管理的咨询与顾问服务、解决资源冲突、培养项目经理团队、项目评审以及建设组织级项目管理体系等责任。PMO具有以下几方面的作用：

1）为项目经理和项目团队提供行政支援，如项目各种报表的产生。

2）最大限度地集中项目管理专家，提供项目管理的咨询与顾问服务。

3）将企业的项目管理实践和专家知识整理成适合于本企业的一套方法论，在企业内传播和重用。

4）在企业内提供项目管理相关技能的培训。

5）PMO可以配置部分项目经理，有需要时，可以直接参与具体项目，对重点项目给予重点支持。

PMO可以是临时机构，也可以是永久机构。临时机构往往用来管理一些特定项目，如企业并购项目。永久性PMO适用于管理具有固定时间周期的一组项目，或者支持组织项目的不断进行。

4.2.2 项目经理

1. 项目经理的角色

从职业角度，项目经理（Project Manager）是指企业为建立以项目经理责任制为核心，对项目实行质量、安全、进度、成本管理的责任保证体系和全面提高项目管理水平而设立的重要管理岗位。它要负责处理所有事务性质的工作，也可称为执行制作人（Executive Producer）。

项目经理是项目团队的领导者，为项目的成功策划和执行负总责。项目经理的首要职责是在预算范围内按时优质地领导项目小组完成全部项目工作内容，并使客户满意。为此，项目经理必须在一系列的项目计划、组织和控制活动中做好领导工作，从而实现项目目标。

2. 项目经理的职责

1）作为项目组的领导人和决策人，组建、建设和管理项目团队。

2）领导编制项目工作计划，指导项目按计划执行。

3）负责与客户的沟通工作。

4）负责对施工项目实施全过程、全面管理，组织制定项目部的各项管理制度。

5）监督项目执行工作，发现实际执行情况与计划偏离，要采取纠偏措施或调整计划。

6）对潜在的项目风险进行预测，并制定调整计划和应急策略。

7）负责对项目的人力、材料、设备、资金、技术、信息等生产要素进行优化配置和动态管理。

8）建立严格的财务制度和成本控制体系，加强成本管理，搞好经济分析与核算。

9）组织项目收尾工作，把项目产品、服务或成果移交给客户。

3. 项目经理的权利

项目经理全权对工程项目负责，在保证质量及安全的前提下顺利完成工程项目，应该授予项目经理以下权利：

1）项目团队组建权。一是项目经理需要组建一个制定政策、执行决策的领导班子，负责项目各项任务、各个阶段的工作；二是选拔项目团队成员，建立高效、协同的项目团队是项目成功的保障。项目团队组建包括选拔、聘用、调配、考核、奖惩、监督、解聘等。

2）实施控制权。项目经理有权按工程项目合同的规定，根据项目随时出现的人、财、物等资源变化情况进行指挥调度，对于施工组织、设计、进度等，也有权在保证总目标不变的前提下进行优化和调整，以保证项目经理能对整个项目进行有效的控制。

3）财务决策权。项目经理必须拥有项目的财务决策权，在财务制度允许的范围内，项目经理有权安排工程项目费用的开支，有权在工资基金范围内决定项目班子、项目团队成员的计酬方式、分配方法、分配原则和方案，确定岗位工资、奖金分配等。对风险应变费用、赶工措施费用等都有使用支配权。

4）技术决策权。主要是审查和批准重大技术措施和技术方案，以防止决策失误造成重大损失，必要时需召开技术方案论证会或外请专家进行咨询。

4. 项目经理的管理技能

项目经理应对整个项目和总体环境有一个全面的了解，要有一定的专业知识、财务知识和法律知识，才能制订出明确的目标和合理的计划。项目经理的管理技能具体包括：

1）计划。计划是为了实现项目的既定目标，对未来项目实施过程进行规划和安排的活动。计划作为项目管理的一项职能，它贯穿于整个项目的全过程，在项目全过程中，随着项目的进展不断细化和具体化，同时又不断地修改和调整，形成一个前后相继的体系。项目经理要对整个项目进行统一管理，就必须制订出切实可行的计划或者对整个项目的计划做到心中有数，各项工作才能按计划有条不紊地进行。也就是说，项目经理对施工的项目必须具有全盘考虑、统一计划的能力。

2）组织。项目经理必须具备的组织能力是指为了使整个施工项目达到其既定的目标，使全体项目参与者经分工与协作以及设置不同层次的权力和责任制度而构成的一种人的组合体的能力。当一个项目在中标后（有时在投标时），担任（或拟担任）该项目领导者的项目经理就必须充分利用其组织能力对项目进行统一的组织，比如确定组织目标、确定项目工作内容、组织结构设计、配置工作岗位及人员、制定岗位职责标准和工作流程及信息流程、制定考核标准等。在项目实施过程中，项目经理又必须充分利用其组织能力对项目的各个环节进行统一的组织，即处理在实施过程中发生的人和人、人和事、人和物的各种关系，使项目按既定的计划进行。

3）目标定位。项目经理必须具有定位目标的能力，目标是指项目为了达到预期成果所必须完成的各项指标的标准。目标有很多，但最核心的是质量目标、工期目标和投资目标。项目经理只有对这三大目标定位准确、合理才能使整个项目的管理有一个总方向，各项目工作也才能朝着这三大目标开展。要制定准确、合理的目标（总目标和分目标）就必须熟悉合同提出的项目总目标、反映项目特征的有关资料。

4）整体意识。项目是一个错综复杂的整体，它可能含有多个分项工程、分部工程、单位工程，如果对整个项目没有整体意识，势必会顾此失彼。

5）授权能力。也就是要使项目部成员共同参与决策，而不是那种传统的领导观念和领导体制，任何一项决策均要通过有关人员的充分讨论，并经充分论证后才能做出决定，这不仅可以做到"以德服人"，而且由于聚集了多人的智慧后，该决策将更得民心、更具有说服力，也更科学、更全面。

4.2.3　团队建设

按照现代项目管理的观点，项目团队是指"项目的中心管理小组，由一群人集合而成并被看作是一个组,他们共同承担项目目标的责任,兼职或者全职地向项目经理进行汇报"。

项目团队通过团队成员之间相互沟通、信任、合作和承担责任,高效地利用有限的人力资源,加强员工之间的交流与协作。因此,项目团队建设是项目成功的重要保障。

1. 项目团队的主要特点

1)项目团队具有一定的目的。项目团队的使命就是完成某项特定的任务,实现项目的既定目标,满足客户的需求。它有明确严格的质量要求、工期要求、成本要求等多重约束。项目团队成员都要紧紧围绕分解项目目标开展工作,使目标能够实现。

2)项目团队成员的多样性。项目团队成员来自不同管理层、不同职能部门、不同专业领域,他们在团队中要相互信任、相互依赖,具有良好的合作精神。因此,项目团队是跨部门、跨专业的多样性的团队。

3)项目团队是临时组织。项目团队有明确的生命周期,随着项目的产生而产生,项目任务的完成而结束。因此,项目团队通常是短期的、临时性的。

4)项目经理是项目团队的领导。项目经理全权对项目负责,为项目的成功策划和执行负总责。

5)项目团队具有开放性。随着项目的进展,团队成员的工作内容和职能会根据项目需要进行变动,人员数也随之发生变化,项目团队成员的增减具有较大的灵活性和开放性。

2. 项目团队的发展阶段

项目团队从组建到解散,是一个不断成长和变化的过程,一般可分为五个阶段:组建阶段、磨合阶段、规范阶段、成效阶段和解散阶段。在项目团队的各阶段,其团队特征也各不相同。

1)组建阶段。在这一阶段,项目组成员刚刚开始在一起工作,总体上有积极的愿望,急于开始工作,但对自己的职责及其他成员的角色都不是很了解,他们会有很多的疑问,并不断摸索以确定何种行为能够被接受。在这一阶段,项目经理需要进行团队的指导和构建工作。

第一,应向项目组成员宣传项目目标,并为他们描绘未来的美好前景及项目成功所能带来的效益,公布项目的工作范围、质量标准、预算和进度计划的标准和限制,使每个成员对项目目标有全面深入的了解,建立起共同的愿景。

第二,明确每个项目团队成员的角色、主要任务和要求,帮助他们更好地理解所承担的责任。

第三,与项目团队成员共同讨论项目团队的组成、工作方式、管理方式、方针政策,以便取得一致意见,保证今后工作的顺利开展。

2)磨合阶段。这是团队内激烈冲突的阶段。随着工作的开展,各方面问题会逐渐暴露。成员们可能会发现,现实与理想不一致,任务繁重而且困难重重,成本或进度限制太过紧张,工作中可能与某个成员合作不愉快,这些都会导致冲突产生、士气低落。项目经理需要利用这一阶段,创造一个理解和支持的环境。

同时,允许成员表达不满或他们所关注的问题;做好导向工作,努力解决问题、矛盾;依靠团队成员共同解决问题,共同决策。

3)规范阶段。在这一阶段,团队将逐渐趋于规范。团队成员经过磨合阶段逐渐冷静下来,开始表现出相互之间的理解、关心和友爱,亲密的团队关系开始形成,同时,团队开始表现出凝聚力。另外,团队成员通过一段时间的工作,开始熟悉工作程序和标准操作方法,对新制度,也开始逐步熟悉和适应,新的行为规范得到确立并为团队成员所遵守。在这一阶段,项目经理应:

第一,尽量减少指导性工作,给予团队成员更多的支持和帮助。

第二,在确立团队规范的同时,鼓励团队成员的个性发挥。

第三,培育团队文化,注重培养成员对团队的认同感、归属感,努力营造出相互协作、互相帮助、互相关爱、努力奉献的精神氛围。

4) 成效阶段。在这一阶段,团队的结构完全功能化并得到认可,内部致力于从相互了解和理解到共同完成当前工作上。团队成员一方面积极工作,为实现项目目标而努力;另一方面成员之间能够开放、坦诚及时地进行沟通,互相帮助,共同解决工作中遇到的困难和问题,创造出较高的工作效率和满意度。在这一阶段,项目经理工作的重点如下:

第一,授予团队成员更大的权力,尽量发挥其潜力。

第二,帮助团队执行项目计划,集中精力了解掌握有关成本、进度、工作范围的具体完成情况,以保证项目目标得以实现。

第三,做好对团队成员的培训工作,帮助他们获得职业上的成长和发展。

第四,对团队成员的工作绩效做出客观的评价,并采取适当的方式给予激励。

5) 解散阶段。当项目进入最后阶段时,团队成员将离开熟悉的工作环境,并且开始考虑项目结束后自己能做些什么,开始为今后的发展做准备。项目经理要采取措施,稳定团队成员的情绪,明确责任,把项目的结束工作做好。

3. 组建高效的项目团队

项目团队是项目成功的重要保障。项目团队的关键在人员协作,而人员配合的好坏就要看团队的角色组成,需要组建一个有利、有序、有效的项目团队。

1) 合理配备团队成员。组建一支基础广泛的团队是建立高效项目团队的前提,在组建项目团队时,除考虑每个人的教育背景、工作经验外,还需考虑其兴趣爱好、个性特征以及年龄、性别的搭配,确保团队队员优势互补、人尽其才。

2) 明确项目目标。项目经理要为个人和团队设定明确的目标,让每个成员明确理解其工作职责、角色、应完成的工作及其质量标准。设立实施项目的行为规范及共同遵守的价值观,引导团队行为,鼓励与支持参与,接受不同的见解,珍视和理解差异,进行开放性的沟通并积极地倾听,充分授权,民主决策。营造以信任为基础的工作环境,尊重与关怀团队成员,视个人为团队的财富,强化个人服从组织、少数服从多数的团队精神。根据队员的不同发展阶段实施情境领导,正确地运用指导、教练、支持与授权四种领导形态,鼓励队员积极主动地分担项目经理的责任,创造性地完成任务以争取项目的成功。

3) 提高团队效率。项目团队的工作效率依赖于团队的士气和合作共事的关系,依赖于成员的专业知识和掌握的技术,依赖于团队的业务目标和交付成果,依赖于依靠团队解决问题和制定决策的程度。高效项目团队必定能在领导、创新、质量、成本、服务、生产等方面取得竞争优势,必定能以最佳的资源组合和最低的投入取得最大的产出。加强团队领导,增强团队凝聚力,鼓舞团队士气,支持团队成员学习专业知识与技术,鼓励团队成员依照共同的价值观去达成目标,依靠团队的聪明才智和力量去制订项目计划、指导项目决策、平衡项目冲突、解决项目问题，是取得高效项目成果的必经之路。

4）团队成员相互信任。一个项目团队能力大小受到团队内部成员相互信任程度的影响。团队成员要理解他们之间的相互依赖性，承认团队中的每位成员都是项目成功的重要因素。每位成员都可以相信其他人做他们要做的和想做的事情，而且会按预期标准完成。团队成员互相关心，培养良好的人际关系。鼓励成员有不同的意见，并允许其自由表达。虽然这可能会引起一些争议或冲突，但解决问题的方法是积极正视问题，并进行建设性的协商交流。

5）团队成员高效沟通。项目团队成员之间开展全方位的沟通，充分共享信息，以产生更大的价值。

4.3 成本管理与风险管理

4.3.1 成本管理

成本管理是企业生产经营过程中各项成本核算、成本分析、成本决策和成本控制等一系列科学管理行为的总称。成本管理是企业管理的一个重要组成部分，要求系统、全面、科学、合理。它对于促进增产节支、加强经济核算、防范风险、改进企业管理、提高企业整体管理水平具有重大意义。

1. 成本管理的内容

成本管理由成本规划、成本计算、成本控制和业绩评价四项内容组成。成本规划是根据企业的竞争战略和所处的经济环境制定的，也是对成本管理做出的规划，为具体的成本管理提供思路和总体要求；成本计算是成本管理系统的信息基础；成本控制是利用成本计算提供的信息，采取经济、技术和组织等手段实现降低成本或成本改善目的的一系列活动；业绩评价是对成本控制效果的评估，目的在于改进原有的成本控制活动和激励约束员工和团体的成本行为。

2. 项目成本的构成

项目成本是在投资项目寿命期内为实现项目的预期目标而付出的全部代价。

1）项目决策成本。决策成本是指进行决策时需要考虑和运用的一些专项成本。为了对项目进行科学决策、谨慎决策，需要进行广泛的市场调查，收集和掌握真实的资料，开展询价，将各方面的可能问题与困难纳入利弊得失的分析，进行可行性研究，完成这些工作所花费的成本就是决策成本。

2）项目设计成本。设计成本是指根据一定生产条件，通过技术分析和经济分析，采用一定方法所确定的最合理的加工方法下的产品预计成本。例如，工程建设项目需要进行规划设计、施工图设计；机械产品需要进行方案设计、制造加工图设计；科研项目需要进行技术路线和实验方案设计；产品营销项目需要进行营销方案的策划和设计等。完成这些设计工作所花费的成本就是设计成本。通过结构、使用的原材料、生产设备，所需要的加工时间等就可计算产品的设计成本。

3）项目采购成本。采购成本是指与采购原材料部件相关的物流费用，包括采购订单费用、采购计划制订人员的管理费用、采购人员管理费用等。存货的采购成本包括购买价款、相关税费、运输费、装卸费、保险费以及其他可归属于存货采购成本的费用。

4）项目实施成本。在项目的实施过程中，为了完成项目而耗用的各种资源所构成的成本就是项目实施成本，包括设备费、材料费、人工费、管理费、不可预见费等。

3. 项目成本预算

成本预算是把估算的总成本分配到各个工作细目，以建立预算、标准和检测系统的过程。通过这个过程可对系统项目的投资成本进行衡量和管理，从而在事先弄清问题，及时采取纠正措施。

预算编制的项目主要包括成本费用预算、收入预算、资产负债预算、职能部门费用预算、财务指标预算、资本预算、现金流量预算。下面介绍其中几项：

1）成本费用预算，包括营业成本预算、制造费用预算、经营销售费用预算、财务费用预算、管理费用预算、维修费用预算、职能部门费用预算。

2）收入预算，包括主营业务收入预算、其他业务收入预算、营业外收入预算、投资收入预算、其他投资收入、投资处理盈利和亏损预算。

3）资产负债预算，包括对外投资预算、无形资产和递延资产购建预算、固定资产增减分类预算、固定资产零星购置预算、固定资产报废预算、基本建设预算、往来款项预算、借款和债券预算。

4）职能部门费用预算，一般由各职能部门根据各自在预算年度应完成的任务来确定费用基数，部门负责人负责本部门费用预算编制和上报。财务部门以上年实际数为基础，综合预算年度的任务量再进行调整。

5）财务指标预算。财务指标有些是简单的，如净利润、管理费用等，这些指标从会计报表中可以直接得到，实际上它提供的还是会计信息；而有些指标是复合的，如投资资本回报率、资本金回报率、自由现金流、息税前营业利润、有息负债率等，这些指标不能直接从会计报表中获取，需要经过几个财务指标的对比计算才能得出，它体现出的是财务信息。把这类指标也列入预算，能考核和分析企业的投资回报情况、企业能支配的现金流量情况、经营利润完成情况、负债情况等，它比单纯的会计报表数字更有比较和考核意义，可以较为全面地了解和掌握企业的财务状况和获利能力。

4. 项目成本控制

成本控制是保证成本在预算估计范围内的工作。根据估算对实际成本进行检测，标记实际或潜在偏差，进行预测准备并给出保持成本与目标相符的措施。主要包括：监督成本执行情况及时发现实际成本与计划的偏离，将一些合理改变包括在基准成本中，防止不正确、不合理、未经许可的改变包括在基准成本中，把合理改变通知项目涉及方。在成本控制时，还必须和其范围控制、进度控制、质量控制等相结合。成本控制主要包括以下控制内容：

1）原材料成本控制。在制造业中，原材料费用占了产品总成本的很大比重，一般在60%以上，高的可达90%，是进行成本控制的主要对象。影响原材料成本的因素有采购、库存费用、生产消耗、回收利用等，所以控制活动可从采购、库存管理和消耗三个环节着手。

2）工资费用控制。工资在产品成本中占有一定的比重，增加工资一般又被认为是不可逆转的。控制工资与效益同步增长，减少单位产品中工资的比重，对于降低成本有重要意义。控制工资成本的关键在于提高劳动生产率，它与劳动定额、工时消耗、工时利用率、工作效率、工人出勤率等因素有关。

3）制造费用控制。制造费用开支项目很多，主要包括折旧费、修理费、辅助生产费用、车间管理人员工资等，虽然它在产品成本中所占比重不大，但因不引人注意，浪费现象十分普遍，是不可忽视的一项内容。

4）企业管理费控制。企业管理费是指为管理和组织生产所发生的各项费用，开支项目非常多，也是成本控制中不可忽视的内容。

上述这些都是绝对量的控制，即在产量固定的假设条件下使各种成本开支得到控制。在现实系统中还要达到控制单位成品成本的目标。

开展成本控制活动的目的是对企业在生产经营过程中发生的各种耗费进行计算、调节和监督的过程，也是一个发现薄弱环节、挖掘内部潜力、防止资源浪费、寻找一切可能降低成本途径的过程。成本控制反对"秋后算账"和"死后验尸"的做法，提倡预先控制和过程控制。因此，成本控制必须遵循预先控制和过程控制的原则，并在成本发生之前或在发生的过程中考虑和研究为什么要发生这项成本、应不应该发生、应该发生多少、应该由谁来发生、应该在什么地方发生、是否必要，决定后应对过程活动进行监视、测量、分析和改进。

提高经济效益，不单是依靠降低成本的绝对数，更重要的是实现相对的节约，取得最佳的经济效益，以较少的消耗取得更多的成果。

案例 4-3 美的"供给商管理库存"（VMI）。美的集团是以生产家电为主的大型综合性现代化企业，2002 年，其较为稳定的供给商共有 300 多家，涉及零配件有 3 万多种。美的集团利用信息系统，在全国范围内实现了产销信息共享。美的集团把原有 100 多个仓库精简为 8 个区域仓库，在 8h 可以运到的地方，全靠配送。这样，流通环节成本降低了 15%~20%。而运货时间 3~5 天的外地供给商，则在美的集团顺德总部的仓库里租赁一个片区，把零配件放到片区里面储备。

当美的集团生产需要这些零配件时，就会通知供给商，然后进行资金划拨、取货等。这时，零配件的产权，由供给商转移到美的手上——而在此之前，所有的库存成本都由供给商承担。此外，美的集团在 ERP（企业资源管理）基础上与供给商建立了直接的交货平台，供给商通过互联网了解到美的生产需要的订单内容，品种、型号、数量和交货时间等，然后由供给商确认信息，这样一张采购订单合法化了。

实施 VMI 后，供给商不需要像以前一样疲于应付美的集团的订单，而只需做一些适当的库存即可，一般能满足 3 天的需求即可。美的集团零部件年库存周转率，在 2002 年上升到 70~80 次/年。零部件库存也由原来平均 5~7 天存货水平，大幅降低为 3 天左右，而且这 3 天的库存也是由供给商管理并承担相应成本。这样，美的集团资金占用降低、资金利用效率提高、资金风险下降、库存成本直线下降。

5. 成本控制的基本流程

生产过程中的成本控制，就是在产品的制造过程中，对成本形成的各种因素按照事先拟定的标准严格加以监督，发现偏差就及时采取措施加以纠正，从而使生产过程中的各项资源的消耗和费用开支在标准规定的范围之内。成本控制的基本流程如下。

（1）制订成本　成本标准是成本控制的准绳，成本标准首先包括成本计划中规定的各项指标。但成本计划中的一些指标都比较综合，还不能满足具体控制的要求，可以采取一系列具体的标准，如计划指标分解法、预算法、定额法等。

(2) 监督成本　监督成本就是根据控制标准，对成本形成的各个项目经常地进行检查、评比和监督。不仅要检查项目本身的执行情况，而且要检查和监督影响指标的各项条件，如设备、工艺、工具、工人技术水平、工作环境等。所以，成本日常控制要与生产作业控制等结合起来进行。成本日常控制包括材料费用、工资费用、间接费用等。

(3) 纠正偏差　针对成本差异发生的原因，查明责任者，针对轻重缓急，提出改进措施，加以贯彻执行。

(4) 批量采购

1) 寻求替代。对于那些在同类生产厂家可能存在替代品的零部件或原材料的小批量采购，寻求采购替代有时可以大幅度降低采购成本，因为你所需要的东西或许正是其他同类生产厂家放在仓库正急于进行处理的多余材料。

2) 让技术人员参与采购。对于新产品的研发和试制，需要的原材料或元器件的数量只有技术人员最清楚。如果让技术人员直接与供应商沟通，可以让供应商确切地知道你采购的用途和数量的多少，供应商可以将你所需要的少量元器件安排在其他批量生产之中，从而可以用比正常最小批量还小的批量采购到所需的元器件，达到节约采购成本的目的。

3) 与供应商结成战略联盟。通过与供应商结成战略联盟，也可以降低小批量采购成本。生产企业如果与供应商结成战略联盟，两者之间的关系就不再是简单的采购关系，而是一种长期合作的互惠互利的战略伙伴关系，双方不需要在一次交易中就急于收回成本，而是通过长期的交易来实现权利和义务的平衡。在这种合作关系下的小批量采购，供应商不会因为批量太小而不生产或要求很高的价格，反而会想办法节约成本，为长期合作尽到自己的义务。

(5) 联合采购　联合采购是指同类型的中小生产企业，为了在采购价格上获得有利地位，扩大采购批量，联合起来共同采购的一种采购方法。中小企业由于生产规模小，在采购中的被动地位是很明显的，但通过跨企业的联合采购就可以扩大采购批量，增强集体的谈判实力，获取采购规模优势，采购直接面对制造商，减少中间层次，降低采购成本。

(6) 第三方采购　企业将产品或服务采购外包给第三方公司。国外的经验表明，与企业自己进行采购相比，第三方采购往往可以提供更多的价值和购买经验，可以帮助企业更专注核心竞争力。第三方采购多以采购联盟的形式存在，通过第三方进行小批量采购，可以变小批量为大批量，加上采购联盟的行业地位与采购经验，可大大降低采购成本。

> **案例 4-4**　智慧采购方案。中国移动集团下属共有 31 家省分公司，长期以来形成了各省市采购、物流分散管理的模式。首先，中国移动合作的供应商约几万家，但中国移动缺乏对供应商协同环节的统一管理；其次，物料主数据的定义标准及分类原则不统一，存在多套物料编码体系，系统流程贯穿困难，且各省供应链系统不统一、业务数据分散，难以及时看清全网采购和物流数据；另外，采购与物流业务流程缺少贯穿，总部、大区与省公司流程没有打通，造成较高的集采风险。
>
> 　　IBM 协助中国移动进行供应链体系转型，建立"中国移动数字化供应链管理系统"。项目共分三期，一期建立了统一的供应商管理、统一的物料编码管理、统一的业务流程管理，完成了数据分析平台，用数据结果指导业务决策。二期、三期则解决更严格的国家审计要求，优化和完善内控式风险管理，完备系统管理。

> 中国移动建立了采购共享服务中心,实现了"1个总部+5个大区物流中心+31个省公司"的集中采购管理模式。2015年,中国移动较前一年的库存金额节约资金约6亿元、节约流动资金费用4.13亿元,整体电子采购率达95%以上,全网物流集中水平达到85%。

4.3.2 风险管理

1. 风险管理的概念

风险管理是指如何在项目或者企业一个肯定有风险的环境里把风险可能造成的不良影响减至最低的管理过程。风险管理通过风险识别、风险估测、风险评价,并在此基础上选择与优化组合各种风险管理技术,对风险实施有效控制,并妥善处理风险所致损失的后果,从而以最小的成本收获最大的安全保障。

风险管理最早起源于美国,在20世纪30年代,由于受到1929—1933年世界性经济危机的影响,美国约有40%左右的银行和企业破产,经济倒退了约20年。美国企业为应对经营上的危机,许多大中型企业都在内部设立了保险管理部门,负责安排企业的各种保险项目。可见,当时的风险管理主要依赖保险手段。

1938年以后,美国企业对风险管理开始采用科学的方法,并逐步积累了丰富的经验。1950年风险管理发展成为一门学科,风险管理一词才形成。

1970年以后逐渐掀起了全球性的风险管理运动浪潮。随着企业面临的风险越发复杂多样和风险费用的增加,法国从美国引进了风险管理并在国内传播开来。与法国同时,日本也开始了风险管理研究。

美国、英国、法国、德国、日本等国家先后建立起全国性和地区性的风险管理协会。1983年在美国召开的风险和保险管理协会年会上,世界各国专家学者云集纽约,共同讨论并通过了"101条风险管理准则",它标志着风险管理的发展已进入了一个新的阶段。

1986年,由欧洲11个国家共同成立的"欧洲风险研究会"将风险研究扩大到国际交流范围。1986年10月,风险管理国际学术讨论会在新加坡召开,风险管理已经由环大西洋地区向亚洲太平洋地区发展。

我国对于风险管理的研究开始于1980年。一些学者将风险管理和安全系统工程理论引入我国,在少数企业试用中感觉比较满意。我国大部分企业缺乏对风险管理的认识,也没有建立专门的风险管理机构。作为一门学科,风险管理学在我国仍旧处于起步阶段。

进入20世纪90年代,随着资产证券化在国际上兴起,风险证券化也被引入风险管理的研究领域中。最为成功的例子是瑞士再保险公司发行的巨灾债券,以及由美国芝加哥期货交易所发行的PCS期权。

当前,在经济全球化的格局下,企业面临市场开放、法规解禁、产品创新等竞争压力,各方面不确定变化波动程度提高,连带增加经营的风险性。良好的风险管理有助于降低决策错误的概率,避免损失,相对提高企业本身的附加价值。

2. 风险管理的内涵

项目风险管理就是在项目进行的全过程中,对于影响项目的进程、效率、效益、目标等一系列不确定因素的管理,包括对外部环境因素与内部因素的管理,也包括对主观因素与客观因素、理性因素与感性因素的管理。

风险管理的目标就是要以最小的成本获取最大的安全保障。因此，它不仅仅只是一个安全生产问题，还包括识别风险、评估风险和处理风险，涉及财务、安全、生产、设备、物流、技术等多个方面，是一套完整的方案，也是一个系统工程。项目风险管理的内涵体现在以下三个方面。

（1）全过程管理　项目风险的全过程管理，要求项目风险管理者能够审时度势、高瞻远瞩，通过有效的风险识别，实现对项目风险的预警预控；要求项目管理者能够临危不乱、坦然面对，通过有效的风险管理工具或风险处理方法，对于项目运行过程中产生的风险进行分散、分摊或分割；要求项目风险管理者能够在项目风险发生后，采取有效的应对措施，并能够总结经验教训，对项目风险管理工作进行改进。

（2）全员管理　项目风险的全员管理要求所有的人员均能够参与项目风险的管理。项目管理风险不仅包括对政治、经济、社会、文化、制度等外部环境中不确定性因素的管理，还包括对项目自身在其计划、组织、协调等过程中所产生的不确定因素的管理。对于后者而言，人为的主观影响成分较大。项目风险管理既是对项目全部参与方（人员）的管理，同时也是全员共同参与对项目风险的管理。

（3）全要素集成管理　项目风险管理需解决的根本问题主要涉及项目工期、造价以及质量三方面。可见，项目风险管理的过程是一个在可能的条件下追求项目工期最短、造价最低、质量最优的多目标决策过程。项目的工期、造价与质量是三个直接关联和相互作用的相关要素。项目工期的提前或滞后将直接影响造价的高低，项目质量的优劣与项目工程造价直接相关，同样，项目的工期与质量的波动受造价因素的影响。由此不难得出，项目风险管理是对工期、造价以及质量的全要素集成管理。

对于现代企业来说，风险管理就是通过风险的识别、预测和衡量，选择有效的手段，以尽可能降低成本，有计划地处理风险，获得安全生产的经济保障。这就要求在生产经营过程中，应对可能发生的风险进行识别，预测各种风险发生后对资源及生产经营造成的消极影响，使生产能够持续进行。可见，风险识别、风险预测和风险处理是项目风险管理的主要内容。

3. 项目风险识别

项目风险识别是指找出影响项目目标顺利实现的主要风险因素，并识别出这些风险究竟有哪些基本特征、可能会影响到项目的哪些方面。

项目风险识别是一项贯穿于项目实施全过程的项目风险管理工作。风险识别包括识别内在风险及外在风险。内在风险是指项目工作组能加以控制和影响的风险，如人事任免和成本估计等；外在风险是指超出项目工作组控制力和影响力之外的风险，如市场转向或政府行为等。严格来说，风险仅仅是指遭受创伤和损失的可能性，但对项目而言，风险识别还涉及机会选择（积极成本）和不利因素威胁（消极结果）。任何能进行潜在问题识别的信息源都可用于风险识别。信息源有主观和客观两种，客观的信息源包括过去项目中记录的经验和表示当前项目进行情况的文件，如工程文档、计划分析、需求分析、技术性能评价等；主观信息源是基于有经验的专家的经验判断。

（1）识别项目中的潜在风险及其特征　这是项目风险识别的第一个目标。因为只有首先确定可能会遇到哪些风险，才能够进一步分析这些项目的性质和后果。所以在项目风险识别工作中，首先要全面分析项目的各种影响因素，从中找出可能存在的各种风险，并整理汇总成项目风险的清单。

（2）识别风险的主要来源　只有识别清楚各个项目风险的主要影响因素，才能够把握项目风险发展变化的规律，才能够度量项目风险的可能性与后果的大小，从而才有可能对项目风险进行应对和控制。

（3）预测风险可能会引起的后果　项目风险识别的根本目的就是要缩小和取消项目风险可能带来的不利后果。在识别出项目风险和项目风险的主要来源之后，必须全面分析项目风险可能带来的后果及其后果的严重程度。当然，这一阶段的识别和分析主要是定性分析。

（4）风险识别的方法　风险的范围、种类和严重程度经常容易被主观夸大或缩小，使项目的风险评估分析和处置发生差错，造成不必要的损失。识别项目风险的方法有很多，任何有助于发现风险信息的方法都可以作为风险识别的工具，常见的方法有：

1）生产流程分析法。生产流程分析法是对企业整个生产经营过程进行全面分析，对其中各个环节逐项分析可能遭遇的风险，找出各种潜在的风险因素。生产流程分析法可分为风险列举法和流程图法。风险列举法是指风险管理部门根据该企业的生产流程，列举出各个生产环节的所有风险。流程图法是指风险管理部门将整个企业生产过程一切环节系统化、顺序化，制成流程图，从而便于发现企业面临的风险。

2）财务表格分析法。财务表格分析法是通过对企业的资产负债表、损益表、营业报告书及其他有关资料进行分析，从而识别和发现企业现有的财产、责任等面临的风险。

3）保险调查法。采用保险调查法进行风险识别可以利用两种形式：一是通过保险险种一览表，企业可以根据保险公司或者专门保险刊物的保险险种一览表，选择适合该企业需要的险种，这种方法仅仅对可保风险进行识别，对不可保风险则无能为力；二是委托保险人或者保险咨询服务机构对该企业的风险管理进行调查设计，找出各种财产和责任存在的风险。

4. 项目风险预测

风险预测实际上就是估算、衡量风险，由风险管理人运用科学的方法，对其掌握的统计资料、风险信息及风险的性质进行系统分析和研究，进而确定各项风险的频度和强度，为选择适当的风险处理方法提供依据。风险的预测一般包括以下两个方面：

1）预测风险的概率。通过资料积累和观察，发现造成损失的规律性。预测风险的方法主要有系统工程文件、寿命期费用分析、进度分析、基线费用估计等。举一个简单的例子：一个时期一万栋房屋中有十栋发生火灾，则风险发生的概率是1/1000。由此对概率高的风险进行重点防范。

2）预测风险的强度。假设风险发生，要求进行分析以确定发生问题的可能性以及由其发生而产生的结果，其目的在于找出风险产生的原因，衡量其结果和风险大小（等级）。对于容易造成直接损失并且损失规模和程度大的风险应重点防范。

对于项目前和项目中都包含风险预测的内容。在项目前预测中，风险预测是指项目上马以前，对项目环境风险的预测和评价，包括政治风险、经济风险、自然风险、技术风险等，是项目可行性研究的一个组成部分。项目风险预测主要是项目实施中的风险预测问题，因为在项目实施过程中，项目管理者需要随时掌握当前项目所面临的风险状况，指出项目进行中不正常的风险信号，必要时预先采取纠正措施。

5. 项目风险处理

项目风险处理手段主要包括风险控制、风险自留、风险转移三种类型。

1）项目风险控制是指采取一切可能的手段规避项目风险、消除项目风险，或采取应急措施将已经发生的风险及其可能造成的风险损失控制在最低限度或可以接受的范围内。项目风险控制必须以一定的前提假设和代价为基础，比如规避风险意味着项目决策者会失去获取高额回报的机会或者必须通过高成本的技术方案应对风险，其本质仍在于支付了大量的风险开支。此外，项目风险控制意味着除技巧之外，决策者必须有足够的经验知识、前期积累、财务支持，否则有效的项目风险控制将难以实现。

2）项目风险自留也是项目风险控制的处理手段之一，其前提在于通过对项目风险的评估，得出其发生概率较小或者概率较大但风险损失较小，或者概率与风险损失均较大但在预期范围或可接受的范围内。此外，还包括风险无法得到有效控制但项目很有必要进行时，项目决策者也会采取风险自留策略。我国大多数项目都不进行风险评价，或设置少量的项目储备（如不可预见费）就认为可以包容全部风险，这一做法通常是不正确的。

3）相对于项目风险控制与项目风险自留，项目风险转移是更为有效的项目风险处理手段。比如，将项目转移给从事风险合并事务的专业保险公司或其他风险投资机构，这是一种符合市场经济规则且公平的转移手段。根据住房和城乡建设部和工商行政管理局[⊖]联合制定并颁布的（施工合同示范文本）规定，项目业主与项目承包商可以共同协商保险。当前，由于参与实际保险业务的项目数量较少，我国的三大保险公司所收取的保费还比较昂贵，且保险合同条款明显不利于项目方。随着参保项目逐年增多，同时保险公司的竞争性越来越明显，保费和服务均会向有利于项目方的方向转化，项目风险的转移策略将越来越趋于完善和成熟。

> **案例 4-5** 卫星发射理赔案例。2018 年 10 月 27 日，蓝箭空间技术公司的朱雀一号火箭，在酒泉卫星发射中心搭载央视定制的微小商业卫星"未来号"发射升空后，火箭第三级工作出现姿态失稳异常，导致卫星未能进入预定轨道，而火箭主体部分则坠入印度洋。
>
> 某财险西安分公司为此次发射保障项目成立专业团队，量身定制了保险服务方案。确认发射失败后，公司就向保险公司报案，该财险公司立刻与酒泉卫星发射中心联系，确认事故经过。
>
> 经过三方共同确认，10 月 27 日火箭发射失败，属于保单的保险责任。某财险在蓝箭空间科技有限公司西安研发中心内向其赔付 1000 万元整，降低了投保人的经济损失。

当前，我国项目处理主要以风险控制与风险自留为主，其所出现问题与弊端的经济根源在于，国有大中型企业或政府部门所承担的一切项目投资通常由政府来为项目风险买单，企业或项目负责人无须为项目风险损失承担责任。项目风险处理的低效导致了项目管理的"三超"现象，即概算超估算、预算超概算、决算超预算。随着我国确立社会主义市场经济体制，投资主体（国有企业或政府）的经济责任日趋明朗化和具体化，项目投资的决策者也开始日益注重投资估算的准确性，项目风险处理的有效性得到了极大的改善。

⊖ 2018 年 3 月，不再保留该部门，联合其他部门组建国家市场监督管理总局。

6. 风险管理措施

风险是客观存在的，任何企业都面临内部或外部风险，它会影响企业目标的实现，因此企业管理者必须进行风险管理，那么该如何做好企业风险管理呢？

1）提高风险管理意识。在企业经营活动中，企业管理者应根据自身的能力去承接项目，对所承接的项目要进行预评估，对经评估确认风险较大的项目要尽量避开和放弃。有多少人接多少项目，这样才能有效避免由于人员不到位、人员与投标不符、资质降低等容易受到处罚的风险。此外，不盲目扩大规模，使各个项目均能处于企业管理者的有效管理范围之内，避免因企业管理不到位带来的风险。

2）企业应该尽量采用规范化的管理模式，制定规范化的规章制度、岗位责任制。《老板》杂志表示企业管理者对每个具体的项目，还应根据其自身特点，对涉及监理风险的工作内容，制定较为细致的、有针对性的监理实施细则和风险管理计划，从而使企业的所有项目均能按统一规定的工作程序、要求、标准去做好监理工作，正确履行监理的各种责任，从而达到降低风险的目的。

3）企业管理者应建立较为完善的监督检查机制，进行动态管理。企业的各级领导、业务部门要经常到项目中进行检查与指导，并加强与业主的沟通，听取业主的意见，及时把各种新的法律法规、内外形势变化、企业和业主的要求等传达到项目监理人员当中，并在检查中及时发现项目监理机构的不足。企业管理者应针对项目存在的风险隐患，及时加以处理，使其消失于萌芽状态，避免风险事故的发生。

> **案例 4-6** "中信协同"流贷。中信银行南方某分行，为一家战略性新兴产业知名龙头企业牵头了一笔百亿级流贷银团。这是一笔境内美元流贷银团，为客户解决日常经营项下的原材料预付款资金需求，因为要匹配客户的长期合同和预付款金额，所以期限特别长，为 10 年。期限长、全额大、支付币种还是美元——这三点组合在一起，之前并无行业样本可参考。同时，由于客户对用款时间还有着明确的要求，因此留给中信银行审批决策的时间很短。
>
> 银行的视角是单一的，对于这种比较有难度的贷审，中信银行集团协同在这里起到大作用。因为这家企业之前上市时的保荐是中信建投做的，所以在决策过程中，中信银行与中信建投进行了深入交流，由此对客户的技术储备及未来发展方向有了更加清晰的判断，风险控制维度更多，贷审更严密，最后银行从立项到批复仅仅用了 18 个工作日。

4）组建突发事件公关队伍，全面应对突发事件。企业管理者为了加强对突发事件的管理与应对，在企业内部建立一支训练有素、精干高效的突发事件公关队伍是完全必要的。其成员应包括企业最高决策层、公关部门、生产部门、市场销售部门、技术研发部门、保安部门、人力资源部门等相关部门的人员以及法律顾问、公关专家等专业人士。在正常情况下，突发事件公关小组负责对企业内外环境进行实时监测，在广泛收集信息的基础上分析发现存在的问题和隐患，对可能出现的突发事件情况做出准确预测，帮助企业管理者根据预测结果制定切实可行的突发事件防范措施，监督指导防范措施的落实，加强对突发事件预警机制的管理，开展对公关人员和全体员工的培训，组织突发事件状况模拟演习等。当突发事件发生时，突发事件公关小组要起到指挥中心的作用，包括建立突发事件控制中心，制定紧急应对方案，策动方案实施，与媒体进行联系沟通，控制险情扩散、恶化，减弱突发事件的不良影响，化解公众疑虑和敌对情绪，以便尽快结束突发事件。

4.4 进度管理和质量管理

4.4.1 进度管理

1. 进度管理的概念

项目进度管理，是指采用科学的方法确定进度目标，编制进度计划和资源供应计划，进行进度控制，在与质量、费用目标协调的基础上，实现工期目标。

项目进度管理的主要目标是要在规定的时间内，制订出合理、经济的进度计划，然后在该计划的执行过程中，检查实际进度是否与计划进度相一致。若出现偏差，便要及时找出原因，采取必要的补救措施或调整、修改原计划，直至项目完成。进度管理的目的是保证项目能在满足其时间约束条件的前提下实现其总体目标。

2. 项目进度计划制订

在制订项目进度计划时，必须以项目范围管理为基础，对于项目范围的内容要求，有针对性地安排项目活动。

1）项目结构分析。编制进度计划前要进行详细的项目结构分析，系统地剖析整个项目结构，包括实施过程和细节，系统规则地分解项目。项目结构分解的工具是工作分解结构（WBS）原理，它定义了项目的总范围，包含全部的产品和项目工作。WBS 是一个分级的树形结构，是将项目按照其内在结构和实施过程的顺序进行逐层分解而形成的结构示意图，每下降一个层级就是对项目工作的更详细定义，通过 WBS 分解，将项目分解到相对独立的、内容单一的、易于成本核算与检查的项目单元，明确单元之间的逻辑关系与工作关系，每个单元具体地落实到责任者，并能进行各部门、各专业的协调。典型建筑工程项目的 WBS 分解结构如图 4-8 所示。

进度计划编制的主要依据：项目目标范围、工期的要求、项目特点、项目的内外部条件、项目结构分解单元、项目对各项工作的时间估计、项目的资源供应状况等。进度计划编制要与费用、质量、安全等目标相协调，充分考虑客观条件和风险，确保项目目标的实现。

进度计划编制的主要工具是网络计划图和横道图，通过绘制网络计划图，确定关键路线和关键工作。根据总进度计划制订出项目资源总计划、费用总计划，把这些总计划分解到每年、每季度、每月、每旬等各阶段，从而进行项目实施过程的依据与控制。

2）成立进度控制管理小组。成立以项目经理为组长，以项目副经理为常务副组长，以各职能部门负责人为副组长，以各单元工作负责人、各班组长等为组员的控制管理小组。小组成员应分工明确，责任清晰；定期不定期召开会议，严格执行讨论、分析、制定对策、执行、反馈的工作制度。

3）制定控制流程。控制流程运用了系统原理、动态控制原理、封闭循环原理、信息原理、弹性原理等。编制计划的对象由大到小，计划的内容从粗到细，形成了项目计划系统；控制是随着项目的进行而不断进行的，是个动态过程；由计划编制到计划实施、计划调整再

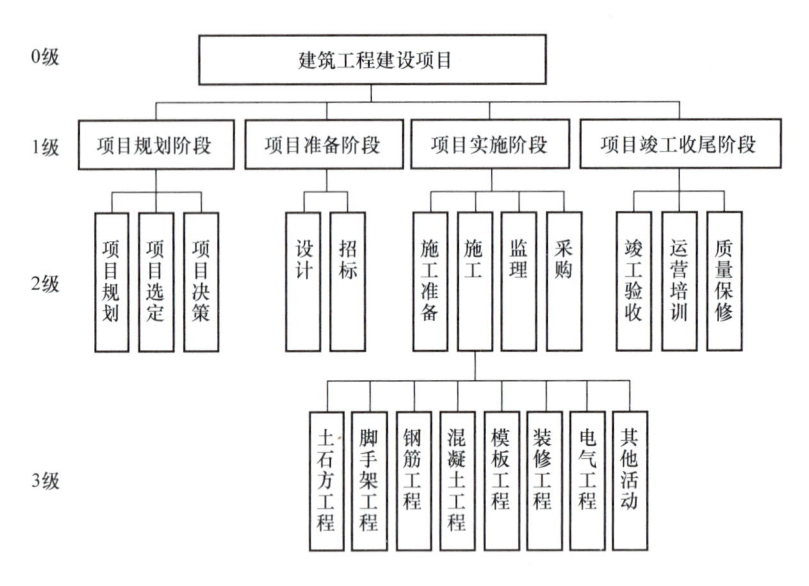

图 4-8 典型建筑工程项目的 WBS 分解结构

到计划编制这样一个不断循环过程,直到目标的实现;计划实施与控制过程需要不断地进行信息的传递与反馈,也是信息的传递与反馈过程;同时,计划编制时也应考虑到各种风险的存在,使进度留有余地,具有一定的弹性,进度控制时,可利用这些弹性,缩短工作持续时间,或改变工作之间的搭接关系,确保项目工期目标的实现。

3. 项目进度计划控制

在项目进度管理中,制订出一个科学、合理的项目进度计划,只是为项目进度的科学管理提供了可靠的前提和依据,但并不等于项目进度的管理就不再存在问题。在项目实施过程中,由于外部环境和条件的变化,往往会造成实际进度与计划进度发生偏差,若不能及时发现这些偏差并加以纠正,项目进度管理目标的实现就一定会受到影响。所以,必须实行项目进度计划控制。

项目进度计划控制的方法是以项目进度计划为依据,在实施过程中对实施情况不断进行跟踪检查,收集有关实际进度的信息,比较和分析实际进度与计划进度的偏差,找出偏差产生的原因和解决办法,确定调整措施,对原进度计划进行修改后再予以实施。随后继续检查、分析、修正,再检查、分析、修正,直至项目最终完成。

在项目执行和控制过程中,要对项目进度进行跟踪,主要有三种不同的表示方法:

(1) 时间表　时间表是管理时间的一种方式。它是将某一时间段中已经明确的工作任务清晰地记载和表明的表格,是提醒使用人和相关人按照时间表的进程行动,有效管理时间、保证完成任务的简单方法。一个无人车设计项目的时间表如图 4-9 所示,其任务的划分在时间上是连续的,一个接一个地完成。

(2) 甘特图　甘特图又称横道图、条状图。甘特图通过活动列表和时间刻度表示出特定项目的顺序与持续时间。甘特图是一个二维图,横轴表示时间,纵轴表示项目,线条表示期间计划和实际完成情况。甘特图直观地表明了计划何时进行,计划进展与要求的对比,是一份随着工作进度不断变化的活动文档。特定任务已经完成时,可以将它用阴影填充,以便管理者弄清项目各个方面工作完成情况、评估工作进度。无人车设计项目的甘特图如图4-10所示。

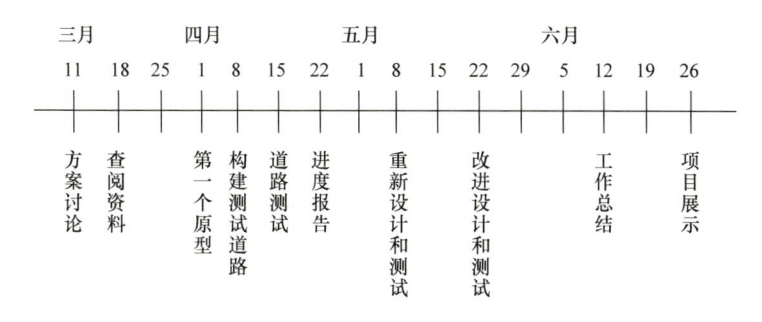

图 4-9　无人车设计项目的时间表

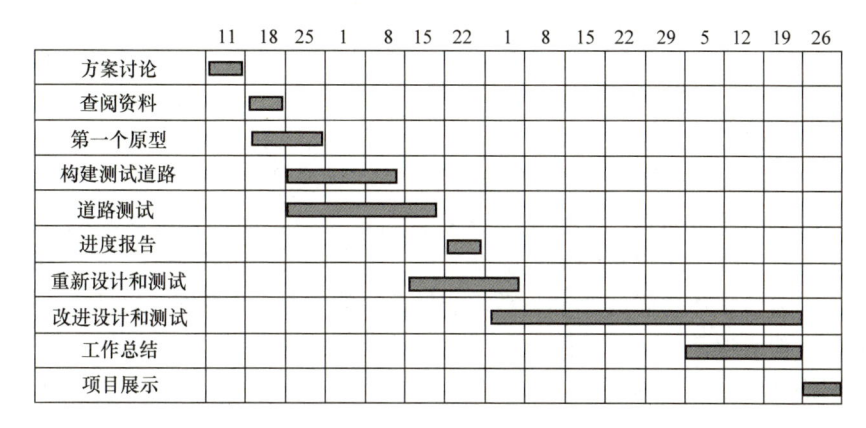

图 4-10　无人车设计项目的甘特图

在项目进度管理中，往往是时间表和甘特图配合使用，同时跟踪时间进度和工作量进度这两项指标，所以才有了"时间过半、任务过半"的说法。在掌握了实际进度及其与计划进度的偏差情况后，就可以对项目将来的实际完成时间做出预测。

甘特图主要关注时间进程管理，无法表达工程项目所包含的工作之间的逻辑关系，无法表达因一项工程活动提前、推迟或延长持续时间会影响哪些活动。甘特图的局限性决定了它主要适用于中小型项目的工期计划。

（3）网络图　网络图计划技术是以网络图的形式制订计划，求得计划的最优方案，并据以组织和控制生产，达到预定目标的一种科学管理方法。网络图是表达工作之间相互关系、相互制约的逻辑关系的图解模型，由箭线和节点组成。常见的网络图分为单代号网络图和双代号网络图两种。

1）单代号网络图。用一个圆圈或矩形代表一项活动，并将活动名称写在圆圈中。箭线符号仅用来表示相关活动之间的顺序，不具有其他意义，因其活动只用一个符号就可代表，故称为单代号网络图。

单代号网络图中每个节点表示一项工作，节点宜用圆圈或矩形表示，节点必须编号，编号注明在节点内，号码可间断，但严禁重复，箭线的箭尾节点编号应小于箭头节点的编号。一项工作必须有唯一的一个节点以及相应的一个编号。节点所表示的工作名称、持续时间和工作编号等应注明在节点内。某桥梁施工进度单代号网络图如图 4-11 所示。

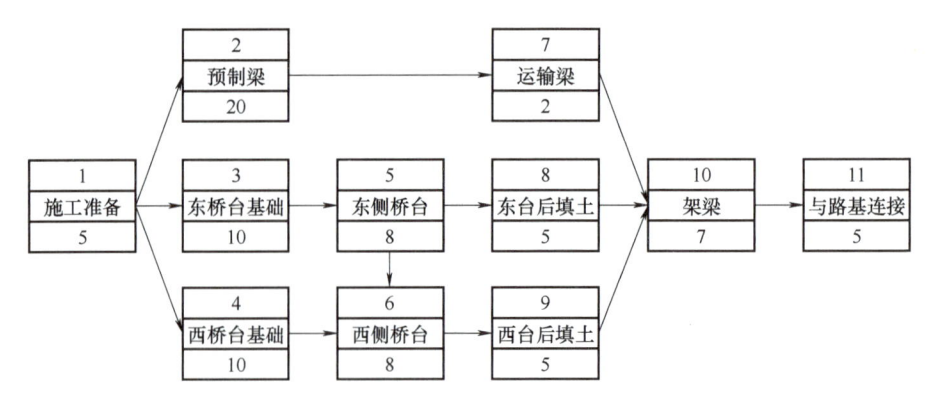

图 4-11 某桥梁施工进度单代号网络图

上述网络图中，施工准备用节点 1 表示、持续时间 5 天，预制梁用节点 2 表示、持续时间 20 天，等等。单代号网络图表达思维与人们的思维方式一致，能清楚、方便地表达工作之间的各种逻辑关系，即工艺关系和组织关系在网络中均表现为工作之间的先后顺序。

2）双代号网络图。工作一般使用箭线表示，每一条箭线都表示一项工作，任意一条箭线都需要占用时间、消耗资源，工作名称写在箭线的上方，而消耗的时间则写在箭线的下方。虚箭线是实际工作中不存在的一项虚设工作，因此一般不占用资源，不消耗时间，虚箭线一般用于正确表达工作之间的逻辑关系。节点反映的是前后工作的交接点，接点中的编号可以任意编写，但应保证后续工作的结点比前面结点的编号大，且不得有重复。某桥梁施工进度双代号网络图如图 4-12 所示。

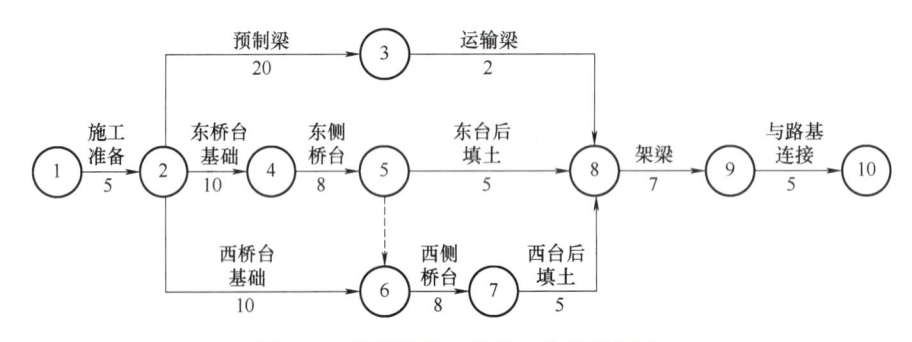

图 4-12 某桥梁施工进度双代号网络图

上述网络图中，从起始节点开始，沿箭头方向通过一系列箭线与节点，最后达到终点节点的通路，称为线路。一个网络图中一般有多条线路，线路可以用节点的代号来表示，比如①—②—④—⑤—⑥线路的长度就是线路上各工作的持续时间之和。在各条线路中，有一条或几条线路的总时间最长，称为关键线路，一般用双线或者粗线表示，其他线路长度均少于关键线路，称为非关键线路。双代号网络图逻辑关系清楚，并且排版容易。

网络图计划技术能够清楚地反映各工作之间的相互依存和相互制约关系，可以用来对复杂而难度大的工程做出有序而可行的安排，从而提高管理水平和经济效益。通过时间参数计算，可以找出网络计划中的关键线路和次关键线路，可以计算出除关键工作之外的其他工作的机动时间，利用这些机动时间，优化网络计划，调整工作进程，降低成本。网络图计划技术的缺点是进度情况不能一目了然。

> **案例 4-7** 机场跑道工程。某施工单位承揽了国内某机场（单跑道）跑道加长的建设任务，建设单位的基本要求之一：该项工程的施工不能影响机场的正常运行。施工单位绘制了施工进度计划网络图（局部），如图 4-13 所示。根据给出的网络图，指出关键工作并计算某个工序的工作总时差。
>
> 图 4-13 施工进度计划网络图（局部）
>
> 根据计划网络图，从起点①到终点⑨，最长的线路显然是①—②—③—⑤—⑥—⑧—⑨，那么关键工作就是施工准备、土石开挖、水泥稳定碎石基层、面层 A 铺筑、道肩施工和刻槽灌缝。
>
> 总时差是指在不影响总工期的前提下，某工作可以利用的机动时间。水泥混凝土面层 B 铺筑，其后续工作为刻槽灌缝，而刻槽灌缝是关键工作，其最早开始时间=最迟开始时间，即该工作不可延误。和面层 B 铺筑并行的工作是关键工作——道肩施工，该工作持续时间是 3 周，而面层 B 铺筑的持续时间是 2 周，故其总时差是 1 周，即推迟 1 周施工也不会耽误总工期。

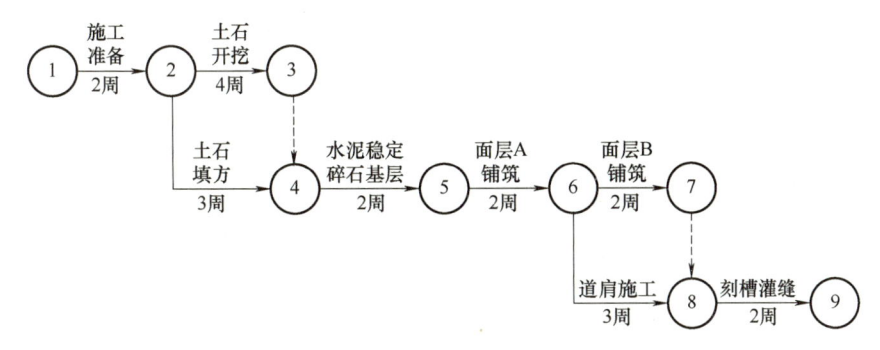

4. 管理工具

对于大型项目管理，没有软件支撑，手工完成项目任务制定、跟踪项目进度、资源管理、成本预算的难度是相当大的。随着微型计算机的出现和运算速度的提高，20 世纪 80 年代后项目管理技术也呈现出繁荣发展的趋势，项目进度管理软件开始出现。

在项目管理软件中，必须具备制定项目时间表的能力，包括能够基于 WBS 的信息建立项目活动清单，建立项目活动之间的多种依赖关系，能够从企业资源库中选择资源分配到项目活动中，能够为每个项目活动制定工期，并为各个项目活动建立时间方面的限制条件，能指定项目里程碑，当调整项目中某项活动的时间（起止时间或工期）时，后续项目都可以随着自动更新其时间安排，各个资源在项目中的时间安排也会随之更新。同时，还需要一定的辅助检查功能，包括查看项目中各资源的任务分配情况，各个资源的工作量分配情况，识别项目的关键路径，查看非关键路径上项目活动的可移动时间范围等，这些都是制定项目时间表所需要的基本功能。制订完项目计划后，通常情况下会将项目计划的内容保存为项目基线，作为对项目进行跟踪比较的基准。

现在市场上的项目进度管理软件很多，而且功能也很完善，例如 ERP、SAP、PLM、MES 等项目管理软件（如图 4-14 所示），采用 WBS、项目范围结构、甘特图、关键路径、EVM 等管理手段，这些管理软件基本上可以满足现代企业的项目进度管理需求。

图 4-14　产品 ERP 管理系统示例

4.4.2　质量管理

1. 质量管理的概念

质量管理是指确定质量方针、目标和职责，并通过质量体系中的质量策划、控制、保证和改进来使其实现的全部活动。

20 世纪前，产品质量主要依靠操作者的技艺水平和经验来保证，属于"操作者的质量管理"。20 世纪初，以 F. W. 泰勒为代表的科学管理理论的产生，促使产品的质量检验从加工制造中分离出来，质量管理的职能由操作者转移给工长，是"工长的质量管理"。随着企业生产规模扩大和产品复杂程度质量管理的提高，产品有了技术标准（技术条件），公差制度也日趋完善，各种检验工具和检验技术也随之发展，大多数企业开始设置检验部门，有的直属于厂长领导，这时是"检验员的质量管理"。上述几种做法都属于事后检验的质量管理方式。

1924 年，美国数理统计学家 W. A. 休哈特提出控制和预防缺陷的概念。他运用数理统计的原理提出在生产过程中控制产品质量的"6σ"法，绘制出第一张控制图并建立了一套统计卡片。与此同时，美国贝尔研究所提出关于抽样检验的概念及其实施方案，成为运用数理统计理论解决质量问题的先驱，但当时并未被普遍接受。以数理统计理论为基础的统计质量控制的推广应用始自第二次世界大战。由于事后检验无法控制武器弹药的质量，美国国防部决定把数理统计法用于质量管理，并由标准协会制定有关数理统计方法应用于质量管理方面的规划，成立了专门委员会，并于 1941—1942 年先后公布一批美国战时的质量管理标准。

1961 年，潘兴导弹在前 6 次成功发射的基础上开始第 7 次发射，在导弹的第二节点火以后，引爆了第一节的射程安全包，导弹发射失败。作为潘兴导弹项目的质量经理，在对事故的反思中，克洛斯比注意到在将导弹送到卡纳维拉尔角去发射前，通常会出现

10 个左右的小缺陷，并由此认识到问题的原因在于质量管理中 AQL 的概念，并由此提出了"第一次就将事情做好"和"零缺陷"的概念。克洛斯比提出："缺陷数是人们置某一特定事件之重要性的函数，人们对一种行为的关心超过另一种，所以人们学着接受这样一个现实：在一些事情上，人们愿意接受不完美的情况，而在另一些事情上，缺陷数必须为零"。克洛斯比的理论一出现，即获得了美国政府和国防部的重视，但也受到一些质量管理界的非议。这是由于克洛斯比的理论触动了统计过程控制技术的根基，对于大量的重复性连续过程，"每一次都做好"的要求比"第一次就做好"的要求困难得多，甚至是不现实的。但是对于项目这种一次性过程，则需要采用克洛斯比的"第一次就做好"和"零缺陷"的概念。

随着生产力的迅速发展和科学技术的日新月异，人们对产品的质量从注重产品的一般性能发展为注重产品的耐用性、可靠性、安全性、维修性和经济性等。在生产技术和企业管理中要求运用系统的观点来研究质量问题。在管理理论上也有新的发展，除了突出重视人的因素，强调依靠企业全体人员的努力来保证质量以外，还有"保护消费者利益"运动的兴起，企业之间的市场竞争越来越激烈。在这种情况下，美国 A. V. 费根鲍姆于 20 世纪 60 年代初提出全面质量管理的概念。他提出，全面质量管理是"为了能够在最经济的水平上并考虑到充分满足顾客要求的条件下进行生产和提供服务，并把企业各部门在研制质量、维持质量和提高质量方面的活动构成为一体的一种有效体系"。

我国自 1978 年开始推行全面质量管理，并取得了积极的成效。

2. 质量管理标准

企业的生存、发展和不断进步都要依靠质量保证体系的有效实施。

（1）质量管理体系　质量管理体系是组织内部建立的、为实现质量目标所必需的、系统的质量管理模式。ISO9000：2015《质量管理体系——基础和术语》和 GB/T 19000—2016 标准，是目前广泛应用的建立质量管理体系的指导性工具。从项目管理的视角看，质量管理体系要素包括以下内容：

1）质量方针。又称为质量政策，对企业来说，质量方针是企业质量行为的指导准则，反映企业最高管理者的质量意识，也反映企业的质量经营目的和质量文化。从一定意义上来说，质量方针就是企业的质量管理理念。

2）质量目标。质量目标是落实质量方针的具体要求，是为满足质量要求和持续改进质量管理体系有效性方面的承诺和追求的目标。质量目标一经制定，需要将质量目标分解落实到各职能部门、生产单位和各级人员，引导员工自发地努力为实现企业的总体目标做出贡献。

3）质量计划。质量计划是以特定产品、项目或合同为对象，将质量保证标准、质量手册和程序文件的通用要求与特定产品、项目或合同联系起来的文件。

质量计划需要回答的是如何通过各种质量相关活动来保证项目达到预期的质量目标。质量计划中的重要输入是质量目标，而质量目标来源于用户需求和商业目标，项目质量计划根据质量目标制订，包括质量保证计划和质量跟踪控制计划。

质量属性包括了正确、可用等功能性属性，也包括了性能、安全、易用、可维护等非功能性属性。各质量属性间本身也存在正负相互作用力，提高某个质量属性会导致其他质量属性受影响，也会使项目进度成本等其他要素受到影响。

质量计划的内容包括以下方面：

第一，明确其范围和目的（所适用的产品、项目，特殊要求及有效期）及需达到的质量目标。

第二，组织实际运作的各过程的步骤（可用流程图或类似图表展示过程要求）。

第三，在项目的不同阶段，相关职责、权限和资源的具体分配。

第四，采用的具体文件化程序和指导书。

第五，适宜阶段适用的检验、试验、检查和审核大纲。

第六，随项目的进展进行更改和完善质量计划的文件化程序。

第七，达到质量目标的度量方法及所采取的措施。

4）质量保证。质量保证是指为使人们确信产品或服务能满足质量要求而在质量管理体系中实施的正式活动和管理过程。质量保证就是按照一定的标准生产产品的承诺、规范等。由国家质量技术监督局[一]提供产品质量技术标准，即生产配方、成分组成、包装及包装容量多少、运输及储存中注意的问题，产品要注明生产日期、厂家名称、地址等。国家质量技术监督局会按这个标准检测生产出来的产品是否符合标准要求，以保证产品的质量符合社会大众的要求。

5）质量控制。质量控制方法是保证产品质量并使产品质量不断提高的一种质量管理方法。它通过研究、分析产品质量数据的分布，揭示质量差异的规律，找出影响质量差异的原因，采取技术组织措施，消除或控制产生次品或不合格品的因素，使产品在生产的全过程中每一个环节都能正常、理想地进行，最终使产品能够达到人们需要所具备的自然属性和特性，即产品的适用性、可靠性及经济性。

6）质量审计。质量审计就是有资质的管理人员所做的独立评价，保证项目符合质量要求，遵守既定的质量程序和方针。

质量审计将保证实现项目的质量要求，项目或产品安全适用，遵守相关的法律、法规，数据的收集和发布体系正确、适合，必要时能采取适当的措施进行纠偏，能提供改进的机会。

（2）ISO9000族质量标准　ISO9000质量标准是国际化标准组织（ISO）在1987年3月正式发布的《质量管理和质量保证》。1994年国际标准化组织提出ISO9000族质量概念，ISO9000族标准并不是产品的技术标准，而是针对组织的管理结构、人员、技术能力、各项规章制度、技术文件和内部监督机制等一系列体现组织保证产品及服务质量的管理措施的标准。ISO9000：2015族标准主要包括：

1）ISO9000质量管理体系。阐述了ISO9000族标准中质量管理体系的基础知识、质量管理八项原则，并确定了相关的术语。

2）ISO9001质量管理体系——设计、开发、安装和服务的质量保证模式。

3）ISO9002质量管理体系——生产、安装和服务的质量保证模式。

4）ISO9003质量管理体系——最终检验和试验的质量保证模式。

5）ISO9004质量管理和质量体系要素——指南。阐述了一套质量体系的原理、原则和一般应包括的质量要素，供企业根据各自所服务的市场、产品类别、生产过程、消费者的需

[一] 2001年，与国家出入境检验检疫局合并成为国家质量监督检验检疫总局。省以下设置质量技术监督局。

要，提供质量管理指南。

众所周知，对产品提出性能、指标要求的产品标准包括很多组织标准和国家标准，但这些标准还不能完全解决消费者的要求和需要。消费者希望拿到的产品在检验是合格的，而且还十分关注供应方对影响产品质量的管理、技术、工艺、人员等因素的控制能力，要求供应方通过工作质量来保证产品实物质量，最大限度地降低它隐含的缺陷。在这样的历史背景下，世界各国、组织和消费者都要求有一套国际上通用的、具有灵活性的国际质量保证模式，这就是质量管理和质量保证 ISO9000 族标准产生的根本条件。

（3）质量认证　质量认证（Conformity Certification），又称合格认证。质量认证是第三方依据程序对产品、过程或服务符合规定的要求给予书面保证（合格证书）。质量认证按认证的对象分为产品质量认证和质量管理体系认证两类。

1）产品质量认证。产品质量认证的对象是特定产品包括服务。认证的依据是产品（服务）质量要符合指定的标准要求，质量体系要满足指定质量保证标准要求，认证合格的产品将由认证机构颁发产品认证证书和认证标志。产品质量认证包括合格认证和安全认证两种。

对于关系国计民生的重大产品，有关人身安全、健康的产品，必须实施安全认证，它通过法律、行政法规或规章规定强制执行认证，认证产品的产品标准必须符合有关强制性国家标准和行业标准的要求。凡属强制性认证范围的产品，企业必须取得认证资格，并在出厂合格的产品上或其包装上使用认证机构发给特定的认证标志。

合格认证属自愿性认证，企业自主选择认证的标准依据，即可在 GB/T 19000 和 ISO9000 族标准的两种质量保证模式标准中进行选择，认证产品的产品标准应是达到国际水平的国家标准和行业标准。是否申请认证，由企业自行决定。

> **案例 4-8**　执行国家标准。某厂产品声称执行国家标准，标准规定："产品的检测温度为 25℃±1℃，湿度<60%"。但是审核时发现检验室并没有温湿度控制手段。审核员问："温湿度如何控制？"检验员说："上次审核时已给我们开出了不合格项，由于考虑到资金紧张，而且同行业其他厂对该产品的检测也不考虑温湿度的影响，另外该标准是推荐性标准，我们可以参照执行，进行一些改动，因此决定将该条件删除。"检验员出示了厂经理办公会的决定，取消对温湿度的要求。在销售科，审核员看到与顾客签订的销售合同上，填写的产品执行标准仍然是国家标准。
>
> **案例分析：** 国家标准有强制性和推荐性标准。对于推荐性标准，是建议企业采用，没有强制要求。但是如果企业对外声称是执行的某推荐性标准，则该标准对于企业就是强制性的，即要求企业百分之百执行该标准，否则不能声称执行此标准。当然，如果不能完全满足，应表述为"参照执行 GB/T××××标准"。

产品获得质量认证证书和认证标志可以在激烈的国内国际市场竞争中提高产品质量的可信度，有利于占领市场；可以促进企业进行全面质量管理，并及时解决在认证检查中发现的质量问题；可以加强国家对产品质量的监督和管理，促进产品质量水平不断提高；消费者购买产品时，可以从产品及其包装上的认证标志中获得可靠的质量信息，购买到满意的产品。产品认证证书和 3C 强制认证证书如图 4-15 所示。

2）质量管理体系认证。质量管理体系认证的认证对象是企业的质量体系，或者说是企业的质量保证能力。

质量管理体系认证，是依据国际通用的质量和质量管理标准，经国家授权的独立认证机构对组织的质量体系进行审核，通过注册及颁发证书来证明组织的质量体系和质量保证能力符合要求，但证书和标记都不能在产品上使用。质量管理体系认证证书如图 4-16 所示。质量管理体系认证通常以 ISO9000 族标准为依据，也就是经常提到的 ISO9000 质量体系认证。质量体系认证都是自愿性的。

图 4-15　产品认证证书和 3C 强制认证证书　　　　图 4-16　质量管理体系认证证书

ISO9000 质量体系认证是由国家或政府认可的组织以 ISO9000 系列质量体系标准为依据进行的第三方认证活动，对企业的品质体系非常严格地进行审核，企业按照经过严格审核的国际标准化的品质体系进行品质管理，确保产品质量合格率。如果企业通过 ISO9000 质量体系认证，对客户来说，可以相信该企业能够稳定地提供合格产品或服务；对企业来说，有利于扩大其市场占有率；ISO9000 族质量体系认证被世界上 110 多个国家广泛采用，在全球具有广泛的影响，企业通过认证也有利于开发国际市场；另外，认证机构定期对企业质量体系进行监督审核，以验证其质量体系是否持续满足标准要求，是否得到了不断的改进，帮助企业稳定地提高产品品质。

3. 工程项目质量

工程项目质量是指通过项目实施全过程所形成的，能满足用户或社会需要的，并由有关技术标准、设计文件、施工规范等具体详细设定其安全、适用、耐久、经济、美观等特性要求的工程质量以及工程建设各阶段、各环节工作质量的总和。工程项目质量的固有特性主要包括以下几方面：

（1）**质量社会性**　质量的好坏不仅从直接的用户，而是从整个社会的角度来评价，尤其关系到生产安全、环境污染、生态平衡等问题时更是如此。

1）坚持按标准组织生产。一是要建立健全各种技术标准和管理标准，力求配套。二是要严格执行标准，把生产过程中物料的质量、人的工作质量给予规范，严格考核，奖罚兑现。三是要不断修订改善标准，贯彻实现新标准，保证标准的先进性。

2）强化质量检验机制。一是需要建立健全质量检验机构，配备能满足生产需要的质量检验人员和设备、设施；二是要建立健全质量检验制度，从原材料进厂到产成品出厂都要实行层层把关，做原始记录，生产工人和检验人员责任分明，实行质量追踪。三是经过质量检验部门确认的不合格的原材料不准进厂，不合格的半成品不能流到下一道工序，不合格的产品不许出厂。

3）实行质量否决权。质量为核心的经济责任制是提高人的工作质量的重要手段。作为生产过程质量管理，首先要对各个岗位及人员分析质量职能，即明确在质量问题上各自负什么责任，工作的标准是什么。其次，要把岗位人员的产品质量与经济利益紧密挂钩，兑现奖罚。对长期优胜者给予重奖，对玩忽职守造成质量损失的除不计工资外，还处以赔偿或其他处分。此外，为突出质量管理工作的重要性，在评选先进、晋升、晋级等荣誉项目时实行一票否决。

4）抓住影响产品质量的关键因素，设置质量管理点或质量控制点。质量管理点（控制点）的含义是生产制造现场在一定时期、一定条件下对需要重点控制的质量特性、关键部位、薄弱环节以及主要因素等采取的特殊管理措施和办法，实行强化管理，使工厂处于很好的控制状态，保证规定的质量要求。加强这方面的管理，需要专业管理人员对企业整体做出系统分析，找出重点部位和薄弱环节并加以控制。

（2）质量经济性　质量不仅从某些技术指标来考虑，还从制造成本、价格、使用价值和消耗等几方面来综合评价。在确定质量水平或目标时，不能脱离社会的条件和需要，不能单纯追求技术上的先进性，还应考虑使用上的经济合理性，使质量和价格达到合理的平衡。

（3）质量系统性　质量是一个受到设计、制造、安装、使用、维护等因素影响的复杂系统。例如，汽车是一个复杂的机械系统，同时又是涉及道路、司机、乘客、货物、交通制度等特点的使用系统。产品的质量应该达到多维评价的目标。费根堡姆认为，质量系统是指具有确定质量标准的产品和为交付使用所必需的管理上和技术上的步骤的网络。

质量是企业的生命，质量是一切的基础，企业要生存和盈利，就必须坚持质量第一的原则。适应现代化大生产对质量管理整体性、综合性的客观要求，从过去限于局部性的管理进一步走向全面性、系统性的质量管理，就是企业全体人员及各个部门同心协力，把经营管理、专业技术、数量统计方法和思想教育结合起来，建立起产品的研究与开发、设计、生产作业、服务等全过程的质量体系，从而有效地利用人力、物力、财力、信息等资源，提供符合规定要求和用户期望的产品和服务。

4. 项目质量保证

项目质量保证是指通过项目质量计划，规定在项目实施过程中执行公司质量体系，针对项目特点和用户特殊要求采取相应的措施，使用户确信项目实施能符合项目的质量要求。

质量保证可分为内部质量保证和外部质量保证。内部质量保证是指为使单位领导确信本单位产品或服务的质量满足规定要求所进行的活动，其中包括对质量体系的评价与审核以及对质量成绩的评定。其目的是使单位领导对本单位的产品和服务质量放心。外部质量保证是指为使需求方确信供应方的产品或服务的质量满足规定要求所进行的活动。在外部质量保证活动中，首先应把需求方对供应方的质量体系要求写在合同中，然后对供应方的质量体系进行验证、审核和评价。供应方须向需求方提供其质量体系满足合同要求的各种证据，证据包括质量保证手册、质量计划、质量记录及各种工作程序。

（1）主要依据　项目质量保证的主要依据有质量管理计划、质量测量指标、过程改进计划、工作绩效信息、批准的变更要求、质量控制度量的结果、实施的变更请求、实施的纠正措施、操作说明等。

（2）工作内容

1）制定科学可行的质量标准。制定质量标准是为了在项目实施过程中达到或超过质量标准，也可以采用现行的国家标准、行业标准。

2）建立和完善项目质量管理体系，包括质量管理体系的结构和质量管理体系的职责分配，并且要配备合格和必要的资源，持续开展有计划的质量改进活动。

（3）工具和方法

1）质量计划工具和技术。质量计划工具和技术在质量保证中同样适用。

2）质量审核。质量审核是在企业系统内开展的一种质量监督活动，是指为满足用户使用要求，以产品、工序和体系为目标，通过独立、公正、系统的评定，判断交货产品质量，考核工序适应性和评定体系的有效性，以便及时暴露问题，改进工作，增强质量保证体系的自身保证能力而开展的企业内部的监察活动。通过质量审核，评价审核对象的现状对规定要求的符合性，并确定是否需采取改进纠正措施，从而保证项目质量符合规定要求，保证设计、实施与组织过程符合规定要求，保证质量体系有效运行并不断完善，提高质量管理水平。

质量审核的分类包括：质量体系审核、项目质量审核、过程（工序）质量审核、监督审核、内部质量审核、外部质量审核。质量审核可以是有计划的，也可以是随机的，它可以由专门的审计员或者是第三方质量系统注册组织审核。

3）过程分析。过程分析是指按照过程改进计划中列明的步骤，从组织和技术角度识别所需的改进。其中，也包括对遇到的问题、约束条件和无价值活动进行检查。过程分析包括根源分析，即分析问题或情况，确定促成该问题或情况产生的根本原因，并为类似问题制定纠正措施。

（4）保证的输出　质量保证的输出包括采取措施提高项目的效率和效益，为项目相关人员提供更多的利益。项目保证的结果是质量提高。在大多数情况下，完成提高质量的工作要求做好改变需求或采取纠正措施的准备，并按照整体变化控制的程序执行质量改进。质量改进包括达到以下目的的各种行动：增加项目有效性和效率以提高项目投资者的利益，改变不正确的行动以及克服这种不正确行动的过程。

项目的质量保证可以分为项目管理过程的质量保证和项目产品和服务的质量保证。项目管理过程的质量保证要有一套完善的管理项目的程序，清晰地指明项目应怎样管理好合格的资源，以及是怎样从基于历史经验的标准中得出的。这些经验可能是公司自己的经验，也可能是从外部成功的实践中得出的标准。这些政策、方法和程序由独立的第三方来检查，同时建立完善的程序首先要有正确的思想态度，即对质量管理承担的义务必须要从组织的最高层开始。程序常常需要定期向高层管理部门报告，高层管理部门采用这些报告进行决策，从而对项目和企业的运行产生影响。而为了保证项目产品或服务的质量，要做好以下工作：清晰的规格说明，使用良好定义的标准，结合历史经验，配备合格的资源，进行公正的设计复审，实施变更控制。

（5）工作结果　项目质量保证工作的结果是多方面的，但最主要的还是提高和改善项目的实际质量。这种项目质量的提高和改善涉及项目工作效率和效果的提高、项目相关利益主体整体利益的扩大、项目产出物的质量等级的提高，各种不必要项目变更的避免和整个项目集成管理的改善等方面。

项目质量保证的另一个结果，是为未来开展的项目提供相应的质量保证工作的经验和总结。这种经验和总结可以作为项目历史信息的一个很好的组成部分，以便为将来的项目质量管理工作服务。

5. 项目质量控制

项目质量控制（Project Quality Control）是指对于项目质量实施情况的监督和管理。这项工作的主要内容包括：项目质量实际情况的度量，项目质量实际与项目质量标准的比较，项目质量误差与问题的确认，项目质量问题的原因分析和采取纠偏措施以消除项目质量差距与问题等一系列活动。这类项目质量管理活动是一项贯穿项目全过程的项目质量管理工作。

（1）主要依据　项目质量控制的依据有一些与项目质量保证的依据是相同的，有一些是不同的。项目质量控制的主要依据有：

1）项目质量计划。这与项目质量保证是一样的，这是在项目质量计划编制中所生成的计划文件。

2）项目质量工作说明。这也是与项目质量保证的依据相同的，同样是在项目质量计划编制中所生成的工作文件。

3）项目质量控制标准与要求。这是根据项目质量计划和项目质量工作说明，通过分析和设计而生成的项目质量控制的具体标准。

项目质量控制标准与项目质量目标和项目质量计划指标是不同的，项目质量目标和计划给出的都是项目质量的最终要求，而项目质量控制标准是根据这些最终要求所制定的控制依据和控制参数。通常这些项目质量控制参数要比项目目标和依据更为精确、严格和有操作性，因为如果不能够更为精确与严格，就会经常出现项目质量的失控状态，就会经常需要采用项目质量恢复措施，从而形成较高的项目质量成本。

4）项目质量的实际结果。项目质量的实际结果包括项目实施的中间结果和项目的最终结果，同时还包括项目工作本身的好坏。

项目质量实际结果的信息也是项目质量控制的重要依据，因为有了这类信息，人们才可能将项目质量实际情况与项目的质量要求和控制标准进行对照，从而发现项目质量问题，并采取项目质量纠偏措施，使项目质量保持在受控状态。

（2）质量管理的 PDCA 循环　全面质量管理的思想基础和方法依据就是 PDCA 循环。PDCA 循环的含义是将质量管理分为四个阶段，即 Plan（计划）、Do（执行）、Check（检查）和 Act（处理），四个阶段周而复始不断循环，每一个循环都围绕着预期的目标进行计划、执行、检查和处理活动，对存在的问题进行解决和改进，未能解决的问题，进入下一个循环解决，在一次一次的滚动循环中不断上升、持续改进，从而不断提高产品质量。质量管理的 PDCA 循环如图 4-17 所示。这一工作方法是质量管理的基本方法，也是企业管理各项工作的一般规律。

1）计划 P（Plan）。计划即根据顾客的要求和组织的方针，为提供结果建立必要的目标和过程。

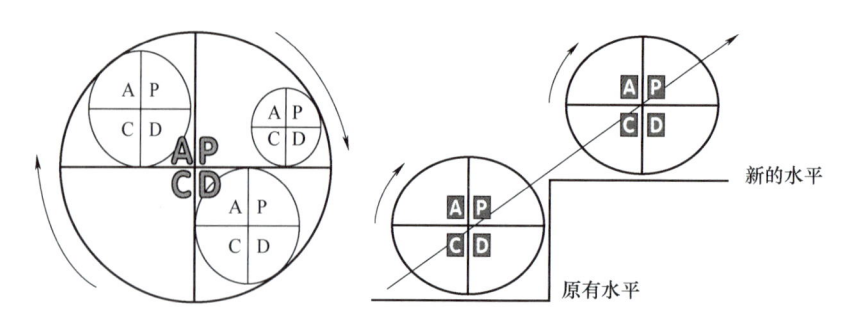

图 4-17 质量管理的 PDCA 循环

第一，选择课题、分析现状、找出问题。强调的是对现状的把握和发现问题的意识、能力，发现问题是解决问题的第一步，是分析问题的条件。

课题的选择很重要，如果不进行市场调研，论证课题的可行性，就可能带来决策上的失误，有可能在投入大量人力、物力后造成设计开发的失败。比如：一个企业如果对市场发展动态信息缺少灵敏性，可能花大力气开发的新产品，在另一个企业已经是普通产品，就会造成人力、物力、财力的浪费。选择一个合理的项目课题可以减少研发的失败率，降低新产品投资的风险。

第二，定目标，分析产生问题的原因。找准问题后分析产生问题的原因至关重要，运用头脑风暴法等多种集思广益的科学方法，把导致问题产生的所有原因统统找出来。

目标可以是定性+定量化的，能够用数量来表示的指标要尽可能量化，不能用数量来表示的指标也要明确。目标是用来衡量实验效果的指标，所以设定目标应该有依据，要通过充分的现状调查和比较来获得。例如：一种新药的开发必须掌握了解政府部门所制定的新药审批政策和标准。制定目标时可以使用关联图、因果图来系统化地揭示各种可能之间的联系，同时使用甘特图来制定计划时间表，从而确定研究进度并进行有效的控制。

第三，给出各种方案并确定最佳方案，区分主因和次因是最有效解决问题的关键。

创新并非单纯指发明创造的创新产品，还可以包括产品革新、产品改进和产品仿制等。其过程就是设立假说，然后去验证假说，目的是从影响产品特性的一些因素中去寻找出好的原料搭配、好的工艺参数搭配和工艺路线。然而现实条件中不可能把所有想到的实验方案都实施，所以提出各种方案后优选并确定出最佳的方案是较有效率的方法。

第四，制定对策、制订计划。

计划的内容如何完成好，需要将方案步骤具体化，逐一制定对策，明确回答出方案中的"5W1H"，即：为什么制定该措施（Why）、达到什么目标（What）、在何处执行（Where）、由谁负责完成（Who）、什么时间完成（When）、如何完成（How）。使用过程决策程序图或流程图，方案的具体实施步骤将会得到分解。

2）执行 D（Do）。按照预定计划、标准，根据已知的内外部信息，设计出具体的行动方法、方案，进行布局。再根据设计方案和布局，进行具体操作，努力实现预期目标。

对策制定完成后就进入了实验、验证阶段，也就是做的阶段。在这一阶段除了按计划和方案实施外，还必须要对过程进行测量，确保工作能够按计划进度实施。同时建立起数据采集，收集过程的原始记录和数据等项目文档。

3）检查 C（Check）。即确认实施方案是否达到了目标。

方案是否有效、目标是否完成，需要进行效果检查后才能得出结论。将采取的对策进行确认后，对采集到的证据进行总结分析，把完成情况同目标值进行比较，看是否达到了预定的目标。如果没有出现预期的结果，应该确认是否严格按照计划实施对策，如果是，就意味着对策失败，那就要重新进行最佳方案的确定。

4）处理 A（Act）。

第一，标准化，固定成绩。标准化是维持企业治理现状不下滑，积累、沉淀经验的最好方法，也是企业治理水平不断提升的基础。对已被证明的有成效的措施，要进行标准化，制定成工作标准，以便以后的执行和推广。可以这样说，标准化是企业治理系统的动力，没有标准化，企业就不会进步，甚至下滑。

第二，问题总结，处理遗留问题。所有问题不可能在一个 PDCA 循环中全部解决，遗留的问题会自动转进下一个 PDCA 循环，如此，周而复始，螺旋上升。

处理阶段是 PDCA 循环的关键。因为处理阶段就是解决存在问题，总结经验和吸取教训的阶段。该阶段的重点又在于修订标准，包括技术标准和管理制度。没有标准化和制度化，就不可能使 PDCA 循环转动向前。

PDCA 循环作为质量管理的基本方法，每个工程项目都有自己的 PDCA 循环，层层循环，形成大环套小环，小环里面又套更小的环，大环是小环的母体和依据，小环是大环的分解和保证。通过循环把工程项目的各项工作有机地联系起来，彼此协同，互相促进。

PDCA 循环就像爬楼梯一样，一个循环运转结束，生产的质量就会提高一步，然后再制定下一个循环，再运转、再提高，不断前进，不断提高。PDCA 循环不是在同一水平上循环，每循环一次，就解决一部分问题，取得一部分成果，工作就前进一步，水平就上升一层。每通过一次 PDCA 循环，都要进行总结，提出新目标，再进行第二次 PDCA 循环，使品质治理的车轮滚滚向前。PDCA 每循环一次，都会优化品质水平和治理水平。

（3）质量管理的方法和工具　工程项目质量控制必须采用科学方法和手段，通过收集和整理质量数据，进行分析比较，发现质量问题，及时采取措施，预防和纠正质量事故，常用的质量管理方法有以下几种：

1）检查表法。检查表又称调查表、核对表或统计分析表，是利用表格进行质量数据收集和统计，以便进行初步分析的一种方法。可用于工序质量检查、缺陷位置检查、不良项目检查、不良项目原因检查等问题的统计检查。表格形式可以根据需要自行设计、便于统计分析。零件加工检查表示例见表 4-1。

表 4-1　零件加工检查表示例

机床	缺陷	日期				合计
		5月1日	5月2日	5月3日	…	
1	表面伤痕	5	0	3	…	41
	粗糙度超差	4	1	4	…	52
	精度超差	0	0	0	…	3
	其他缺陷	0	0	0	…	5

(续)

机床	缺陷	日期			合计
		5月1日	5月2日	5月3日	…	
2	表面伤痕	1	4	8	…	28
	粗糙度超差	2	2	1	…	13
	精度超差	1	2	3	…	30
	其他缺陷	0	0	1	…	2

2）排列图法。排列图法就是将影响工程质量的各种因素，按照出现的频数，从大到小的顺序排列在横坐标上，在纵坐标上标出因素出现的累积频数，并画出对应的变化曲线的分析方法。

排列图由两个纵坐标、一个横坐标、若干个直方图形和一条曲线组成。其中左边的纵坐标表示频数，右边的纵坐标表示累计频率，横坐标表示影响质量的各种因素。若干个直方图形分别表示质量影响因素的项目，直方图形的高度则表示影响因素的大小程度，按大小顺序由左向右排列，曲线表示各影响因素大小的累计频率。这条曲线称为帕累托曲线。

排列图是分析和寻找影响质量主要因素的一种工具，在没法面面俱到的状况下，抓重要的事情，关键的事情，而这些重要的事情不是靠直觉判断得来的，而是有数据依据的，并用图形来加强表示。

案例 4-9 混凝土构件尺寸质量检查。某工地混凝土构件尺寸质量检查结果是在全部检查的 6 个项目中不合格点共有 150 个，各项目不合格次数（即频数），见表 4-2。根据各项目不合格次数可以计算不合格点的频率，再将各个项目不合格点频率的百分比进行依次累加而得各个项目累计频率，见表 4-2。排列图绘制步骤如下：

表 4-2 不合格项目频率累计表

序号	项目	频数（个）	频率（%）	累计频率（%）
1	表面平整度	75	50.0	50.0
2	截面尺寸	45	30.0	50.0+30.0=80.0
3	平面水平度	15	10.0	80.0+10.0=90.0
4	垂直度	8	5.3	90.0+5.3=95.3
5	标高	4	2.7	95.3+2.7=98.0
6	其他	3	2.0	98.0+2.0=100.0
	合计	150	100	

第一，画横坐标。将横坐标按项目数量等分，6 等分，并按项目频数由大到小从左至右排列。

第二，画纵坐标。左边的纵坐标表示项目不合格点数，即频数，右边的纵坐标表示累计频率。要求纵坐标总频数对应累计频率 100%。

第三，画频数直方图形。以频数为高画出各项目的直方图形。

第四，画累计频率曲线。从横坐标左端点开始，依次连接各项目右端点所对应的累计频率值的交点，所得的曲线称为累计频率曲线。混凝土构件尺寸不合格点排列如图 4-18 所示。

排列图法可以形象、直观地反映各检查项目对生产质量的影响程度，确定主次因素，找到影响生产质量的薄弱环节。

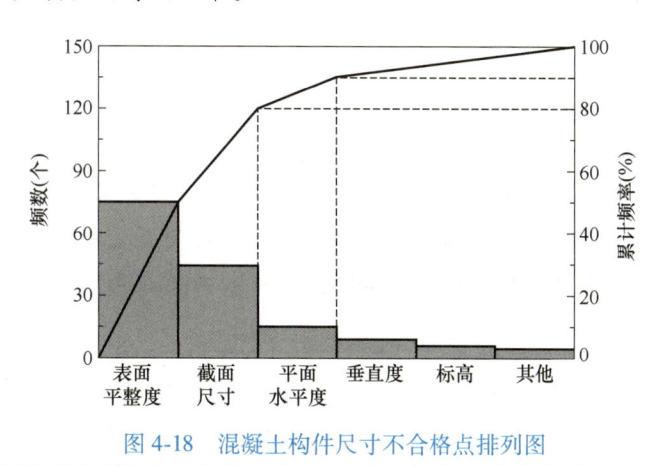

图 4-18 混凝土构件尺寸不合格点排列图

3) 因果分析图。因果分析图又称鱼骨图、树状图，是一种逐步深入研究寻找影响产品质量原因的方法。由于在实际工程管理过程中，产生质量问题的原因是多方面的，而每一种原因的作用又不同，将其分别用主干、大枝、中枝和小枝图形表示出来，这样采用从大到小、从粗到细的方法，逐步找到产生问题的根源，以便制定质量对策和解决问题。

案例 4-10 某炼油厂市场营销因果分析。该分析图如图 4-19 所示，"鱼头"表示需要解决的问题，即该炼油厂产品在市场中所占份额少。根据现场调查，可以把产生该炼油厂市场营销问题的原因概括为 5 类。即人员、渠道、广告、竞争和其他。在每一类中包括若干造成这些原因的可能因素，如营销人员数量少、销售点少、缺少宣传策略、进口油广告攻势等。将 5 类原因及其相关因素分别以鱼骨分布态势展开，形成鱼骨图。

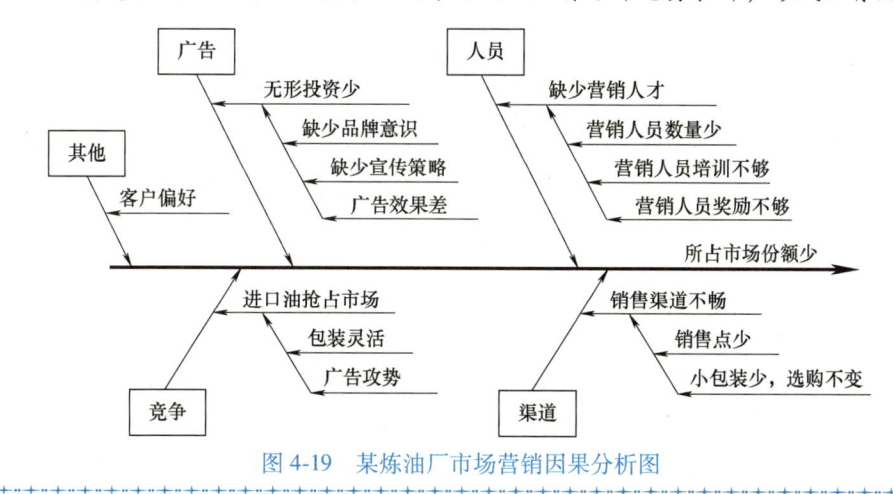

图 4-19 某炼油厂市场营销因果分析图

> 可依数据报表、现场调查的统计数据,通过结构分析,计算出每种原因或相关因素在产生问题过程中所占的比重。通过计算发现,"营销人员数量少",在产生问题过程中所占比重为35%,"广告效果差"所占比重为18%,"小包装少"所占比重为25%,三者在产生问题过程中共占78%的比重,可以被认为是导致该炼油厂产品市场份额少的主要原因。如果针对这三大因素提出改进方案,就可以解决整个问题的78%。
>
> 鱼骨图,顾名思义即像鱼的骨架,头尾间用粗线连接,有如脊椎骨。在鱼尾填上问题或现状,鱼头代表了目标,脊椎就是达成过程的所有步骤与影响因素。想到一个因素,就用一根鱼骨表达,把能想到的有关因素都用不同的鱼骨标出。之后再细化,对每个因素进行分析,用鱼骨分支表示每个主因相关的因素,还可以继续三级、四级分叉找出相关因素。经过反复推敲后,一张鱼骨图就有了大体框架。针对每个分支、分叉填制解决方案。最后,把所需工作、动作以及遗留问题进行归类。这样就很容易发现,哪些是困扰当前目标的要因,该如何去解决与面对,哪些可以马上解决,需要调动哪些资源等。

4)直方图。直方图又称柱状图,它是表示数据变化情况的一种主要工具。用直方图可以将杂乱无章的资料,解析出规则性,比较直观地看出产品质量特性的分布状态,对于资料中心值或分布状况一目了然,便于判断其总体质量分布情况。在制作直方图时,会牵涉一些统计学的概念,首先要对数据进行分组,因此如何合理分组是其中的关键问题。分组通常是按组距相等的原则进行的,两个关键数字是分组数和组距。直方图绘制步骤如下:

第一,收集数据。绘制直方图时应取数据一般大于50个。

第二,确定数据的极差R。用数据的最大值减去最小值求得R。最大值X_{max},最小值X_{min},所以极差$R = X_{max} - X_{min}$。

第三,确定直方图的组数K和组距h。通常数据在50个及以内时,$K=5\sim7$组;数据在51~100个时,$K=6\sim10$组;数据在101~250个时,$K=7\sim12$组;数据在250以上时,$K=10\sim20$组。组距$h=R/K$。

第四,确定组限。第一组下界限值$=X_{min}-h/2$,第一组上界限值$=X_{max}+h/2$,第一组上界限值就是第二组下界限值,第二组下界限值加上组距就是第二组的上界限值,依次类推。

第五,整理数据,做出频数表。

第六,绘制直方图。

某建筑工程大模板浇筑混凝土,对大模板边长尺寸误差进行质量分析,检测员收集80个数据,通过极差、组数、组距、组限计算,统计各组数据频数。频数统计结果见表4-3。

表4-3 频数统计结果

组号	组限(mm)	频数(个)	频率(%)
1	-6.5~-5.5	1	1.25
2	-5.5~-4.5	3	3.75
3	-4.5~-3.5	7	8.75
4	-3.5~-2.5	11	13.75
5	-2.5~-1.5	19	23.75

(续)

组号	组限（mm）	频数（个）	频率（%）
6	-1.5~-0.5	17	21.25
7	-0.5~+0.5	10	12.50
8	+0.5~+1.5	8	10.00
9	+1.5~+2.5	3	3.75
10	+2.5~+3.5	1	1.25
合计		80	100

根据频数统计结果，可以画出以组距为底，以频数为高的 K 个直方形，得到频数分布直方图，如图4-20所示。从直方图上可以比较直观地看出产品质量特性的分布状态，判断生产过程是否稳定，预测生产过程的质量。

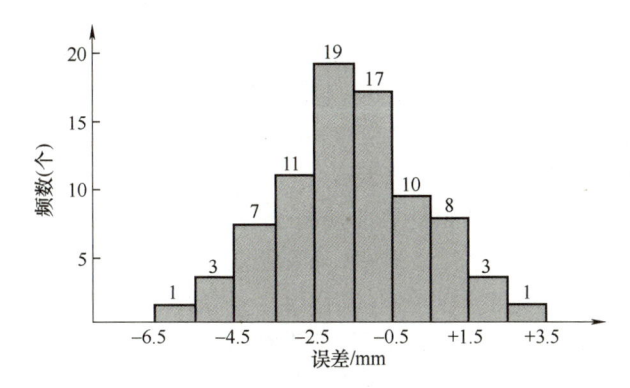

图4-20　大模板浇筑混凝土频数分布直方图

5）控制图。控制图又称管制图，是对过程质量特性进行测定、记录、评估，从而监察过程是否处于控制状态的一种用统计方法设计的图，用来区分引起质量波动的原因是偶然的还是系统的，可以提供系统原因存在的信息，从而判断生产过程是否处于受控状态。控制图按其用途可分为两类，一类是分析用的控制图，用控制图分析生产过程中有关质量特性值的变化情况，看工序是否处于稳定受控状态；再一类是管理用的控制图，主要用于发现生产过程是否出现了异常情况，以预防产生不合格品。

控制图示意如图4-21所示，图上有三条平行于横轴的直线：中心线（CL）、上控制线

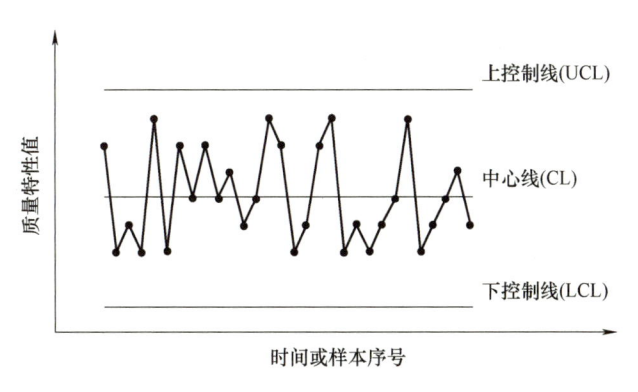

图4-21　控制图示意

(UCL) 和下控制线 (LCL)，并有按时间顺序抽取的样本统计量数值的描点序列。UCL、CL、LCL 统称为控制界限，通常控制界限设定在 ±3 标准差的位置。中心线是所控制的统计量的平均值，上下控制线与中心线相距数倍标准差。若控制图中的描点落在 UCL 与 LCL 之外或描点在 UCL 和 LCL 之间的排列不随机，则表明过程异常。

应用控制图对生产过程不断监控，可以当异常因素刚一露出苗头，甚至在未造成不合格品之前就能及时被发现，在这种异常因素造成不合格品之前就采取措施加以消除，起到预防的作用。

要精确地获得总体的具体数值，需要收集总体的每一个样品的数值。这对于一个无限总体或一个数量很大的有限总体来说往往是不可能的，或者是不必要的。在实际工作中，一般是从总体中随机地抽取样本，对总体参数进行统计推断。

(4) 项目质量控制与项目质量保证的区别　项目质量控制与项目质量保证概念最大的区别在于：

1) 项目质量保证是一种从项目质量管理组织、程序、方法和资源等方面为项目质量保驾护航的工作，而项目质量控制是直接对项目质量进行把关和纠偏的工作。

2) 项目质量保证是一种预防性、提高性和保障性的质量管理活动，而项目质量控制是一种过程性、纠偏性和把关性的质量管理活动。

虽然项目质量控制也有项目质量的事前控制、事中控制和事后控制，但是项目质量的事前控制主要是对于项目质量影响因素的控制，而不是从质量保证的角度所开展的各种保证活动。当然，项目质量保证和项目质量控制的目标是一致的，都是确保项目质量能够达到项目组织和项目业主（客户）的需要，所以在项目开展的工作和活动方面，二者目标一致，且有交叉和重叠，只是管理方法和工作方式不同而已。

6. 项目质量控制的结果

项目质量控制的结果是项目质量控制和质量保障工作所形成的综合结果，是项目质量管理全部工作的综合结果。这种结果的主要内容包括以下几项：

(1) 项目质量的改进　项目质量的改进是指通过项目质量管理与项目质量控制所带来的项目质量提高。项目质量改进是项目质量控制和项目质量保证工作共同作用的结果，也是项目质量控制最为重要的一项结果。

(2) 项目质量的接受　对于项目质量的接受包括以下两个方面：

1) 项目质量控制人员根据项目质量标准对已完成的项目结果进行检验后对该项结果所做出的接受和认可。

2) 项目业主（客户）或其代理人根据项目总体质量标准对已完成项目工作结果进行检验后做出的接受和认可。一旦做出了接受项目质量的决定，就表示一项项目工作或一个项目已经完成并达到了项目质量要求，如果做出不接受的决定，就应要求项目返工和恢复并达到项目质量要求。

(3) 返工　返工是指在项目质量控制中发现某项工作存在着质量问题并且其工作结果无法接受时，所采取的将有缺陷或不符合要求的项目工作结果重新变为符合质量要求的一种工作。返工既是项目质量控制的一个结果，也是项目质量控制的一种工作和方法。

返工的原因一般有三个：项目质量计划考虑不周，项目质量保障不力，出现意外变故。

返工所带来的不良后果主要也有三个：延误项目进度，增加项目成本，影响项目形象。

有时重大或多次的项目返工会导致整个项目成本突破预算,并且无法在批准工期内完成项目工作。在项目质量管理中返工是最严重的质量后果之一,项目团队应尽力避免返工。

(4) 核检结束清单　这是项目质量控制工作的一种结果。当使用核检清单开展项目质量控制时,已经完成了核检的工作清单纪录是项目质量控制报告的一部分。这一项目质量控制工作的结果通常可以作为历史信息使用,以便为下一步项目质量控制所做的调整和改进提供依据和信息。

(5) 项目调整和变更　项目调整和变更是项目质量控制的一种阶段性和整体性的结果。它是指根据项目质量控制的结果和面临的问题(一般是比较严重的,或事关全局性的项目质量问题),或者是根据项目各相关利益者提出的项目质量变更请求,对整个项目的过程或活动所采取的调整、变更和纠偏行动。在某些情况下,项目调整和变更是不可避免的。例如,当发生了严重质量问题而无法通过返工修复项目质量时,或当发生了重要意外而进行项目变更时都会出现项目调整和变更。

阅读材料

【阅读材料 4-1】

鲁布革冲击波

项目背景: 鲁布革水电站位于云南省罗平县和贵州省兴义县交界的黄泥河下游的深山峡谷中,如图 4-22 所示。1981 年 6 月,国家批准建设装机容量 60 万 kW 的中型水电站,鲁布革水电站被列为国家重点工程。工程由首部枢纽、发电引水系统和厂房枢纽三大部分组成。

图 4-22　鲁布革水电站

1977 年水电部就着手进行鲁布革水电站的建设,水电十四局开始修路,进行施工准备。但工程进展缓慢。1981 年水电部决定利用世界银行贷款,贷款总额为 1.454 亿美元,按其规定,引水系统工程的施工要按照国际咨询工程师联合会(FIDIC)组织推荐的程序进行国际公开招标。

1982年9月招标公告发布,设计概算1.8亿美元,标底1.4958亿美元,工期1579天。1982年9月至1983年6月,资格预审,15家合格的中外承包商购买标书。1983年11月8日,投标大会在北京举行,总共有8家公司投标,其中1家废标。法国SBTP公司报价最高(1.79亿美元),日本大成公司报价最低(8463万美元)。两者竟然相差1倍多。评标结果公布,日本大成公司中标(投标价是标底的56.58%,工期1545天)。

工程施工情况如下:

(1) 准备 大成公司提出投标意向之后,立即着手选配工程项目领导班子。他们首先指定了所长泽田担任项目经理,由泽田根据工程项目的工作划分和实际需要,向各职能部门提出所需要的各类人员的数量比例、时间、条件,各职能部门推荐备选人名单。磋商后,初选的人员集中培训两个月,考试合格者选聘为工程项目领导班子的成员,统归泽田安排。大成公司采用施工总承包制,在现场日本的管理和技术人员近30人左右,而作业层则主要从中国水电十四局雇用424名工人。

(2) 组织保障 大成公司中标后,设立了鲁布革大成事务所,与本部海外部的组织关系是矩阵式的。项目组织与企业组织协调配合十分默契。鲁布革大成事务所所有成员在鲁布革项目中统归项目经理泽田领导,同时,每个人还以原所在部门为后盾,服从部门领导的业务指导和调遣。

比如设备长宫晃,他在鲁布革项目中,负责工程项目所有施工设备的选型配置、使用管理、保养维修,以确保施工需要和尽量节省设备费用,对泽田负完全责任;同时,他要随时保持与原本部职能部门的密切联系,以取得本部的指导和支持。当重大设备部件损坏,现场不能修复时,他要及时报告本部,由本部负责尽快组织采购设备并运往现场,或请设备制造厂家迅速派员赶赴现场进行修理。

比如工程项目隧洞开挖高峰时,人手不够,本部立即增派相关专业人员抵达现场支持。当开挖高峰过后,到混凝土初砌阶段,本部立即将多余人员抽回,调往其他工程项目。

这样的矩阵式组织架构,既保证项目的准时性,又提高了人力资源使用率。

(3) 科学管理 根据项目效益制定奖励制度。将奖励与关键路径结合,若工程在关键路径部分,完成进度越快奖金越高;若在非关键路径部分的非关键工作,干得快反而奖金少。就是说,非关键工作进度快了对整个工程没有什么效益。

注重施工设备管理。不备机械设备,多备损坏率高的机械配件。机械出现故障,将配件换上即可立即恢复运转。机械不离场,机械损坏,在现场进行修理,而不是将整台机械运到修理厂。操作机械的司机乘坐班车上下班。

(4) 方案优化 大成公司将施工图设计和施工组织设计相结合进行方案优化。比如,开挖长8800m、直径8m的引水隧洞,采用圆形断面一次开挖方案,而我国历来采用马蹄形开挖方案。圆形断面与马蹄形断面开挖相比,每1m进度就要相差7m^{3}的工程量,即日本大成公司圆形断面开挖方案要减少$6×10^4 m^3$的开挖量,并相应减少$6×10^4 m^3$回填用量。当时国内一般是采用马蹄形开挖,直径8m的洞,下面至少要挖平7m直径宽,以便汽车进出,解决汽车出渣问题。大成公司优化施工方案,改变了施工图设计出来的马蹄形断面,采用圆形断面一次开挖成形的方法。圆形开挖的出渣方法:保留底部1.4m先不挖,作为垫道,然后利用反铲一段段铲出来。比如改变汽车在隧道内掉头的做法,先前是每200m就得挖出一个4m×20m的扩大洞,汽车在此调头,而大成公司采用在路上安装转向盘,汽车开上去 50s 就可实现调头，仅此一项措施就免去了 38 个扩大洞，减少 $5×10^4 m^3$ 开挖量和混凝土回填量。

大成公司在鲁布革水电站隧道工程上使用过的施工工法很多，其中最具影响力的当属"圆形断面开挖工法"和"二次投料搅拌工法"。资料表明，大成公司在鲁布革水电站隧道工程上仅仅由于使用上述两种工法，就节约 2070 万美元。

(5) 施工进度　1984年11月开工，1988年12月竣工。开挖23个月，单头月平均进尺222.5m，相当于我国同类工程的 2~2.5 倍。在开挖直径 8.8m 的圆形发电隧洞中，在当时创造了单头进尺 373.7m 的国际先进纪录。

(6) 合同管理　合同管理制度相比传统那种单纯强调"风格"而没有合同关系的自家"兄弟"关系，发挥了管理刚性和控制项目目标的关键作用。合同执行的结果是工程质量综合评价为优良，包括除汇率风险以外的设计变更、物价涨落、索赔及附加工程量等增加费用在内的工程结算为 9100 万美元，仅为标底 14958 万美元的 60.8%，比合同价仅增加了 7.53%。

(7) 焦点　大成公司从日本只带来管理人员，工人和工长都由国内施工企业提供，施工设备并不比国内的先进，就创造出了比当时国内施工企业高得多的效率。同样的工人和设备只是在不同的管理之下就出现如此大不同的结果。施工中，以组织精干、管理科学、技术适用、强有力的计划施工理念，创造出了工程质量好、用工用料省、工程造价低的显著效果，创造出了隧洞施工国际一流水准。

(8) 相形见绌　相比引水隧洞施工进展，水电十四局承担的首部枢纽工程进展缓慢，1983年开工，世界银行特别咨询团于1984年4月和1985年5月两次到工地考察，都认为按期完成截流计划难以实现。虽然施工单位发动"千人会战"，进度有所加快，但成本大增，同时也出现了一些质量问题。

三大冲击波：项目完工后，日本大成公司共制造出了至少三大冲击波。第一是价格，中标价仅为标底的 56.58%；第二是队伍，日本大成公司派到现场的只有一支30人的管理队伍，作业工人全部由我国承包公司委派；第三是结果，完工结算的工程造价为标底的60.8%、工期提前156天，质量达到合同规定的要求。

这令人咋舌的低成本、高质量、高速度和高效益，让当时我国建筑界的从业者叹为观止。

鲁布革经验：1985年，国务院批准鲁布革工程厂房工地开始率先进行项目法施工的尝试。参照日本大成公司鲁布革事务所的建制，建立了精干的指挥机构，使用配套的先进施工机械，优化施工组织设计，改革内部分配办法，产生了我国最早的"项目法施工"雏形。通过试点，提高了劳动生产力和工程质量，加快了施工进度，取得了显著效果。在建设过程中，原水利电力部还实行了国际通行的工程监理制和项目法人责任制等管理办法，取得了投资省、工期短、质量好的经济效果。到1986年年底，历时13个月，不仅把耽误的3个月时间抢了回来，还提前4个半月结束了开挖工程，安装车间混凝土工程也提前半年完成。

鲁布革工程的意义：鲁布革冲击波带来了思想的解放。我国水电建设率先实行业主负责、招标承包和建设监理制度，推广项目法施工经验。新的水电建设体制逐步确立，计划经济的自营体制宣告结束，改革成效逐渐显现。这种新的管理模式带来了效率的极大提升，加快了我国水电开发进程,促进了我国水电建设管理体制改革。在此之后,全国大小施工工程开始试行招投标制与合同制管理,对我国工程建筑领域的管理体制、劳动生产率和报酬分配等方面产生了重大影响。它的影响早已超出水电系统本身,对人们的思想造成了强烈冲击,是我国水电建设改革史上的重要里程碑,在我国改革开放史上也占有一席之地。

【阅读材料 4-2】

法国兴业银行:小交易员捅出的大窟窿

兴业银行事件:法国第二大银行兴业银行于 2008 年 1 月 24 日披露,由于旗下一名交易员私下越权投资金融衍生品,该行因此蒙受了 49 亿欧元(约合 71.6 亿美元)的巨额亏损。据称这也是有史以来涉及金额最大的交易员欺诈事件。2010 年 10 月,法院宣判该交易员应偿还这 49 亿欧元,而偿还时间需要 17.7 万年。

视频 4-2 法国兴业银行

法国兴业银行创建于 1864 年 5 月,由拿破仑三世签字批准成立,经历了两次世界大战并最终成为法国商界支柱之一。就是这样一个创造了无数骄人业绩的老牌银行在 2008 年年初因一个底层交易员的违规操作而受到了重创,"金字塔"险些倾塌。

有人说,一开始,这件事像是一个玩笑。如果一个交易员能够绕过层层监管,独自一人以"欺诈"的手段从事巨额股票衍生产品交易,那么,不但法国兴业银行的风险管理能力将受到质疑,整个金融业在公众心目中的信誉也都会大打折扣。在今后相当长的时间里,这个欧洲老牌的金融机构将面临重大困难,而它留给人们的则是关于企业内部控制及风险管理的沉重思考。任何一家机构,无论具有怎样雄厚的实力,一旦放松了对内部运作的控制,失去了对风险的警惕和防范,那么哪怕是一个级别很小的员工或者是一个小小的失误,都将有可能葬送整个企业。

案情回放:2008 年 1 月 18 日,银行一名经理收到了一封来自另一家大银行的电子邮件。邮件内容是确认此前约定的一笔交易,但问题是法国兴业银行早已限制和这家银行的交易往来。很快,银行内部组成了一个小组进行清查,指出这是一笔虚假交易,伪造邮件的是凯维埃尔。一天后,凯维埃尔被要求对此进行解释。与此同时,法国兴业银行也查出对方银行对这笔所谓的交易根本一无所知。凯维埃尔最初还想靠老办法蒙混过去,但最终还是承认他伪造了虚假贸易往来。银行在 19 日连夜查账,并在 20 日震惊地发现,这起欺诈案件所涉及的资金总额如此惊人。

2008 年 1 月 20 日早晨,所有的头寸都被最终确认,当天下午,总体盈亏程度被确认。在 18 日(周五)交易日结束时,兴业银行损失接近 20 亿美元,但不幸的是,21 日(周一)重新开盘时,由于全球股市遭遇"黑色星期一",损失进一步扩大。

2008 年 1 月 21 日,法国兴业集团开始在非常不利的市场环境之中,对"欺诈案"中头寸进行紧急平仓,整整抛售三天。平仓记录显示,1 月 21~23 日,法国兴业集团的一系列市场对冲措施恰和上述几日欧洲股市暴跌相联系。不过,法国兴业集团等到 1 月 24 日将相关头寸全部平仓之后,才首次在公告中向公众披露,轧平这些仓位直接导致了其多达 48.2 亿欧元的损失。

2008 年 1 月 30 日,法国兴业银行董事成立了一个由独立董事组成的排外性的特别委员会。该特别委员会与内部审计委员会合作，拥有对所有外部专家和顾问的信息追索权。同时，特别委员会还委任普华永道作为这项"绿色任务（Green Mission）"的审计顾问，对内部调查结果进行再次审查。

2008年2月20日，法国兴业特别委员会向法国兴业董事会提交了一份针对交易员凯维埃尔欺诈事件的中期调查报告。这份长达12页的报告说，兴业银行内部监控机制并未完全运转，内部监控系统多个环节有可能存在漏洞，主要包括对交易员盘面资金的监督、对资金流动的跟踪、后台与前台完全隔离规则的遵守、信息系统的安全及密码保护等。

报告披露，第75次警报拉响之后才让凯维埃尔的行径败露。从2006年6月到2008年1月，法国兴业银行的大多数风控系统自动针对凯维埃尔的各种交易发出了75次报警。其中，2006年凯维埃尔的交易引起了5次警报，而2007年发布的可疑交易更多，共达到67次，随着交易量的膨胀，警报越来越频繁，平均每月有5次以上。而在2008年1月的3次警报的最后一次，事情终于败露。

2008年7月4日，法国银行监管机构——法国银行委员会对兴业银行开出400万欧元罚单（目前其罚款上限为500万欧元），原因是兴业银行内部监控机制"严重缺失"，导致巨额欺诈案的发生。银行委员会在一份公告中指出，兴业银行内部监控机制严重缺失，使得金融交易在各个级别缺乏监控的情况下，在较长时期内难以被察觉并得到纠正，因而存在较大可能发生欺诈案并造成严重后果。法国兴业银行也对凯维埃尔提出了四项指控，其中包括滥用信用和欺诈未遂。在这四项指控中，量刑最为严重的滥用信用一项，最高可判7年监禁，并处以75万欧元罚款。

事件原因及启示：突然摆在眼前的71亿美元损失让以风险控制管理扬名的兴业银行上下以及业界震惊不已，这几乎抹去了兴业银行在业绩稳定期的全年利润。在对事件进行调查后，法国财政部出了一份长达12页的报告，将问题的矛头直指银行的内部监控机制。法国兴业银行的内控到底出现了哪些问题？

（1）高绩效文化无视风险　在对法国兴业银行的内部环境进行分析之后，我们发现法国兴业银行有着较为激进的企业文化。其制定的很多制度都鼓励员工不断地提高绩效，而使他们将风险置于脑后。事发后，大多数人会认为，凯维埃尔冒险这么做是想将越权交易获得的好处偷偷卷入囊中。然而，经核实，除了获得了年度奖金之外，他没有从中偷一分钱。"我只是想为公司挣大钱。"凯维埃尔说。

凯维埃尔此前在法国兴业银行虽然很努力地工作但表现并不出色，也得不到上司的认可，他如果不能获得奖金，便仅能获得很少的基本工资。在法国兴业银行，交易员的最终薪水是跟他给公司赚了多少钱直接挂钩的，而且是严重挂钩，也就是说，交易员从交易盈利中分得的奖金多少，是他工资高低的决定性因素。因为这个制度的存在，每个交易员都希望赚大钱，甘冒风险，这样的企业文化在给银行带来丰厚利润的同时，也无疑为其埋下了危险的种子。

当然，为了防止交易员的冒险行为，银行也设定了投资权限。所谓投资权限设定，是指银行的证券或期货交易员实行交易时，都会受到资金额度的严格限制，只要相关人员或主管人员细心审核一下交易记录清单，就会发现违规操作。但是，这样一道防护墙在一味追求利润最大化的企业文化风气的腐蚀下，也近乎形同虚设。由于此前的违规操作曾给银行带来过丰厚的利润，管理人员放松了应有的警惕，终于导致事件发生。事后，当凯维埃尔被问到为什么他的操作可以持续这么久时，他给出的答复："因为我在赚钱的时候，人们并不在乎这些反常细节。只要我们赚钱，而且不是太多，就什么也不说。""我不相信我的上级主管没有意识到我的交易金额，小额资金不可能取得那么大的利润。当我盈利时，我的上级装作没看见我使用的手段和交易金额。在我看来，任何正确开展的检查都能发现那些违规交易行为"。从某种意义上讲，凯维埃尔是不良内控文化的受害者。他的悲剧其实也是当今金融系统内弥漫的贪婪和怂恿人们为追求高额利润铤而走险的金融体系所造成的。

(2) 低估风险发生的可能性和影响程度　《巴塞尔新资本协议框架》特别强调银行业的三大风险：信贷风险、市场风险和操作风险。商业银行最难控制的其实是操作风险，因为操作风险往往是由银行内部各个岗位上熟悉银行内控规则、知道如何规避的人造成的，即"内贼作案"。法国兴业银行欺诈案就完全属于操作风险。

然而，法国兴业银行的风险评估体系并非一无是处。法国兴业银行曾被评为世界上风险控制最出色的银行之一。事实上，其对于操作风险有着明确的风险策略，无论哪种业务，兴业银行都不允许交易员在市场大涨或是大跌时操作，这是为了避免导向风险，除非操作的时间很短，并且在严格的限制之下。而且，它的确拥有复杂而缜密的 IT 控制系统，并且会对交易人员的不当行为发出警告。从 2006 年 6 月到 2008 年 1 月，法国兴业银行的运营部门、股权衍生品部门、柜台交易、中央系统管理部门等 28 个部门的 11 种风险控制系统自动针对凯维埃尔的各种交易发出了 75 次报警。这 11 种风险控制系统几乎是法国兴业银行后台监控系统的全部，涉及经纪、交易、流量、传输、授权、收益数据分析、市场风险等风险控制的各个流程和方面，由运营部门和衍生品交易部门发出的警报高达 35 次。而且监控系统竟然发现在不可能进行交易的某个星期六，存在着一笔没有交易对手和经纪人姓名的交易。具有讽刺意味的是，这么多次警报都没有令他们及早地识破凯维埃尔的伎俩，发生如此小概率的事件，不能不说银行的风险评估过程存在着严重的问题。

虽然机器是铁面无私、恪尽职守的，但是人类的不负责任却令其毫无用武之地。风险控制部门负责调查的人员轻易相信了凯维埃尔的谎言，有些警报甚至在风险控制 IT 系统中转来转去，而没有得到最终解决。可能他会说："哎呀，是我搞错了，我马上把数据改过来。"这样，别人就不会再追究了。只要人们愿意相信，什么理由都可以把问题搪塞过去。如果遇到不好对付的风险调查人员或者质疑，凯维埃尔就编造虚假邮件来发布授权命令。有 7 封来自法国兴业银行内部和交易对手的邮件，对凯维埃尔的交易进行授权、确认或者发出具体指令。

(3) 职能重合导致监守自盗　凯维埃尔在做交易员之前，曾经供职于监管交易的中台多个部门，负责信贷分析、审批、风险管理、计算交易盈亏，不但对结算业务了解得非常透彻，而且还积累了关于风险控制流程的丰富经验。也就是说，凯维埃尔曾经就是监管者，后来又被人监管。熟悉中后台及电脑系统的优势使得凯维埃尔在买入金融产品时，懂得如何刻意去选择那些没有保证金补充警示的产品，以使风险经理难以发现交易的异常情况。同时，为了避免虚构仓位被发现，他还凭借在中后台流程控制方面的多年经验，从操作部门盗用了 IT 密码，通过把其虚假交易行为及时删除、伪造文件证明、虚构仓位等手段，成功地避开了中后台部门的日常监控。

一般来讲，一个监管健全的公司，股票交易要经过交易员所在的部门、风险管理部门和结算部门，这三个部门应该完全独立的。如果交易员跟结算部门职能重合的话，那么交易员就可以在结算安排上做手脚，掩盖自己的交易记录。虽然法国兴业银行还不至于将这三个部门的职能重叠，但是它让一个在监管交易的中台工作过数年的员工在前台做交易员，本身也存在着一定的风险，违背了后台与前台完全隔离规则。交易人员不但能够利用自己在监管部门的工作经验作案，而且如果交易员跟结算部门的同事关系很不错，甚至可以通融或联合作案。

所以，法国兴业银行的案例提醒人们，在关注企业控制活动时，不仅要注意将不相容的岗位分离，同时也要慎重对待不相容岗位之间的人员流动问题，尽可能采取特别审查或有效监控的措施。

（4）信息沟通得不够及时和畅通　凯维埃尔居然能够进入那么多未经授权的数据库，也表明法国兴业银行的计算机数据管理存在很大漏洞。5年的打杂工作使他对银行的电脑系统非常熟悉，可以绕过银行的监管系统投资衍生品。凯维埃尔花费许多时间侵入计算机系统，从而消除本可以阻挡他豪赌的信用和交易量限制。事情发生后，法国兴业银行也对信息系统的有效性进行了检讨，得出的结论是开发验收人员和IT管理人员应当对技术漏洞及时采取补救措施，不定期更改系统密码，并对每个户名及密码的使用进行定期监控。

（5）内部监督的缺失　法国兴业银行的内部控制系统在对交易员盘面资金的监督、资金流动的跟踪、后台与前台完全隔离规则的遵守、信息系统的安全及密码保护等多个环节存在漏洞。然而，如果法国兴业银行能够对本行的内部控制体系进行有效的日常监督，那么也会从中发现蛛丝马迹，并及时纠正。凯维埃尔的违规操作实际上已经延续了比较长的一段时间，但在巨额盈利的掩盖下却一直未暴露出来。法国财政部的报告建议，可以在企业内部设立由独立人士组成的委员会，由其负责监督交易风险，核查内部监控系统各个环节的工作情况，最后将存在的问题提交领导层磋商解决。

【阅读材料4-3】

美国通用汽车公司破产

案例介绍：美国通用汽车公司（GM）成立于1908年9月16日，自从威廉·杜兰特创建了美国通用汽车公司以来，先后联合或兼并了别克、凯迪拉克、雪佛兰、奥兹莫比尔、庞帝亚克、克尔维特等公司，拥有铃木、五十铃和斯巴鲁的股份，使原来的小公司成为它的分部。1927年以来，它一直是全世界最大的汽车公司之一，公司下属的分部达二十多个，拥有员工近27万名。截至2007年，在财富全球500公司营业额排名中，通用汽车公司排第5。通用汽车公司生产线如图4-23所示。

通用汽车公司是美国最早实行股份制和专家集团管理的特大型企业之一。通用汽车公司生产的汽车，是美国汽车豪华、宽大、内部舒适、速度快、储备功率大等特点的经典代表。而且通用

图4-23　通用汽车公司生产线

汽车公司尤其重视质量和新技术的采用，因此通用汽车公司的产品始终在用户心中享有盛誉。在2008年以前，通用汽车公司连续77年蝉联全球汽车销量之冠。2009年6月1日，由于经营管理失误以及债务等问题，通用汽车公司正式递交破产保护申请。这是美国历史上第四大破产案，也是美国制造业最大的破产案之一。

破产进程：

2009年2月7日，应美国政府的要求，通用汽车公司推出了一个包含裁员、减负的重组计划，并要求政府再提供166亿美元援助贷款。

3月30日，美国总统奥巴马否决了通用汽车公司的重组计划，理由是通用汽车公司只想要钱而忽视重组，要求通用汽车公司在60天内拿出具有全球市场竞争力的改组计划。通用汽车公司首席执行官瓦格纳在压力下宣布辞去职务。

4月27日，通用汽车公司抛出了改良后的重组计划，其中要求债券持有人放弃270亿美元的债务来换取重组后通用10%的股份。此方案一出，分析人士普遍认为，说服债券持有人接受这样的安排是"不可能完成的任务"，通用汽车公司走向破产保护不可避免。

5月27日，通用汽车公司宣布公司未能获得90%债券持有人对其债转股计划的支持，通用寻求破产保护进入倒计时。

6月1日，通用汽车公司正式宣布申请破产保护。

破产原因：

（1）福利成本 昂贵的养老金和医疗保健成本，高出对手70%的劳务成本以及庞大的退休员工包袱让通用汽车公司不堪重负，让其财务丧失灵活性。

（2）次贷危机 次贷危机冲击了各大经营次级抵押贷款的金融公司、各大投行和"两房"、各大保险公司和银行之后就是美国的实体经济。美国次贷危机给美国汽车工业带来了沉重的打击，汽车行业成了次贷风暴的重灾区。2008年以来，美国的汽车销量也像住房市场一样，开始以两位数的幅度下滑，最新数据显示，美国2008年9月汽车销量较去年同期下降27%，创1991年以来最大月度跌幅，也是美国市场15年来首次月度跌破百万辆。有底特律第一巨头之称的通用汽车公司，尽管其汽车销量仍居世界之首，但自2009年4月底以来其市场规模急剧缩小了56%，从原本的130多亿美元降至不到60亿美元。销量下跌、原材料成本上涨导致盈利大幅减少。同时，通用汽车公司的股价已降至54年来最低水平。始料不及的金融海啸，让通用汽车公司押宝华尔街、从资本市场获得投资以渡过难关的期望成为泡影。

（3）战略失误 2005年来，通用汽车公司处在连续亏损状态，CEO瓦格纳没能扭转这一局面。通用汽车公司除了对其他汽车生产厂家的一系列并购和重组并不成功，以及在小型车研发方面落后于亚洲、欧洲同行外，其麾下的通用汽车金融公司也有一定责任。为了刺激汽车消费，争抢潜在客户，美国三大汽车巨头均通过开设汽车金融公司来给购车者提供贷款支持。银行对汽车按揭放贷的门槛相对较高，而向汽车金融公司申请贷款却十分简单快捷。只要有固定职业和居所，通用汽车金融公司甚至不用担保也可以向汽车金融公司申请贷款购车。这种做法虽然满足了一部分原本没有购车能力的消费者的购车欲望，在短期内增加了汽车销量，收取的高额贷款利息还增加了汽车公司的利润，但也产生了巨大的金融隐患。统计资料显示，美国汽车金融业务开展比例在80%~85%以上。过于依赖汽车消费贷款销售汽车的后果：名义上通用汽车公司卖掉了几百万辆汽车，但只能收到一部分购车款，大部分购车者会选择用分期付款方式来支付车款。一旦购车者收入状况出现问题（如失业），汽车消费贷款就可能成为呆账或坏账。金融危机的爆发不仅使汽车信贷体系遭受重创，很多原本信用状况不佳只能从汽车金融公司贷款的购车者也因收入减少、失业、破产等原因无力支付贷款利息和本金，导致通用汽车出现巨额亏损。

（4）资产负债糟糕 通用汽车公司2009年2月提交给美国政府的复兴计划估计，为期两年的破产重组，包括资产出售和资产负债表的清理，将消耗860亿美元的政府资金，以及另外170亿美元已陷入困境的银行和放款人的资金。放款人以及美国政府担心他们的借款会得不到偿还。他们的恐惧有充分的理由，贷款安全是建立在抵押品安全的基础之上的，而通用汽车公司的抵押品基础正在削弱。

（5）油价上涨 新能源、新技术的开发费用庞大，却没有形成产品竞争力。通用旗下各种品牌的汽车尽管车型常常出新，却多数是油耗高、动力强的传统美式车，通用汽车依赖运动型多用途车、卡车和其他高耗油车辆的时间太长，错失或无视燃油经济型车辆走红的诸多信号。

事件启示：

1) 专业化发展，拒绝盲目扩张。通用汽车公司重组有眼前的直接原因，还有两年来的根本原因，但是深层次的主要原因之一，就是其业务摊子铺得太大。自1990年到2002年，通用汽车公司在全球进行了多个项目的扩张，但吞并萨博、携手菲亚特耗费的上百亿美元投资，并未让通用汽车公司收回能弥补投资成本的利润。尽管在最鼎盛时期，通用汽车公司旗下有别克、凯迪拉克、雪佛兰、GMC、霍顿、悍马、奥兹莫尔比、欧宝、庞蒂亚克、萨博、土星和沃克斯豪尔12个品牌。但回顾历史，几乎找不出一年通用汽车公司旗下的所有品牌都是盈利的。所以通用汽车公司的办法只能是"拆东墙、补西墙"。反观我国国内一些企业，尤其是一些本土品牌如奇瑞和吉利，不仅国内外合作项目"遍地开花"，自身的品牌架构也呈现出热衷于"多品牌"的趋势。尽管由于企业成长阶段和所处市场环境不一样，国内企业还没有暴露出像通用汽车公司那样的矛盾，但通用汽车公司的盲目扩张教训不可不取。

2) 注重汽车消费趋势和消费者需求的研究。几十年来，美国市场一直是全球最大的汽车消费市场之一，新车年消费量达到1600万辆以上。这样的市场环境中，消费者的消费能力、消费层次和消费品位是多元化的，不同的车都会寻找到不同的消费者。身处这样的市场环境，尽管多年来通用汽车公司热衷的都是全尺寸皮卡、全尺寸SUV和大排量轿车之类单车盈利较高的产品，但其销量基本上都还过得去，但也正是这点"麻醉"了通用汽车公司。当发现消费趋势已从宽大、豪华和高油耗转为经济、适用等特征的时候，很多东西都已迟了，只能无奈地将市场份额拱手让给对手。就国内汽车产业而言，就国情出发，节能、环保和安全将是汽车产业的主导趋势。但目前，我国一些厂家，不仅包括本土汽车厂家也包括合资厂家，对节能、环保和安全的重视仍然没有摆上战略的层次。长此以往，这些企业也可能因对国内汽车消费趋势的研究不够而丧失竞争力。

3) 提早关注成本优势。与通用汽车公司不一样，我国汽车产业的劳动力成本与汽车发达国家相比显然不高，但我国汽车厂家的管理成本、采购成本及因效率不高带来的"损耗成本"却相当之高。当跨国汽车公司可以因全球采购而降低采购成本，可以因高效的现代公司管理制度而降低管理成本的同时，我国汽车产业也要及早三思而动。而且，从我国逐渐不占优势的劳动力成本来看，我国汽车产业也不是优势永在。

【阅读材料4-4】

华为案例：打造"零缺陷"质量管理体系

案例介绍：

（1）打造"零缺陷"质量管理体系　对于一个产品来说，除了对内部的每一个环节做到可控，还要对全价值链进行管理。企业想要保证产品质量，不能只关注自身的生产质量，还要关注上游供应商的生产质量。以手机为例，手机由几百个器件、上千种上层物料构成，需要依赖整个产业链的高质量才能成就最终产品的高质量。

有一次华为手机摄像头出现问题，经反复测试后发现是摄像头的胶水质量有问题。摄像头企业是华为的供应商，胶水企业是摄像头企业的供应商，上游的上游出一点点小的问题，都会造成最终产品的质量问题。这要求华为要把客户要求与期望准确传递到华为整个供应链，共同构建质量。为此，在对供应链的管理上，华为采取的做法如下：

第一，选择价值观一致的供应商，并用严格的管理对他们进行监控。

第二，优质优价，绝不以价格为竞争唯一条件。对每一个供应商都有评价体系，而且是合作全过程的评价。这个分数将决定其能否进入下一次招标。这个评分体系分为ABCD档，当供应商评分在D档时，就直接清除出供应商资源池，不会再被采用。

第三，华为自身也做巨大的投资，在整个产线上建立自动化的质量拦截，一共设定五层防护网：包括元器件规格认证，元器件原材料分析，元器件单件测试，模块组件测试，整机测试。华为在生产线上做了五个堤坝，一层一层进行拦截，即使某些供应商的器件出现漂移，华为也能尽早发现并拦截。

（2）质量成败在于文化　在华为看来，创新要向美国企业学习，质量要向德国、日本企业学习。在华为的大质量观形成过程中，与德国、日本企业对标起到关键作用。

德国企业的特点是以质量标准为基础，以信息化、自动化、智能化为手段，融入产品实现全过程，致力于建设不依赖于人的产品生产质量控制体系。德国强调质量标准，特别关注规则、流程和管理体系的建设；德国有统一、齐备的行业标准，德国发布行业标准约90%被欧洲及其他国家作为范本或直接采用。德国的质量理论塑造了华为质量演进过程的前半段，是以流程、指标来严格规范的质量体系。

再看日本企业，其特点是以精益生产理论为核心，减少浪费和提升效率，认为质量不好是一种浪费，是高成本，强调减少浪费（包括提升质量）、提升效率、降低成本。与德国的"标准为先，建设不依赖人的质量管理系统"不同的是，日本企业高度关注"人"的因素，把员工的作用发挥到极致，强调员工自主、主动、持续改进，调动全体员工融入日常工作的"改善"，强调纪律、执行，持续不断地改善整个价值流。

华为与德国、日本企业对标，帮助华为逐渐形成"零缺陷"质量文化以及客户导向的质量闭环。

想成为优秀的企业，华为认为其根本是文化。工具、流程、方法、人员能力，是"术"，"道"是文化。任正非举过一个例子，法国波尔多产区只有名质红酒，从种子、土壤、种植……形成了一整套完整的文化，这就是产品文化，没有这种文化就不可能有好产品。任正非在外界很少公开露面，但在内部的讲话却是很多。除了以客户为中心这一永远不变的主题之外，任正非讲得最多的就是"质量文化"。

纵观全球质量管理科学的发展，大致可分为四个阶段：第一阶段是脱离生产的专职质检，第二阶段是基于数理统计的质量预测，第三阶段是基于系统工程的全面质量管理，第四阶段是"零缺陷"质量文化。如今，华为以客户体验为中心的质量体系，或许会成为质量管理的第五个阶段。

从第四个阶段开始，质量管理从制度层面进化到文化层面。质量的保证，不能依赖于制度和第三方的监管，这样的质量会因人而异，也不可延续。而文化，即全员认同的质量文化，体现在每一个人的工作中。

文化的形成是一个慢工程。近几十年的业界潮起潮落，不断有新的风口，但华为一直是一家很朴素的公司，提出了"脚踏实地，做挑战自我的长跑者"的口号。用任正非的话说，华为这只"乌龟"，没有别人跑得快，但坚持爬了28年，也爬到了行业世界领先。任正非知道竞争会对慢跑型公司带来短期的冲击，但他要求公司上下一定不能有太大变化。比如，消费者行业变化大，将来也可能会碰到一些问题，所以华为一再强调终端要有战略耐性，要耐得住寂寞，扎扎实实把质量做好。

华为高层管理人员说"文化的变革才是管理变革的根本。大质量管理体系需要介入公司的思想建设、哲学建设、管理理论建设等方面，形成华为的质量文化。"

华为公司质量文化的核心是"以客户为中心"，将"一次把事情做对"和"持续改进"有机结合起来，在"一次把事情做对"的基础上"持续改进"。不断反思，不断构建大质量管理体系。

正是依靠对产品瑕疵"零"容忍的质量原则和对产品品质不断提升的追求，华为走出国门20多年，用优质的产品、服务和领先的技术，服务全球170多个国家和地区的客户。华为凭借"以客户为中心的华为质量管理模式"获得第二届"中国质量奖"制造领域第一名的殊荣。第二届中国质量奖奖杯如图4-24所示。

图4-24　第二届中国质量奖奖杯

习题与思考题

4-1　项目管理包括哪些方面？
4-2　简述项目管理的流程。
4-3　什么是职能式组织管理？职能式组织管理有哪些优缺点？
4-4　什么是项目式组织管理？项目式组织管理有哪些优缺点？
4-5　什么是矩阵式组织管理？矩阵式组织管理有哪些优缺点？
4-6　为什么要建立项目管理办公室？
4-7　项目经理需要具备哪些管理技能？
4-8　如何组建高效的项目团队？
4-9　项目成本包括哪些方面？主要从哪些方面控制项目成本？
4-10　项目成本控制的基本流程是什么？
4-11　如何识别项目风险？

4-12 项目风险预测有哪两个方面内容？
4-13 项目风险处理主要包括哪些手段？
4-14 如何做好企业风险管理？
4-15 什么是项目进度计划控制的时间表？
4-16 什么是项目进度计划控制的甘特图？
4-17 为什么要进行产品质量管理？
4-18 请查阅相关资料，论述什么是"6σ"质量控制方法，请结合具体应用案例分析该方法的理念和策略。
4-19 项目质量管理过程包括哪些内容？
4-20 什么是项目质量管理的 PDCA 循环？项目质量控制的方法有哪些？
4-21 结合阅读材料 4-1，画出鲁布革水电站项目进度甘特图。
4-22 在鲁布革水电站工程中，日本大成公司都运用了哪些项目管理方法，取得了什么效果？请结合阅读材料 4-1 具体分析。
4-23 如果你是风险控制工程师，你会设计怎样的风险管理方法避免或减少 2008 年法国兴业银行面临的巨大损失？请结合阅读材料 4-2 进行分析。
4-24 结合阅读材料 4-3，总结通用汽车公司破产原因，试分析通用汽车公司需要加强哪些方面的管理才有可能避免破产，并给出方案。
4-25 如果你是一个生产电气设备的高科技公司的项目经理，你都有哪些职责？根据项目需求，你组建一个 20 人规模的团队，你会安排哪些团队角色，并在项目团队的不同发展阶段进行哪些团队建设活动，使团队工作高效、更具凝聚力？
4-26 根据你所在的高等学校的实际情况，画出你所在的高等学校的组织管理结构。
4-27 某自行车厂生产"共享单车"，"共享单车"主要由车架、前叉、车把、传动系统、车轮、鞍座、车锁等部件组成。根据自行车厂各生产分厂及行政、人事、财务、销售等部门，设计一个完整的自行车厂的组织管理机构。如果生产一台"共享单车"的时间是 3 个月，试画出生产"共享单车"进度的甘特图。
4-28 某知识产权代理公司，其业务主要是专利、商标、版权、著作权等知识产权代理事务。公司的组织结构包括行政、人事、财务、市场、专利等部门。知识产权代理的特点是项目小、客户分散、客户需求各有不同。专利部门根据业务类型不同，分为电气、机械、化工、材料、土木、计算机等各类项目小组，各小组在知识产权代理过程中遇到的共性问题、难题，尽可能利用公司的专家资源。试设计一个完整的知识产权代理公司的组织管理结构。

第 5 章 工 程 安 全

5.1 安全生产的定义和本质

5.1.1 安全生产的定义

安全生产是保护劳动者的安全、健康和国家财产，促进社会生产力发展的基本保证，也是保证社会主义经济发展，进一步实行改革开放的基本条件。因此，做好安全生产工作具有重要的意义。

概括地说，安全生产是指采取一系列措施使生产过程在符合规定的物质条件和工作秩序下进行，有效消除或控制危险和有害因素，无人身伤亡和财产损失等生产事故发生，从而保障劳动者安全与健康，设备和设施免受损坏，环境免遭破坏，使生产经营活动得以顺利进行的一种状态。

安全生产是安全与生产的统一，其宗旨是安全促进生产，生产必须安全。搞好安全工作，改善劳动条件，可以调动职工的生产积极性；减少职工伤亡，可以减少劳动力的损失；减少财产损失，可以增加企业效益，无疑会促进生产的发展。而生产必须安全，则是因为安全是生产的前提条件，没有安全就无法生产。

5.1.2 安全生产的本质

安全生产这个概念，一般意义上讲，是指在社会生产活动中，通过人、机、物料、环境、方法的和谐运作，使生产过程中潜在的各种事故风险和伤害因素始终处于有效控制状态，切实保护劳动者的生命安全和身体健康。因此，安全生产的本质有以下几方面含义：

1) 保护劳动者的生命安全和职业健康是安全生产最根本、最深刻的内涵，是安全生产本质的核心。它充分揭示了安全生产以人为本的导向性和目的性，它是我们党和政府以人为本的执政本质、以人为本的科学发展观的本质、以人为本构建和谐社会的本质在安全生产领域的鲜明体现。

2) 突出强调了最大限度的保护。所谓最大限度的保护，是指在现实经济社会所能提供的客观条件的基础上，尽最大的努力采取加强安全生产的一切措施，保护劳动者的生命安全和职业健康。根据目前我国安全生产的现状，需要从三个层面上对劳动者的生命安全和职业健康实施最大限度的保护：一是在安全生产监管主体，即政府层面，把加强安全生产、实现安全发展、保护劳动者的生命安全和职业健康，纳入经济社会管理的重要内容，纳入社会主义现代化建设的总体战略，最大限度地给予法律保障、体制保障和政策支持；二是在安全生产责任主体，即企业层面，把安全生产、保护劳动者的生命安全和职业健康作为企业生存和发展的根本，最大限度地做到责任到位、培训到位、管理到位、技术到位、投入到位；三是在劳动者自身层面，把安全生产和保护自身的生命安全和职业健康，作为自我发展、价值实现的根本基础,最大限度地实现自主保护。

3)突出了在生产过程中的保护。在生产过程中,工人借助于劳动资料对劳动对象进行加工,制成劳动产品,因此生产过程既是产品创造过程,又是物化劳动(劳动资料和劳动对象)的消耗过程。安全生产的以人为本,具体体现在生产过程中的以人为本。同时,它还从深层次揭示了安全与生产的关系。在劳动者的生命和职业健康面前,生产过程应该是安全地进行生产的过程,安全既是生产的前提,又贯穿于生产过程的始终。二者发生矛盾,当然是生产服从于安全,当然是安全第一。这种服从,是一种铁律,是对劳动者生命和健康的尊重,是对生产力最主要最活跃因素的尊重。如果不服从、不尊重,生产也将被迫中断。

4)突出了一定历史条件下的保护。这个一定的历史条件,主要是指特定历史时期的社会生产力发展水平和社会文明程度。强调一定历史条件的现实意义有三点。第一,有助于加强安全生产工作的现实紧迫性。我国是一个正在工业化的发展中大国,经济持续快速发展与安全生产基础薄弱形成了比较突出的矛盾,处在事故的"易发期",很可能发生事故甚至重特大事故,对劳动者的生命安全和职业健康威胁很大。做好这一历史阶段的安全生产工作,任务艰巨,时不我待,责任重大。第二,有助于明确安全生产的重点行业取向。由于社会生产力发展不平衡、科学技术应用的不平衡、行业自身特点的特殊性,在一定的历史发展阶段必然形成重点的安全生产产业、行业、企业,如煤矿、交通、石化、建筑施工等行业、企业。这些是现阶段的高危行业,工作在这些行业的劳动者,其生命安全和职业健康更应受到重点保护,更应加大这些行业安全生产工作的力度,遏制重特大事故的发生。第三,有助于处理好一定历史条件下的保护与最大限度保护的关系。最大限度保护应该是一定历史条件下的最大限度,受一定历史发展阶段的文化、体制、法制、政策、科技、经济实力、劳动者素质等条件的制约,搞好安全生产离不开这些条件。因此,立足现实条件,充分利用和发挥现实条件,加强安全生产工作,是人们的当务之急。同时,最大限度保护是引力、是需求、是目的,它能够催生、推动现实条件向更高层次、更为先进的历史条件形态转化,从而为不断满足最大限度保护劳动者的生命安全和职业健康这一根本需求提供新的条件、新的手段、新的动力。

> **案例 5-1** 2021 年全国安全生产事故。2021 年全国共发生各类生产安全事故 3.46 万起、死亡 2.63 万人,与 2020 年相比分别下降 9%、4%。发生死亡 10 人以上的重大事故 16 起,同比起数持平,另外还发生 1 起直接经济损失超过 5000 万元的重大事故。事故总量持续下降,较大事故同比下降,重大事故基本持平,未发生特别重大事故。

5.2 安全生产管理

安全生产工作事关最广大人民群众的根本利益,事关改革发展和稳定大局,历来受到党和国家的高度重视。党中央、国务院为加强安全生产的宣传教育工作,使安全意识深入人心,于 1980 年 5 月在全国开展安全生产月(1991—2001 年改为"安全生产周"),并确定今后每年 6 月都开展安全生产月,使之经常化、制度化。

从 2002 年开始,我国将安全生产周改为安全生产月。2002 年,中共中央宣传部、国家安全生产监督管理局等部委结合当前安全生产工作的形势,在总结经验的基础上,确定

2002年6月份开展首次安全生产月活动，将安全生产周活动的形式和内容进行了延伸。这是党中央、国务院为宣传安全生产一系列方针政策和普及安全生产法律法规知识、增强全民安全意识的一项重要举措。

《中华人民共和国安全生产法》确定了安全第一、预防为主、综合治理的安全生产管理基本方针，在此方针的规约下形成了一定的管理体制和基本原则。

5.2.1 管理体制

安全生产监督管理体制，是安全生产制度体系建设的重要内容。国务院应急管理部门和县级以上地方各级人民政府应急管理部门是对我国安全生产工作实施综合监督管理的部门，有关部门在各自职责范围内对有关行业、领域的安全生产工作实施监督管理。

目前我国安全生产监督管理的体制：综合监管与行业监管相结合、国家监察与地方监管相结合、政府监督与其他监督相结合的格局。

监督管理的基本特征：权威性、强制性、普遍约束性。

监督管理的基本原则：坚持有法必依、执法必严、违法必究的原则，坚持以事实为依据、以法律为准绳的原则，坚持预防为主的原则，坚持行为监察与技术监察相结合的原则，坚持监察与服务相结合的原则，坚持教育与惩罚相结合的原则。

5.2.2 基本原则

1. "以人为本"原则

在生产过程中，必须坚持"以人为本"的原则。在生产与安全的关系中，一切以安全为重，安全必须排在第一位。必须预先分析危险源，预测和评价危险、有害因素，掌握危险出现的规律和变化，采取相应的预防措施，将危险和安全隐患消灭在萌芽状态。

2. "谁主管、谁负责"原则

安全生产的重要性要求主管者也必须是责任人，要全面履行安全生产责任。

3. "管生产必须管安全"原则

工程项目各级领导和全体员工在生产过程中必须坚持在抓生产的同时抓好安全工作。该原则实现了安全与生产的统一，生产和安全是一个有机的整体，两者不能分割更不能对立起来，应将安全寓于生产之中。

4. "安全具有否决权"原则

安全生产工作是衡量工程项目管理的一项基本内容，它要求对各项指标进行考核。评优时首先必须考虑安全指标的完成情况，安全指标没有实现，即使其他指标顺利完成，仍无法实现项目的最优化，安全具有一票否决的作用。

5. "三同时"原则

基本建设项目中的职业安全、卫生技术和环境保护等措施和设施，必须与主体工程同时设计、同时施工、同时投产使用的法律制度，即"三同时"原则。

6. "四不放过"原则

"四不放过"原则是指事故原因未查清不放过，当事人和群众没有受到教育不放过，事故责任人未受到处理不放过，没有制定切实可行的预防措施不放过，其依据是《国务院关于特大安全事故行政责任追究的规定》（国务院令第302号）。

7. "三个同步"原则

安全生产与经济建设、深化改革、技术改造同步规划、同步发展、同步实施。

8. "五同时"原则

企业的生产组织及领导者在计划、布置、检查、总结、评比生产工作的同时,计划、布置、检查、总结和评比安全工作。

5.2.3 法规制度

1. 安全生产责任制

安全生产责任制是根据我国的安全生产方针"安全第一,预防为主,综合治理"和安全生产法规,建立的各级领导、职能部门、工程技术人员、岗位操作人员在劳动生产过程中对安全生产层层负责的制度。安全生产责任制是企业岗位责任制的一个组成部分,是企业中最基本的一项安全制度,也是企业安全生产、劳动保护管理制度的核心。实践证明,凡是建立、健全了安全生产责任制的企业,各级领导重视安全生产、劳动保护工作,切实贯彻执行党的安全生产、劳动保护方针、政策和国家的安全生产、劳动保护法规,在认真负责地组织生产的同时,积极采取措施,改善劳动条件,工伤事故和职业性疾病就会减少;反之,就会职责不清,相互推诿,而使安全生产、劳动保护工作无人负责,无法进行,工伤事故发生的概率提高。

安全生产责任制是企业职责的具体体现,也是企业管理的基础,是以制度的形式明确规定企业内各部门及各类人员在生产经营活动中应负的安全生产责任,是企业岗位责任制的重要组成部分,也是企业最基本的制度。安全生产责任制示例如图 5-1 所示。

图 5-1 安全生产责任制示例

安全生产责任制是贯彻"安全第一、预防为主、综合治理"方针的体现,是生产经营单位最基本的制度之一,是所有安全生产制度的核心制度。它使职责变为每一个人的责任,用书面加以确定的一项制度。

安全生产责任必须"纵向到底,横向到边",这就明确指出了安全生产是全员管理。"纵向到底"就是生产经营单位从厂长、总经理直至每个操作工人,都应有各自明确的安全生产责任;各业务部门都应对自己职责范围内的安全生产负责,这就从根本上明确了安全生产不是某一个人的事，也不只是安全部门一家的事，而是事关全局的大事，这体现了"安全生产，人人有责"的基本思想。"横向到边"分为四个层面：决策层、管理层、执行层、操作层。

2. 安全生产法律

《中华人民共和国安全生产法》（以下简称《安全生产法》）是为了加强安全生产工作，防止和减少生产安全事故，保障人民群众生命和财产安全，促进经济社会持续健康发展而制定的法律。

《安全生产法》自2002年11月1日开始实施，经2021年6月10日第十三届全国人民代表大会常务委员会第三次修正，主要包括总则、生产经营单位的安全生产保障、从业人员的安全生产权利义务、安全生产的监督管理、生产安全事故的应急救援与调查处理、法律责任、附则共七个方面的内容。《安全生产法》的颁布和实施，对于全面加强我国安全生产法制建设，强化安全生产监督管理，规范生产经营单位的安全生产，遏制重大、特大事故，促进经济发展和保持社会稳定，具有重大而深远的意义。

5.2.4 安全生产的相关要素

1. 安全文化

企业安全文化建设，要紧紧围绕"一个中心"（以人为本）"两个基本点"（安全理念渗透和安全行为养成），内化思想，外化行为，不断提高广大员工的安全意识和安全责任，把安全第一变为每个员工的自觉意识。由于安全理念决定安全意识，安全意识决定安全行为，因此必须在抓好员工安全理念渗透和安全行为养成上下功夫。要使广大员工不仅对安全理念熟读、熟记，入脑入心，全员认知，而且要内化到心灵深处，转化为安全行为，升华为员工的自觉行动。企业可以通过搞好站场班组安全文化建设来实施，如根据各时期安全工作特点，特别是每年开展的安全生产周/月活动，可以悬挂安全横幅、张贴标语、宣传画（如图5-2所示）、制作宣传墙报、发放宣传资料、播放宣传片、广播安全知识，在班组园地和各科室张贴安全职责、操作规程，并在班组安全学习会上，不断向员工灌输安全知识，将安全文化变成员工的自觉行动。还可将安全知识制作成视频、电子杂志、幻灯片、动画发给员工，让员工自觉学习。

图 5-2　安全文化宣传画

2. 安全法制

应加强国家立法标准和政策，加强与国际接轨的认证标准，规范行业标准。要建立企业安全生产长效机制，必须坚持"以法治安"，用法律法规来规范企业领导和员工的安全行为，使安全生产工作有法可依、有章可循，建立安全生产法制秩序。坚持"以法治安"，必须"立法""懂法""守法""执法"。"立法"，一方面要组织员工学习国家有关安全生产的法律、法规、条例；另一方面，要建立、修订、完善企业安全管理相关的规定、办法、细则等，为强化安全管理提供法律依据。"懂法"，要实现安全生产法制化。"立法"是前提，"懂法"是基础。只有使全体干部、员工学法、懂法、知法，才能为"依法治安"打好基础。"守法"，要把依法治安落实到安全管理全过程，必须把各项安全规章制度落实到生产管理全过程。全体干部、员工都必须自觉守法，以消除人的不安全行为为目标，才能避免和减少事故发生。"执法"，要坚持"以法治安"，离不开监督检查和严格执法。为此，要依法进行安全检查、安全监督，维护安全法规的权威性。

3. 安全责任

必须逐级落实安全责任。企业应逐级签订安全生产责任书，责任书要有具体的责任、措施、奖罚办法。对完成责任书各项考核指标、考核内容的单位和个人应给予精神奖励和物质奖励；对没有完成考核指标或考核内容的单位和个人给予处罚；对于安全工作做得好的单位，应对该单位领导和安全工作人员给予一定的奖励。

4. 安全投入

安全投入是安全生产的基本保障。它包括两个方面：一是人才投入，二是资金投入。对于安全生产所需的设备、设施、宣传等资金投入必须充足。同时，企业应创造机会让安全工作人员参加专业培训，组织安全工作人员到安全工作搞得好的单位参观、学习、取经；另一方面，可以通过招聘安全管理专业人才，提高公司安全管理队伍的素质，为实现公司安全和谐发展打下坚实的基础。

5. 安全科技

要提高安全管理水平，必须加大安全科技投入，运用先进的科技手段来监控安全生产全过程。例如，安装闭路电视监控系统、消防喷淋系统、X 射线安全检查机、全球定位系统（GPS）、行车记录仪等，把现代化、自动化、信息化应用到安全生产管理中。

5.3　安全生产与风险防范

5.3.1　安全与生产的矛盾

工程安全是工程的基本也是首要的要求，是工程建设和使用的内在要求和重要保证。在工程建造和使用过程中，安全事故时有发生。发生的安全事故一般可以分为以下两种情况：

（1）难以完全避免的安全问题　工程必然涉及风险，只要进行生产，就可能因意外的不可控的自然因素而发生事故。

例如，铁路隧道施工过程中，由于山体中有溶洞和暗河，就可能出现意想不到的风险而导致事故发生；复杂的工程系统也有可能会产生意想不到的后果甚至意想不到的失败；某些过去曾经被认为是安全的产品、安全的化学物质、安全的生产过程，后来会发现其实并不安全。例如氢化植物油，也就是俗称的植物奶油，过去被大量应用于奶精、人造奶油等食品加工，但是随着人们认识到氢化植物油对人体健康有不利影响，氢化植物油在食品加工中的应用受到限制，如肯德基放弃氢化植物油，而选择较为安全的脂肪，如棕榈油等。

（2）现实工程活动中的安全问题 安全生产责任制不健全、工程活动过程中没有遵守安全规范甚至没有安全保障、安全意识淡薄等人为因素造成的事故以及工程质量问题造成的事故。

在安全与生产的矛盾关系中，无危则安，无缺则全，安全是矛盾的主要方面。必须坚持安全第一，人是生产的第一要素，如果没有人，就谈不上安全。尊重生命的理念是"以人为本"的理念，因此，如果在生产过程中出现危及人身安全的情况，不论生产任务有多重，都必须坚决地首先排除事故隐患，采取有效措施保护人身安全。作为安全工作者，每个人都需要有高度的责任感和积极主动的精神，以科学的态度去解决生产中存在的每一个不安全因素，这样才能达到安全和生产的和谐统一。

> **案例5-2** 安全金字塔。美国安全工程师Heinrich在1931出版的著作《安全事故预防：一个科学的方法》提出了其著名的"安全金字塔"法则，它是通过分析55万起工伤事故的发生概率，为保险公司的经营提出的。该法则认为，在1起死亡重伤害事故背后，有29起轻伤害事故，29起轻伤害事故背后，有300起无伤害虚惊事件，以及大量的不安全行为和不安全状态存在。
>
> "安全金字塔"揭示了一个十分重要事故预防原理：要预防死亡重伤害事故，必须预防轻伤害事故；预防轻伤害事故，必须预防无伤害无惊事故；预防无伤害无惊事故，必须消除日常不安全行为和不安全状态；而能否消除日常不安全行为和不安全状态，则取决于安全管理是否到位。

5.3.2 工程中的安全生产问题

1. 工程决策、规划环节上的安全生产问题

由于各种主客观条件的限制，特别是在比较复杂的情况下，相关信息的收集工作没做好，分析、评估不正确，就可能造成对形势判断的失误，而形势判断的失误就会导致决策、规划失误，从而产生安全生产风险。

> **案例5-3** 三门峡水利枢纽工程。三门峡水利枢纽是在黄河上修建的第一座大型水利枢纽工程，由于对黄河河流知之不多，按照一般水利状况做出的设计方案，导致三门峡水利枢纽工程建成运行后不久，就由于设计等方面的缺陷导致了严重的问题：水库库尾泥沙淤积，造成渭河入黄河部分抬高，渭河下游洪患严重、土地盐渍化，不得不降低蓄水位运行。但是低水位下，枢纽的泄水能力不能达到设计要求，不得不两次改建，浪费大量资源。

另外，由于监管体制有待完善，钱权交易、商业贿赂等腐败现象可能导致决策、规划不正确，从而产生安全生产风险。

> **案例5-4** 8·12天津滨海新区爆炸事故。调查组认定，瑞海公司严重违反有关法律法规，是造成事故发生的主体责任单位。该公司无视安全生产主体责任，严重违反天津市城市总体规划和滨海新区控制性详细规划，违法建设危险货物堆场，违法经营、违规储存危险货物，安全管理极其混乱，安全隐患长期存在。

法院经审理查明，天津交通、港口、海关、安监、规划、海事等单位的相关工作部门及具体工作人员，未认真贯彻落实有关法律法规，违法违规进行行政许可和项目审查，日常监管严重缺失；相关部门负责人和工作人员存在玩忽职守、滥用职权等失职渎职和受贿问题，最终导致了 8·12 天津滨海新区爆炸事故重大人员伤亡及财产损失。

2. 工程设计环节上的安全生产问题

工程设计环节上的安全生产问题主要是设计者违反设计规范或责任心不强而产生的设计安全问题。

案例 5-5 加拿大魁北克大桥倒塌事故。魁北克大桥由凤凰城桥梁公司全权负责建造，1900 年开工。为了工程的安全，作为出资方的魁北克桥梁公司，聘请了当时著名的桥梁建筑师 Theodore Cooper 对工程的设计与施工实施监督。凤凰城桥梁公司提交的设计方案中主跨净距为 487.7m，但是 Cooper 将其跨度延伸到了 548.6m，Cooper 的理由是：可以有效避免桥墩与春季浮冰的撞击，缩短工期、减少成本，这就直接造成魁北克大桥在建造后期，经常出现问题，比如材料远远超出预算，已经建好的弦杆因承重过大而扭曲等。1907 年 8 月，一声巨响，中间段桥身瞬间脱落，19000t 重的钢材沉入水底，75 人在这次事故中丧生。魁北克大桥倒塌事故如图 5-3 所示。

图 5-3 魁北克大桥倒塌事故

调查结果显示，大桥设计存在明显缺陷，设计低估了结构恒载，施工中又没有进行修正。

当然，工程设计环节上的安全生产问题也有外部原因造成的。对于那些难度很大的工程，往往存在一些难以完全预测的客观因素，由此就产生了设计安全问题。

案例 5-6 宜万铁路突水事故。2003 年建成时，宜万铁路是我国修建难度最大、历时最长、公里造价最高的铁路。159 座隧道中，有 70% 位于石灰岩地区，其中有 34 座高风险的岩溶隧道，隧道施工中的一些风险性因素也是设计中没有预料到的，施工中发生过数起隧道施工突水事故，例如野三关隧道突发透水事故，瞬时突水水量为 4 万 ~5 万 m^3/h。宜万铁路突水事故如图 5-4 所示。

图 5-4 宜万铁路突水事故

3. 工程建造环节上的安全生产问题

在工程建造过程中，由于监管不力、履职不到位、违法违规，或者施工方案不科学、不按技术标准规范操作、材料质量不合格等问题，都可能引发工程质量事故，造成财产损毁、人员伤亡以及由此产生的其他间接损失等。例如，加拿大的魁北克大桥在第二次建造时，中间跨度最长的一段桥身在被举起过程中突然掉落塌陷，事故的原因是举起过程中一个支撑点的材料指标不到位。

4. 工程使用环节上的安全生产问题

工程使用环节上的安全生产问题包括三个方面：

1）质量问题。质量问题主要是指由于设计不符合规范标准或建造达不到质量要求等原因而导致工程产品或使用功能存在瑕疵，进而引起工程产品在使用过程中发生安全事故。

2）意外灾害。意外灾害主要是由于使用环境或周边环境原因而导致的安全事故。例如由于泥石流或山体滑坡，造成列车停车、脱轨等事故。

3）使用不当带来的安全生产问题。例如电气火灾，由于运行中存在的不合理、不规范操作造成供电系统中出现运行短路、过载、铁心短路、发热等故障，导致局部系统过热，从而带来火灾或爆炸隐患。例如，2021年4月16日北京丰台区储能电站起火爆炸事故，直接原因是磷酸铁锂电池发生内短路故障，引发电池热失控起火。

5.3.3 工程中的风险防范

1. 工程决策、规划环节的风险防范

防范工程决策、规划环节的风险，首先要提高决策者的预见能力和洞察能力。预见和洞察能力，需要领导者的智慧、思维水平、知识素养以及丰富的经验。要避免工程决策、规划环节的风险，特别是"拍脑瓜"决策引起的工程风险问题发生，在决策中应当把科学性和民主性结合起来，对风险进行评估并确定什么样的风险是可接受的，多听取各方面专家的意见，从别人那里获得预见和洞察，从而有利于形成科学决策。

> **案例 5-7** 廉江中法供水厂项目。该项目是廉江1997年的一项招商引资项目，由中法水务和廉江自来水公司投资1669万美元的塘山水厂进行生产，在双方签订的合约中规定，自来水公司每天须从塘山水厂购买6万t自来水，水价为1.15元/t，且塘山水厂建成投产后，廉江不得再建其他水厂。1999年项目建成，但是依据当时的市场情况，廉江每天用水量仅为3万t左右，与合同约定的6万t相差一倍，廉江自来水厂若按合同约定量购买自来水，其利益便会受损。为解决问题，廉江自来水厂与中法水务基于水厂造价、水量、水价、合同等问题在8年内进行了多达30余次谈判，却仍然没有解决问题，这是政府在合同制定时决策不科学而引发的项目风险，最终项目以廉江自来水公司出资4500万元收购塘山水厂而告终。

2. 工程设计环节的风险防范

工程设计环节的风险，主要是设计单位和设计人员的责任。设计单位和设计人员要严格遵守设计规范和技术标准，严格按照程序对设计图样进行审核；对已发生事故进行分析，寻求事故发生的原因及其相互关系，提出预防类似事故发生的措施，提高设计人员的专业技术水平；加强对设计人员的职业道德教育，努力提高设计人员的职业道德水准，增强设计人员

的责任感和使命感。

对于在建造中发现的设计漏洞，设计单位应积极与建造单位进行沟通，及时修改设计图样。

3. 工程建造环节的风险防范

防范工程建造环节的风险，必须要有强烈的质量意识和安全意识，并通过规范的管理和质量监理，防范质量和安全风险。要建立健全各项施工质量和安全管理的规章制度，确定科学的施工方案，严格按照技术规范和标准施工，保证提供的材料质量合格；要加强从业人员的岗位培训，提高管理人员和操作人员的专业技术水平，增强其责任心；要加强工程质量监理，对建造全过程进行检查、监督和管理，消除影响工程质量的各种不利因素，使工程项目符合合同、图样、技术规范和质量标准等方面的要求。

在建造中，对可能发生事故进行预测，提出消除危险因素的办法，避免事故发生。

4. 工程使用环节的风险防范

防范工程使用环节上的风险，提出如下措施：

1）使用者要善于及时发现工程产品中可能存在的质量问题，及时消除隐患，追究建造者的责任。

2）对工程产品使用地的自然环境，如地质条件、气候变化、水文情况等进行科学分析，对可能出现的灾害提前预测，并采取有力措施进行防范。

3）规范使用工程产品。例如，公路桥梁的承载力、承载量都是经过科学计算的，使用时必须严格执行通行标准，超载汽车不能通过。

案例 5-8 鄂州高速公路桥面垮塌事故。2021 年 12 月 18 日，湖北省鄂州市鄂城区大广高速鄂东大桥附近桥面垮塌，5 辆车被压，造成 4 人死亡、8 人受伤。鄂州高速公路桥面垮塌事故如图 5-5 所示。

图 5-5　鄂州高速公路桥面垮塌事故

视频 5-1　鄂州高速公路桥面垮塌事故

调查报告认定，涉事故车辆是由 3 辆牵引车、2 辆挂车组成大件运输车组，车货总质量 521.96t，车组总长 67.67m，载荷轴荷超过限定标准，属于违法超限运输。起运前，承运人未如实提交申报资料并依法取得"通行证"；运输途中车组不按许可路线行驶，未按要求落实护送措施；通行至事发路段桥梁前，未主动向相关部门报告，遇桥面养护施工作业时强行通过。

事故直接原因为承运人违法超限运输，故意逃避监管，涉事人员冒险运输，违反大件运输车辆通行桥梁时应居中行驶的规定，重心偏离桥梁中心线达3.13m，倾覆效应超过桥梁抗倾覆能力，致使桥梁支撑约束体系受损破坏，抗倾覆加固拉拔装置失效，导致桥梁整体倾覆。事故调查组认为，陕西省公路局长期使用企业临聘人员任职重要审批岗位，缺乏有效的内部监督机制；未按要求向路政、交警等相关单位及时通报大件运输许可办理情况。

5.4 用电安全

5.4.1 电流对人体的伤害

电流对人体的伤害有三种：电击、电伤和电磁场生理伤害。电击是指电流通过人体，破坏人体心脏、肺及神经系统的正常功能。电伤是指电流热效应、化学效应和机械效应对人体的伤害，主要是指电弧烧伤、溶化金属溅出烫伤等。电磁场生理伤害是指在高频磁场的作用下，人会出现头晕乏力、记忆力减退和失眠多梦等神经系统的症状。

一般认为，电流通过人体的心脏、肺部和中枢神经系统的危险性是比较大的，特别是电流通过心脏时，危险性最大。所以从手到脚的电流途径最为危险。触电还容易因剧烈痉挛而摔倒，导致电流通过全身并造成摔伤、坠落等二次事故。

5.4.2 防止触电的技术措施

为了达到安全用电的目的，必须采用可靠的技术措施，防止触电事故发生。绝缘、屏护、漏电保护器、安全电压、安全间距等都是防止直接触电的防护措施。保护接地、保护接零是间接触电防护措施中最基本的措施。所谓间接触电防护措施，是指防止人体各个部位触及正常情况下不带电、在故障情况下才变为带电的电器金属部分的技术措施。

专业电工人员在全部停电或部分停电的电气设备上工作时，在技术措施上，必须完成停电、验电、装设接地线、悬挂标示牌和装设遮栏后，才能开始工作。

1. 绝缘

1）绝缘的作用。绝缘是指用绝缘材料把带电体隔离起来，实现带电体之间、带电体与其他物体之间的电气隔离，使设备能长期安全、正常地工作，同时可以防止人体触及带电部分，避免发生触电事故，所以绝缘在电气安全中有着十分重要的作用。良好的绝缘是设备和线路正常运行的必要条件，也是防止触电事故的重要措施。绝缘具有很强的隔电能力，被广泛地应用在许多电器、电气设备和装置上以及电气工程领域，如胶木、塑料、橡胶、云母及矿物油等都是常用的绝缘材料。

2）绝缘破坏。绝缘材料经过一段时间的使用会发生绝缘破坏。绝缘材料除因在强电场作用下被击穿而破坏外，自然老化、电化学击穿、机械损伤、潮湿、腐蚀、热老化等也会降低其绝缘性能或导致绝缘破坏。

绝缘体承受的电压超过一定数值时，电流穿过绝缘体而发生放电现象称为电击穿。

气体绝缘在击穿电压消失后,绝缘性能还能恢复;液体绝缘多次击穿后,将严重降低绝缘性能;而固体绝缘击穿后,就不能再恢复绝缘性能。

在长时间存在电压的情况下,由于绝缘材料的自然老化、电化学作用、热效应作用,使其绝缘性能逐渐降低,有时电压并不是很高也会造成电击穿,所以绝缘需定期检测,保证电气绝缘的安全可靠。

3)绝缘安全用具。在一些情况下,手持电动工具的操作者必须戴绝缘手套、穿绝缘鞋(靴),或站在绝缘垫(台)上工作,采用这些绝缘安全用具使人与地面,或使人与工具的金属外壳(包括与其相连的金属导体)隔离开来。

2. 屏护

屏护是指采用遮栏、围栏、护罩、护盖或隔离板等把带电体同外界隔绝开来,以防止人体触及或接近带电体所采取的一种安全技术措施。除防止触电的作用外,有的屏护装置还能起到防止电弧伤人、防止弧光短路或便利检修工作等作用。配电线路和电气设备的带电部分,如果不便加包绝缘或绝缘强度不足时,就可以采用屏护措施。

开关电器的可动部分一般不能加包绝缘,而需要屏护。其中防护式开关电器本身带有屏护装置,如胶盖刀开关的胶盖、铁壳开关的铁壳等。开启式石板刀开关需要另加屏护装置,起重机滑触线以及其他裸露的导线也需另加屏护装置。对于高压设备,由于全部加绝缘往往有困难,而且当人接近至一定程度时,即会发生严重的触电事故。因此,不论高压设备是否已加绝缘,都要采取屏护或其他防止接近的措施。

凡安装在室外地面上的变压器以及安装在车间或公共场所的变配电装置,都需要设置遮栏或栅栏作为屏护,如图5-6所示。邻近带电体的作业中,在工作人员与带电体之间及过道、入口等处应设有可移动的临时遮栏。屏护装置不直接与带电体接触,对所用材料的电性能没有严格要求。屏护装置所用材料应当有足够的机械强度和良好的耐火性能。但是金属材料制成的屏护装置,为了防止其意外带电造成触电事故,必须将其接地或接零。

图5-6 变配电装置设置遮栏或栅栏

屏护装置的种类:永久性屏护装置,如配电装置的遮栏、开关的罩盖等;临时性屏护装置,如检修工作中使用的临时屏护装置和临时设备的屏护装置;固定屏护装置,如母线的护网;移动屏护装置,如跟随天车移动的天车滑线的屏护装置等。使用屏护装置时,还应注意以下几点:

1)屏护装置应与带电体之间保持足够的安全距离。

2)被屏护的带电部分应有明显标志,标明规定的符号或涂上规定的颜色。遮栏、栅栏等屏护装置上应有明显的标志,如根据被屏护对象挂上"止步,高压危险""禁止攀登,高压危险"等标示牌，必要时还应上锁。标示牌只应由担负安全责任的人员进行布置和撤除。根据 GB 2894-2008，几种电力安全标识如图 5-7 所示。

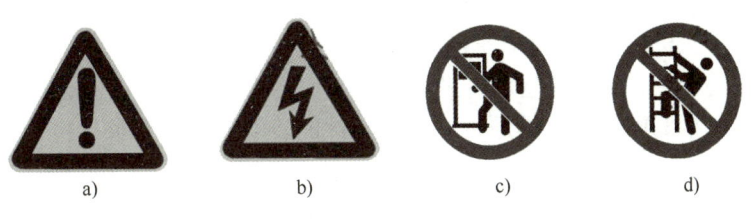

图 5-7　几种电力安全标识
a）注意安全　b）当心触电　c）禁止入内　d）禁止攀登

3）遮栏出入口的门上应根据需要装锁，或采用信号装置、联锁装置。前者一般是用灯光或仪表指示有电；后者是采用专门装置，当人体超过屏护装置而可能接近带电体时，被屏护的带电体将会自动断电。

3. 漏电保护器

漏电保护器是一种在规定条件下电路中漏（触）电流（mA）值达到或超过其规定值时能自动断开电路或发出报警的装置，如图 5-8 所示。

图 5-8　两种漏电保护器

漏电是指电器绝缘损坏或其他原因造成导电部分碰壳时，如果电器的金属外壳是接地的，那么电就由电器的金属外壳经大地构成通路，从而形成电流，即漏电电流，也称为接地电流。当漏电电流超过允许值时，漏电保护器能够自动切断电源或报警，以保证人身安全。

漏电保护器动作灵敏，切断电源时间短，因此只要能够合理选用和正确安装、使用漏电保护器，除了保护人身安全以外，还有防止电气设备损坏及预防火灾的作用。

必须安装漏电保护器的设备和场所如下：
1）属于 I 类的移动式电气设备及手持式电气工具。
2）安装在潮湿、强腐蚀性等恶劣环境场所的电器设备。
3）建筑施工工地的电气施工机械设备，如打桩机、搅拌机等。
4）临时用电的电器设备。
5）宾馆、饭店及招待所客房内及机关、学校、企业、住宅等建筑物内的插座回路。

6）游泳池、喷水池、浴池的水中照明设备。
7）安装在水中的供电线路和设备。
8）医院在直接接触人体时使用的电气医用设备。
9）其他需要安装漏电保护器的场所。

漏电保护器的安装、检查等应由专业电工负责。对电工应进行有关漏电保护器知识的培训、考核，内容包括漏电保护器的原理、结构、性能、安装使用要求、检查测试方法、安全管理等。

4. 安全电压

把可能加在人身上的电压限制在某一范围之内，使得在这种电压下，通过人体的电流不超过允许的范围，这种电压就称为安全电压，也叫作安全特低电压。但应注意，任何情况下都不能把安全电压理解为绝对没有危险的电压。具有安全电压的设备属于Ⅲ类设备。

我国确定的安全电压标准是42V、36V、24V、12V、6V。特别危险环境中使用的手持电动工具应采用42V安全电压；有电击危险环境中，使用的手持式照明灯和局部照明灯应采用36V或24V安全电压；金属容器内、特别潮湿处等特别危险环境中使用的手持式照明灯应采用12V安全电压；在水下作业等场所工作应使用6V安全电压。

当电气设备采用超过24V的安全电压时，必须采取防止直接接触带电体的保护措施。

5. 安全间距

安全间距是指在带电体与地面之间、带电体与其他设施、设备之间、带电体与带电体之间保持的一定安全距离，简称间距。设置安全间距的目的：防止人体触及或接近带电体造成触电事故；防止车辆或其他物体碰撞或过分接近带电体造成事故；防止电气短路事故、过电压放电和火灾事故；便于操作。安全间距的大小取决于电压高低、设备类型、安装方式等因素。

6. 接零与接地

工厂里使用的电气设备很多。为了防止触电，通常可采用绝缘、屏护等技术措施以保障用电安全。但工人在生产过程中经常接触的是电气设备不带电的外壳或与其连接的金属体，当设备发生漏电故障时，平时不带电的外壳就带电，并与大地之间存在电压，就会使操作人员触电。这种意外的触电是非常危险的。为了解决这个不安全的问题，采取的主要安全措施就是对电气设备的外壳进行保护接零或保护接地。

1）保护接零。将电气设备在正常情况下不带电的金属外壳与变压器中性点引出的工作零线（中性线）或保护零线相连接，这种方式称为保护接零。当某相带电部分碰触电气设备的金属外壳时，通过设备外壳形成该相线对零线的单相短路回路，该短路电流较大，足以保证在最短的时间内使熔丝熔断、保护装置或自动开关跳闸，从而切断电流，保障了人身安全。保护接零的应用范围，主要是用于三相四线制中性点直接接地供电系统中的电气设备，一般是380/220V的低压设备。在中性点直接接地的低压配电系统中，为确保保护接零方式的安全可靠，防止零线断线所造成的危害，系统中除了工作接地外，还必须在整个零线的其他部位再进行必要的接地，这种接地称为重复接地。保护接零如图5-9所示。

2）保护接地。将电气设备平时不带电的金属外壳用专门设置的接地装置实行良好的金属性连接，如图5-10所示。保护接地的作用是当设备金属外壳意外带电时，将其对地电压限制在规定的安全范围内，消除或减小触电的危险。保护接地最常用于低压不接地配电网中的电气设备。

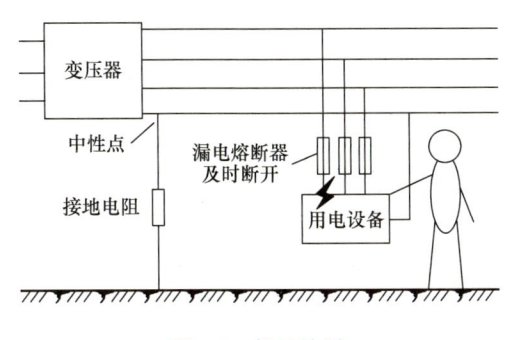

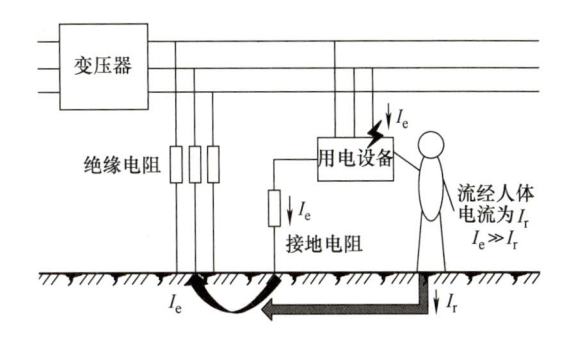

图 5-9　保护接零

图 5-10　保护接地

> **案例 5-9**　无保护接地事故。陈某上班后清理场地，由于电焊机绝缘损坏使外壳带电，从而与在电气上联成一体的工作台也带电，当陈某将焊接好的钢模板卸下来时，手与工作台接触，即发生触电事故，将陈某送往医院，经抢救无效死亡。
>
> **事故直接原因**：电焊机的接地线过长，在前一天下班清扫场地时被断开，电焊机绝缘损坏，外壳带电，所以造成单相触电事故。事故间接原因：电气管理不严，缺乏定期检查。

5.4.3　预防触电的相关知识

1. 预防触电的注意事项

1）认识了解电源总开关，学会在紧急情况下关断总电源。

2）不用手或导电物（如铁丝、钉子、别针等金属制品）去接触、探试电源插座内部。

3）不用湿手触摸电器，不用湿布擦拭电器。

4）电器使用完毕后应拔掉电源插头；插拔电源插头时不要用力拉拽电线，以防止电线的绝缘层受损造成触电；电线的绝缘皮剥落，要及时更换新线或者用绝缘胶布包好。

5）发现有人触电要设法及时关断电源，或者用干燥的木棍等物将触电者与带电的电器分开，不要用手去直接救人。未成年人遇到这种情况，应呼喊成年人帮助，不要自己处理，以防触电。

6）不随意拆卸、安装电源线路、插座、插头等。即使安装灯泡等简单的事情，也要先关断电源。

7）使用中发现电器有冒烟、冒火花、发出异味等情况，应立即关掉电源开关，停止使用。

8）电气设备一旦发生故障，应由持证电工进行修理，不得擅自维修。

9）电动工具使用前需要确定是安全的，有正常的工作性能，使用时按照安全技术规程进行操作。

10）离开实验室时切断电器电源。

> **案例 5-10** 带电作业触电事故。王某发现单位会议室日光灯有两个不亮，于是自己进行修理。他将桌子拉好，准备将日光灯拆下检查是哪里出了毛病，在拆日光灯过程中，用手拿日光灯架时手接触到带电相线，被电击，由于站立不稳，从桌子上掉了下来。
> **事故直接原因**：王某安全思想意识淡薄，维修电器时没有采取必要的防范措施，带电作业，也没有使用任何工具。
> **事故间接原因**：王某独自操作，没有人监护。

2. 安全用电颜色标志

安全用电颜色标志常用来区分各种不同性质、不同用途的导线，或用来表示某处安全程度。为保证安全用电，必须严格按有关标准使用颜色标志。我国安全色标采用的标准，基本上与国际标准草案（DIS）相同。一般采用的安全色标有以下几种：

1）红色：用来标志禁止、停止和消防，如信号灯、信号旗、机器上的紧急停机按钮等都是用红色来表示"禁止"的信息。

2）黄色：用来标志注意危险，如"当心触电""注意安全"等。

3）绿色：用来标志安全无事，如"在此工作""已接地"等。

4）蓝色：用来标志强制执行，如"必须戴安全帽"等。

5）黑色：用来标志图像、文字符号和警告标志的几何图形。

按照规定，为便于识别，防止误操作，确保运行和检修人员的安全，采用不同颜色来区别设备特征。如电气母线，A 相为黄色，B 相为绿色，C 相为红色，明敷的接地线涂为黑色。在二次系统中，交流电压回路用黄色，交流电流回路用绿色，信号和警告回路用白色。

3. 安全用电图形标志

图形标志一般用来告诫人们不要去接近有危险的场所。安全标志可分为禁止标志、警告标志、指令标志、提示标志四类，还有补充标志。

（1）禁止标志　禁止标志的含义是不准或制止人们的某些行动。

禁止标志的几何图形是带斜杠的圆环，其中圆环与斜杠相连，用红色；图形符号用黑色；背景用白色。

禁止标志如：禁放易燃物、禁止吸烟、禁止通行、禁止烟火、禁止用水灭火、禁带火种、禁止合闸、禁止靠近、禁止跨越、禁止攀登等。

（2）警告标志　警告标志的含义是警告人们可能发生的危险。

警告标志的几何图形是黑色的正三角形、黑色符号和黄色背景。

警告标志如：当心触电、当心电缆、注意安全、当心爆炸、当心火灾、当心腐蚀、当心吊物、当心弧光、当心冒顶、当心电离辐射、当心裂变物质、当心磁场、当心微波等。

禁止标志和警告标志如图 5-11 所示。

（3）指令标志　指令标志的含义是必须遵守。

指令标志的几何图形是圆形，蓝色背景，白色图形符号。

指令标志如：必须戴安全帽、必须穿防护鞋、必须系安全带、必须戴防护眼镜、必须戴防毒面具、必须戴护耳器、必须戴防护手套、必须穿防护服等。

（4）提示标志　提示标志的含义是示意目标的方向。

图 5-11　禁止标志和警告标志

a）禁止合闸　b）禁止靠近　c）当心磁场　d）当心电离辐射

提示标志的几何图形是方形，绿、红色背景，白色图形符号及文字。

提示标志如：安全出口、紧急出口等。

指令标志和提示标志如图 5-12 所示。

图 5-12　指令标志和提示标志

a）必须戴安全帽　b）必须系安全带　c）紧急出口

5.5　消防安全

5.5.1　消防安全基本常识

《消防安全常识二十条》是从国家消防法律法规、消防技术规范和消防常识中提炼概括的，具有语言简练、通俗易记、实用性强的特点，是公民应当掌握的最基本的消防知识。

第一条　自觉维护公共消防安全，发现火灾迅速拨打 119 电话报警，消防队救火不收费。

第二条　发现火灾隐患和消防安全违法行为可拨打 96119 电话，向当地公安消防部门举报。

第三条　不埋压、圈占、损坏、挪用、遮挡或私自未经允许使用消防设施和器材。

第四条　不携带易燃易爆危险品进入公共场所、乘坐公共交通工具。

第五条　不在严禁烟火的场所动用明火和吸烟。

第六条　购买合格的烟花爆竹，燃放时遵守安全燃放规定，注意消防安全。

第七条　家庭和单位配备必要的消防器材并掌握正确的使用方法。

第八条　每个家庭都应制定消防安全计划，绘制逃生疏散路线图，及时检查、消除火灾隐患。

第九条　室内装修装饰不应采用易燃材料。

第十条　正确使用电器设备，不乱接电源线，不超负荷用电，及时更换老化电器设备和线路，外出时要关闭电源开关。

第十一条　正确使用、经常检查燃气设施和用具，发现燃气泄漏，迅速关阀门、开门窗，切勿触动电器开关和使用明火。

第十二条　教育儿童不玩火，将打火机和火柴放在儿童拿不到的地方。

第十三条　不占用、堵塞或封闭安全出口、疏散通道和消防车通道，不设置妨碍消防车通行和火灾扑救的障碍物。

第十四条　不躺在床上或沙发上吸烟，不乱扔烟头。

第十五条　学校和单位定期组织逃生疏散演练。

第十六条　进入公共场所注意观察安全出口和疏散通道，记住疏散方向。

第十七条　遇到火灾时沉着、冷静，迅速正确逃生，不贪恋财物、不乘坐电梯、不盲目跳楼。

第十八条　必须穿过浓烟逃生时，尽量用浸湿的衣物保护头部和身体，捂住口鼻，弯腰低姿前行。

第十九条　身上着火，可就地打滚或用厚重衣物覆盖，压灭火苗。

第二十条　大火封门无法逃生时，可用浸湿的毛巾、衣物等堵塞门缝，发出求救信号等待救援。

5.5.2　消防标志

消防标志是用于表明消防设施特征的符号，它说明建筑配备各种消防设备、设施，标志安装的位置，并指导人们在事故时采取合理正确的行动，对安全疏散起到很好的作用，可以更有效地帮助人们在浓烟弥漫的情况下，及时识别疏散位置和方向，迅速沿发光疏散指示标志顺利疏散。

1. 消防设施标识

1）配电室、发电机房、消防水箱间、水泵房、消防控制室等场所的入口处应设置与其他房间区分的识别类标识和"非工勿入"警示类标识。

2）消防设施配电柜（配电箱）应设置区别于其他设施配电柜（配电箱）的标识；备用消防电源的配电柜（配电箱）应设置区别于主消防电源配电柜（配电箱）的标识；不同消防设施的配电柜（配电箱）应有明显区分的标识。

3）供消防车取水的消防水池、取水口或取水井、阀门、水泵接合器及室外消火栓等场所，应设置永久性固定的识别类标识和"严禁埋压、圈占消防设施"警示类标识。

4）消防水池、水箱、稳压泵、增压泵、气压水罐、消防水泵、水泵接合器的管道、控制阀、控制柜应设置提示类标识和相互区分的识别类标识。

5）室内消火栓给水管道应设置与其他系统区分的识别类标识，并标明流向。

6）灭火器的设置点、手动报警按钮设置点应设置提示类标识。

7）防排烟系统的风机、风机控制柜、送风口及排烟窗应设置注明系统名称和编号的识别类标识和"消防设施严禁遮挡"的警示类标识。

8）常闭式防火门应当设置"常闭式防火门，请保持关闭"警示类标识；防火卷帘底部地面应当设置"防火卷帘下禁放物品"警示类标识。

常见消防设施标识如图 5-13 所示。

图 5-13　常见消防设施标识

2. 危险场所、危险部位标识

1) 危险场所、危险部位的室外、室内墙面、地面及危险设施处等适当位置应设置警示类标识，标明安全警示性和禁止性规定。

2) 危险场所、危险部位的室外、室内墙面等适当位置应设置安全管理规程，标明安全管理制度、操作规程、注意事项及危险事故应急处置程序等内容。

3) 仓库应当画线标识，标明仓库墙距、垛距、主要通道、货物固定位置等。储存易燃易爆危险物品的仓库应当设置标明储存物品的类别、品名、储量、注意事项和灭火方法的标识。

4) 易操作失误引发火灾危险事故的关键设施部位应设置发光性提示标识，标明操作方式、注意事项、危险事故应急处置程序等内容。

常见危险场所、危险部位标识如图 5-14 所示。

图 5-14　常见危险场所、危险部位标识

3. 安全疏散标识

1) 疏散指示标识应根据国家有关消防技术标准和规范设置，并应采用符合规范要求的灯光疏散指示标志、安全出口标志，标明疏散方向。

2) 商场、市场、公共娱乐场所应在疏散走道和主要疏散路线的地面上增设能保持视觉连续性的自发光或蓄光疏散指示标志。

3) 单位安全出口、疏散楼梯、疏散走道、消防车道等处应设置"禁止锁闭""禁止堵塞"等警示类标识。

4) 消防电梯外墙面上要设置消防电梯的用途及注意事项的识别类标识。

5) 公众聚集场所、宾馆、饭店等住宿场所的房间内应当设置疏散标识图，标明楼层疏散路线、安全出口、室内消防设施位置等内容。

5.5.3 火灾分类

火灾是指在时间和空间上失去控制的燃烧造成的灾害。火灾根据可燃物的类型和燃烧特性，分为 A、B、C、D、E、F 六大类，见表 5-1。

表 5-1 火灾类型

火灾类型	燃烧物	适用灭火器
A 类火灾（固体物质火灾）	木材、干草、煤炭、棉、毛、麻、纸张等有机物	水型灭火器、泡沫灭火器、干粉灭火器、卤代烷灭火器
B 类火灾（液体或可熔化固体物质火灾）	煤油、柴油、原油、甲醇、乙醇、沥青、石蜡、塑料等	泡沫灭火器、干粉灭火器、卤代烷灭火器、二氧化碳灭火器
C 类火灾（气体火灾）	煤气、天然气、甲烷、乙烷、丙烷、氢气等	干粉、水、七氟丙烷灭火剂
D 类火灾（金属火灾）	钾、钠、镁、钛、锆、锂、铝镁合金等	粉状石墨灭火器、专用干粉灭火器，也可用干砂或铸铁屑末代替
E 类火灾（带电火灾）	家用电器、电子元器件、电气设备（计算机、电动机、变压器等）以及电线电缆等燃烧时仍带电的火灾，而日常照明灯具及起火后可自行切断电源的设备所发生的火灾则不应列入带电火灾范围	干粉灭火器、卤代烷灭火器、二氧化碳灭火器等
F 类火灾（烹饪器具内的烹饪物）	动植物油脂等	干粉灭火器

5.5.4 常见火源

火源是火灾的发源地，也是引起燃烧和爆炸的直接原因。所以，防止火灾应控制好十种火源，具体如下：

1）人们日常点燃的各种明火，就是最常见的一种火源，在使用时必须控制好。

2）企业和各行各业使用的电气设备，由于超负荷运行、短路、接触不良，以及自然界中的雷击、静电火花等，都能使可燃气体、可燃物质燃烧，在使用中必须做好安全防护。

3）靠近火炉或烟道的干柴、木材、木器，紧聚在高温蒸汽管道上的可燃粉尘、纤维，大功率灯泡旁的纸张、衣物等，烘烤时间过长，都会引起燃烧。

4）在熬炼和烘烤过程中，由于温度掌握不好或自动控制失灵，都会着火甚至引起火灾。

5）炒过的食物或其他物质，不经过散热就堆积起来，或装在袋子内，也会聚热起火，必须注意散热。

6）企业的热处理工件，堆放在有油渍的地面上，或堆放在易燃品旁（如木材），易引起火灾，应堆放在安全地方。

7）在既无明火又无热源的条件下，褐煤、湿稻草、麦草、棉花、油菜籽、豆饼和沾有动、植物油的棉纱、手套、衣服、木屑、金属屑、抛光尘以及擦拭过设备的油布等，堆积在一起时间过长，本身也会发热，在条件具备时，可能引起自燃，应勤加处理。

8）不同性质的物质相遇，有时也会引起自燃。

9）摩擦与撞击。例如铁器与水泥地撞击，会引起火花，遇易燃物即可引起火灾。

10）绝缘压缩、化学热反应，可引起升温，使可燃物被加热至着火点。

> **案例 5-11** 上海市金山区厂房火灾事故。2021 年 4 月 22 日，上海市金山区林盛路一企业厂房发生火灾，该事故造成 6 名员工死亡、2 名消防员牺牲。
>
> 经调查认定起火原因为作业人员黄某违章吸烟引发火灾。涉事企业外来作业人员管理失控、在火灾发生后没有第一时间通知撤离，违规将消防控制室外包给保安公司值守，车间违规使用大量可燃易燃材料，火情巡查制度形同虚设。

5.5.5 逃生方法

面对滚滚浓烟和熊熊烈焰，只要冷静机智运用火场自救与逃生知识，就有极大可能拯救自己。火灾逃生与自救方法如图 5-15 所示。

图 5-15　火灾逃生与自救方法

视频 5-2　火灾逃生与自救方法

1. 逃生预演，临危不乱

每个人对自己工作、学习或居住的建筑物的结构及逃生路径要做到了然于胸，必要时可集中组织应急逃生预演，使大家熟悉建筑物内的消防设施及自救逃生的方法。这样，火灾发生时，就不会觉得走投无路了。

2. 熟悉环境，牢记出口

当你处在陌生的环境时，为了自身安全，务必留心疏散通道、安全出口及楼梯方位等，以便关键时候能尽快逃离现场。请记住：在安全无事时，一定要居安思危，给自己预留一条通路。

3. 通道出口，畅通无阻

楼梯、通道、安全出口等是火灾发生时最重要的逃生之路，应保证畅通无阻，切不可堆放杂物或设闸上锁，以便紧急时能安全迅速地通过。请记住：自断后路，必死无疑。

4. 扑灭小火，惠及他人

当发生火灾时，如果发现火势并不大，且尚未对人造成很大威胁时，当周围有足够的消防器材，如灭火器、消防栓等，应奋力将小火控制、扑灭；千万不要惊慌失措地乱叫乱窜，置小火于不顾而酿成大灾。请记住：争分夺秒，扑灭"初期火灾"。

5. 镇静辨向，迅速撤离

突遇火灾，面对浓烟和烈火，首先要强令自己保持镇静，迅速判断危险地点和安全地点，决定逃生的办法，尽快撤离险地。千万不要盲目地跟从人流和相互拥挤、乱冲乱窜。撤离时要注意，朝明亮处或外面空旷的地方跑，要尽量往楼层下面跑，若通道已被烟火封阻，则应背向烟火方向离开，通过阳台、气窗、天台等往室外逃生。请记住：人只有沉着镇静，才能想出好办法。

6. 不入险地，不贪财物

身处险境，应尽快撤离，不要因害羞或顾及贵重物品，而把逃生时间浪费在寻找、搬离贵重物品上。已经逃离险境的人员，切莫重返险地，自投罗网。请记住：留得青山在，不怕没柴烧。

7. 简易防护，蒙鼻匍匐

逃生时经过充满烟雾的路线，要防止烟雾中毒、预防窒息。为了防止火场浓烟呛入，可采用毛巾、口罩蒙鼻，匍匐撤离的办法。烟气较空气轻而飘于上部，贴近地面撤离是避免烟气吸入、滤去毒气的最佳方法。穿过烟火封锁区，应佩戴防毒面具、头盔、阻燃隔热服等护具，如果没有这些护具，那么可向头部、身上浇冷水或用湿毛巾、湿棉被、湿毯子等将头、身裹好，再冲出去。请记住：多件防护工具在手，总比赤手空拳好。

8. 善用通道，莫入电梯

按规范标准设计建造的建筑物都会有两条以上逃生楼梯、通道或安全出口。发生火灾时，要根据情况选择进入相对较为安全的楼梯通道。除可以利用楼梯外，还可以利用建筑物的阳台、窗台、天面屋顶等攀到周围的安全地点，沿着落水管、避雷线等建筑结构中的凸出物滑下楼来脱险。在高层建筑中，电梯的供电系统在火灾时随时会断电，或因热的作用导致电梯变形而使人被困在电梯内，同时由于电梯井犹如贯通的烟囱般直通各楼层，有毒的烟雾直接威胁被困人员的生命。请记住：逃生的时候，乘电梯极危险。

9. 缓降逃生，滑绳自救

高层、多层公共建筑内一般都设有高空缓降器或救生绳，人员可以通过这些设施安全地离开危险的楼层。如果没有这些专门设施，而安全通道又已被堵，救援人员不能及时赶到的情况下，可以迅速利用身边的绳索或床单、窗帘、衣服等自制简易救生绳并用水打湿，从窗台或阳台沿绳缓滑到下面楼层或地面，安全逃生。请记住：胆大心细，救命绳就在身边。

10. 避难场所，固守待援

假如用手摸房门已感到烫手，此时一旦开门；火焰与浓烟势必迎面扑来。逃生通道被切断且短时间内无人救援。这时候，可采取创造避难场所、固守待援的办法。首先应关紧迎火的门窗，打开背火的门窗，用湿毛巾或湿布塞堵门缝，或用水浸湿棉被蒙上门窗，然后不停用水淋透房间，防止烟火渗入，固守在房内，直到救援人员到达。请记住：

坚盾何惧利矛。

11. 缓晃轻抛，寻求援助

被烟火围困暂时无法逃离的人员，应尽量待在阳台、窗口等易于被人发现和能避免烟火近身的地方。在白天，可以向窗外晃动鲜艳衣物，或外抛轻型晃眼的东西；在夜晚可以用手电筒不停地在窗口闪动或者敲击东西，及时发出有效的求救信号，引起救援者的注意。请记住：充分暴露自己，才能争取有效拯救自己。

12. 火已及身，切勿惊跑

火场上的人如果发现身上着了火，千万不可惊跑或用手拍打。当身上衣服着火时，应赶紧设法脱掉衣服或就地打滚，压灭火苗；能及时跳进水中或让人向身上浇水、喷灭火剂就更有效了。请记住：就地打滚虽狼狈，烈火焚身可免除。

13. 跳楼有术，虽损求生

跳楼逃生，也是一个逃生办法。但应该注意的是，只有消防队员准备好救生气垫并指挥跳楼或楼层不高（一般4层以下）时、非跳楼即烧死的情况下，才采取跳楼的方法。跳楼也要讲技巧，跳楼时应尽量往救生气垫中部跳或选择有水池、软雨篷、草地等方向跳；若有可能，要尽量抱些棉被、沙发垫等松软物品或打开大雨伞跳下，以减缓冲击力。如果徒手跳楼一定要扒窗台或阳台使身体自然下垂跳下，以尽量降低垂直距离，落地前要双手抱紧头部身体弯曲卷成一团，以减少伤害。请记住：跳楼不等于自杀，关键是要有办法。

14. 身处险境，自救莫忘救他人

任何人发现火灾，都应尽快拨打"119"电话呼救，及时向消防队报火警。火场中的儿童和老弱病残者，他们本人不具备或者丧失了自救能力，在场的其他人除自救外，还应当积极救助他们尽快逃离险境。

5.6 危险化学品使用安全

5.6.1 危险化学品的概念

《危险化学品安全管理条例》第三条所称危险化学品，是指具有毒害、腐蚀、爆炸、燃烧、助燃等性质，对人体、设施、环境具有危害的剧毒化学品和其他化学品。

依据 GB 13690-2009《化学品分类和危险性公示 通则》，按物理、健康或环境危险的性质，危险性共分三大类：理化危险、健康危险和环境危险。

危险化学品在不同的场合，叫法或者说称呼是不一样的，如在生产、经营、使用场所统称化工产品，一般不称为危险化学品；在运输过程中，包括铁路运输、公路运输、水上运输、航空运输都称为危险货物；在储存环节，一般又称为危险物品或危险品。

近些年，危险化学品的生产、储存、经营、运输过程中发生了很多事故，可以说是管理失控事故频发、危害严重。因此国家领导多次批示进行危险化学品专项整治，整治的内容主要包括生产环节、储运环节、包装管理、经营环节、剧毒品管理。常见危险品标志如图 5-16 所示。

图 5-16 常见危险品标志

5.6.2 危险化学品的危险性类别

1. 爆炸品

本类化学品是指在外界作用下,如受热、摩擦、撞击等,能发生剧烈的化学反应瞬时产生大量的气体和热量,使周围压力急骤上升发生爆炸并对周围环境造成破坏的物品,也包括无整体爆炸危险、抛射及较小爆炸危险的物品。

视频 5-3 常用危险化学品(上)

2. 压缩气体和液化气体

本类化学品是指压缩、液化或加压溶解气体并符合下述两种情况之一的化学品:

1) 临界温度低于50℃时,或在50℃时其蒸气压力大于294kPa 的压缩气体或液化气体。

2) 温度在21.1℃时气体的绝对压力大于275kPa 或在54.4℃时气体的绝对压力大于715kPa 的压缩气体,或在37.8℃时雷德蒸气压力大于275kPa 的液化气体或加压溶解气体。

本类物品当受热、撞击或强烈震动时,容器内压力急剧增大,致使容器破裂爆炸或导致气体阀门松动漏气,酿成火灾或中毒事故。按其性质分为易燃气体、不燃气体、有毒气体三种。

3. 易燃液体

易燃液体是指闪点不高于93℃的液体。本类物品在常温下易挥发,其蒸气与空气混合能形成爆炸性混合物。易燃液体按闪点分为以下三项:

1) 低闪点液体:闭环试验闪点<-18℃。

2) 中闪点液体:-18℃≤闭环试验闪点<23℃。

3) 高闪点液体:23℃≤闭环试验闪点≤61℃。

4. 易燃固体、自燃品和遇湿易燃物品

本类物品易于引起火灾和促成火灾,按其燃烧特性分为以下三项:

1）易燃固体是指燃点低且对热、撞击、摩擦敏感，易被外部火源点燃，燃烧迅速并可能散发出有毒烟雾或有害气体的固体，如硫黄、红磷等。

2）自燃物品是指自燃点低，在空气中易发生氧化反应放出热量而自行燃烧的物品，如白磷等。

3）遇湿易燃品是指遇水或受潮时发生剧烈化学反应，并放出大量易燃气体和热量的物品，有些不需明火即能燃烧或爆炸，如锂、钠、钾、镁、钙等。

> **案例 5-12** 某高校实验室爆炸事故。2018 年 12 月，某高校环境工程系学生在环境工程实验室进行垃圾渗滤液污水处理科研实验期间，实验现场发生爆炸，事故造成 3 名参与实验的学生死亡。
>
> **事故调查组认定**：在使用搅拌机对镁粉和磷酸搅拌、反应过程中，料斗内产生的氢气被搅拌机转轴处金属摩擦、碰撞产生的火花点燃爆炸，继而引发镁粉粉尘云爆炸，爆炸引起周边镁粉和其他可燃物燃烧，造成现场 3 名学生烧死。事故调查组同时认定，高校有关人员违规开展试验、冒险作业；违规购买、违法储存危险化学品；对实验室和科研项目安全管理不到位。

5. 氧化剂和有机过氧化物

本类物品具有强氧化性，易引起燃烧或爆炸，按其组成可分为以下两类：

1）氧化剂是指处于高氧化状态具有强氧化性，易分解并放出氧和热量的物质。氧化剂包括含有过氧基的无机物，其本身不一定可燃但能够导致可燃物燃烧，与粉末状可燃物能组成爆炸性混合物。氧化剂对热、震动或摩擦敏感，按其危险大小分为一级氧化剂和二级氧化剂，如 $KMnO_4$ 等。

视频 5-4　常用危险化学品（下）

2）有机过氧化物是指分子结构中含有过氧键的有机物，其本身易燃、易爆且极易热分解，对热、震动极为敏感。

6. 毒害品和感染性物品

毒害品和感染性物品指进入肌体后累积达到一定的量能，与体液和组织发生生物化学作用或生物物理作用，扰乱或破坏肌体正常的生理功能，引起暂时性或持久性的病理改变甚至危及生命的物品，如氰化钾、农药等。

7. 放射性物品

放射性物品指放射性比活度大于 $7.4×10^4 Bq/kg$ 的物品，按其放射性大小分为一级放射性物品、二级放射性物品和三级放射性物品。

8. 腐蚀品

腐蚀品指能灼伤人体组织并对金属等物品造成损坏的固体或液体，或与皮肤接触在 4h 内出现可见坏死现象，或温度在 55℃ 时对 20 号钢的表面均匀腐蚀率超过 6.25mm/年的固体或液体。按其化学性质分为以下三项：

1）酸性腐蚀品，如硫酸、硝酸、盐酸等。

2）碱性腐蚀品，如氢氧化钠等。

3）其他腐蚀品，如氯化锌等。

5.6.3 危险化学品防灾应急

1. 危险化学品应急要点

1）发现被遗弃的化学品,不要捡拾,应立即拨打报警电话,说清具体位置、包装标志、大致数量以及是否有气味等情况。

2）立即在事发地周围设置警告标志,不要在周围逗留。严禁吸烟,以防发生火灾或爆炸。

3）遇到危险化学品运输车辆发生事故,应尽快离开事故现场,撤离到上风口位置,不围观,并立即拨打报警电话。其他机动车驾驶员要听从工作人员的指挥,有序地通过事故现场。

4）居民小区施工过程中挖掘出有异味的土壤时,应立即拨打当地区(县)政府值班电话说明情况,同时在其周围拉上警戒线或竖立警示标志。在异味土壤清走之前,周围居民和单位不要开窗通风。

5）严禁携带危险化学品乘坐公交车、地铁、火车、汽车、轮船、飞机等交通工具。

特别提醒:一旦闻到刺激难闻的气味,或者发现有毒气体发生泄漏,就要马上采取措施:及时撤离现场,并马上通知其他人员,用湿毛巾捂住口鼻,然后报警;堵截一切火源,不开灯,不要动电器,以免产生导致爆炸的火花;熄灭火种,关阀断气,迅速疏散受火势威胁的物资;有关单位要禁止无关人员进入现场。化学品火灾的扑救应由专业消防队来进行。受到危险化学品伤害时,应立即到医院救治,不要拖延。

2. 几种特殊化学品的火灾扑救

1）扑救液化、气体类火灾切忌盲目扑灭火势,在没有采取堵漏和切断气源措施的情况下必须保持稳定燃烧,否则大量可燃气体泄漏出来与空气混合后遇着火源就会发生爆炸。

2）对于爆炸物品火灾切忌用沙土盖压,以免增强爆炸物品爆炸时的威力。另外,扑救爆炸物品堆垛火灾时,水流应用吊射,避免强力水流直接冲击堆垛,以免堆垛倒塌引起再次爆炸。

3）对于遇湿易燃物品火灾,绝对禁止用水、泡沫、酸碱性等湿性灭火剂扑救。

4）氧化剂和过氧化物的灭火比较复杂,应具体分析。

5）扑救毒害和腐蚀品火灾时应尽量使用低压水流或雾状水,避免腐蚀品、毒害品溅出。遇酸类或碱类腐蚀品泄漏,最好用相应的中和剂稀释中和。

6）易燃固体、自燃物品火灾一般可用水和泡沫扑救,控制住燃烧范围。在扑救过程中应不时向燃烧区域上空或周围喷射雾状水,并消除周围一切火源,逐步扑灭。

5.6.4 危险化学品储存和发生火灾的主要原因

1. 危险化学品储存

1）危险化学品储存取决于危险化学品分类、分项、容器类型、储存方法和消防的要求。

2）遇火、遇热、遇潮能引起燃烧、爆炸或发生化学反应产生有毒有害气体的危险化学品不得在露天或潮湿、积水的建筑物中储存。

3）受日光照射能发生化学反应引起燃烧、爆炸、分解、化合或能产生有毒气体的危险化学品应储存在一级建筑物中,其包装应采用避光措施。

4）爆炸性物品不准和其他类物品同储,必须单独隔离限量储存。

5）压缩气体和液化气体必须与爆炸物品、氧化剂、易燃物品、自燃物品、腐蚀性物品隔离储存。易燃气体不得与助燃气体、剧毒气体同储,氧气不得和油脂混合储存于盛装液化气体的容器,属压力容器的必须有压力表、安全阀、紧急切断装置并定期检查,不得超装。

6）易燃液体、固体、遇湿易燃物品不得与氧化剂混合储存,具有还原性的氧化剂应单独存放。

7）有毒物品应存放在阴凉、通风、干燥的场所,不要露天存放,不要接近酸类物质。

8）腐蚀性物品包装必须严密,不允许泄漏,严禁与液化气体和其他物品共存。

2. 危险化学品发生火灾的主要原因

1）着火源控制不严：一是外来火种,如汽车排气管的火星、吸烟的烟头等；二是内部设备不良、操作不当引起的电火花、撞击火花、化学能等。

2）性质相互抵触的物品混放。

3）产品变质。

4）养护管理不善。

5）包装损坏或不符合要求。

6）违反操作规程操作。

7）建筑物不符合存放要求。

8）雷击。

9）着火扑救不当。

案例 5-13 响水化工企业爆炸事故。2019 年 3 月 21 日,江苏省盐城市响水县某化工园区内某化工有限公司化学储罐发生爆炸事故,波及周边 16 家企业。事故造成 78 人死亡、76 人重伤,640 人住院治疗,直接经济损失 19.86 亿元。响水化工企业爆炸事故如图 5-17 所示。

图 5-17 响水化工企业爆炸事故　　视频 5-5 响水化工企业爆炸

事故的直接原因是该化工有限公司的旧固废库内长期违法储存的硝化废料持续积热升温导致自燃,燃烧引发爆炸。事故调查组认定,该化工有限公司无视国家环境保

护和安全生产法律法规，刻意瞒报、违法储存、违法处置硝化废料，安全环保管理混乱，日常检查弄虚作假，固废仓库等工程未批先建。相关环评、安评等中介服务机构严重违法违规，出具虚假失实评价报告。

事故调查组同时认定，江苏省各级应急管理部门履行安全生产综合监管职责不到位，生态环境部门未认真履行危险废物监管职责，工信、市场监管、规划、住建和消防等部门也不同程度存在违规行为。响水县和生态化工园区招商引资安全环保把关不严，对该化工有限公司长期存在的重大风险隐患视而不见，复产把关流于形式。江苏省、盐城市未认真落实地方党政领导干部安全生产责任制，重大安全风险排查管控不全面、不深入、不扎实。

阅读材料

【阅读材料 5-1】

工程师之戒

1900 年，横贯圣劳伦斯河的魁北克大桥开始修建。为了建造当时世界上最长的桥梁，毕业于加拿大工程学院的设计师 Cooper 接受加拿大政府的委托设计这座大桥。为了节省成本，Cooper 擅自延长了大桥主跨的长度，由 487.7m 增加到了 548.6m。1907 年 8 月 29 日，当桥梁即将竣工之际，发生了垮塌，造成了 75 人死亡，11 人受伤。事故调查表明，正是因为 Cooper 的过分自信，忽略了对桁架重量的精确计算，而导致悲剧的发生。

1913 年，大桥的设计建造重新开始，可是后继者并没有汲取历史上血的教训。1916 年 9 月，由于某个支撑点的材料指标不到位，悲剧再度重演。这一次是中间最长的桥身突然塌陷，造成 13 名工人死亡。

1917 年，在经历了两次惨痛的悲剧后，魁北克大桥终于建成，成为迄今为止最长的悬臂跨度大桥之一，如图 5-18 所示。

因桥梁设计师 Cooper 毕业于加拿大工程学院，该学院也因此声誉扫地。但是学校并没有掩饰、隐瞒这件事，而是联合倡议加拿大七所工程学院筹资买下了大桥的钢梁残骸，打造成一枚枚指环，分发给每年从工程系毕业的学生，取名"Iron Ring"（工程师之戒，又译作铁戒，耻辱之戒）。为了铭记这次事故，也为了纪念事故中的死难者，戒指被设计成如残骸般的扭曲形状，如图 5-19 所示。

在加拿大，当七大工程学院学生毕业时，都要参加一个独特而又神圣的毕业仪式——吉卜林仪式或称作铁戒指仪式，大家手握一条铁索链宣誓自觉、自愿接受工程师章程的规范，敬于、忠于工程师这严谨、严肃的称号。工程学院的毕业生们将在这个仪式上被授予象征着加拿大工程师身份的工程师之戒。它代表着工程师的骄傲、责任、义务以及谦逊，更重要的是提醒他们永远不要忘记历史的教训与耻辱。

图 5-18　魁北克大桥　　　　　　　　　　图 5-19　工程师之戒

后来，这样的传统就一直延续了下来，而工程师之戒则被誉为"世界上最昂贵的戒指"。它们被戴在工程师常用手的小指上，告诫自己产品质量重于生命，牢记过去的教训，激励自己奋发图强。它们不是金，不是银，却无比珍贵。它们是几十名死难者的血肉，是工程师心里的警钟。它们不及钻石的珍贵与永恒，可是却时刻提醒着工程师所背负的责任。

【阅读材料 5-2】

8·12 天津滨海新区爆炸事故

事件过程：

2015 年 8 月 12 日 22 时 51 分 46 秒，瑞海公司危险品仓库最先起火。

2015 年 8 月 12 日 23 时 34 分 06 秒发生第一次爆炸，近震震级约 2.3 级，相当于 3t 的 TNT。发生爆炸的是集装箱内的易燃易爆物品。现场火光冲天，在强烈爆炸声后，高数十米的灰白色蘑菇云瞬间腾起，随后爆炸点上空被火光染红。

视频 5-6　8·12 天津滨海新区爆炸事故

2015 年 8 月 12 日 23 时 34 分 37 秒，发生第二次更剧烈的爆炸，近震震级约 2.9 级，相当于 21t 的 TNT。

国家地震台网官方微博"@中国地震台网速报"发布消息称，"综合网友反馈，天津塘沽、滨海等，以及河北河间、肃宁、晋州、藁城等地均有震感"。

截至 2015 年 8 月 13 日早 8 点，距离爆炸发生已经有 8 个多小时，大火仍未被完全扑灭。因为需要沙土掩埋灭火，而且事故现场形成 6 处大火点及数十个小火点，灭火需要很长时间。

2015 年 8 月 14 日 16 时 40 分，现场明火被扑灭。

事件损失： 事件造成 165 人遇难、8 人失踪、798 人受伤住院治疗。爆炸导致门窗受损的周边居民户数达到 17000 多户，另外还有 779 家商户受损。共 304 幢建筑物（其中办公楼宇、厂房及仓库等单位建筑 73 幢，居民一类住宅 91 幢、二类住宅 129 幢、居民公寓 11 幢）、12428 辆商品汽车、7533 个集装箱受损。爆炸事故现场如图 5-20 所示。截至 2015 年 12 月 10 日，依据《企业职工伤亡事故经济损失统计标准 GB 6721-1986》统计，已核定的直接经济损失 68.66 亿元。

图 5-20　爆炸事故现场

事件原因：经调查组查明，最终认定事故直接原因：瑞海公司危险品仓库运抵区南侧集装箱内的硝化棉由于湿润剂散失出现局部干燥，在高温（天气）等因素的作用下加速分解放热，积热自燃，引起相邻集装箱内的硝化棉和其他危险化学品长时间大面积燃烧，导致堆放于运抵区的硝酸铵等危险化学品发生爆炸。

调查组认定，瑞海公司严重违反有关法律法规，是造成事故发生的主体责任单位。该公司无视安全生产主体责任，严重违反天津市城市总体规划和滨海新区控制性详细规划，违法建设危险货物堆场，违法经营、违规储存危险货物，安全管理极其混乱，安全隐患长期存在。

调查组同时认定，有关地方党委、政府和部门存在有法不依、执法不严、监管不力、履职不到位等问题。天津交通、港口、海关、安监、规划和国土、市场和质检、海事、公安以及滨海新区环保、行政审批等部门单位，未认真贯彻落实有关法律法规，未认真履行职责，违法违规进行行政许可和项目审查，日常监管严重缺失；有些负责人和工作人员贪赃枉法、滥用职权。

天津市委、市政府和滨海新区区委、区政府未全面贯彻落实有关法律法规，对有关部门、单位违反城市规划行为和在安全生产管理方面存在的问题失察失管。

交通运输部作为港口危险货物监管主管部门，未依照法定职责对港口危险货物安全管理督促检查，对天津交通运输系统工作指导不到位。

海关总署督促指导天津海关工作不到位。有关中介及技术服务机构弄虚作假，违法违规进行安全审查、评价和验收等。

【阅读材料 5-3】

2003 年美加大停电事故

事件背景：美加大停电是指 2003 年 8 月 14 日美国东北部部分地区以及加拿大东部地区出现的大范围停电。该停电事故影响到约 5000 万人口，造成美国俄亥俄州、密歇根州、宾夕法尼亚州、佛蒙特州、马萨诸塞州、康涅狄格州、新泽西州以及加拿大安大略省等地区约 61800MW 的负荷损失。事故开始于美国东部时间 8 月 14 日 16 时左右，在美国部分地区，电力供应在4日后仍未恢复，而在全部电力供应恢复之前，加拿大安大略省部分地区的停电持续了一个多星期。美国因停电造成的损失估计在40亿~100亿美元。在加拿大，8月份国民生产总值下降了0.7%，即1890万工作小时的损失，安大略省的产值下降了23亿加元。

事件过程： 2003年8月14日，整个东北部以及加拿大地区都陷入高温天气，温度从8月11日的26℃飙升至14日的31℃，大量空调用电使得第一能源公司的最大负荷在3天之内飙升了20%，从100950万kW增加至121650万kW，电网管理人员通过从中西部调动电力供给，基本应对了夏季的用电量增加。但是在中西部电网，管理人员严重低估了未来几天的用电增量，由于天气炎热，人们不得不增加空调的使用量，额外增加的负荷严重消耗了电网所储备的负荷，这减小了面临突发事件的回旋余地。

8月14日，俄亥俄州及其附近的5座发电站（其中包括两座核电站）因为种种原因都没能提供电力，共计少提供了31780万kW的电力。8月14日，克利夫兰和阿克伦地区有4~5组电容器组因为例行检查而退出供电序列，这其中包括一座重要的变电站的138kV继电组，这些设施对于稳定电压是非常重要的，而且这些设备短时间内都无法恢复。根据规程，这样的例行检查时间一般都会错开用电高峰期，而第一能源公司并未将这一状况告知其他公司或机构，这违背了北美电力可靠性委员会（NERC）的规则。

事故发生前，第一能源公司的戴维贝斯核电站因检修停运。14时左右，俄亥俄州北部的东湖5号电厂550MW发电机组发生跳闸停运，使得线路负载显著地增加，但是依然维持在额定值之内（第一能源公司的标准值要低于美国电力公司以及PJM公司）。

15时05分，俄亥俄州南北联络通道上送克利夫兰的Harding-Chamberlin线路跳闸，电压已经开始剧烈波动，由此线路供电的克利夫兰地区用电受到影响。

15时32分，俄亥俄州南北联络通道上送克利夫兰的另一条Hanna-juniper 345kV线路跳闸，克利夫兰失去第二回电源线，电压降低，密歇根州内线路潮流保持稳定。

15时41分，俄亥俄州南北联络通道上送克利夫兰的Star-S. Canton 345kV线路跳闸。

15时46分，俄亥俄州南北联络通道上送克利夫兰的Tidd-Canton Ctrl 345kV线路跳闸，随着克利夫兰地区三起345kV线路跳闸，急剧升高的负荷与急剧降低的电压使得克利夫兰与阿克伦地区的138kV线路过载。

16时06分，俄亥俄州南北联络通道上Sammis-Star 345kV线路跳闸，至此，俄亥俄州北部巨大的用电负荷彻底缺乏了电网支持，俄亥俄州与密歇根州之间潮流发生逆转，约200MW功率从密歇根州流向俄亥俄州。

16时08分，加拿大与美国东部发生明显的功率摇摆，俄亥俄州南北通道上的最后两条345kV线路（E. Lima-Fostoria和Muskingum-OH Central）相继跳闸，至此俄亥俄州南北通道上所有线路全部断开，潮流发生大范围转移。北俄亥俄地区和东密歇根地区负荷中心主要由美国电力（American Electric Power，AEP）通过印第安纳州经密歇根州东西断面受电，此时印第安纳州和密歇根州断面潮流突增为3700MW，密歇根州东西断面潮流突增为4800MW，底特律地区至北俄亥俄地区送电在10s内突增2000MW，密歇根州电压严重下降，使密歇根州中部两座电厂共1800MW机组在15s内相继跳闸，导致电压崩溃。

16时10分04秒至45秒，北俄亥俄地区和东密歇根地区负荷中心所属环伊利湖地区大约20个发电机（当时出力约2174MW）跳闸，密歇根热电厂1265MW机组跳闸，密歇根州东西断面潮流大增，导致16时10分37秒至16时10分38秒期间密歇根州东西通道上的线路相继跳闸；同时，在 16 时 10 分 38 秒，从 Perry-Ashtabula-Erie West 345kV 线路跳闸，使沿 Erie 湖南岸从宾夕法尼亚州到俄亥俄州北部的线路情况恶化，至此事故中心地区仅通过和安大略省的电网和美加东部主网联络。在地区电网进一步电压崩溃的同时，潮流再次发生大范围转移，从俄亥俄州南部经宾夕法尼亚州、纽约州、安大略省、底特律地区最终向北俄亥俄和东密歇根地区送电。安大略省和底特律地区之间潮流断面骤然反向，且 PJM 和纽约州电网断面的潮流极大。

16 时 10 分 40 秒至 44 秒，由于断面潮流太大，美国 PJM 和纽约州电网断面上的四条线路相继跳闸，断开了 PJM 和纽约州电网。此时整个美国东北部电网，即安大略省电网、纽约州电网以及正在电压崩溃的北俄亥俄州和东密歇根电网仅通过新泽西州和纽约州的联络线与加拿大西部等地区的联络线和美加主网联络。

16 时 10 分 41 秒，由于北俄亥俄地区大量机组和线路跳闸，特别是 Beaver-DavisBesse 345kV 线路跳闸后，克利夫兰地区形成了电力"孤岛"，于是在低频减载动作和大量线路跳闸的共同作用下系统崩溃，全部负荷损失。

16 时 10 分 46 秒至 55 秒，被解列出主网的美国东北部电网再次解列为两片，纽约电网和新英格兰电网断面线路全部跳闸。

16 时 10 分 57 秒，事故中心电网又再次解列为纽约州和安大略省电网两片，而这次解列使电网的大量出力均留在解开后的纽约州电网，因此，安大略省电网低频减载连续动作以试图维持运行，但最终无法奏效，纽约州和安大略省电网的几条联络线也几次重合以期联络，但最后还是在 5s 内相继跳闸，导致安大略省电网全部崩溃。至此，美国整个东北部电网仅有新英格兰和纽约州西部电网剩余，美国东北部与加拿大安大略省的大部分地区陷入了黑暗。

事件影响：在短短的 3 秒钟之内，因为东部地区内部电网的自动断开，一些地区所有的接入电源被切断，彻底失去了电力，最终形成了电力"孤岛"。断电引发了一系列的次生事件：8 月 14 日纽约市发生 60 起严重火灾，电梯救援行动多达 800 次，紧急求救电话接近 8 万次，急诊医疗服务求助电话也创纪录达到 5000 次。8 月 15 日早上，尽管电力供应部分得以恢复，但由于地铁停开，交通信号灯仍没有恢复正常，成千上万的纽约市民一大早起来显得有些手足无措，街头景象忙乱不堪。8 月 15 日，美国密歇根州和俄亥俄州部分地区又开始面临缺水威胁，密歇根州东南部的 5 个县进入紧急状态，俄亥俄州的克利夫兰地区，100 多万居民 8 月 14 日晚靠国民警卫队运来的水度过了一个夜晚。2003 年美加大停电事故如图 5-21 所示。

图 5-21　2003 年美加大停电事故

事件原因：

1) 当时第一能源公司控制室的报警系统未正常工作，而控制室内的运行人员也未注意到这一点，即他们没有发现输电线路跳闸。

2) 由于第一能源公司的监控设备没有报警，控制人员未采取相应的措施，如减负荷等，致使故障扩大化，最终失去控制。

3) 正是由于第一能源公司根本未意识到出现问题，也就没有通告相邻的电力公司和可靠性协调机构，否则他们很可能协助解决问题。

4) 中部独立运营商（MISO）作为该地区（包括第一能源公司）的输电协调机构，也出现问题。

5) MISO的系统分析工具在8月14日下午未能有效地工作，导致MISO没有及早注意到第一能源公司的问题并采取措施。

6) MISO用过时的数据支持系统的实时监测，结果未能检测出第一能源公司的事态发展，也未采取缓解措施。

7) MISO缺乏有效的工具确定是哪条输电线路断路器动作，否则MISO的运行人员可以根据这些信息更早地意识到事故的严重性。

8) MISO和PJM互联机构（控制宾夕法尼亚州、马里兰州和新泽西州等地）在其交界处对突发事件各自采取的对策缺乏联合协调措施。

总体而言，这次大停电是诸多因素所致，包括通信设施差、人为错误、机械故障、运行人员培训不够及软件误差等。从复杂的计算机模拟系统到简单的输电走廊树枝修剪，都未予以足够的重视。

事件启示：

1) 美国在电网建设和管理中缺乏统一规划、协调管理，电网网架结构存在不合理的薄弱环节，抗故障能力差。

2) 美国没有一个能够协调组织各地区电网的统一电力调度中心，不能做到对大电网的协调控制，容易造成运行调度和事故处理过程的盲目性，贻误时机，导致事故扩大。

3) 电网公司没有自己的调峰和调频电厂，电网运行备用不足，缺乏调控手段。

4) 美国大部分电网建于20世纪50年代，由于片面追求经济效益，对变电站和输配电系统的维护和改造投入不足，造成高峰时线路负荷过重。

5) 在厂网协调方面存在问题，未建立起厂网协调的保护和安全稳定控制系统。

6) 各独立系统运行部门自成体系、自我防护，相互之间缺乏沟通，对整个电网情况了解不够，因而不能及时采取有效措施，制止事故的蔓延。

事件教训：

（1）做好电力系统的统一规划　　美国电网多次发生大面积停电事故，其主要内在原因是缺乏统一规划，电网结构没有做到合理的分层分区，抗干扰能力差。在高峰负荷时线路负载重，发生"$N-1$"故障时极易导致相邻线路过载而相继跳闸。在故障扩大时，也很难采取恰当的解列措施。加上近年来对电网投资减少，电网发展滞后，使这一状况更为严重。我国应吸取美国的教训，做好电源和电网的统一规划和建设。其要点：坚持电源分散接入受端系统的原则，加强输电通道中间支撑和受端系统的主网架建设，电网要做到合理的分层分区、结构清晰。

（2）坚持统一调度的方针　我国应坚持统一调度的方针，做到大电网的协调运行和控制，包括：运行方式的统一安排，电厂检修的统一安排，继电保护和安全自动装置的协调配置，事故处理的统一指挥等，确保整个电力系统的安全和稳定运行。

（3）电网运行要有足够的备用容量　美国这次事故与先前的一些事故一样，大多数发生在电网大负荷运行期间，电源备用不足。一旦电网发生故障，大电源退出，就会因供电不足而产生连锁反应，使事故扩大。当前我国部分地区供电形势紧张，电网运行处于备用不足或无备用的状态，因此要十分注意合理安排运行方式，采取各种有效措施，为电网的安全稳定运行提供可靠的保障。

（4）加强继电保护和安全稳定自动装置的优化配置　美国电网历次事故的扩大都与继电保护和安稳装置的配置有关系。我国电网结构薄弱，对二次继电保护和安全自动装置的要求更高，需要发展先进、可靠的继电保护装置和稳定控制技术，搞好三道防线的建设，防止事故扩大，避免大面积停电事故的发生。

（5）做好反事故预案和"黑启动"方案　大电网运行时，存在因各种原因导致事故扩大的可能性。因此，做好电网事故发生后的处理预案和电网一旦崩溃后尽快恢复的"黑启动"方案十分重要。

（6）加强电力系统计算分析和仿真试验工作　坚持做好电力系统的计算分析和仿真试验工作。通过事故预想分析，找出系统中存在的薄弱环节，对可能发生的事故作好预案，这对于防止大面积停电事故的发生是十分重要的。

（7）做好电力市场条件下的互联电网发展关键技术研究　目前我国电力体制改革进一步深化，西电东送、南北互供和全国电网互联工程逐步展开。为了适应这种情况，我国应加强电力市场条件下的互联电网运行关键技术研究，包括：新电力体制下的电网运行规则、电网互联格局和方式、厂网协调运行、电网安全稳定特性和监测控制技术、系统调压控制技术和提高电压稳定性的控制措施、电力系统负荷模型的研究与完善、发电机组励磁系统及PSS、调速器及原动机模型和参数的研究与实测等，并提出新形势下确保系统安全稳定运行、避免大面积停电事故的新技术和新措施。

习题与思考题

5-1　如何理解安全生产？
5-2　安全生产的本质是什么？
5-3　我国的安全生产方针是什么？
5-4　安全生产的基本原则有哪些？
5-5　安全生产的范围包括哪些方面？
5-6　企业为什么要坚持"管生产必须管安全"的方针？
5-7　什么是安全生产责任制？
5-8　安全文化建设有什么作用？
5-9　在安全与生产的矛盾关系中，如何理解安全是矛盾的主要方面？
5-10　工程中的安全生产问题有哪几个方面？
5-11　如何防范工程中的风险？
5-12　电流对人体的伤害有几种形式？
5-13　防止触电有哪些措施？

5-14　漏电保护器的功能是什么？

5-15　安全用电中红色、黄色、绿色、蓝色、黑色分别代表什么含义？

5-16　消防标志的作用是什么？

5-17　对于不同火灾类型，使用灭火器需要注意什么？

5-18　发生火灾时逃生需要注意哪些方面？

5-19　哪些属于危险化学品？

5-20　危险化学品储存发生火灾的主要原因有哪些？

5-21　危险化学品储存有哪些要求？

5-22　画一张办公室（或教室、家庭）疏散逃生路线图，并演练一遍。请按照以下六个步骤设计办公室中的火灾逃生线路：

第一步：画一幅办公室（或教室、家庭）的平面图。

第二步：在图上标出所有可能的逃生出口。

第三步：尽量为每个房间画出两条逃生路线。

第四步：重点关注火灾发生时办公室（或教室、家庭）里其他需要帮助的成员。

第五步：在户外确定一个会合点。

第六步：在户外给消防队打电话报警。

最后，一定记得演练你的火灾逃生计划。

5-23　结合阅读材料5-1，谈谈安全生产与风险防范的重要意义。

5-24　结合阅读材料5-2，分析易燃易爆化学品如何安全运输和存放。发生火灾、爆炸等安全事故时如何逃生和应急？

5-25　结合阅读材料5-3，从电网公司、电网工程师、用电个人和家庭三个角度思考如何保障用电安全。

5-26　××分厂安排直氰工段一班人员加班协助直氰维修班架设氰化钠大库到直氰氰化钠小库之间的氰化钠输送管道。一班班长寇某在班会上布置了协助直氰维修班架设管道任务，并指定氰化岗位操作工王某去氰化钠大库至直氰氰化钠小库之间的空中桥架上协助吊装氰化钠输送管道。王某冒险翻越制酸二段酸浸备用槽顶部护栏，在未挂好安全带情况下直接上到空中桥架北端作业，导致本人从桥架上坠落至地面。后送市中医院救治，经医院诊断，王某腰椎受伤。试分析事故发生的直接原因和间接原因。

5-27　××分厂二段电仪班主操唐某在检查制酸电尘操作室1#配电柜空气开关时，由于操作失误造成触电，被在现场的制酸三班班长荆某发现后及时施救，同时报告分厂将其送往医院救治。试分析事故发生的直接原因和间接原因。

5-28　××化副产品岗位化验员刘某、索某上岗后开始称取样品进行分析，8时10分，索某称样结束，将样品移至溶样间东通风橱内，开始溶样操作，当时室内一切正常，索某返回仪器室内进行其他操作；8时13分，刘某称样结束，在西通风橱内开始溶样，8时15分，在开通风橱开关时，通风橱内突然着火，刘某立即切断电源并呼救，索某赶到溶样间后，发现通风橱内已着火，室内充满浓烟，两人在进行必要处置后撤离现场。试分析事故发生的直接原因和间接原因。

5-29　某机械厂电扇车间油漆工段长兼操作组长，同本班一名女油漆工上夜班。凌晨1时40分，操作组长将点香烟未灭的火柴梗扔在喷漆台上，即刻引起喷漆台上易燃物品燃烧，造成该厂三幢厂房和室内设备及产品全部烧毁，直接经济损失50万元左右。试分析事故发生的直接原因和间接原因。

5-30　山东某矿井发生爆炸事故，造成十余人死亡，直接经济损失近7千万元。发生原因是，该矿井下违规混存炸药、雷管，井口实施罐笼气割作业产生的高温熔渣块掉入回风井，碰撞井筒设施，弹落到一中段门口乱堆乱放的炸药包装纸箱上，引起纸箱等可燃物燃烧，导致雷管、导爆索和炸药爆炸。该事故的发生，说明该矿井安全生产管理方面存在哪些问题？

5-31　××公司××车间制气釜停产检修过程中发生中毒窒息事故，造成十余人伤亡，直接经济损失近1

千万元。发生原因是，在 4 个月的停产期间，制气釜内气态物料未进行退料、隔离和置换，釜底部聚集了高浓度的氧硫化碳与硫化氢混合气体，维修作业人员在没有采取任何防护措施的情况下，进入制气釜底部作业，吸入有毒气体造成中毒窒息。救援过程中，救援人员在没有采取防护措施的情况下多次向釜内探身、呼喊、拖拽施救，导致不同程度中毒受伤。该事故的发生，说明××公司安全生产管理方面存在哪些问题？

5-32　某日用品公司员工孙某在厂房一层灌装车间用电磁炉加热制作香水原料异构烷烃混合物。13 时 10 分许，孙某在将加热后的混合物倒入塑料桶时，因静电放电引起可燃蒸气起火燃烧。孙某未就近取用灭火器灭火，而采用纸板扑打、覆盖塑料桶等方法灭火，持续 4 分多钟，灭火未成功。火势渐大并烧熔塑料桶，引燃周边易燃可燃物，一层车间迅速进入全面燃烧状态并发生了数次爆炸。13 时 16 分许，燃烧产生的大量一氧化碳等有毒物质和高温烟气，并迅速通过楼梯向上蔓延，引燃二层、三层成品包装车间可燃物。13 时 27 分许，整个厂房处于立体燃烧状态。该火灾事故，造成伤亡近 20 人，直接经济损失约 2 千余万元。该事故的发生，说明某日用品公司安全生产管理方面存在哪些问题？

第 6 章 法 律 法 规

工程活动是社会主体在一定时期和一定社会环境中开展的社会实践活动。在工程的规划、决策、建造、使用、管理等活动中，不是单纯的技术过程，还集成了众多的社会因素，包括政治的、经济的、法律的、文化的、伦理的各种因素。因此，在工程建设的各个环节都有可能出现纠纷。工程建设纠纷的解决是需要相关法律法规作为依据的。本章介绍一些基本的法律法规概念，包括知识产权法、民法典、劳动法、安全生产法、产品质量法等，侧重于工程与法律之间的关系，以帮助工程师在工程建设中建立法律意识。

6.1 知识产权和商业机密

6.1.1 知识产权

1. 知识产权的基本概念

知识产权是指权利人对其智力劳动所创作的成果和经营活动中的标记、信誉所依法享有的专有权利，通常是国家赋予创造者对其智力成果在一定时期内享有的专有权或独占权。各种智力创造，比如发明、外观设计、文学和艺术作品，以及在商业中使用的标志、名称、图像，都可被认为是某一个人或组织所拥有的知识产权。

知识产权从本质上说是一种无形财产权，其客体是智力成果或是知识产品，是一种无形财产或者一种没有形体的精神财富，是创造性的智力劳动所创造的劳动成果。它与房屋、汽车等有形财产一样，都受到国家法律的保护，都具有价值和使用价值。有些重大专利、驰名商标或作品的价值也远远高于房屋、汽车等有形财产。

2017年4月24日，最高人民法院首次发布《中国知识产权司法保护纲要（2016—2020）》。2018年，中共中央办公厅、国务院办公厅印发《关于加强知识产权审判领域改革创新若干问题的意见》等重要文件。

2. 知识产权的类型

知识产权有两类：一类是著作权（也称为版权、文学产权），另一类是工业产权（也称为产业产权）。

著作权又称版权，是指自然人、法人或者其他组织对文学、艺术和科学作品依法享有的财产权利和精神权利的总称，主要包括著作权及与著作权有关的邻接权。通常人们说的知识产权主要是指计算机软件著作权和作品登记。

工业产权则是指工业、商业、农业、林业和其他产业中具有实用经济意义的一种无形财产权。工业产权包括专利、商标、服务标志、厂商名称、原产地名称，以及植物新品种权和集成电路布图设计专有权等。

3. 知识产权权益

按照内容组成，知识产权由人身权利和财产权利两部分构成，也称为精神权利和经济权利。

所谓人身权利，是指权利同取得智力成果的人的人身不可分离，是人身关系在法律上的反映。例如，作者在其作品上署名的权利，或对其作品的发表权、修改权等，即为精神权利。

所谓财产权利，是指智力成果被法律承认以后，权利人可利用这些智力成果取得报酬或者得到奖励的权利，这种权利也称为经济权利。它是指智力创造性劳动取得的成果，并且是由智力劳动者对其成果依法享有的一种权利。

4. 知识产权出资

根据《中华人民共和国公司法》第二十七条，股东可以用货币出资，也可以用实物、知识产权、土地使用权等可以用货币估价并可以依法转让的非货币财产作价出资，法律、行政法规规定不得作为出资的财产除外。

对作为出资的非货币财产应当评估作价，核实财产，不得高估或者低估作价。法律、行政法规对评估作价有规定的，从其规定。

知识产权出资需要经过评估，评估需要提供如下材料：

1）提供专利证书，专利登记簿，商标注册证，与无形资产出资有关的转让合同，交接证明等。

2）填写无形资产出资验证清单。要求填写的名称、有效状况、作价等内容，符合合同、协议、章程，由企业签名或验收签章，获得各投资者认同，并在清单上签名。

3）无形资产应办理过户手续（知识产权办理产权转让登记手续；非专利技术签订技术转让合同；土地使用权办理变更土地登记手续）但在验资时尚未办妥的，填写出资财产移交表，由拟设立企业及其出资者签署，并承诺在规定期限内办妥有关财产权转移手续；交付方式、交付地点合同、协议、章程中有规定的，应与合同、协议、章程相符；"接收方签章"栏，由全体股东签字盖章。

4）资产评估机构出具的评估目的、评估范围与对象、评估基准日、评估假设等有关限定条件满足验资要求的评估报告和出资各方对评估资产价值的确认文件。

5）新《公司法》第二十七条删去了旧款关于知识产权出资比例的要求，意味着企业可以100%用知识产权出资。

6）以专利权出资的，如专利权人为全民所有制单位，提供上级主管部门批文；以商标权出资，提供商标主管部门批文；以高新技术成果出资的，提供国家或省级科技管理部门审查认定文件。

6.1.2　工业产权

1. 商标权

商标权是指商标主管机关依法授予商标所有人对其申请商标受国家法律保护的专有权。商标是用以区别商品和服务不同来源的商业性标志，由文字、图形、字母、数字、三维标志、颜色组合和声音等，以及上述要素的组合构成。中国商标权的获得必须履行商标注册程序，而且实行申请在先原则。商标是产业活动中的一种识别标志，所以商标权的作用主要在于维护产业活动中的秩序，与专利权的不同作用主要在于促进产业的发展不同。

案例 6-1 "红牛"商标权权属纠纷案。A 公司（外国公司）与案外人签订合资合同，约定成立合资 B 公司，A 公司为 B 公司提供产品配方、工艺技术、商标和后续改进技术。双方曾约定，B 公司产品使用的商标是该公司的资产。经查，17 枚"红牛"系列商标的商标权人均为 A 公司。其后，A 公司与 B 公司先后就红牛系列商标签订多份商标许可使用合同，B 公司支付了许可使用费。此后，B 公司针对"红牛"系列商标的产品，进行了大量市场推广和广告投入。B 公司和 A 公司均对"红牛"系列商标进行过维权及诉讼事宜。后 B 公司向北京市高级人民法院提起诉讼，请求确认其享有"红牛"商标权，并判令 A 公司支付广告宣传费用 37.53 亿元。一审法院判决驳回 B 公司的全部诉讼请求。B 公司不服，上诉至最高人民法院。最高人民法院二审认为，原始取得与继受取得是获得注册商标专用权的两种方式。判断是否构成继受取得，应当审查当事人之间是否就权属变更、使用期限、使用性质等做出了明确约定，并根据当事人的真实意思表示及实际履行情况综合判断。在许可使用关系中，被许可人使用并宣传商标，或维护被许可使用商标声誉的行为，均不能当然地成为获得商标权的事实基础。最高人民法院遂终审判决驳回上诉、维持原判。

典型意义：本案是当事人系列纠纷中的核心争议。本案判决厘清了商标转让与商标许可使用的法律界限，裁判规则对同类案件具有示范意义，释放出平等保护国内外经营者合法权益的积极信号，是司法服务高质量发展，助力改善优化营商环境的生动实践。

2. 专利保护

专利是指一项发明创造向国家专利局提出专利申请，经依法审查合格后，向专利申请人授予的在规定时间内对该项发明创造享有的专有权。

根据《中华人民共和国专利法》，发明创造有三种类型：发明、实用新型和外观设计。发明和实用新型专利被授予专利权后，专利权人对该项发明创造拥有独占权，任何单位和个人未经专利权人许可，都不得实施其专利，即不得为生产经营目的制造、使用、许诺销售、销售和进口其专利产品。外观设计专利权被授予后，任何单位和个人未经专利权人许可，都不得实施其专利，即不得为生产经营目的制造、销售和进口其专利产品。

未经专利权人许可，实施其专利即侵犯其专利权，引起纠纷的，由当事人协商解决；不愿协商或者协商不成的，专利权人或利害关系人可以向人民法院起诉，也可以请求管理专利工作的部门处理。当然，也存在不侵权的例外，比如先使用权和科研目的的使用等。专利保护采取司法和行政执法"两条途径、平行运作、司法保障"的保护模式。

案例 6-2 机器人发明专利权纠纷案。A 公司是"一种聊天机器人系统"发明专利（简称本专利）的权利人。本专利是实现用户通过即时通信平台或短信平台与聊天机器人对话，使用格式化命令语句与机器人做互动游戏的专利。B 公司请求宣告本专利无效。国家知识产权局及一审法院认为本领域技术人员根据其普通技术知识能够实现本专利利用聊天机器人系统的游戏服务器进行互动的游戏功能，符合专利法对充分公开的要求，维持本专利有效。二审法院认为，根据本专利授权历史档案，A 公司认可游戏服务器功能是本专利具备创造性的重要原因，本专利说明书对于游戏服务器与聊天机器人的其他部件如何连接完全没有记载，未充分公开如何实现本专利限定的游戏功能，据此判决撤销一审判决和被诉行政决定。A 公司不服，向最高人民法院申请再审。最高人民法院认为，本专利中的游戏服务器特征不是本专利与现有技术的区别技术特征，对于涉及游戏服务器的技术方案可不做详细描述。本领域普通技术人员根据本专利说明书的记载就可以实现相关技术内容，因此，本专利涉及游戏服务器的技术方案符合专利法关于充分公开的要求。最高人民法院提审后撤销二审判决，维持一审判决。

典型意义："以公开换保护"是专利制度的基本原则，判断作为专利申请的技术方案是否已经充分公开，不仅是人工智能领域专利审查和诉讼中的疑难问题，也直接决定了专利申请人能否对有关技术方案享有独占权。本案再审判决明确了涉及计算机程序的专利说明书充分公开的判断标准，充分保护了企业的自主创新成果，在确保公共利益和激励创新兼得的同时，助力加强关键领域自主知识产权的创造和储备。

3. 商号权

商号权即厂商名称权，是对自己已登记的商号（厂商名称、企业名称）不受他人妨害的一种使用权。企业的商号权不能等同于个人的姓名权（人格权的一种）。

此外，如原产地名称、专有技术、反不正当竞争等也规定在《保护工业产权巴黎公约》中，但原产地名称不是智力成果，专有技术和不正当竞争只能由《中华人民共和国反不当竞争法》保护，一般不列入知识产权的范围。

案例 6-3 "紫谷酒"不正当竞争纠纷案。在 A 公司与 B 公司"紫谷酒"不正当竞争纠纷案件中，法院判决书中认定："紫谷"和紫糯谷都是墨江当地在历史上形成的对于籼型紫糯水稻的称谓，双方所使用的主要酿造原料均为紫糯谷，该原料亦可称为"紫谷"。因此，"紫谷酒"和苞谷酒、高粱酒、青稞酒一样，是以主要酿造原料命名的酒类通称……A 公司不能以其十余年使用"紫谷"酿酒的生产历史而忽视、否认乃至取代"紫谷"这一墨江传统农特产的称谓历史以及当地使用"紫谷"酿酒的酿造历史，亦不能限制和禁止他人因客观叙述商品而正当使用"紫谷""紫谷酒"的称谓。B 公司将其白酒产品称为"紫谷酒"属于客观叙述商品的正当使用行为，不构成不正当竞争。

典型意义：该条款界定了正当使用标识的行为，如果经营者使用标识的行为构成正当使用，则即使与权利人的标识产生了冲突，也不构成不正当竞争行为。据此，在进行维权前，权利人应考察标识的描述性元素、主观意图、使用方式、使用效果等因素来综合评估经营者对标识的使用是否构成正当使用。

6.1.3 著作权

1. 著作权的概念

著作权亦称版权，是指作者对其创作的文学、艺术和科学技术作品所享有的专有权利。

著作权是公民、法人依法享有的一种民事权利，属于无形财产权。

《中华人民共和国著作权法实施条例（2013 修订）》（以下简称《著作权法实施条例》）第二条对作品做出定义：著作权法所称作品，是指文学、艺术和科学领域内具有独创性并能以某种有形形式复制的智力成果。这里的"独创性"一般理解为原创性，是指作品应通过作者的构思和脑力活动进行创作，不应当是通过抄袭他人的作品而获得。同时，《著作权法实施条例》第三条规定，著作权法所称创作，是指直接产生文学、艺术和科学作品的智力活动。为他人创作进行组织工作，提供咨询意见、物质条件，或者进行其他辅助工作，均不视为创作。

《中华人民共和国著作权法（2020 修正）》（简称《著作权法》）第三条对作品种类划分，主要包括：文字作品，口述作品，音乐、戏剧、曲艺、舞蹈、杂技艺术作品，美术、建筑作品，摄影作品，视听作品，工程设计图、产品设计图、地图、示意图等图形作品和模型作品，计算机软件，以及符合作品特征的其他智力成果。

2. 著作权的权利

1）发表权，即决定作品是否公之于众的权利。

2）署名权，即表明作者身份，在作品上署名的权利。

3）修改权，即修改或者授权他人修改作品的权利。

4）保护作品完整权，即保护作品不受歪曲、篡改的权利。

5）复制权，即以印刷、复印、拓印、录音、录像、翻录、翻拍、数字化等方式将作品制作一份或者多份的权利。

6）发行权，即以出售或者赠与方式向公众提供作品的原件或者复制件的权利。

7）出租权，即有偿许可他人临时使用视听作品、计算机软件的原件或者复制件的权利，计算机软件不是出租的主要标的的除外。

8）展览权，即公开陈列美术作品、摄影作品的原件或者复制件的权利。

9）表演权，即公开表演作品，以及用各种手段公开播送作品的表演的权利。

10）放映权，即通过放映机、幻灯机等技术设备公开再现美术、摄影、视听作品等的权利。

11）广播权，即以有线或者无线方式公开传播或者转播作品，以及通过扩音器或者其他传送符号、声音、图像的类似工具向公众传播广播的作品的权利，但不包括本款第十二项规定的权利。

12）信息网络传播权，即以有线或者无线方式向公众提供作品，使公众可以在其个人选定的时间和地点获得作品的权利。

13）摄制权，即以摄制视听作品的方法将作品固定在载体上的权利。

14）改编权，即改变作品，创作出具有独创性的新作品的权利。

15）翻译权，即将作品从一种语言文字转换成另一种语言文字的权利。

16）汇编权，即将作品或者作品的片段通过选择或者编排，汇集成新作品的权利。

17）应当由著作权人享有的其他权利。

著作权要保障的是思想的表达形式，而不是保护思想本身，因为在保障著作财产权此类专属私人之财产权利益的同时，尚须兼顾人类文明的累积与知识及资讯的传播，而算法、数学方法、技术或机器的设计均不属著作权所要保障的对象。

著作权实行自愿登记，作品不论是否登记，作者或其他著作权人依法取得的著作权不受影响。实行作品自愿登记制度的目的在于维护作者或其他著作权人以及作品使用者的合法权益，有助于解决因著作权归属造成的著作权纠纷，并为解决著作权纠纷提供初步证据。

> **案例6-4**　侵犯著作权罪案。贝贝拼装玩具系A公司创作的美术作品，A公司根据该作品制作、生产了系列拼装玩具并在市场销售。马某指使张某等人购买新款贝贝系列玩具，通过拆解研究、电脑建模、复制图纸、委托他人开制模具等方式，复制A公司前述拼装积木玩具产品，并冠以"宝贝"品牌通过线上、线下等方式销售。上海市公安局在被告人马某租赁的厂房内查获注塑模具88件、零配件68件、包装盒289411个、说明书175141件、销售出货单5万余张、复制贝贝系列的"宝贝"玩具产品603875件。后经中国版权保护中心版权鉴定委员会鉴定，"宝贝"品牌玩具、图册与A公司的玩具、图册均基本相同，构成复制关系。上海市人民检察院对本案提起公诉。一、二审法院均认为，马某伙同张某等人以营利为目的，未经著作权人许可，复制发行A公司享有著作权的美术作品，非法经营数额达3亿3000万余元，王某作为经销商之一，未经著作权人许可，发行A公司享有著作权的美术作品，非法经营数额达621万余元，情节均属特别严重，均已构成侵犯著作权罪。
>
> **典型意义**：本案是加大知识产权刑事打击力度的典型案例。审理法院依法判处主犯马某有期徒刑六年，罚金人民币9000万元，对八名从犯判处有期徒刑四年六个月至三年不等，并处相应罚金，充分体现了严厉打击和震慑侵犯知识产权刑事犯罪的司法导向。

6.1.4　网络侵权

网络侵权行为按主体可分为网站侵权（法人）和网民（自然人）侵权，按侵权的主观过错可分为主动侵权（恶意侵权）和被动侵权，按侵权的内容可分为侵犯人身权和侵犯财产权（也有同时侵犯的情况）。

网站侵权多为主动性侵权，即网站转载别的网站或他人的作品既不注明出处和作者，也不向相关的网站和作者支付报酬，这就同时侵犯了著作权人的人身权和财产权。因为大多数网站都是营利性质的经济组织，利用别人的劳动成果为自己牟利而又不支付报酬，其非法性是显而易见的。实际上，这种情况大量存在着，很多网站把属于别人的软件、文章、图片、音乐、动画拿过来放在自己网站上供用户浏览、下载，以此向用户收费或者吸引广告主的资金投入。当然，侵权人是否以营利为目的并不影响侵权的构成。

网站的被动侵权主要是指在网站所不能控制的领域内本网站的用户有侵权行为的发生，经著作权人向网站提出警告后网站仍不将侵权作品移除的情况。由于网站信息的海量和自由度较大的特征，决定了网站不可能审查所有上传信息的合法性，当网络用户有侵犯著作权行为的发生时，网站往往不能及时发现。此时，权利人不能追究网站的侵权责任。但网站负有配合著作权人查明侵权人信息（一般的网站都实行注册用户管理）的义务，并在著作权人提出证据证明侵权行为确实发生并向网站提出警告后及时将该作品移除，否则即构成共同侵权。

网民的侵权多为被动性侵权，可以看到，在论坛或者博客等网民可以自由发表言论

（文章）的领域，大多数网民并不知道自己使用别人的作品（图片、文章、音乐、动画等）还要注明出处和作者，甚至还要向作者支付报酬，虽然大多数网民主观上是没有恶意的，但确实已经构成了侵权行为。当然，如果是复制了别人的作品以自己的名义发表，那就是主动的和恶意的侵权了，通常把这种情况叫作抄袭。

我国的《著作权法》同时规定了一些例外的情况，比如为了个人学习和欣赏而使用别人已经发表的作品，为了介绍或评论某一作品或者说明某一问题在自己的作品中适当引用他人已经发表的作品，既不需要征得权利人的同意，也不需要支付报酬，这些情况都不看作是侵权。但在这里有两个问题需要注意，一是若权利人明确声明未经同意不得使用（转载、复制）的，须事先征得权利人的同意；二是若权利人未明确声明的情况下，可以不用征求权利人的同意，也不必向其支付报酬，但在使用时必须注明作品的出处和作者，否则一样构成侵权。

案例 6-5　侵犯名誉权纠纷案。2003 年 11 月 14 日《华商晨报》发表《持伪证、民告官、骗局被揭穿》一文；同日，A 公司在其经营的网站中转载了上述文章，并长达八年之久。另案生效判决认定华商晨报社侵犯了李某的名誉权并赔偿精神抚慰金 2 万元。2006 年 6 月 9 日华商晨报社在当日报刊尾版夹缝中刊登了对李某的致歉声明，但是字数、篇幅确实过小不是很显著。李某以 A 公司未及时更正为由请求其承担侵权责任。

法院审理认为，A 公司在其网站上转载华商晨报的侵权文章并无不妥，但在法院于 2004 年年底认定《华商晨报》的行为构成侵害原告名誉权且 2006 年 6 月 9 日《华商晨报》在报纸刊载致歉声明后，A 公司仍未更正或删除该信息，但因《华商晨报》的致歉声明篇幅过小且位置不显著，因此 A 公司虽不具有主观恶意但却具有过失，应当承担相应的民事责任。原告主张数额明显过高，应当根据具体案情以及 A 公司的侵权过错程度、持续时间等情节酌情判定 A 公司赔偿原告经济损失人民币 8 万元及精神损害抚慰金人民币 2 万元。

典型意义：自媒体的发展及成熟是互联网时代的一大特征，但是这并不意味着专业媒体与自媒体之间就应当同等对待。本案的判决说明，在认定互联网时代最普遍的转载行为的法律责任时，应当区分专业媒体和非专业媒体，专业媒体的注意义务应当高于一般自媒体。所以，转载他人信息未更正仍需承担侵权责任。

6.1.5　商业机密

1. 商业秘密的概念

商业秘密是指不为公众所知悉、能为权利人带来经济利益、具有实用性并经权利人采取保密措施的技术信息和经营信息。商业秘密是企业的财产权利，它关乎企业的竞争力，对企业的发展至关重要，有的甚至直接影响到企业的生存。

商业秘密权是权利人劳动成果的结晶，商业秘密权是权利人拥有的一种无形财产权。《反不正当竞争法》将侵犯商业秘密行为作为不正当竞争行为予以禁止。侵犯商业秘密行为是指以不正当手段，获取、披露、使用或允许他人使用权利人的商业秘密，给权利人造成重大损失的行为，同时还会极大地破坏整个市场竞争环境和竞争秩序。

商业秘密表现的方式有很多种，根据这些主要领域信息可以了解商业机密，如管理方法、产销策略、客户名单、货源情报等经营信息，生产配方、工艺流程、技术诀窍、设计图样等技术信息。它们一旦泄露很可能会为他人所有，直接影响一个企业的或者是个人的发展。

> **案例6-6** 侵犯商业秘密案。A公司是全球音视频智能化集成产业龙头企业，其数字调音台产品曾获"制造业单项冠军产品"证书。该公司是"最佳的压缩器"技术信息和"卡迪克调音台三项技术信息"商业秘密的权利人。
>
> 2016年年底，被告人郑某在担任A公司研发部门负责人、参与研发期间，产生利用公司的"最佳的压缩器"技术另立公司自行生产数字调音台销售牟利的念头，并拉拢被告人丘某（A公司工程师）等人入伙。郑某、丘某自2017年开始利用A公司的技术设备试产样机，丘某还窃取了"最佳的压缩器"技术的源代码。2018年，郑某、丘某先后离职，利用郑某离职时违反公司保密规定带走的存有"最佳的压缩器"技术等相关资料的"加密狗"U盘，生产侵权数字调音台。2019年，郑某指使他人成立公司，利用"最佳的压缩器"技术专门生产、销售侵权数字调音台1205台，给A公司造成损失91.43万元。
>
> 2018年4月至5月，被告人郑某隐瞒其准备离职并另立公司的真相，以将数字调音台相关技术资料放于其处备份为由，骗得A公司"卡迪克调音台三项技术信息"资料。郑某随即指使丘某筛选备份于移动硬盘中，以备使用。经鉴定，"卡迪克调音台三项技术信息"许可使用价值为182万元。
>
> 宁波市中级人民法院经审理认为：被告人郑某、丘某违反保密义务及权利人有关保守商业秘密的要求，使用权利人的商业秘密，又以不正当手段获取权利人的商业秘密，被告人郑某行为属于造成特别严重后果，被告人丘某的行为属于造成重大损失，两人的行为均构成侵犯商业秘密罪。
>
> **法院判决**：被告人郑某犯侵犯商业秘密罪，判处有期徒刑四年，并处罚金人民币二百万元；被告人丘某犯侵犯商业秘密罪，判处有期徒刑二年，缓刑二年六个月，并处罚金人民币十万元。

2. 商业秘密和专利商标的区别

商业秘密不同于专利和注册商标，商业秘密不具有严格意义上的"独占性"，不受地域和时间的限制，其效力完全取决于商业秘密的保密程度。只要获得及使用手段合法，它可以为多个权利主体同时拥有和使用，如自主研究开发，或者通过反向工程破译他人商业秘密等。

专利是指该公司享有某种产品的技术权利，具有地域性和时间性的特点。其他人（或企业）在没有得到许可的情况下是不能生产同类产品的。

那么对于商业秘密侵权的该给出怎样的处罚呢？我国法律规定犯罪主体是一般主体，既包括自然人，也包括单位。违反相关法律规定，侵犯商业秘密的，监督检查部门应当责令停止违法行为，可以根据情节处以一万元以上二十万元以下的罚款。因此商业机密需做好保护，它不像专利、商标、版权一样可以直接公开出来保护。

6.2 《中华人民共和国民法典》

2020年5月28日,十三届全国人大三次会议表决通过了《中华人民共和国民法典》,自2021年1月1日起施行。

视频6-1 民法典

《中华人民共和国民法典》(以下简称《民法典》)被称为"社会生活的百科全书",是新中国第一部以法典命名的法律,在法律体系中居于基础性地位,也是市场经济的基本法。

《民法典》共7编、1260条,各编依次为总则、物权、合同、人格权、婚姻家庭、继承、侵权责任,以及附则。通篇贯穿以人民为中心的发展思想,着眼满足人民对美好生活的需要,对公民的人身权、财产权、人格权等做出明确翔实的规定,并规定侵权责任,明确权利受到削弱、减损、侵害时的请求权和救济权等,体现了对人民权利的充分保障,被誉为"新时代人民权利的宣言书"。

6.2.1 总则编

"总则"编规定民事活动必须遵循的基本原则和一般性规则,统领《民法典》各分编。共10章、204条,主要包括以下内容:

(1) 关于基本规定 将"弘扬社会主义核心价值观"作为一项重要的立法目的,体现坚持依法治国与以德治国相结合的鲜明中国特色。同时,规定了民事权利及其他合法权益受法律保护,确立了平等、自愿、公平、诚信、守法和公序良俗等民法基本原则。将绿色原则确立为民法的基本原则,规定民事主体从事民事活动,应当有利于节约资源、保护生态环境。

(2) 关于民事主体 民事主体是民事关系的参与者、民事权利的享有者、民事义务的履行者和民事责任的承担者,具体包括三类:一是自然人,二是法人,三是非法人组织。

(3) 关于民事权利 保护民事权利是民事立法的重要任务。规定了民事权利制度,包括各种人身权利和财产权利。《民法典》对知识产权做了概括性规定,同时,对数据、网络虚拟财产的保护做了原则性规定。此外,还规定了民事权利的取得和行使规则等内容。

(4) 关于民事法律行为和代理 民事法律行为是民事主体通过意思表示设立、变更、终止民事法律关系的行为,代理是民事主体通过代理人实施民事法律行为的制度。

(5) 关于民事责任、诉讼时效和期间计算 民事责任是民事主体违反民事义务的法律后果,是保障和维护民事权利的重要制度。诉讼时效是指若权利人在法定期间内不行使权利,则权利不再受保护的法律制度,其功能主要是促使权利人及时行使权利、维护交易安全、稳定法律秩序。

6.2.2 物权编

物权是民事主体依法享有的重要财产权。物权法律制度调整因物的归属和利用而产生的民事关系,是最重要的民事基本制度之一。物权编共5个分编、20章、258条,主要包括以下内容:

(1) 关于通则 规定了物权制度基础性规范,包括平等保护等物权基本原则,物权变动的具体规则,以及物权保护制度。

(2) 关于所有权 所有权是物权的基础,是所有人对自己的不动产或者动产依法享有占有、使用、收益和处分的权利。规定了所有权制度,包括所有权人的权利,征收和征用规则,国家、集体和私人的所有权,相邻关系、共有等所有权基本制度。

(3) 关于用益物权 用益物权是指权利人依法对他人的物享有占有、使用和收益的权利。第三分编规定了用益物权制度,明确了用益物权人的基本权利和义务,以及建设用地使用权、宅基地使用权、地役权等用益物权。

(4) 关于担保物权 担保物权是指为了确保债务履行而设立的物权,包括抵押权、质权和留置权。第四分编对担保物权做了规定,明确了担保物权的含义、适用范围、担保范围等共同规则,以及抵押权、质权和留置权的具体规则。

(5) 关于占有 占有是指对不动产或者动产事实上的控制与支配。第五分编对占有的调整范围、无权占有情形下的损害赔偿责任、原物及孳息的返还以及占有保护等做了规定。

6.2.3 合同编

合同制度是市场经济的基本法律制度。共 3 个分编、29 章、526 条,主要包括以下内容:

(1) 关于通则 规定了合同的订立、效力、履行、保全、转让、终止、违约责任等一般性规则,并在现行合同法的基础上,完善了合同总则制度。完善债法的一般性规则、电子合同订立规则、格式条款制度等合同订立制度,完善国家订货合同制度,健全合同效力制度,完善合同履行制度,落实绿色原则,完善代位权、撤销权等合同保全制度,完善违约责任制度等。

(2) 关于典型合同 典型合同在市场经济活动和社会生活中应用普遍。为适应现实需要,在现行合同法规定的买卖合同、赠与合同、借款合同、租赁合同等 15 种典型合同的基础上,增加了 4 种新的典型合同:保证合同、保理合同、物业服务合同、合伙合同。

在总结现行合同法实践经验的基础上,完善了其他典型合同:赠与合同、融资租赁合同、建设工程合同、技术合同等典型合同。

(3) 关于准合同 无因管理和不当得利既与合同规则同属债法性质的内容,又与合同规则有所区别,"准合同"分别对无因管理和不当得利的一般性规则做了规定。

案例 6-7 买卖合同纠纷案。A 公司是在湖南自贸试验区内设立的外商投资企业,专营进出口贸易。B 公司与 A 公司签订了两份买卖合同,约定由 A 公司从意大利供应商处为 B 公司购买碎皮料,并约定因海关检查等原因致合同不能履行的,免除相应违约责任。涉案货物经海关查验并取样送检被认定为"成品皮革、皮革制品或再生皮革的边角料",为我国禁止进口的固体废物。海关对 A 公司做出处罚。B 公司诉请解除两份买卖合同,判令 A 公司返还货款 204100 元并支付资金占用利息。

长沙市中级人民法院一审认为,涉案买卖合同的标的属于我国禁止进口的固体废物,该合同违反法律、行政法规的强制性规定,故合同无效。两公司明知涉案货物属于我国禁止进口的固体废料,双方对合同的签订和履行均有过错,应按照各自过错承担责任。判决 A 公司返还 B 公司货款 204100 元。双方均不服，提起上诉。湖南省高级人民法院二审判决驳回上诉，维持原判。

典型意义：《民法典》规定，法律禁止流通的物不得作为买卖标的物，法律限制流通的物只能在限定的领域流通。本案明确了涉案进口固体废物合同系违反我国法律规定的无效合同，依法有效切断洋垃圾进入我国境内，规范和引导中外投资者诚信、合法经营。

6.2.4 人格权编

人格权是民事主体对其特定的人格利益享有的权利，关系到每个人的人格尊严，是民事主体最基本的权利。共 6 章、51 条，主要包括以下内容：

（1）关于一般规定　第四编第一章规定了人格权的一般性规则：一是明确人格权的定义；二是规定民事主体的人格权受法律保护，人格权不得放弃、转让或者继承；三是规定了对死者人格利益的保护；四是明确规定人格权受到侵害后的救济方式。

（2）关于生命权、身体权和健康权　第四编第二章规定了生命权、身体权和健康权的具体内容，并对实践中社会比较关注的有关问题作了有针对性的规定：一是确立器官捐献的基本规则；二是为规范与人体基因、人体胚胎等有关的医学和科研活动，明确从事此类活动应遵守的规则；三是近年来，性骚扰问题引起社会较大关注，《民法典》在总结既有立法和司法实践经验的基础上，规定了性骚扰的认定标准，以及机关、企业、学校等单位防止和制止性骚扰的义务。

（3）关于姓名权和名称权　第四编第三章规定了姓名权、名称权的具体内容，并对民事主体尊重保护他人姓名权、名称权的基本义务作了规定：一是对自然人选取姓氏的规则做了规定；二是明确对具有一定社会知名度，被他人使用足以造成公众混淆的笔名、艺名、网名等，参照适用姓名权和名称权保护的有关规定。

案例 6-8　侵害名称权案。A 公司是某搜索引擎运营商，旗下拥有搜索广告业务。B 公司为宣传企业购买了上述服务，并在 3 年内间断使用同行业"C 公司"的名称为关键词对 B 公司进行商业推广。通过案涉搜索引擎搜索 C 公司关键词，结果页面前两条词条均指向 B 公司，而 C 公司的官网词条却相对靠后。C 公司认为 B 公司在网络推广时，擅自使用 C 公司名称进行客户引流，侵犯其名称权，A 公司明知上述行为构成侵权仍施以帮助，故诉至法院，要求 B 公司和 A 公司停止侵权、赔礼道歉、消除影响，并连带赔偿损失 30 万元。

广州互联网法院经审理认为，法人、非法人组织享有名称权，任何组织或者个人不得以干涉、盗用、假冒等方式侵害其名称权。C 公司作为具有一定知名度的企业，其名称具有一定的经济价值。B 公司擅自使用 C 公司名称进行营销，必然会对其造成经济损失，已侵犯其名称权。A 公司作为案涉搜索引擎运营商，对外开展付费广告业务，其对 B 公司关键词设置的审查义务，应高于普通网络服务提供者。因 A 公司未正确履行审查义务，客观上对案涉侵权行为提供了帮助，构成共同侵权。遂判决 B 公司、A 公司书面赔礼道歉、澄清事实、消除影响并连带赔偿 65000 元。

> **典型意义**：名称权是企业从事商事活动的重要标识性权利，已逐渐成为企业的核心资产。本案立足于数字经济发展新赛道，通过揭示竞价排名广告的商业逻辑，明确他人合法注册的企业名称受到保护，任何人不得通过"蹭热点""傍名牌"等方式侵害他人企业名称权。同时，本案还对网络服务提供者的审查义务进行了厘定，敦促其利用技术优势实质性审查"竞价排名"关键词的权属情况等。

(4) 关于肖像权　第四编第四章规定了肖像权的权利内容及许可使用肖像的规则，明确禁止侵害他人的肖像权：一是针对利用信息技术手段"深度伪造"他人的肖像、声音，侵害他人人格权益，甚至危害社会公共利益等问题，规定禁止任何组织或者个人利用信息技术手段伪造等方式侵害他人的肖像权，并明确对自然人声音的保护，参照适用肖像权保护的有关规定；二是为了合理平衡保护肖像权与维护公共利益之间的关系，规定肖像权的合理使用规则；三是从有利于保护肖像权人利益的角度，对肖像许可使用合同的解释、解除等做了规定。

> **案例 6-9**　肖像权纠纷案。被告某生物科技公司在其公众号上发布的一篇商业推广文章中，使用了一张对知名艺人甲某照片进行处理后形成的肖像剪影，文章中介绍公司即将迎来一名神秘"蓝朋友"并提供了大量具有明显指向性的人物线索，该文章评论区大量留言均提及甲某名字或其网络昵称。原告甲某认为被告侵犯其肖像权、姓名权，遂诉至法院要求被告立即撤下并销毁相关线下宣传物料、公开赔礼道歉、赔偿经济损失等。被告辩称，肖像剪影没有体现五官特征，不能通过其辨识出性别、年龄、身份等个人特征，不具备可识别性，不具备肖像的属性，被告未侵犯原告肖像权，且涉案文章刊载时间很短，影响范围较小，未给原告造成任何经济损失，不应承担侵权责任。
>
> 　　成都高新区人民法院经审理认为，《民法典》以"外部形象""载体反映""可识别性"三要素对肖像进行了明确界定，尤以可识别性作为判断是否为肖像的最关键要素。本案中，即便被告对原告照片进行了加工处理，无法看到完整的面部特征，但剪影所展现的面部轮廓（包括发型）仍具有原告的个人特征，属于原告的外部形象，而案涉文章的文字描述内容具有较强的可识别性，通过人物特征描述的"精准画像"，大大加强了该肖像剪影的可识别性，案涉文章的留言部分精选出的大量留言均评论该肖像剪影为甲某，更加印证了该肖像剪影的可识别性。综上，案涉文章中的肖像剪影在结合文章内其他内容情况下，具有明显可识别性，因此构成对原告肖像权的侵害，遂判被告赔礼道歉并向原告支付经济损失 10 万元。
>
> 　　**典型意义**：被告试图利用规则的模糊地带非法获取知名艺人的肖像利益，引发了社会关注。本案适用了《民法典》人格权编的最新规定进行审理，体现了对公民肖像权进行实质、完整保护的立法精神，有利于社会公众知悉、了解肖像权保护的积极变化，也促使社会形成严格尊重他人肖像的知法守法氛围。

(5) 关于名誉权和荣誉权　第四编第五章规定了名誉权和荣誉权的内容：一是为了平衡个人名誉权保护与新闻报道、舆论监督之间的关系，《民法典》对行为人实施新闻报道、舆论监督等行为涉及的民事责任承担,以及行为人是否尽到合理核实义务的认定等作了规定;二是规定民事主体有证据证明报刊、网络等媒体报道的内容失实,侵害其名誉权的,有权请求更正或者删除。

(6) 关于隐私权和个人信息保护 第四编第六章在现行有关法律规定的基础上,进一步强化对隐私权和个人信息的保护:一是规定了隐私的定义,列明禁止侵害他人隐私权的具体行为;二是界定了个人信息的定义,明确了处理个人信息应遵循的原则和条件;三是构建自然人与信息处理者之间的基本权利义务框架,明确处理个人信息不承担责任的特定情形,合理平衡保护个人信息与维护公共利益之间的关系;四是规定国家机关及其工作人员负有保护自然人的隐私和个人信息的义务。

> **案例 6-10** 人脸识别装置侵害邻居隐私权案。原、被告系同一小区前后楼栋的邻居,两家最近距离不足 20m。在小区已有安防监控设施的基础上,被告为随时监测住宅周边,在其入户门上安装一款采用人脸识别技术、可自动拍摄视频并存储的可视门铃,位置正对原告等前栋楼多家住户的卧室和阳台。原告认为,被告可通过手机 App 操控可视门铃、长期监控原告住宅,侵犯其隐私,生活不得安宁。被告认为,可视门铃感应距离仅 3m,拍摄到的原告家模糊不清,不构成隐私,其从未有窥探原告的意图,对方应予以理解,不同意将可视门铃拆除或移位。后原告诉至法院,请求判令被告拆除可视门铃、赔礼道歉并赔偿财产损失及精神损害抚慰金。
>
> 上海市青浦区人民法院经审理认为,被告虽是在自有空间内安装可视门铃,但设备拍摄的范围超出其自有领域,摄入了原告的住宅。而住宅具有私密性,是个人生活安宁的起点和基础,对于维护人格尊严和人格自由至关重要。可视门铃能通过人脸识别、后台操控双重模式启动拍摄,并可长期录制视频并存储,加之原、被告长期近距离相处,都为辨认影像提供了可能,以此获取住宅内的私密信息和行为现实可行,原告的生活安宁确实将受到侵扰。因此,被告的安装行为已侵害了原告的隐私权。被告辩称其没有侵犯原告隐私的主观意图,原告对此应予容忍等意见,于法无据,法院不予采纳。因无充分证据证明原告因被告的行为造成实际精神及物质损害,故法院支持了原告要求被告拆除可视门铃的诉讼请求,而对其赔礼道歉及赔偿损失的请求未予支持。
>
> **典型意义**:本案就人工智能装置的使用与隐私权的享有发生冲突时的权利保护序位进行探索,强调了隐私权的优先保护,彰显了人文立场,对于正当、规范使用智能家居产品,避免侵害人格权益具有一定的借鉴和指导意义。

6.2.5 婚姻家庭编

婚姻家庭制度是规范夫妻关系和家庭关系的基本准则。共 5 章、79 条,主要包括以下内容:

(1) 关于一般规定 第五编第一章在现行婚姻法规定的基础上,重申了婚姻自由、一夫一妻、男女平等婚姻家庭领域的基本原则和规则,并在现行婚姻法的基础上,做了进一步完善:一是规定家庭应当树立优良家风,弘扬家庭美德,重视家庭文明建设;二是将联合国《儿童权利公约》关于儿童利益最大化的原则落实到收养工作中,增加规定了最有利于被收养人的原则；三是界定了亲属、近亲属、家庭成员的范围。

（2）关于结婚　第五编第二章规定了结婚制度，并在现行婚姻法的基础上，对有关规定做了完善。

（3）关于家庭关系　第五编第三章规定了夫妻关系、父母子女关系和其他近亲属关系，并根据社会发展需要，在现行婚姻法的基础上，完善了有关内容：一是明确了夫妻共同债务的范围；二是规范亲子关系确认和否认之诉。亲子关系问题涉及家庭稳定和未成年人的保护，作为民事基本法律，《民法典》对此类诉讼进行了规范。

（4）关于离婚　第五编第四章对离婚制度做出了规定，并在现行婚姻法的基础上，做了进一步完善：一是增加离婚冷静期制度；二是增加规定，经人民法院判决不准离婚后，双方又分居满一年，一方再次提起离婚诉讼的，应当准予离婚；三是关于离婚后子女的抚养，不满两周岁的子女，以由母亲直接抚养为原则；四是将夫妻采用法定共同财产制的，纳入适用离婚经济补偿的范围，以加强对家庭负担较多义务一方权益的保护；五是将"有其他重大过错"增加规定为离婚损害赔偿的适用情形。

（5）关于收养　第五编第五章对收养关系的成立、收养的效力、收养关系的解除做了规定，并在现行收养法的基础上，进一步完善了有关制度。

6.2.6 继承编

继承制度是关于自然人死亡后财富传承的基本制度。共 4 章、45 条，主要包括以下内容：

（1）关于一般规定　第六编第一章规定了继承制度的基本规则，重申了国家保护自然人的继承权，规定了继承的基本制度。并在现行继承法的基础上，做了进一步完善。

（2）关于法定继承　法定继承是在被继承人没有对其遗产的处理立有遗嘱的情况下，继承人的范围、继承顺序等均按照法律规定确定的继承方式。第六编第二章规定了法定继承制度，明确了继承权男女平等原则，规定了法定继承人的顺序和范围，以及遗产分配的基本制度。

（3）关于遗嘱继承和遗赠　遗嘱继承是根据被继承人生前所立遗嘱处理遗产的继承方式。第六编第三章规定了遗嘱继承和遗赠制度，并在现行继承法的基础上，进一步修改完善了遗嘱继承制度。

（4）关于遗产的处理　第六编第四章规定了遗产处理的程序和规则，并在现行继承法的基础上，进一步完善了有关遗产处理的制度。

案例 6-11　法定继承纠纷案。被继承人苏某于 2018 年 3 月死亡，其父母和妻子均先于其死亡，生前未生育和收养子女。甲是苏某的姐姐，甲先于苏某死亡，苏某无其他兄弟姐妹。乙系甲的养女。丙是苏某堂姐的儿子，丁是丙的儿子。苏某生前未立遗嘱，也未立遗赠扶养协议。上海市徐汇区华泾路某弄某号某室房屋的登记权利人为苏某、丁共同共有。苏某的梅花牌手表 1 块及钻戒 1 枚由丙保管中。乙起诉请求，依法继承系争房屋中属于被继承人苏某的产权份额，及梅花牌手表 1 块和钻戒 1 枚。

法院判决认为，当事人一致确认苏某生前未立遗嘱，也未立遗赠扶养协议，故苏某的遗产应由其继承人按照法定继承办理。乙系苏某姐姐甲的养子女，在甲先于苏某死亡且苏某的遗产无人继承又无人受遗赠的情况下，适用《民法典》第一千一百二十八条第二款和第三款的规定，乙有权作为苏某的法定继承人继承苏某的遗产。另外，丙与苏某长期共同居住，苏某生病护理、费用代为支付、丧葬事宜等由丙负责处理，相较乙，丙对苏某尽了更多的扶养义务，故丙作为继承人以外对被继承人扶养较多的人，可以分得适当遗产且可多于乙。对于苏某名下系争房屋的产权份额和梅花牌手表1块及钻戒1枚，法院考虑到有利于生产生活、便于执行的原则，判归丙所有并由丙向乙给付房屋折价款人民币60万元。

典型意义：被继承人的子女先于被继承人死亡的，由被继承人的子女的直系晚辈血亲代位继承。被继承人的兄弟姐妹先于被继承人死亡的，由被继承人的兄弟姐妹的子女代位继承。代位继承人一般只能继承被代位继承人有权继承的遗产份额。

6.2.7 侵权责任编

侵权责任是民事主体侵害他人权益应当承担的法律后果。共10章、95条，主要包括以下内容：

（1）关于一般规定　第七编第一章规定了侵权责任的归责原则、多数人侵权的责任承担、侵权责任的减轻或者免除等一般规则。并在现行侵权责任法的基础上做了进一步的完善：一是确立"自甘风险"规则，二是规定"自助行为"制度。

（2）关于损害赔偿　第七编第二章规定了侵害人身权益和财产权益的赔偿规则、精神损害赔偿规则等。同时，在现行侵权责任法的基础上，对有关规定做了进一步完善：一是完善精神损害赔偿制度；二是为加强对知识产权的保护，提高侵权违法成本。

（3）关于责任主体的特殊规定　第七编第三章规定了无民事行为能力人、限制民事行为能力人及其监护人的侵权责任，用人单位的侵权责任，网络侵权责任，以及公共场所的安全保障义务等。同时，《民法典》在现行侵权责任法的基础上做了进一步完善：一是增加规定委托监护的侵权责任，二是完善网络侵权责任制度。

（4）关于各种具体侵权责任　第七编第四章分别对产品生产销售、机动车交通事故、医疗、环境污染和生态破坏、高度危险、饲养动物、建筑物和物件等领域的侵权责任规则做出了具体规定。并在现行侵权责任法的基础上，对有关内容做了进一步完善：一是完善生产者、销售者召回缺陷产品的责任；二是明确交通事故损害赔偿的顺序；三是进一步保障患者的知情同意权，明确医务人员的相关说明义务，加强医疗机构及其医务人员对患者隐私和个人信息的保护；四是规定生态环境损害的惩罚性赔偿制度；五是加强生物安全管理；六是完善高空抛物坠物治理规则。

案例6-12　高空抛物损害责任纠纷案。2019年5月26日，李某在广州杨箕的自家小区花园散步，经过黄某家楼下时，黄某家小孩在房屋阳台从35楼抛下一瓶矿泉水，掉落到李某身旁，导致其惊吓、摔倒，随后被送往医院救治。次日，李某亲属与黄某一起查看监控，确认了上述事实后，双方签订确认书，确认矿泉水瓶系黄某家小孩从阳台扔下，黄某向李某支付1万元赔偿。李某住院治疗22天出院，其后又因此事反复入院治疗，累计超过60天，且被鉴定为十级伤残。黄某拒绝支付剩余治疗费，李某遂向法院提起诉讼。

> 审理法院裁判认为，李某散步时被从高空抛下的水瓶惊吓摔倒受伤，经监控录像显示水瓶由黄某租住房屋阳台抛下，有视频及李某、黄某签订确认书证明。双方确认抛物者为无民事行为能力人，黄某是其监护人，李某要求黄某承担赔偿责任，黄某亦同意赔偿。《民法典》施行前，从建筑物中抛掷物品造成他人损害引起的民事纠纷案件，适用《民法典》第一千二百五十四条的规定。法院判决黄某向李某赔偿医疗费、护理费、交通费、住院伙食补助费、残疾赔偿金、鉴定费合计8.3万元，精神损害抚慰金1万元。
>
> **典型意义**：从建筑物中抛掷物品或者从建筑物上坠落的物品造成他人损害的，由侵权人依法承担侵权责任；经调查难以确定具体侵权人的，除能够证明自己不是侵权人的外，由可能加害的建筑物使用人给予补偿。可能加害的建筑物使用人补偿后，有权向侵权人追偿。物业服务企业等建筑物管理人应当采取必要的安全保障措施防止前款规定情形的发生；未采取必要的安全保障措施的，应当依法承担未履行安全保障义务的侵权责任。

6.3 劳动法

《中华人民共和国劳动法》（简称《劳动法》）是为了保护劳动者的合法权益，调整劳动关系，建立和维护适应社会主义市场经济的劳动制度，促进经济发展和社会进步而制定的。

6.3.1 劳动法的基本概念

劳动法是指调整劳动关系以及与劳动关系有密切联系的其他社会关系的法律。离不开调整劳动关系这一核心内容。

劳动法最早属于民法的范围，19世纪以来，随着工业革命的发展，劳动法在各国的法律体系中日益占有重要的地位，并逐渐脱离民法而成为一个独立的法律部门。1802年，英国议会通过了世界上第一部劳动法《学徒健康与道德法》，禁止纺织厂使用9岁以下的学徒，并规定工作时间每日不得超过12h，同时禁止夜班。1864年，英国颁布了适用于一切大工业的《工厂法》。1901年英国制定的《工厂和作坊法》，对劳动时间、工资给付日期、地点以及建立以生产额多少为比例的工资制等，都做了详细规定。

德国也于1839年颁布了《普鲁士工厂矿山条例》。法国于1806年制定了《工厂法》，1841年又颁布了《童工、未成年工保护法》，1912年最终制定了《劳工法》。

第一次世界大战后，由于国际无产阶级斗争的高涨，西方国家陆续制定了不少劳动法。1918年德国颁布了《工作时间法》，明确规定对产业工人实行8h工作制，还颁布了《失业救济法》《工人保护法》《集体合同法》，在一定程度上保护了劳动者的利益，对资本家的权益做了适当的限制。

俄国十月革命后，1918年颁布了第一部《劳动法典》，1922年又重新颁布了更完备的《俄罗斯联邦劳动法典》，体现了工人阶级地位的转变和国家对劳动和劳动者的态度。它以法典的形式使劳动法彻底脱离了民法的范畴。

美国在 1935 年颁布的《国家劳工关系法》(《华格纳法》)，规定工人有组织工会和工会有代表工人同雇主订立集体合同的权利。1938 年又颁布了《公平劳动标准法》，规定工人最低工资标准和最高工作时间限额，以及超过时间限额的工资支付办法。

我国的劳动立法出现于 20 世纪初期。1923 年 3 月 29 日北洋政府农商部公布了《暂行工厂规则》，内容包括最低的受雇年龄、工作时间与休息时间、对童工和女工工作的限制，以及工资福利、补习教育等规定。国民党政府则沿袭清末《民法草案》的做法，把劳动关系作为雇佣关系载入 1929—1931 年的民法中；1929 年 10 月颁布的《工会法》，实际上是限制与剥夺工人民主自由的法律。

1931 年 11 月中国共产党领导的中华工农兵苏维埃第一次全国代表大会就通过了《中华苏维埃共和国劳动法》。新中国成立后，我国先后制定了《中华人民共和国劳动保险条例》《工厂安全卫生规程》《中华人民共和国工会法》等一系列劳动法规。

《中华人民共和国劳动法》于 1994 年 7 月 5 日第八届全国人民代表大会常务委员会第八次会议通过，自 1995 年 1 月 1 日起施行。

2018 年 12 月 29 日，第十三届全国人民代表大会常务委员会第七次会议对《中华人民共和国劳动法》做第二次修正。

6.3.2 劳动法的基本原则

1. 基本原则

劳动既是权利又是义务的原则；保护劳动者合法权益的原则；劳动力资源合理配置原则。

2. 劳动是公民的权利

每一个有劳动能力的公民都有从事劳动的同等权利：

1) 对公民来说意味着有就业权和择业权在内的劳动权。

2) 有权依法选择适合自己特点的职业和用工单位。

3) 有权利用国家和社会所提供的各种就业保障条件，以提高就业能力和增加就业机会。对企业来说意味着平等地录用符合条件的职工，加强提供失业保险、就业服务、职业培训等方面的职责。对国家来说，应当为公民实现劳动权提供必要的保障。

3. 劳动是公民的义务

这是劳动尚未普遍成为人们生活第一的现实和社会主义固有的反剥削性质所引申出的要求。

4. 保护劳动者合法权益的原则

1) 偏重保护和优先保护。劳动法在对劳动关系双方都给予保护的同时，偏重于保护处于弱者的地位的劳动者，适当体现劳动者的权利本位和用人单位的义务本位，劳动法优先保护劳动者利益。

2) 平等保护。全体劳动者的合法权益都平等地受到劳动法的保护，包括各类劳动者的平等保护，特殊劳动者群体的特殊保护。

3) 全面保护。劳动者的合法权益，无论它存在于劳动关系的缔结前、缔结后或是终结后都应纳入保护范围之内。

4) 基本保护。是对劳动者最低限度的保护，也是对劳动者基本权益的保护。

5. 劳动力资源合理配置原则

1）双重价值取向。配置是否合理的标准是能否兼顾效率和公平的双重价值取向，劳动法的任务在于对劳动力资源的宏观配置和微观配置进行规范。

2）劳动力资源宏观配置。即社会劳动力在全社会范围内各个用人单位之间的配置。

3）劳动力资源的微观配置。处理好劳动者利益和劳动效率的关系。

6.3.3 劳动法的主要内容

1. 劳动者权利

1）平等就业的权利。劳动者享有平等就业的权利，即劳动者拥有劳动就业权。劳动就业权是切实保证有劳动能力的公民获得参加社会劳动的按劳取酬的权利。公民的劳动就业权是公民享有其他各项权利的基础。如果公民的劳动就业权不能实现，其他一切权利也就失去了基础。

2）选择职业的权利。劳动者有权根据自己的意愿、自身的素质、能力、志趣和爱好，以及市场信息等选择适合自己才能、爱好的职业，即劳动者拥有自由选择职业的权利。选择职业的权利有利于劳动者充分发挥自己的特长，促进社会生产力的发展。这既是劳动者劳动权利的体现，也是社会进步的一个标志。

3）取得劳动薪酬的权利。劳动者有权依照劳动合同及国家有关法律取得劳动薪酬。获取劳动薪酬的权利是劳动者持续行使劳动权不可少的物质保证。

4）获得劳动安全卫生保护的权利。劳动者有获得劳动安全卫生保护的权利。这是对劳动者在劳动中的生命安全和身体健康，以及享受劳动权利的最直接的保护。

5）享有休息的权利。我国宪法规定，劳动者有休息的权利。为此，国家规定了职工的工作时间和休假制度，并发展劳动者休息和休养的设施。

6）享有社会保险的福利的权利。为了给劳动者患疾病时和年老时提供保障，我国《劳动法》规定，劳动者享有社会保险和福利的权利，即劳动者享有包括养老保险、医疗保险、工伤保险、失业保险、生育保险等在内的劳动保险和福利。社会保险和福利是劳动力再生产的一种客观需要。

7）接受职业技能培训的权利。我国宪法规定，公民有受教育的权利和义务。所谓受教育既包括受普通教育，也包括受职业教育。接受职业技能培训的权利是劳动者实现劳动权的基础条件，因为劳动者要实现自己的劳动权，必须具有一定的职业技能，而要获得这些职业技能，就必须获得专门的职业培训。

8）提请劳动争议处理的权利。当劳动者与用人单位发生劳动争议时，劳动者享有提请劳动争议处理的权利，即劳动者享有依法向劳动争议调解委员会、劳动仲裁委员会和法院申请调解、仲裁、提起诉讼的权利。其中，劳动争议调解委员会由用人单位、工会和职工代表组成，劳动仲裁委员会由劳动行政部门的代表、同级工会、用人单位代表组成。

9）法律规定的其他权利。法律规定的其他权利包括：依法参加和组织工会的权利，依法享有参与民主管理的权利，劳动者依法享有参加社会义务劳动的权利，从事科学研究、技术革新、发明创造的权利，依法解除劳动合同的权利，对用人单位管理人员违章指挥、强令冒险作业有拒绝执行的权利，对危害生命安全和身体健康的行为有权提出批评、举报和控告的权利，对违反劳动法的行为进行监督的权利等。

案例 6-13 违法解除劳动合同案。张某于 2020 年 6 月入职某快递公司，双方订立的劳动合同约定试用期为 3 个月，试用期月工资为 8000 元，工作时间执行某快递公司规章制度相关规定。某快递公司规章制度规定，工作时间为早 9 时至晚 9 时，每周工作 6 天。2 个月后，张某以工作时间严重超过法律规定上限为由拒绝超时加班安排，某快递公司即以张某在试用期间被证明不符合录用条件为由与其解除劳动合同。张某向劳动人事争议仲裁委员会申请仲裁，请求裁决某快递公司支付违法解除劳动合同赔偿金 8000 元。

仲裁委员会裁决某快递公司支付张某违法解除劳动合同赔偿金 8000 元。仲裁委员会将案件情况通报劳动保障监察机构，劳动保障监察机构对某快递公司规章制度违反法律、法规规定的情形责令其改正，给予警告。

典型意义：劳动法规定，用人单位应当依法建立和完善规章制度，保障劳动者享有劳动权利和履行劳动义务。法律在支持用人单位依法行使管理职权的同时，也明确其必须履行保障劳动者权利的义务。用人单位的规章制度以及相应工作安排必须符合法律、行政法规的规定。某快递公司规章制度中"工作时间为早 9 时至晚 9 时，每周工作 6 天"的内容，严重违反法律关于延长工作时间上限的规定，应认定为无效。张某拒绝违法超时加班安排，系维护自己合法权益，不能据此认定其在试用期间被证明不符合录用条件。

2. 用人单位权利

1）依法建立和完善规章制度的权利。依法建立和完善规章制度的权利源于用人单位享有的生产指挥权，既然用人单位享有生产指挥权，所有用人单位有权根据本单位的实际情况，在符合国家法律、法规的前提下制定各项规章制度，要求劳动者遵守。

2）根据实际情况制定合理劳动定额的权利。用人单位帮劳动者签订劳动合同后，就获得了一定范围内劳动者的劳动使用权，并有权根据实际情况给劳动者制定合理的劳动定额。对于用人单位规定的合理的劳动定额，在没有出现特殊情况时，劳动者应当予以完成。

3）对劳动者进行职业技能考核的权利。用人单位有权对劳动者进行职业技能考核，并根据劳动者劳动技能的考核结果安排其适合的工作岗位和奖金薪酬。

4）制定劳动安全操作规程的权利。用人单位有权利根据劳动法上劳动安全卫生标准，制定本单位的劳动保护制度，要求劳动者在劳动过程中必须严格遵守操作规程。

5）制定合法作息时间的权利。用人单位享有根据本单位具体情况和对员工工作时间的要求，合法安排劳动者作息时间的权利。

6）制定劳动纪律和职业道德标准的权利。为了保证劳动得以正常有序进行，用人单位有权制定劳动纪律和职业道德标准。劳动纪律是用人单位制定的劳动者在劳动过程中必须遵守的规章制度，是组织社会劳动的基础和必要条件。职业道德是劳动者在劳动实践中形成的共同的行为准则，也是劳动者的职业要求。当然，制定的劳动纪律和职业道德标准必须符合法律规范。

7）其他权利。包括提请劳动争议处理的权利，平等签订劳动合同的权利等。

> **案例6-14** 违背职业道德案。蒋某在某房地产开发公司从事营销类岗位工作。2018年5月，蒋某做出一份情况说明：公司销售总监要求包括他在内的一些销售人员带客户去房产中介缴纳15000元的诚意金，他虽对销售总监的行为持有异议，但最终还是照办了。后因该违规操作被揭发，房产中介将该笔诚意金返还给客户。同年9月，公司做出《关于蒋某违规处理决定》，对蒋某做出转岗物业客服的决定，工作地点、工作时间及工资标准均不变。蒋某未到物业客服岗位工作。公司以蒋某严重违纪为由，函告工会后决定解除双方劳动关系。
>
> 法院审理认为，蒋某作为置业顾问，在房产销售中的违规行为，损害了公司利益，违反了员工忠诚义务和职业道德，公司对其调整岗位具有正当性。蒋某无正当理由未去新岗位上班，公司据此解除劳动合同，具有事实及法律依据。对蒋某主张违法解除劳动合同赔偿金的请求不予支持。
>
> **典型意义：** 劳动者应当遵守劳动纪律和职业道德。基于劳动关系的人身性、隶属性以及诚实信用原则，劳动者应当对用人单位恪尽忠诚义务，应当维护、增进而不损害用人单位的利益。劳动者违背职业道德，违反忠诚义务，损害用人单位利益，不宜在原岗位工作的，用人单位有权单方调整其工作岗位。

3. 监督检查

1) 县级以上各级人民政府有关部门在各自职责范围内，对用人单位遵守劳动法律法规的情况进行监督。

2) 各级工会依法维护劳动者的合法权益，对用人单位遵守劳动法律法规的情况进行监督。

3) 任何组织和个人对于违反劳动法律法规的行为有权检举和控告。

4. 法律责任

1) 对用人单位侵害劳动者合法权益的，招用未满十六周岁的未成年人的，违反本法对女职工和未成年工的保护规定，以暴力、威胁手段强迫劳动的，劳动安全设施和劳动卫生条件不符合国家规定的，制定了处罚规定和赔偿责任；构成犯罪的，对责任人员依法追究刑事责任。

2) 用人单位订立的无效合同，不订立劳动合同，招用尚未解除劳动合同的劳动者，不缴纳社会保险费的，对劳动者造成损害的，应当承担赔偿责任。

3) 劳动者违反本法规定的条件解除劳动合同或者违反劳动合同中约定的保密事项，对用人单位造成经济损失的，应当依法承担赔偿责任。

4) 国家机关工作人员滥用职权、玩忽职守、徇私舞弊，挪用社会保险基金，构成犯罪的，依法追究刑事责任；不构成犯罪的，给予行政处分。

6.4 安全生产法

2021年6月10日，中华人民共和国第十三届全国人民代表大会常务委员会第二十九次会议通过《全国人民代表大会常务委员会关于修改〈中华

视频6-2 安全生产法

人民共和国安全生产法〉的决定》，自 2021 年 9 月 1 日起施行。

《中华人民共和国安全生产法》（以下简称《安全生产法》）是我国第一部全面规范安全生产的法律，是各类生产经营单位及其从业人员实现安全生产所必须遵循的行为准则。

制定《安全生产法》是为了加强安全生产监督管理，防止和减少生产安全事故，保障人民群众生命和财产安全，促进经济发展。该法的精髓是将国家安全生产方针法律化，建立了安全生产基本法律制度。

《安全生产法》突出了以人为本的理念，把人民的人身和财产安全放在了第一位，并全面规定了安全生产的七项基本法律制度，明确了各种安全生产责任，加大了对违法者的惩罚力度，将对保障安全生产起到很好的规范作用。《安全生产法》的重点内容有以下几方面：

1）以人为本，坚持安全发展。

2）建立完善安全生产方针和工作机制。将安全生产工作方针完善为"安全第一、预防为主、综合治理"，进一步明确了安全生产的重要地位、主体任务和实现安全生产的根本途径。

3）落实"三个必须"，确立安全生产监管执法部门地位。安全生产管行业必须管安全、管业务必须管安全、管生产经营必须管安全。

4）强化乡镇人民政府以及街道办事处、开发区管理机构的安全生产职责。

5）明确生产经营单位安全生产管理机构、人员的设置、配备标准和工作职责。

6）明确了劳务派遣单位和用工单位的职责和劳动者的权利义务。

7）建立事故隐患排查治理制度。

8）推进安全生产标准化建设。

9）推行注册安全工程师制度。

10）推进安全生产责任保险。

6.4.1 安全生产法的立法目的

《安全生产法》明确规定："为了加强安全生产监督管理，防止和减少生产安全事故，保障人民群众生命和财产安全，促进经济发展，制定本法。"这既是《安全生产法》的立法宗旨，又是法律所要解决的基本问题。

要全面、准确地领会和实现《安全生产法》的立法目的，应当把握以下五点：

1）安全生产工作必须坚持"以人为本"的基本原则。在生产与安全的关系中，一切以安全为重，安全必须排在第一位。必须预先分析危险源，预测和评价危险、有害因素，掌握危险出现的规律和变化，采取相应的预防措施，将危险和安全隐患消灭在萌芽状态。

2）依法加强安全生产监督管理是各级人民政府和各有关部门的法定职责。必须增强事故防范意识，以对人民群众高度负责的精神，忠于职守，依法行政。

3）生产经营单位必须把安全生产工作摆在首位。必须坚持"安全第一，预防为主"的方针，警钟长鸣，常抓不懈。不断更新、改造和维护安全技术装备，不断改善安全生产"硬件"环境；同时，加强各项安全生产规章制度、岗位安全责任、作业现场安全管理、从业人员安全素质"软件"建设。

4）从业人员必须提高自身安全素质，防止和减少生产安全事故。从业人员既是安全生产活动的主要承担者，又是生产安全事故的受害者或者责任者。要保障他们的人身安全，必须尽快提高他们的安全素质和安全生产技能。

5）安全生产监督管理部门必须加大监督执法力度，依法制裁安全生产违法犯罪分子。各级安全生产监督管理部门是安全生产监督管理的主体，应当坚持有法必依、执法必严、违法必究。

6.4.2 安全生产法的基本方针和适用范围

1. 安全生产法的基本方针

《安全生产法》第三条规定：安全生产工作坚持中国共产党的领导。安全生产工作应当以人为本，坚持人民至上、生命至上，把保护人民生命安全摆在首位，树牢安全发展理念，坚持安全第一、预防为主、综合治理的方针，从源头上防范化解重大安全风险。

安全生产工作实行管行业必须管安全、管业务必须管安全、管生产经营必须管安全，强化和落实生产经营单位的主体责任与政府监管责任，建立生产经营单位负责、职工参与、政府监管、行业自律和社会监督的机制。

"安全第一、预防为主、综合治理"是安全生产基本方针，是《安全生产法》的灵魂。

1）安全第一。在生产经营活动中，在处理保证安全与实现生产经营活动的其他各项目标的关系上，要始终把安全特别是从业人员、其他人员的人身安全放在首要位置，实行"安全第一"的原则。在确保安全的前提下，努力实现生产经营的其他目标。

2）预防为主。安全生产，重在预防。《安全生产法》关于预防为主的规定，主要体现为"六先"，即：安全意识在先、安全投入在先、安全责任在先、建章立制在先、隐患预防在先和监督执法在先。

3）综合治理。秉承"安全发展"的理念，就是要综合运用法律、经济、行政等手段，从发展规划、行业管理、安全投入、科技进步、经济政策、教育培训、安全文化以及责任追究等方面着手，建立安全生产长效机制。

2.《安全生产法》的适用范围

《安全生产法》是对所有市场经营单位的安全生产普遍适用的基本法律。

（1）空间的适用　按照《安全生产法》第二条的规定，在中华人民共和国领域内从事生产经营活动的单位（以下统称生产经营单位）的安全生产，适用本法；有关法律、行政法规对消防安全和道路交通安全、铁路交通安全、水上交通安全、民用航空安全以及核与辐射安全、特种设备安全另有规定的，适用其规定。

（2）主体和行为的适用　本法适用的主体范围，是在中华人民共和国领域内从事生产经营活动的单位，是指一切合法或者非法从事生产经营活动的企业、事业单位、社会组织和个体工商户，从事生产经营活动的公民个人。包括国有企业事业单位、集体所有制的企业事业单位、股份制企业、中外合资经营企业、中外合作经营企业、外资企业、合伙企业、个人独资企业等，不论其性质如何，规模大小，只要是中华人民共和国领域内从事生产经营活动，都应遵守本法的各项规定。

在我国安全生产法律体系中，《安全生产法》的法律地位和法律效力是最高的。

6.4.3 安全生产的法律责任

法律责任是国家管理社会事务所采用的强制当事人依法办事的法律措施。依照《安全生产法》的规定，各类安全生产法律关系的主体必须履行各自的安全生产法律义务，保障安全生产。《安全生产法》的执法机关将依照有关法律规定，追究安全生产违法犯罪分子的法律责任，对有关生产经营单位给予法律制裁。

1. 安全生产法律责任的形式

追究安全生产违法行为法律责任的形式有三种，即行政责任、民事责任和刑事责任。在现行有关安全生产的法律和行政法规中，《安全生产法》采用的法律责任形式最全，设定的处罚种类最多，实施处罚的力度最大。

《安全生产法》针对安全生产违法行为设定行政处罚，共有责令改正、责令限期改正、责令停产停业整顿、责令停止建设、停止使用、责令停止违法行为、罚款、没收违法所得、吊销证照、行政拘留、关闭等，这在我国有关安全生产的法律和行政法规设定的行政处罚种类中是最多的。《安全生产法》是我国众多的安全生产法律和行政法规中首先设定民事责任的法律。

《安全生产法》针对生产经营单位将生产经营项目、场所、设备发包或者出租给不具备安全生产条件或者相应资质的单位或者个人的，导致发生生产安全事故给他人造成损害的，与承包方、承租方承担连带民事赔偿责任。生产经营单位发生生产安全事故造成人员伤亡、他人财产损失的，应当依法承担民事赔偿责任。

为了制裁那些严重的安全生产违法犯罪分子，《安全生产法》设定了刑事责任，包括重大责任事故罪、重大劳动安全事故罪、危险品肇事罪和提供虚假证明罪等。

2. 安全生产违法行为的责任主体

安全生产违法行为的责任主体，是指依照《安全生产法》的规定享有安全生产权利，负有安全生产义务和承担法律责任的社会组织和公民，责任主体主要包括以下四种：

1）有关人民政府和负有安全生产监督管理职责的部门及其领导人、负责人。
2）生产经营单位及其负责人，有关主管人员。
3）生产经营单位的从业人员。
4）安全生产中介服务机构和安全生产中介服务人员。

6.4.4 生产经营单位的安全生产违法行为

安全生产违法行为是指安全生产法律关系主体违反安全生产法律规定所从事的非法生产经营活动。安全生产违法行为是危害社会和公民人身安全的行为，是导致生产事故多发和人员伤亡的直接原因。安全生产违法行为分为作为和不作为，作为是指责任主体实施了法律禁止的行为而触犯法律；不作为是指责任体不履行法定义务而触犯法律。《安全生产法》规定追究法律责任的生产经营单位的安全生产违法行为，有以下27种：

1）生产经营单位的决策机构、主要负责人、个人经营的投资人不依照《安全生产法》规定保证安全生产所必需的资金投入，致使生产经营单位不具备安全生产条件的。
2）生产经营单位的主要负责人未履行本法规定的安全生产管理职责的。
3）生产经营单位未按照规定设立安全生产管理机构或者配备安全生产管理人员的。
4）危险物品的生产、经营、储存单位以及矿山、建筑施工单位的主要负责人和安全生产管理人员未按照规定经考核合格的。
5）生产经营单位未按照规定对从业人员进行安全生产教育和培训，或者未按照规定如实告知从业人员有关的安全生产事项的。

6）特种作业人员未按照规定经专门的安全作业培训并取得特种作业操作资格证书、上岗作业的。

7）生产经营单位的矿山建设项目或者用于生产、储存危险物品的建设项目没有安全设施设计或者安全设施设计未按照规定报经有关部门审查同意的。

8）矿山建设项目或者用于生产、储存危险物品的建设项目的施工单位未按照批准的安全设施设计施工的。

9）矿山建设项目或者用于生产、储存危险物品的建设项目竣工投入生产或者使用前，安全设施未经验收合格的。

10）生产经营单位未在有较大危险因素的生产经营场所和有关设施、设备上设置明显的安全警示标志的。

11）安全设备的安装、使用、检测、改造和报废不符合国家标准或者行业标准的。

12）未对安全设备进行经常性维护、保养和定期检测的。

13）未为从业人员提供符合国家标准或者行业标准的劳动防护用品的。

14）特种设备以及危险物品的容器、运输工具未经取得专业资质的机构检测、检验合格，取得安全使用证或者安全标志投入使用的。

15）使用国家明令淘汰、禁止使用的危及生产安全的工艺、设备的。

16）未经依法批准，擅自生产、经营、储存危险物品的。

17）生产经营单位生产、经营、储存、使用危险物品，未建立专门安全管理制度、未采取可靠的安全措施或者不接受有关主管部门依法实施的监督管理的。

18）对重大危险源未登记建档，或者未进行评估、监控，或者未制定应急预案的。

19）进行爆破、吊装等危险作业，未安排专门管理人员进行现场安全管理的。

20）生产经营单位将生产经营项目、场所、设备发包或者出租给不具备安全生产条件或者相应资质的单位或者个人的。

21）生产经营单位未与承包单位、承租单位签订专门的安全生产管理协议或者未在承包合同、租赁合同中明确各自的安全生产管理职责，或者未对承包单位、承租单位的安全生产统一协调、管理的。

22）两个以上生产经营单位在同一作业区域内进行可能危及对方安全生产的生产经营活动，未签订安全生产管理协议或者未指定专职安全生产管理人员进行安全检查与协调的。

23）生产经营单位生产、经营、储存、使用危险物品的车间、商店、仓库与员工宿舍在同一座建筑内，或者与员工宿舍的距离不符合安全要求的。

24）生产经营场所和员工宿舍未设有符合紧急疏散需要、标志明显、保持畅通的出口，或者封闭、堵塞生产经营场所或者员工宿舍出口的。

25）生产经营单位与从业人员订立协议，免除或者减轻其对从业人员因生产安全事故伤亡依法应承揽的责任的。

26）生产经营单位不具备本法和其他有关法律、行政法规和国家标准或者行业标准规定的安全生产条件，经停产停业整顿仍不具备安全生产条件的。

27）生产经营单位发生生产安全事故造成人员伤亡、他人财产损失的。

《安全生产法》对上述安全生产违法行为设定的法律责任是实施罚款、没收违法所得、责令限期改正、停产停业整顿、责令停止建设、责令停止违法行为、吊销证照、关闭等行政处罚；导致发生生产安全事故给他人造成损害或者其他违法行为造成他人损害的，承担赔偿责任或者连带赔偿责任；构成犯罪的，依法追究刑事责任。

> **案例 6-15** "6·13"重大燃气爆炸事故案。2021年6月13日，湖北省十堰市张湾区艳湖社区集贸市场发生燃气爆炸事故，造成26人死亡，138人受伤，其中重伤37人，直接经济损失约5395.41万元，如图6-1所示。
>
> 事故调查组认定，这起重大燃气爆炸事故是一起重大生产安全责任事故。事故直接原因为天然气中压钢管严重锈蚀破裂，泄漏的天然气在建筑物下方河道内密闭空间聚集，遇餐饮商户排油烟管道排出的火星发生爆炸。
>
> **主要教训**：一是安全隐患排查整治不深入不彻底。违规将管道穿越集贸市场涉事故建筑物下方，形成重大事故隐患。持续5年未对集贸市场下方河道下面相对危险的区域开展巡线，先后开展多次专项整治，均未发现并排除重大隐患。二是应对突发事件能力不足。从群众报警到爆炸发生长达1h，现场巡查处人员未能及时疏散群众，设立警戒、禁绝火源，未立即控制管道上下游两端的燃气阀门，在未消除燃爆危险的情况下提出结束处置、撤离现场的错误建议。三是涉事企业主体责任严重缺失。燃气公司对130次燃气泄漏报警、管道压力传感器长时间处于故障状态等系统性隐患熟视无睹；巡线班组人员安全培训不到位。四是安全执法检查流于形式。管理部门执法检查121次，但未对违法行为实施过一次行政处罚。

图6-1 "6·13"重大燃气爆炸事故

6.4.5 从业人员的安全生产违法行为

《安全生产法》规定追究法律责任的生产经营单位有关人员的安全生产违法行为，有以下七种：

1）生产经营单位的决策机构、主要负责人、个人经营的投资人不依照本法规定保证安全生产所必需的资金投入，致使生产经营单位不具备安全生产条件的。

2）生产经营单位的主要负责人未履行本法规定的安全生产管理职责的。

3）生产经营单位与从业人员订立协议，免除或者减轻其对从业人员因生产安全事故伤亡依法应承担的责任的。

4）生产经营单位主要负责人在本单位发生重大生产安全事故时，不立即组织抢救或者在事故调查处理期间擅离职守或者逃匿的。

5）生产经营单位主要负责人对生产安全事故隐瞒不报、谎报或者拖延不报的。

6）生产经营单位的从业人员不服从管理，违反安全生产规章制度或者操作规程的。

7) 生产安全事故的责任人未依法承担赔偿责任，经人民法院依法采取执行措施后，仍不能对受害人给予足额赔偿的。

《安全生产法》对上述安全生产违法行为设定的法律责任分别是处以降职、撤职、罚款、拘留的行政处罚；构成犯罪的，依法追究刑事责任。

案例 6-16 重大责任事故案。2016 年 5 月，宋某作为 A 煤业公司矿长，在 3 号煤层配采项目建设过程中，违反《关于加强煤炭建设项目管理的通知》要求，在没有施工单位和监理单位的情况下，自行组织工人进行施工，并与周某签订虚假的施工、监理合同以应付相关单位的验收。杨某作为该矿的总工程师，违反《煤矿安全规程》要求，未结合实际情况加强设计和制定安全措施，在 3 号煤层配采项目施工遇到旧巷时仍然采用常规设计，且部分设计数据与相关要求不符，导致旧巷扩刷工程对顶煤支护力度不够。2017 年 3 月 9 日，该矿施工人员赵某带领 4 名工人在 3101 综采工作面运输顺槽和联络巷交叉口处清煤时，发生顶部支护板塌落事故，导致上覆煤层坍塌，造成 3 名工人死亡，赵某某及另一名工人受伤，直接经济损失 635.9 万元。

事故联合调查组认定：一是该矿违反规定自行施工，项目安全管理不到位；二是项目扩刷支护工程设计不符合行业标准要求。

宋某作为建设单位 A 煤业公司的矿长，是矿井安全生产第一责任人，负责全矿安全生产工作，在没有施工单位和监理单位的情况下，弄虚作假应付验收，无资质情况下自行组织工人施工，长期危险作业，最终发生该起事故，其对事故的发生负主要责任。杨某作为 A 煤业公司总工程师，负责全矿技术工作，其未按照规程要求，加强安全设计，履行岗位职责不到位，对事故的发生负主要责任。

法院一审判决：认定宋某、杨某犯重大责任事故罪，分别判处二人有期徒刑三年，缓刑三年。二被告人均未提出上诉，判决已生效。

6.4.6 从业人员的安全生产权利和义务

1. 从业人员的安全生产权利

《安全生产法》明确了从业人员的八项权利：

1) 知情权，即有权了解其作业场所和工作岗位存在的危险因素、防范措施和事故应急措施。

2) 建议权，即有权对本单位安全生产工作提出建议。

3) 批评权、检举、控告权，即有权对本单位安全生产管理工作中存在的问题提出批评、检举、控告。

4) 拒绝权，即有权拒绝违章作业指挥和强令冒险作业。

5) 紧急避险权，即发现直接危及人身安全的紧急情况时，有权停止作业或者在采取可能的应急措施后撤离作业场所。

6) 依法向本单位提出要求赔偿的权利。

7) 获得符合国家标准或者行业标准劳动防护用品的权利。

8) 获得安全生产教育和培训的权利。

2. 从业人员的四项义务

《安全生产法》明确了从业人员的四项义务：

1）遵章守规、服从管理的义务。

2）正确佩戴和使用劳动防护用品的义务。

3）接受安全教育，掌握安全生产技能的义务。

4）危险报告的义务，即从业人员发现事故隐患或者其他不安全因素时，应当立即向现场安全生产管理人员或者本单位负责人报告。

3. 从业人员安全生产的法定义务和责任

《安全生产法》明确规定了从业人员安全生产的法定义务和责任：

1）安全生产是从业人员最基本的义务和不容推卸的责任，从业人员必须具有高度的法律意识。

2）安全生产是从业人员的天职。安全生产义务是所有从业人员进行安全生产活动必须遵守的行为规范。

3）从业人员如不履行法定义务，必须承担相应的法律责任。

4）安全生产义务的设定，可为事故处理及追究从业人员相关责任提供明确的法律依据。

> **案例 6-17**　电焊事故案。某机械厂结构车间，招聘一名电焊辅助工，但未对其进行安全生产教育和培训，即安排至车间跟随一名有证焊工进行焊接辅助作业。某天下雨，该名辅助工穿的布鞋已全部潮湿，当其进入生产车间后用右手合电焊机电闸，左手扶焊机一瞬间，大叫一声倒在地上，送医院经抢救无效死亡。
>
> **事故原因**：该辅助工因未进行安全生产教育和培训，缺少对电焊作业危险性的认识，在电焊机接地失灵，机壳带电，自身未穿绝缘鞋的情况下送电，造成了触电事故的发生。
>
> **典型意义**：生产经营单位应加强对从业人员的安全生产教育和培训，以保证从业人员具备必要的安全生产知识。未经安全生产教育和培训合格的从业人员，不得上岗作业。企业要切实落实电焊作业中的触电防范措施。

6.4.7　安全生产中介机构的违法行为

《安全生产法》规定追究法律责任的安全生产中介服务违法行为，主要是承担安全评价、认证、检测、检验的机构，出具虚假证明的，对该种安全生产违法行为设定的法律责任是处以罚款，没收违法所得，撤销资格的行政处罚；给他人造成损害的，与生产经营单位承担连带赔偿责任；构成犯罪的，依法追究刑事责任。

6.4.8　安全生产监督管理部门工作人员的违法行为

《安全生产法》规定追究法律责任的负有安全生产监督管理职责的部门工作人员的违法行为有以下三种：

1）失职、渎职的违法行为。

2）负有安全生产监督管理职责的部门，要求被审查、验收的单位购买其指定的安全设备、器材或者其他产品的，对涉及安全生产事项的审查、验收中收取费用的。

3）有关地方人民政府或负有安全生产监督管理职责的部门，对生产安全事故隐瞒不报、谎报或者拖延不报的。

对上述安全生产违法行为设定的法律责任是给予行政降级、撤职等行政处分，构成犯罪的，依照刑法有关规定追究刑事责任。

6.5 产品质量法

《中华人民共和国产品质量法》（以下简称《产品质量法》）是为了加强对产品质量的监督管理，提高产品质量水平，明确产品质量责任，保护消费者的合法权益，维护社会经济秩序而制定的。

视频6-3 产品质量法

6.5.1 产品与产品质量的界定

1. 产品的界定

产品是指经过某种程度或方式加工用于消费和使用的物品，是指生产者、销售者能够对其质量加以控制的产品，而不包括内在质量主要取决于自然因素的产品。

产品质量法中的产品是指经过加工、制作而用于销售的产品，不包括建设工程和军工产品。

2. 产品质量的界定

产品质量一般指产品能满足规定的或者潜在需要的特性和特性的总和。我国是指产品应具有满足需要的适用性、安全性、可用性、可靠性、维修性、经济性和环境性等特征和特性的总和。

《产品质量法》第二十六条对产品质量做了细化，规定产品质量应当符合下列要求：

1）产品不存在危及人身、财产安全的不合理的危险，有保障人体健康和人身、财产安全的国家标准、行业标准的，应当符合该标准；没有国家标准、行业标准的，可以制定地方标准或企业标准。

2）具备产品应当具备的使用性能，但是，对产品存在使用性能的瑕疵做出说明的除外。

3）符合在产品或者其包装上注明采用的产品标准，符合以产品说明、实物样品等方式表明的质量状况。禁止生产、销售不符合保障人体健康和人身、财产安全的标准和要求的工业产品。

3. 产品质量的分类

根据产品的特性是否符合法律的规定，是否满足用户、消费者的要求，以及符合、满足的程度，将产品质量分为合格和不合格两大类。其中，合格即符合相关标准——国家标准、部级标准、行业标准、企业标准四类。不合格又包括以下几个小类：

1）瑕疵：指的是产品质量不符合用户、消费者的某些要求，但不存在危及人身、财产安全的不合理危险，或者未丧失原有的使用价值。产品瑕疵可分为表面瑕疵和隐蔽瑕疵两种。

2）缺陷：指的是产品存在危及人体健康、人身、财产安全的不合理的危险，包括设计上的缺陷、制造上的缺陷和未预先通知的缺陷。例如，车漆不亮有划痕，制动刹车不好，房子墙体霉变，房子墙体有裂缝等。

3）劣质：指的是其标明的成分含量与法律规定的标准不符、与实际不符或已超过有效使用期限的产品。

4）假冒：指的是产品伪造或者冒用认证标志、名优标志等质量标志；伪造产品的产地，伪造或者冒用他人的厂名、厂址；在生产、销售的产品中掺杂、掺假、以假充真、以次充好。例如，奶粉中的蛋白质含量低于标准，香肠注水，自来水当矿泉水卖等。

6.5.2 产品质量的监督与管理

1. 产品质量监督管理体制

产品质量监督管理是指国务院产品质量监督部门和县以上产品质量监督管理部门依据法定的权力，对产品质量进行管理的活动。产品质量管理体制包括产品的国家监督和产品的行业监督。

国务院产品质量监督部门主管全国产品质量监督工作，国务院有关部门在各自的职责范围内负责产品质量监督工作。县级以上地方产品质量监督部门主管本行政区域内的产品质量监督工作。县级以上地方人民政府有关部门在各自的职责范围内负责产品质量监督工作。

2. 产品质量监督管理制度

《产品质量法》及其他法律规定，目前关于产品质量的监督管理有以下制度：

（1）产品质量标准制度　规定产品质量特性应达到的技术要求，称为产品质量标准。产品质量标准是产品生产、检验和评定质量的技术依据。

我国现行的产品质量标准，从标准的适用范围和领域来看，主要包括：国际标准、国家标准、行业标准（或部颁标准）和企业标准等。

国际标准是指国际标准化组织（ISO）、国际电工委员会（IEC）以及其他国际组织所制定的标准。ISO 现已制定 10300 余个标准，主要涉及各个行业各种产品的技术规范。IEC 也是比较大的国际标准化组织，它主要负责电工、电子领域的标准化活动。

国家标准是对需要在全国范围内统一的技术要求，由国务院标准化行政主管部门制定的标准。我国实施等同采用 ISO9000 系列标准，编号为 GB/T 19000 系列，其技术内容和编写方法与 ISO9000 系列相同，使产品质量标准与国际同轨。

行业标准又称为部颁标准。当某些产品没有国家标准而又需要在全国某个行业范围内统一的技术要求时，则可以制定行业标准。在公布国家标准之后，该项行业标准即行废止。

企业标准主要是针对企业生产的产品没有国家标准和行业标准的，制定企业标准作为组织生产的依据而产生的。企业标准只能在企业内部适用。

（2）企业质量体系认证制度　企业质量体系认证制度，是认证机构根据企业申请，对企业的产品质量保证能力和质量管理水平所进行的综合性检查和评定，并对符合质量体系认证标准的企业颁发质量体系认证证书，以资证明的制度。

（3）产品质量认证制度　产品质量认证，是依据产品标准和相应技术要求，经国家认证机构确认并通过颁发认证证书和认证标志来证明某一产品符合相应标准和技术要求的活动。产品质量认证分安全认证和合格认证。实行安全认证的产品，必须符合《产品质量法》《标准化法》的有关规定。产品质量认证部门依法对符合规定条件的企业批准认证，颁发认证证书，并允许企业在该产品上使用认证标志。

（4）生产许可证制度　生产许可证是指国家对于具备生产条件并对其产品检验合格的工业企业，发给其许可生产该项产品的凭证。可能危及人体健康和人身、财产安全的工业产品，必须符合保障人体健康、人身、财产安全的国家标准。

（5）产品质量监督检查制度　产品质量监督检查制度由国务院产品质量监督部门统一规划和组织，实行以抽查为主要方式的监督检查制度，对可能危及人体健康和人身、财产安全的产品，影响国计民生的重要工业产品以及用户、消费者、有关组织反映有质量问题的产品进行抽查。县级以上地方人民政府管理产品质量监督工作的部门在本行政区域内也可以组织监督抽查。

6.5.3　生产者、销售者的产品质量义务

1. 生产者的产品质量义务

生产者应当对其生产的产品质量负责。产品质量应当符合下列要求：

1）不存在危及人身、财产安全的不合理的危险，有保障人体健康和人身、财产安全的国家标准、行业标准的，应当符合该标准。

2）具备产品应当具备的使用性能，但是，对产品存在使用性能的瑕疵做出说明的除外。

3）符合在产品或者其包装上注明采用的产品标准，符合以产品说明、实物样品等方式表明的质量状况。

4）产品或者其包装上的标识必须真实，并符合下列要求：

第一，有产品质量检验合格证明。

第二，有中文标明的产品名称、生产厂名和厂址。

第三，根据产品的特点和使用要求，需要标明产品规格、等级、所含主要成分的名称和含量的，用中文相应予以标明；需要事先让消费者知晓的，应当在外包装上标明，或者预先向消费者提供有关资料。

第四，限期使用的产品，应当在显著位置清晰地标明生产日期和安全使用期或者失效日期。

第五，使用不当，容易造成产品本身损坏或者可能危及人身、财产安全的产品，应当有警示标志或者中文警示说明。

裸装的食品和其他根据产品的特点难以附加标识的裸装产品，可以不附加产品标识。

5）易碎、易燃、易爆、有毒、有腐蚀性、有放射性等危险物品以及储运中不能倒置和其他有特殊要求的产品，其包装质量必须符合相应要求，依照国家有关规定做出警示标志或者中文警示说明，标明储运注意事项。

6）生产者不得生产国家明令淘汰的产品。

7）生产者不得伪造产地，不得伪造或者冒用他人的厂名、厂址。

8）生产者不得伪造或者冒用认证标志等质量标志。

9）生产者生产产品，不得掺杂、掺假，不得以假充真、以次充好，不得以不合格产品冒充合格产品。

案例 6-18 生产销售假药公益诉讼案。自 2019 年 1 月开始，邹某等人在未取得药品生产、经营许可证的情况下，通过在网络上投放虚假广告、假冒著名医院医生电话接诊推销等方式，将从网上购买的成分不明的粉末进行制剂、包装、冒充"清肤消痒胶囊""百草血糖康胶囊""脉管舒灵胶囊"等不同种类的药品，销售至全国各地。截至 2020 年 12 月案发，共计销售金额 581 万余元。经鉴定，邹某等人生产销售的 42 种药品均为假药。

2021 年 3 月，辽宁省大连市甘井子区人民检察院对邹某等人生产销售假药违法行为公益诉讼立案，发布公告后，没有法律规定的机关和社会组织提起公益诉讼。2021 年 4 月，甘井子区人民检察院向区法院提起刑事附带民事公益诉讼，请求依法判令邹某等人共同承担销售金额 3 倍惩罚性赔偿金 1743 万余元，并公开赔礼道歉。

2021 年 10 月，法院审理判决，以生产销售假药罪分别判处邹某等人五年至十五年不等的有期徒刑，并处罚金，追缴违法所得，同时对检察机关提出的公益诉讼请求全部予以支持。一审判决后，邹某等被告提起上诉。2021 年 12 月，大连市中级人民法院裁定驳回上诉，维持原判。

典型意义：利用网络制售假药，数量大、销售范围广，严重损害众多消费者的合法权益。检察机关充分发挥刑事公诉和公益诉讼多元职能，在打击刑事犯罪的同时，提起刑事附带民事公益诉讼，提出惩罚性赔偿诉讼请求，最大限度追究严重违法者的法律责任，有力震慑了犯罪，切实维护了消费者的合法权益。

2. 销售者的产品质量义务

1）销售者应当建立并执行进货检查验收制度，验明产品合格证明和其他标识。
2）销售者应当采取措施，保持销售产品的质量。
3）销售者不得销售国家明令淘汰并停止销售的产品和失效、变质的产品。
4）销售者销售的产品的标识应当符合《产品质量法》第二十七条的规定。
5）销售者不得伪造产地，不得伪造或者冒用他人的厂名、厂址。
6）销售者不得伪造或者冒用认证标志等质量标志。
7）销售者销售产品，不得掺杂、掺假，不得以假充真、以次充好，不得以不合格产品冒充合格产品。

案例 6-19 未依法履行进货查验义务案。某电子商务公司在第三方交易平台开设网络店铺。2018 年 4 月，吴某在该公司开设的网络店铺购买一盒天然虫草素含片。该商品外包装标注生产日期为 2018 年 2 月 9 日，保质期 24 个月，产品参数显示了涉案产品的生产许可证标号以及执行许可证标号。

吴某收到商品后认为实物与平台页面显示信息不符，后向当地食药监局投诉。经食药监局调查发现，吴某在某电子商务公司购买的天然虫草素含片上标注的生产日期 2018 年 2 月 9 日晚于涉案产品《全国工业产品生产许可证》的有效期 2015 年 12 月 16 日。某电子商务公司接受调查时承认销售事实，并表示案涉商品于产品生产许可证失效前所生产，其在接到吴某订单后直接联系生产商发货，生产商将案涉商品生产日期改为 2018 年 2 月 9 日并直接发出，某电子商务公司未经查验产品的相关生产资质材料即委托生产商发货。

　　法院判令某电子商务公司向吴某退货退款并支付十倍惩罚性赔偿金。同时，案涉商品已过保质期，吴某将商品退还某电子商务公司后，该公司应将案涉商品予以销毁，不得再次上架销售。

　　典型意义：食品经营者采购食品，应当查验供货者的许可证和食品出厂检验合格证或者其他合格证明。经营者怠于履行进货查验义务即对食品进行销售，致不符合安全标准的食品售出，属于经营明知是不符合食品安全标准的食品的行为。

6.5.4 违反产品质量法的法律责任

1. 构成产品质量法律责任的条件

1）生产了不符合产品质量要求的产品。
2）必须有人身伤亡或财产损失的事实。
3）产品质量不合格与财产损害事实之间有因果联系。

上述三点是生产者的产品责任构成的必要条件，这是一种严格责任；对销售者而言，除了具备以上三个必要条件之外，还应以其过错的存在为必要条件。销售者承担责任的归责原则是过错推定原则。

2. 产品质量法律责任的范围

根据我国《产品质量法》，违反《产品质量法》应当承担民事责任、行政责任或刑事责任。

（1）承担的民事责任

1）修理、更换、退货、赔偿损失责任。

2）因产品存在缺陷造成人身、他人财产损害的，产品生产者应当承担赔偿责任。生产者能够证明有下列情况之一的，不承担赔偿责任：未将产品投入流通的；产品投入流通时，引起损害的缺陷尚不存在的；产品投入流通时的科学技术水平尚不能发现缺陷存在的。

3）由于销售者的过错使产品存在缺陷，造成人身、他人财产损害的，或者销售者不能指明缺陷产品的生产者或供货者的，销售者应当承担赔偿责任。

4）因产品存在缺陷造成受害人人身伤害的，侵害人应当赔偿医疗费、治疗期间的护理费、因误工减少的收入等费用；造成残疾的，还应当支付残疾者生活补助费、残疾赔偿金以及由其扶养的人所必需的生活费等费用；造成受害人死亡的，并应当支付丧葬费、死亡赔偿金以及由死者生前扶养的人所必需的生活费等费用；造成受害人财产损失的，侵害人应当恢复原状或折价赔偿；受害人因此遭受其他重大损失的，侵害人应当赔偿损失。

5）因产品存在缺陷造成人身、他人损害的，受害人可以向产品生产者要求赔偿，也可以向产品的销售者要求赔偿。属于产品生产者的责任，销售者在赔偿后有权向生产者追偿。属于产品的销售者的责任，生产者在赔偿后有权向销售者追偿。

　　案例6-20　产品质量损害赔偿案。李先生家在福州市某小区。2019年，由于工作原因，李先生出差，长期不在家，而其家中某品牌净水器发生了严重的漏水问题，导致李先生家包括地板、墙面、家具在内多处受到水淹损坏。由于未能及时处理，李先生家的隔壁及楼下邻居也跟着遭殃。

李先生委托了其亲友代为投诉，向福建省消委会提交了授权委托书及受托人身份证明。消委会调查后，发现此次漏水的直接原因的确是由于净水器过滤器连接处断裂引发，李先生反映情况属实。生产经营方应当对因其产品质量而造成的消费者的严重财产损失进行赔偿，但双方却因此次损害程度的计算标准以及具体赔偿金额一直争议不下。

　　生产经营方认为两位邻居因为不是其产品合同相对人，不应对其进行赔偿。而李先生的财产损害赔偿，应该根据购房时开发商投资的成本价格进行折旧计算，并且只能计算至离地50cm范围的墙纸损失。而李先生主张具体赔偿金额应该按照市场价格计算损失，并且其邻居的损失也是间接因为净水器产品问题而导致，所以生产经营方也应承担其邻居们的损失赔偿。

　　消委会多次调解，最终在多次询价和调整后，双方达成了调解方案：认定本次净水器漏水事件含2户邻居的损害赔偿共计损失6万元整，生产经营方一次性支付到账。

　　典型意义：净水器的产品问题给李先生造成严重财产损失的，生产经营方应当进行赔偿。根据相关法律规定，当事人一方不履行合同义务或者履行合同义务不符合约定的，在履行义务或者采取补救措施后，对方还有其他损失的，应当赔偿损失。

　　（2）承担的行政责任　生产者、销售者有违反《产品质量法》规定的情形的，由有关行政管理部门，视情节轻重分别给予责令更正、责令停止生产、没收违法所得、没收违法产品、罚款、吊销营业执照等行政处罚。行政处罚视情节，既可单处，也可并处。

　　（3）承担的刑事责任　《产品质量法》和《刑法》对关于生产、销售伪劣商品犯罪进行了规定，如果生产者、销售者的行为触犯刑律的，应当承担刑事责任。

阅读材料

【阅读材料6-1】

Java版权世纪大战，谷歌赢了甲骨文

　　Java是Java面向对象程序设计语言（Java语言）和Java平台的总称，由Sun公司团队完成最初的开发和发布。与传统程序不同，Java推出之际就被作为一种开放的技术，全球数以万计的Java开发公司被要求所设计的Java软件必须相互兼容。

　　2009年，甲骨文公司通过收购Sun公司获得了Java版权。2006年Sun公司公布的OpenJDK属于开源项目，而在此之前的SunJDK（现在是OracleJDK）属于甲骨文并购Sun公司所获得的商业版权内容。

　　谷歌公司的安卓操作系统是世界上销量最好的智能手机操作系统之一。

　　甲骨文公司2010年在美国加利福尼亚州对谷歌公司提起诉讼，称谷歌公司不恰当地将部分Java内容嵌入安卓，并为其版权主张索要高达约10亿美元的赔偿。

旧金山地区法院法官威廉·阿尔索普认为，甲骨文公司不能对 Java 的部分内容主张版权保护，而在 2014 年 5 月 9 日，联邦巡回上诉法院的三名法官推翻了这一判决。

联邦巡回上诉法院法官凯瑟琳·欧玛利写道："我们认为，指引计算机执行目标操作的一系列命令也许包含符合版权保护的表达。"

曾写过一篇简报声援谷歌的加州大学伯克利分校法学院教授帕米拉·萨缪尔森则认为，联邦巡回上诉法院的判决意味着软件公司在判断如何才能写出不侵犯版权的互用性计算机程序时将面临不确定性。他说："现有的判决必将震动软件行业。"

但是甲骨文公司的律师约书亚·罗森克兰兹却表示法律在这些问题上一直都十分清晰，"对于联邦巡回上诉法院的判决根本没有什么可震惊的"。

这起案件涉及应用程序编程接口（API）是否受版权保护的问题。在旧金山地区法院的判决中，甲骨文公司认为安卓系统抄袭了 37 个 Java API 代码段，而这些代码属于 Oracle 商业私有 JDK 的一部分。

阿尔索普的判决认为，谷歌公司所复制的 Java API 代码段并不受版权保护，所有人都可免费使用。联邦巡回上诉法院推翻了这一判决，判决甲骨文公司胜诉，并责令初审法院恢复陪审团对谷歌公司 37 个 Java API 代码段侵权的认定。

欧玛利写道："我们发现初审地区法院未能在什么能享受版权保护这一门槛问题（这是最低门槛）以及构成侵权活动的行为的范围之间进行妥善区分。"

审理此案的联邦巡回上诉法院法官一致要求由阿尔索普对谷歌公司的行为是否应"根据合理使用"而受到保护进行继续审理。

谷歌公司曾辩称，软件只应受到专利而非版权的保护。然而欧玛利表示，联邦巡回法院有义务尊重对软件的版权保护，"除非最高法院或国会告诉我们不要这样做"。

甲骨文公司法律总顾问多利安·戴利将此次判决称为"依赖版权保护促进创新"的行业的"胜利"。而谷歌公司则表示这会设立一个"有损计算机科学和软件发展的判例"，之后谷歌公司提请美国最高法院听审此案。

谷歌公司在抗辩中表示，当开发安卓系统时，除了复制部分 Java API 之外别无选择，因为 Java 非常流行并且程序员需要使用熟悉的 API 来编写 Java 程序。这种"功能性"的代码是不受联邦版权法保护的。

甲骨文公司请求美国最高法院拒绝受理谷歌公司对其安卓版权案的上诉。该公司在 2014 年 12 月 8 日提交的一份诉状移送令请愿书中，称联邦巡回上诉法院判决谷歌公司侵犯其计算机源代码的判决不能被推翻。

甲骨文公司在法庭文件中写道："如果该搜索引擎公司成功上诉到最高法院，将放缓软件行业的创新和投资，并延缓后代软件的研发""如果其代码失去版权保护将会摧毁整个软件产业"。

甲骨文公司表示谷歌公司的侵权行为好似剽窃了一部著名小说每段文字的第一句、章节以及小标题，然后套用剩下的部分。

"巡回上诉法院只是认为上千行的原创并极富创意的源代码符合版权保护。这并不意味着每一个曾被称为'API''接口'或'数据文件格式'的内容都要受版权保护。它们中的许多都不具有足够的原创性。"

2018 年，华盛顿美国联邦巡回上诉法院做出了裁决，认定甲骨文公司可对谷歌公司在设计其安卓智能手机操作系统时所使用的部分 Java 编程语言拥有版权。

2019 年，谷歌公司要求美国最高法院进行最终裁决。2021 年 4 月 5 日，美国最高法院裁定，谷歌公司使用甲骨文公司的软件代码构建的在全球大多数智能手机上运行的安卓操作系统，并未违反联邦版权法。对于判定谷歌公司胜诉的原因，最高法院认为，谷歌公司使用 Java API 是合理的，因为保护版权的同时必须考虑公共利益。

【阅读材料 6-2】

专利代理事务所侵害商业秘密纠纷案

案情介绍：李某于 2008 年 9 月 23 日进入 A 专利事务所（以下简称 A 专利所），双方于 2008 年 12 月 17 日签订《知识产权保护及保守商业秘密协议》，约定李某应当长期保守 A 专利所的商业秘密，在职期间或离职两年内不参加其他企业组织的与 A 专利所竞争的活动。李某于 2016 年 4 月 29 日从 A 专利所辞职后，利用在 A 专利所任职期间掌握的该所客户的联系方式、交易习惯、客户需求等商业秘密信息，于 2016 年 6 月即参与发起成立 B 专利事务所（简称 B 专利所），并使用上述信息通过与 A 专利所的客户达成多笔交易获利。A 专利所遂诉至杭州铁路运输法院，请求判令李某、B 专利所停止不正当竞争行为，不得披露、使用或允许他人使用其所掌握的 A 专利所的商业秘密，并要求赔偿损失 30 万元、维权合理支出 5000 元。

铁路运输法院经审理认为：A 专利所未能提供充分有效的证据证明其主张的客户名单已构成商业秘密，应承担举证不能的法律后果，遂于 2019 年 3 月 19 日判决驳回 A 专利所的诉讼请求。A 专利所不服，上诉至杭州市中级人民法院。

中级人民法院经审理认为，李某曾在 A 专利所担任专利代理人助理职务，其在任职期间，可以接触到的客户信息包括了诸多通过公开渠道难以获知的信息，上述信息系 A 专利所在长期经营过程中付出智力劳动和经营成本而积淀形成，并不为从事专利代理领域的相关人员普遍知悉和容易获得，已经构成了区别于相关公知信息的特殊客户信息。从上述信息中可以获知客户的交易习惯、特殊需求、精确详尽的联系方式等，故而上述信息能为 A 专利所带来竞争优势，具有商业价值。根据 A 专利所提供的证据，A 专利所已经为防止上述客户名单泄露而采取了一系列保密措施，包括与李某签订《知识产权保护及保守商业秘密协议》、在李某离职时由其签署承诺书等。A 专利所主张的涉案客户名单符合"不为公众所知悉""具有商业价值""经权利人采取相应保密措施"的法定条件，构成商业秘密。李某从 A 专利所离职后，将这些客户申请的百余件专利的代理机构从 A 专利所变更为 B 专利所，经比对可见，上述客户信息与 A 专利所主张权利的客户名单信息实质相同。李某违反其与 A 专利所之间有关保守商业秘密义务的要求，使用其在 A 专利所任职期间所掌握的客户名单，侵害了 A 专利所的商业秘密。中级人民法院遂于 2019 年 12 月 13 日判决：李某立即停止侵害 A 专利所商业秘密的不正当竞争行为，不得使用 A 专利所的涉案客户名单，赔偿 A 专利所经济损失及其合理费用 12 万元。李某向浙江省高级人民法院申请再审，后被驳回。

典型意义：客户名单符合"不为公众所知悉""具有商业价值""经权利人采取相应保密措施"这三项法定条件，构成商业秘密。客户的交易习惯、特殊需求、精确详尽的联系方式难以通过公开渠道获知，并不为从事这一领域的相关人员普遍知悉和容易获得，构成了区别于相关公知信息的特殊客户信息。离职员工李某违反其与原单位之间有关保守商业秘密的要求，使用其在原单位任职期间所掌握的客户名单，侵害了权利人的商业秘密。

【阅读材料6-3】

奶奶把老宅拆迁款赠与孙女，孙女为何却将奶奶告上法院？

案情介绍：三年前，陆奶奶的老宅被拆迁，其丈夫和儿子已于多年前过世，女儿也放弃了拆迁利益，拆迁安置对象只有陆奶奶与其儿媳林某、孙女李某三人。她们签订人民调解协议，约定老宅拆迁所得房产全部归孙女李某所有，李某则需提供一套小户安置房屋并简单装修后给陆奶奶无条件居住，同时李某需承担对陆奶奶的赡养义务。2019年，拆迁所得三套房屋均登记于李某名下，并如约将其中一套房屋交付陆奶奶居住。

然而，李某拿到拆迁房后却从未探望、照顾祖母，年逾七旬的陆奶奶长期独居，身体状况每况愈下。2020年2月，陆奶奶无奈将该房出租给王某，自己搬至养老院生活，房租用来贴补养老院费用。出租前，陆奶奶明确告知王某房子是孙女的拆迁安置房并出示了人民调解协议。李某偶然得知祖母已将房屋出租并搬至养老院，她认为调解协议已明确陆奶奶放弃该房屋所有权，陆奶奶虽可以无条件居住，但无权将房屋出租并受益。

在未与祖母沟通的情况下，李某将王某诉至江苏省苏州市吴中区人民法院，并增列祖母陆奶奶为第三人，请求确认其二人签订的租赁合同无效，要求王某立即迁出。

裁判结果：吴中法院一审审理认为，本案的争议焦点为陆奶奶将涉案房屋出租是否违反其与李某签订的人民调解协议，有无侵犯李某对该房屋的所有权。

首先，陆奶奶和王某的房屋租赁合同系通过中介居间达成的，涉案房屋系拆迁安置房，陆奶奶系被拆迁安置对象，出租时的案涉房屋状态也显示由其使用，其出租房屋补贴养老费用亦符合常理，故王某有理由相信陆奶奶有出租房屋的权利，双方签订的房屋租赁合同合法有效。

其次，人民调解协议明确该房屋交付陆奶奶无条件居住，"无条件居住"从词义角度看虽是对使用方式的限定，但在日常用语中与"无条件使用"具有相同的内涵，故李某除房屋所有权外，已将房屋的占有、使用权利让渡给其祖母。

最后，敬老、养老、助老是中华民族传统美德，也是社会主义核心价值观的重要内容，李某的行为及诉讼主张与社会主义核心价值观相悖，也违反了公序良俗。

据此，法院遂判决驳回李某的诉讼请求。

宣判后，李某提起上诉。

苏州中院于2021年4月20日做出二审判决：驳回上诉人上诉，维持一审判决。

孙女李某的做法和冷漠的态度让陆奶奶心寒不已，在此案判决后又起诉李某，要求撤销对孙女的老宅拆迁份额赠与。

吴中法院认为，受赠人不履行赠与合同约定的义务，赠与人可以撤销赠予。陆奶奶将老宅中属于自己的份额赠与李某的前提是李某对其进行赡养，但根据李某与陆奶奶女儿之间的聊天记录中漠不关心的言语，以及李某在明知祖母出租房屋用于补贴养老院费用的情况下仍坚持诉讼的行为，均可证明其接受赠与后并未尽到承诺的赡养义务。

据此，法院判决支持陆奶奶的诉讼请求，撤销对李某的老宅份额赠与行为。

典型意义：本案在民法典明确"对受赠人不履行赠与合同约定的义务，赠与人可以撤销赠与"的背景下，引入社会主义核心价值观，符合最高院相关指导意见，即有规范性法律文件作为裁判依据的，法官应当结合案情，先行释明规范性法律文件的相关规定，再结合法律原意，运用社会主义核心价值观进一步明晰法律内涵、阐明立法目的、论述裁判理由。

吴中法院对本案的依法审理，对强化运用社会主义核心价值观释法说理，切实发挥司法裁判在国家治理、社会治理中的规范、评价、教育、引领等功能具有指导意义，体现了法理与常情、法律效果与社会效果高度统一的司法效果。

【阅读材料6-4】

张某诉某人寿保险有限公司劳动合同纠纷案

案情介绍：张某于2011年1月至某人寿保险有限公司（以下简称人寿保险公司）工作，双方之间签订的最后一份劳动合同履行日期为2015年7月1日至2017年6月30日，约定张某担任战略部高级经理一职。2017年10月，人寿保险公司对其组织架构进行调整，决定撤销战略部，张某所任职的岗位因此被取消。双方就变更劳动合同等事宜展开了近两个月的协商，未果。2017年12月29日，人寿保险公司以客观情况发生重大变化、双方未能就变更劳动合同协商达成一致，向张某发出《解除劳动合同通知书》。张某对解除决定不服，经劳动仲裁程序后起诉要求恢复与人寿保险公司之间的劳动关系，并诉求2017年8月—12月未签劳动合同的二倍工资差额、2017年度奖金等。人寿保险公司《员工手册》规定：年终奖金根据公司政策，按公司业绩、员工表现计发，前提是该员工在当年度10月1日前已入职，若员工在奖金发放月或之前离职，则不能享有。据查，人寿保险公司每年度年终奖会在次年3月份左右发放。

裁判结果：上海市黄浦区人民法院于2018年10月29日做出判决：一、人寿保险公司于判决生效之日起七日内向原告张某支付2017年8月—12月期间未签劳动合同双倍工资差额人民币192500元；二、张某的其他诉讼请求均不予支持。张某不服，上诉至上海市第二中级人民法院。上海市第二中级人民法院于2019年3月4日做出判决：一、维持上海市黄浦区人民法院判决第一项；二、撤销判决第二项；三、人寿保险公司于判决生效之日起七日内支付上诉人张某2017年度年终奖税前人民币138600元；四、张某的其他请求不予支持。

典型意义：法院生效裁判认为：本案的争议焦点系用人单位以客观情况发生重大变化为依据解除劳动合同，导致劳动者不符合《员工手册》规定的年终奖发放条件时，劳动者是否可以获得相应的年终奖。对此，一审法院认为，人寿保险公司的《员工手册》明确规定了年终奖的发放情形，张某在人寿保险公司发放2017年度年终奖之前已经离职，不符合年终奖发放情形，故对张某要求2017年度年终奖之请求不予支持。二审法院经过审理后认为，现行法律法规并没有强制规定年终奖应如何发放，用人单位有权根据本单位的经营状况、员工的业绩表现等，自主确定奖金发放与否、发放条件及发放标准，但是用人单位制定的发放规则仍应遵循公平合理原则，对于在年终奖发放之前已经离职的劳动者是否可以获得年终奖，应当结合劳动者离职的原因、时间、工作表现和对单位的贡献程度等多方面因素综合考量。本案中，人寿保险公司对其组织架构进行调整，双方未能就劳动合同的变更达成一致，导致劳动合同被解除。张某在人寿保险公司工作至2017年12月29日，此后两日系双休日，表明张某在2017年度已在人寿保险公司工作满一年；在人寿保险公司未举证张某的2017年度工作业绩、表现等方面不符合规定的情况下，可以认定张某在该年度为人寿保险公司付出了一整年的劳动且正常履行了职责，为人寿保险公司做出了应有的贡献。基于上述理由，人寿保险公司关于张某在年终奖发放月之前已离职而不能享有该笔奖金的主张缺乏合理性。故对张某诉求人寿保险公司支付2017年度年终奖，应予支持。

【阅读材料 6-5】

用人单位与劳动者约定实行包薪制，是否需要依法支付加班费

案情介绍：周某于2020年7月入职某汽车服务公司，双方订立的劳动合同约定月工资为4000元（含加班费）。2021年2月，周某因个人原因提出解除劳动合同，并认为即使按照当地最低工资标准认定其法定标准工作时间工资，某汽车服务公司亦未足额支付加班费，要求支付差额。某汽车服务公司认可周某加班事实，但以劳动合同中约定的月工资中已含加班费为由拒绝支付。周某向劳动人事争议仲裁委员会（简称仲裁委员会）申请仲裁。请求裁决某汽车服务公司支付加班费差额17000元。

仲裁委员会裁决：某汽车服务公司支付周某加班费差额17000元（裁决为终局裁决），并就有关问题向某汽车服务公司发出仲裁建议书。

案情分析：本案的争议焦点是某汽车服务公司与周某约定实行包薪制，是否还需要依法支付周某加班费差额。

《中华人民共和国劳动法》第四十七条规定：用人单位根据本单位的生产经营特点和经济效益，依法自主确定本单位的工资分配方式和工资水平。第四十八条规定：国家实行最低工资保障制度。《最低工资规定》（劳动和社会保障部令第21号）第三条规定：本规定所称最低工资标准，是指劳动者在法定工作时间或依法签订的劳动合同约定的工作时间内提供了正常劳动的前提下，用人单位依法应支付的最低劳动报酬。从上述条款可知，用人单位可以依法自主确定本单位的工资分配方式和工资水平，并与劳动者进行相应约定，但不得违反法律关于最低工资保障、加班费支付标准的规定。

本案中，根据周某实际工作时间折算，即使按照当地最低工资标准认定周某法定标准工作时间工资，并以此为基数核算加班费，也超出了4000元的约定工资，表明某汽车服务公司未依法足额支付周某加班费。故仲裁委员会依法裁决某汽车服务公司支付周某加班费差额。

典型意义：包薪制是指在劳动合同中打包约定法定标准工作时间工资和加班费的一种工资分配方式，在部分加班安排较多且时间相对固定的行业中比较普遍。虽然用人单位有依法制定内部薪酬分配制度的自主权，但内部薪酬分配制度的制定和执行须符合相关法律的规定。实践中，部分用人单位存在以实行包薪制规避或者减少承担支付加班费法定责任的情况。实行包薪制的用人单位应严格按照不低于最低工资标准支付劳动者法定标准工作时间的

工资，同时按照国家关于加班费的有关法律规定足额支付加班费。

【阅读材料6-6】
××煤矿诉××人资社保局工伤认定案

案情介绍：2008年3月3日，田××与重庆市××区××煤矿有限公司（简称××煤矿）签订5年期劳动合同，合同约定田××担任采煤、掘进等井下工作。同年9月5日17时许交接班时，班长肖××要求田××在上夜班进矿井时顺便将炸药携带进矿井，田××拒不携带，与之发生纠纷，田××被肖××打伤。次日，经重庆市××医院诊断，田××的伤为鼻骨中下部粉碎性骨折。同年10月13日，田××之妻朱××向××区人力资源和社会保障局（简称××人资社保局）申请工伤性质认定。××人资社保局经审查，确认田××鼻骨中下部粉碎性骨折属于因工受伤。××煤矿不服该决定申请行政复议，××区政府经复议维持了××人资社保局做出的工伤认定决定。××煤矿仍不服，提起诉讼。

裁判结果：重庆市××区人民法院判决：维持××人资社保局做出的工伤认定决定。××煤矿不服，提起上诉。重庆市××中级人民法院经审理认为，根据《工伤保险条例》第十四条第（三）项的规定，田××受到暴力伤害事件发生在××煤矿的上下班交接班时，是在工作时间和工作场所内，应当认定为工伤。另外，田××不是××煤矿的爆破作业人员，班长肖××要求其在上夜班进矿井时顺便将炸药携带进矿井，不符合国务院《民用爆炸物品安全管理条例》的有关规定，田××拒不携带炸药进矿井，属于履行安全生产的工作职责。田××因履行工作职责受到暴力伤害的情形，应当认定为工伤。2010年9月16日，法院判决：驳回上诉，维持原判。

裁判要旨：职工的安全生产法定义务也应视为"工作职责"的一部分。职工在工作时间和工作场所内，因遵守安全生产的法定义务受到暴力伤害，应当认定为工伤。

典型意义：本案法院对"履行工作职责"做了创造性的解释，即将职工的安全生产法定义务也视为"工作职责"的一部分。

按照通常理解，"履行工作职责"是指职工所受暴力等意外伤害是因其对工作认真负责，尽职尽责地完成工作任务所致。本案特殊之处在于，劳动者拒绝携带炸药进矿井的行为似乎与其本职工作无关，实际上却有极其密切的关联性。首先，从劳动者义务的角度来看，其行为属于《工伤保险条例》第四条规定的：用人单位和职工应当遵守有关安全生产……法律法规，执行安全卫生规程和标准，预防工伤事故发生……的情形，是遵守安全生产法定义务的表现，该义务能否得到遵守，关系到安全生产秩序能否实现，而后者构成了职工工作得以平安顺利开展的基础，从而与职工本人正常履行工作职责密不可分。其次，从权利义务的对等性来看，职工的安全生产义务即为《劳动法》第三条规定的劳动者所享有的"获得劳动安全卫生保护"的权利。任何用人单位或个人都应当为劳动者提供必要的劳动安全保护条件，维护劳动者的基本权利。本案中，田××受伤虽然从表面上看系与他人产生口角争执而导致，似乎与其工作内容无关，但究其根源，却是因田××向班长肖××主张自己的"劳动安全保护权利"而发生，毋庸置疑，"劳动安全保护"作为职工的一项基本权利，与其能否开展正常工作具有不可分割的关系，应当受到法律保护。

【阅读材料 6-7】

重庆某医生擅自到灾区救灾被医院辞退

在医院没有批准的情况下，某医生前往四川灾区做医护志愿者，回来后被单位通知办理离职手续。

娄某原来是重庆市某医院住院部的助理医师，汶川特大地震发生后，主动请缨到灾区去服务，但一直没得到领导批准。5月19日，娄某与另外3名得到批准的同事及其他志愿者奔赴四川什邡灾区。在接下来的三天时间里与同事一起帮助受伤群众。然而，当娄某回到重庆后，却被医院告知，由于连续旷工3日，医院为严肃劳动纪律，决定对其按自动离职处理。

"批评、扣工资我都愿意接受，就是没想到让我办离职手续。"娄某感到很委屈，要求医院撤销决定。

"作为医生，擅自丢下病人，不管去干什么，都有违职业道德。"医院院长表示，娄某去灾区的当天，该院接到区卫生局通知，要求他们派车去接送从灾区转运来渝的伤员。由于人手紧张，医务科长再次强调不准娄某去灾区。然而，作为住院部助理医师的娄某，在还有二十几名病人住院、第二天还有两个手术的情况下，擅自离开医院。

"医生与其他职业不同，你的工作是关系到其他病人的安危的。"医务科长说。医院院长表示，娄某没有经过任何医院领导的同意，擅自离岗，连续旷工3天，医院才决定按照人事管理制度规定，对其按自动离职处理。

重庆市江北区卫生局医政科的一位李姓工作人员称，卫生局曾对双方进行协调，但医院态度坚决，卫生局又无权利直接干涉医院的人事管理，因此，该工作人员认为娄某只能通过劳动仲裁等途径解决问题。

律师认为，娄某想为灾区群众服务的想法是值得肯定的，但没有经过单位批准而擅自离岗，这个行为却是不正确的。我国《企业职工奖惩条例》规定，企业在做出除名决定前，应先对职工进行批评教育，批评教育无效的，单位才可以按照本单位规章制度，做出解除劳动合同的规定。但这些规章制度须是通过民主程序制订、向劳动者公示过、符合法律规定的规章制度。如果医院在对娄某进行批评教育无效之后，依照上述规章制度做出自动离职处分，那么是无可厚非的。

【阅读材料 6-8】

陈某等诉××公司吉普车损害赔偿案

案情介绍：原告诉称其亲属林某在乘坐被告生产的××吉普车时，因前挡风玻璃在行驶途中突然爆裂而被震伤致猝死。我国法律规定，生产者应当对其生产的产品负责，经营者应当保证其提供的商品或者服务符合保障人身、财产安全的要求。据此请求判令被告对林某之死承担责任，给原告赔偿丧葬费、误工费、差旅费、鉴定费、抚恤金、教育费、生活补助费等共计人民币50万元。

被告辩称，经玻璃生产厂家两次鉴定和中华人民共和国国家建材局安全玻璃质量监督检验中心（以下简称国家质检中心）的分析测试，都认为事故车的挡风玻璃是在受到较大外力冲击的情况下爆破的。无论是《中华人民共和国产品质量法》第四十一条第一款，还是《中华人民共和国消费者权益保护法》第四十条第二款都规定，产品生产者对消费者承担赔偿责任，要同时具备两个严格的前提条件：第一，必须是产品存在缺陷；第二，必须是因产品存在的缺陷造成人身或财产损害。事实已经证明，发生事故的车辆不存在产品质量问题，也就是说不存在产品缺陷，因此谈不上因产品缺陷造成损害。原告的诉讼请求没有事实根据和法律依据，应当驳回。

裁判结果：一审法院经审理后认定：相关法律规定："公民、法人由于过错……侵害他人财产、人身的，应当承担民事责任。"本案查明的事实不能证明被告××公司在林××死亡问题上有过错，林××的死亡与××公司无必然的因果关系。原告要求××公司赔偿因林××死亡所遭受的损失，没有事实根据和法律依据。据此判决：驳回原告要求被告××公司赔偿损失人民币50万元的诉讼请求。原告不服一审判决提起上诉。

二审经审理后查明：事故发生后，被告××公司即将破损玻璃封存。应车主某单位的要求，被告将破损玻璃的照片寄回日本国内玻璃的生产厂家进行鉴定，结论：判断为受外强力致破损，实验均满足规格要求。车主单位对此不予以认可，要求被告将封存的玻璃交北京中国建筑材料科学研究院国家进出口商检局安全玻璃认可的实验室进行鉴定。但是被告却擅自将玻璃运回国内，交玻璃生产厂家进行鉴定，鉴定结论为挡风玻璃本身不存在品质不良现象，破损系由外部原因造成。后车主单位委托国家质检中心进行鉴定。国家质检中心出具的报告称："由于所提供的样品是从原吉普车上拆卸后经过多次运输，已经相当破损，无法从上面切取做强度实验所需的试验片。我中心只能结合委托方提供的玻璃破损照片进行推断、分析；从玻璃破碎的塌陷形式看，能够造成此种破坏状态的外力来自外部。"

二审法院认为：根据《产品质量法》，因产品缺陷致人身损害应承担无过错责任，无须证明生产者有过错。此外产品是否存在缺陷的举证责任应由生产者承担。本案中玻璃生产厂家的两次鉴定，由于生产厂家不是法定的鉴定机构且生产厂家具有利害关系，该两份鉴定结论均不具法律效力。国家质检中心的鉴定是在前挡风玻璃从日本运回中国后已失去检验条件的情况下，仅凭照片和相当破碎的玻璃实物得出的推断性分析结论，并且没有说明致前挡风玻璃突然爆破的外力是什么，对本案事实没有证明力，故也不予采信。本案唯一证明产品是否存在缺陷的物证——爆破后的前挡风玻璃，车主单位在与被上诉人××公司约定封存后，曾数次提出要交国家质检中心检验鉴定。××公司承诺后，却不经车主单位许可，擅自将玻璃运往日本；后虽然运回中国，但××公司无法证明运回的是原物，且玻璃此时已破碎得无法检验。××公司主张将与事故玻璃同期、同批号生产出来的玻璃提交给国家质检中心进行实物鉴定，遭上诉人的反对。由于种类物确实不能与特定物完全等同，上诉人的反对理由成立。在此情况下，举证不能的败诉责任理应由××公司承担。据此，二审判决撤销一审判决；判令被上诉人（被告）于判决生效后30日内支付上诉人（原告）各项损失计496901.9元。

典型意义：本案涉及两方面的法律问题：一是产品质量责任的归责原则，即是实行过错责任还是无过错责任，但这并非本案的关键问题所在；二是举证责任的分配及证据的采信，这才是本案的核心问题。

从举证责任分配上分析，一审与二审不同之处在于：一审认为证明产品存在缺陷的责任应由原告承担，这一认定符合"谁主张谁举证"的法定举证责任分配原则；二审则认为根据《产品质量法》的立法原意，在实行无过错责任的情形下，应由被告承担举证责任，证明其产品不存在缺陷，否则即认定其产品有缺陷。这一认定是根据举证责任倒置理论而来的。从举证责任倒置的理论及相关规定进行分析，法官可以根据案件的特殊情形，在考查双方当事人的举证能力、举证条件等因素的情形下决定举证责任倒置，将本应由一方当事人承担的举证责任分配给对方当事人。

从证据的审查认定上分析，一审对于被告提供的两份鉴定结论及原告申请的鉴定结论均予以认可，并最终判决原告败诉。而二审则对该三份证据全部否定，并且，根据其所认定的举证责任最终判决由被告方承担举证不能的败诉责任。应该说，二审对证据的审查认定更合理，或者说更具有社会妥当性。因为，倾向弱者应是民法、民事诉讼的基本价值理念，从保护弱者的角度考量，二审的认定更具合理性。

习题与思考题

6-1　什么是知识产权？
6-2　知识产权有哪两种类型？
6-3　知识产权权益包含哪两部分？
6-4　工业产权包括哪些？
6-5　著作权的权利有哪些？
6-6　网络侵权行为包括哪两种类型？
6-7　什么是商业秘密？
6-8　《中华人民共和国民法典》主要包括哪些方面内容？
6-9　人格权主要包括哪些方面内容？
6-10　侵权责任主要包括哪些方面的内容？
6-11　什么是《劳动法》？
6-12　《安全生产法》的立法目的是什么？
6-13　安全生产基本方针是什么？
6-14　《安全生产法》的适用范围有哪些？
6-15　安全生产违法行为的责任主体有哪些？
6-16　不合格产品包括哪些？
6-17　产品质量监督管理制度有哪些？
6-18　什么是重大危险源？生产经营单位对重大危险源应当如何进行管理？
6-19　生产经营单位的主要负责人对本单位安全生产工作负有哪些责任？
6-20　《安全生产法》对两个以上生产经营单位在同一作业区域内进行生产经营活动如何规定的？
6-21　结合阅读材料6-3和《知识产权法》的相关内容，分析《知识产权法》立法对保护公司、个人知识产权的重要意义。作为一名工程师，你应该如何维护自己知识产权方面的合法权益？
6-22　嘉兴××公司与上海××公司共同研发了乙醛酸法生产香兰素工艺，并将之作为技术秘密保护。该工艺实施安全、易于操作、效果良好，相比传统工艺优越性显著，嘉兴××公司基于这一工艺一跃成为全球最大的香兰素制造商，占据了香兰素全球市场约60%的份额。嘉兴××公司、上海××公司认为××集团公司、××科技公司、××公司、傅某某、王某某未经许可使用其香兰素生产工艺，侵害其技术秘密，故诉至浙江高院，请求判令停止侵权，赔偿经济损失及合理开支5.02亿元。试分析被告的行为是否侵害商业秘密。
6-23　结合阅读材料6-7，回答下列问题：
（1）娄某的行为违反了《劳动法》和《劳动合同法》的哪些规定？
（2）医院的行为违反了《劳动法》和《劳动合同法》的哪些规定？

(3) 此案的关键在哪里？

(4) 对照《劳动法》和《劳动合同法》的有关规定，请你给出合理的法律裁决。

6-24 2022年3月20日，王女士在兴盛商场购买了一个电饭锅。当日，王女士在正常使用该电饭锅过程中，因电饭锅漏电而被电流击伤，虽救治及时仍造成手指残疾。2023年4月2日。王女士以兴盛商场为被告在法院提起诉讼，请求法院判令兴盛商场对其因触电致残承担赔偿责任。兴盛商场在答辩状中称：第一，根据《民法典》的规定，因身体伤害要求赔偿的诉讼时效期间为1年，因此原告的起诉已过诉讼时效；第二，原告触电是由于电饭锅存在质量缺陷，被告作为产品销售者没有过错，因此原告无权要求兴盛商场承担赔偿责任，而应向电饭锅的生产者东风电器厂要求赔偿。法院认为，被告的两条答辩理由均不成立，最后判兴盛商场败诉。阅读以上材料，请回答下列问题：

(1) 被告兴盛商场的第一条答辩理由为什么不成立？

(2) 被告兴盛商场的第二条答辩理由为什么不成立？

(3) 被告兴盛商场应承担哪些赔偿责任？

(4) 如果经鉴定，电饭锅漏电确系由于该产品的设计与制造工艺缺陷所致，兴盛商场赔偿后，对东风电器厂享有什么权利？

6-25 黄某于2020年6月正值天津市有关部门发布新冠疫情防控紧急通知，要求严格落实社区出入口值班值守，加强验码、亮码、登记等防控措施。2020年6月19日9时，黄某骑共享单车进入天津河东区某小区，物业公司值守保安当即要求其停车接受检查。黄某听到有人呼喊后，加速向前骑行。值守保安即骑车追赶，在伸手接触原告背部时车辆失控摔倒。黄某将物业公司诉至法院，要求赔偿医疗费、交通费、误工费、护理费等各项损失共计57501.3元。分析黄某的赔偿主张能否得到支持？

6-26 张某于2020年6月入职某科技公司，月工资2万元。某科技公司要求张某订立一份协议作为劳动合同的附件，协议内容包括"我自愿申请加入公司奋斗者计划，放弃加班费。"半年后，张某因个人原因提出解除劳动合同，并要求公司支付加班费2.4万元。某科技公司认可张某加班事实，但以其自愿订立放弃加班费协议为由拒绝支付。张某向劳动人事争议仲裁委员会申请仲裁。张某的主张能否得到支持？

6-27 某信息技术公司在某电子商务平台开设网店，出售进口维生素胶囊食品。江某在该网店购买30瓶维生素胶囊食品，共支付货款8000元。根据原食品药品监管总局《关于含非普通食品原料的食品定性等相关问题的复函》和《食品安全国家标准 食品添加剂使用标准》（GB 2760—2014），该维生素胶囊食品违法添加了食品添加剂。江某遂以某信息技术公司在网店上出售的维生素胶囊食品违反我国食品安全国家标准为由，起诉该公司承担惩罚性赔偿责任。分析江某的诉讼请求能否得到支持。

6-28 段某在试用一台新的卡式炉时，卡式炉爆炸，段某的手被炸伤。事后，段某找到有关部门，有关部门对此进行调查。原来该型卡式炉是某市一家电器公司的新产品，出事前几天送到段某单位（电子产品检验所）请求测试，段某认为该电器公司产品质量一直不错，于是就顺手拿了一台回家试用，谁想竟发生爆炸。段某起诉卡式炉制造公司。分析段某的诉讼请求能否得到支持。

参 考 文 献

[1] 殷瑞钰,李伯聪,汪应洛,等. 工程哲学[M]. 4版. 北京:高等教育出版社,2022.
[2] 张恒力. 工程伦理读本[M]. 北京:中国社会科学出版社,2013.
[3] 李正风,丛杭青,王前,等. 工程伦理[M]. 2版. 北京:清华大学出版社,2019.
[4] 邵华. 工程学导论[M]. 2版. 北京:机械工业出版社,2021.
[5] 世界工程组织联合会,国际工程与技术科学院理事会,国际咨询工程师联合会. 工程:发展的问题挑战和机遇[M]. 王孙禺,雷环,张志辉,译. 北京:中央编译出版社,2012.
[6] 霍伦斯坦. 工程思维[M]. 宫晓利,张金,赵子平,译. 北京:机械工业出版社,2018.
[7] 周国强,张青主. 环境保护与可持续发展概论[M]. 北京:中国环境出版社,2017.
[8] 肖祥银. 从零开始学项目管理[M]. 北京:中国华侨出版社,2018.
[9] 杨晓林. 工程项目管理[M]. 北京:机械工业出版社,2021.
[10] 胡志根. 工程项目管理[M]. 3版. 武汉:武汉大学出版社,2017.
[11] 周建国. 工程项目管理基础[M]. 2版. 北京:人民交通出版社有限公司,2015.
[12] 齐宝库. 工程项目管理[M]. 6版. 大连:大连理工大学出版社,2020.
[13] 王雪青,杨秋波. 工程项目管理[M]. 2版. 北京:高等教育出版社,2022.
[14] 王玉庄,刘文龙. 安全生产法律法规[M]. 北京:中国劳动社会保障出版社,2010.
[15] 闻捷,谢仁海. 电力建设工程法律风险与防控[M]. 南京:东南大学出版社,2018.
[16] 曲三强. 现代知识产权法概论[M]. 3版. 北京:北京大学出版社,2015.
[17] 程发良,孙成访. 环境保护与可持续发展[M]. 3版. 北京:清华大学出版社,2014.
[18] 国务院法制办公室. 中华人民共和国安全生产法[M]. 北京:中国法制出版社,2022.